21世纪普通高校计算机公共课程规划教材

大学计算机基础
（第五版）

刁树民 郭吉平 李华 任春华 主编

清华大学出版社

北京

内容简介

　　本书是为高等学校非计算机专业编写的计算机基础教材,主要讲述计算机基础知识和基本理论,向学生系统地介绍计算机的基本概念,强调文化与信息意识,突出体现计算机的基础性,并结合了全国计算机等级考试(NCRE)要求的内容。全书共分为9章,全面讲述了计算机基础知识、Windows 7操作系统、文字处理软件Word 2010、电子表格软件Excel 2010、演示文稿软件PowerPoint 2010、网络技术基础、多媒体技术基础、软件工程基础及信息安全技术等知识。各章均配有相应的习题。

　　本书在注重系统性和科学性的基础上,突出了实用性及操作性,对重点相关概念和操作技能突出进行讲解。此书语言流畅,内容丰富,深入浅出,可作为普通高校非计算机专业类学生计算机基础教材或参考书,也适用于计算机培训班及计算机自学读者。

图书在版编目(CIP)数据

　大学计算机基础/刁树民,郭吉平,李华主编.—5版.—北京:清华大学出版社,2014(2020.7重印)
　(21世纪普通高校计算机公共课程规划教材)
　ISBN 978-7-302-36779-6

　Ⅰ.①大…　Ⅱ.①刁…②郭…③李…　Ⅲ.①电子计算机—高等学校—教材　Ⅳ.①TP3

　中国版本图书馆 CIP 数据核字(2014)第 124267 号

责任编辑:郑寅堃　薛　阳
封面设计:何凤霞
责任校对:李建庄
责任印制:刘祎淼

出版发行:清华大学出版社
　　　　网　　址:http://www.tup.com.cn,http://www.wqbook.com
　　　　地　　址:北京清华大学学研大厦 A 座　　　　　　邮　　编:100084
　　　　社 总 机:010-62770175　　　　　　　　　　　　邮　　购:010-62786544
　　　　投稿与读者服务:010-62776969,c-service@tup.tsinghua.edu.cn
　　　　质量反馈:010-62772015,zhiliang@tup.tsinghua.edu.cn
　　　　课件下载:http://www.tup.com.cn,010-83470236
印 装 者:清华大学印刷厂
经　　销:全国新华书店
开　　本:185mm×260mm　　印　张:25.25　　　　　　字　　数:613 千字
版　　次:2007 年 8 月第 1 版　2014 年 8 月第 5 版　印　　次:2020 年 7 月第 7 次印刷
印　　数:24501～27300
定　　价:64.00 元

产品编号:059932-03

出 版 说 明

随着我国改革开放的进一步深化,高等教育也得到了快速发展,各地高校紧密结合地方经济建设发展需要,科学运用市场调节机制,加大了使用信息科学等现代科学技术提升、改造传统学科专业的投入力度,通过教育改革合理调整和配置了教育资源,优化了传统学科专业,积极为地方经济建设输送人才,为我国经济社会的快速、健康和可持续发展以及高等教育自身的改革发展做出了巨大贡献。但是,高等教育质量还需要进一步提高以适应经济社会发展的需要,不少高校的专业设置和结构不尽合理,教师队伍整体素质亟待提高,人才培养模式、教学内容和方法需要进一步转变,学生的实践能力和创新精神亟待加强。

教育部一直十分重视高等教育质量工作。2007 年 1 月,教育部下发了《关于实施高等学校本科教学质量与教学改革工程的意见》,计划实施"高等学校本科教学质量与教学改革工程(简称'质量工程')",通过专业结构调整、课程教材建设、实践教学改革、教学团队建设等多项内容,进一步深化高等学校教学改革,提高人才培养的能力和水平,更好地满足经济社会发展对高素质人才的需要。在贯彻和落实教育部"质量工程"的过程中,各地高校发挥师资力量强、办学经验丰富、教学资源充裕等优势,对其特色专业及特色课程(群)加以规划、整理和总结,更新教学内容、改革课程体系,建设了一大批内容新、体系新、方法新、手段新的特色课程。在此基础上,经教育部相关教学指导委员会专家的指导和建议,清华大学出版社在多个领域精选各高校的特色课程,分别规划出版系列教材,以配合"质量工程"的实施,满足各高校教学质量和教学改革的需要。

本系列教材立足于计算机公共课程领域,以公共基础课为主、专业基础课为辅,横向满足高校多层次教学的需要。在规划过程中体现了如下一些基本原则和特点。

(1)面向多层次、多学科专业,强调计算机在各专业中的应用。教材内容坚持基本理论适度,反映各层次对基本理论和原理的需求,同时加强实践和应用环节。

(2)反映教学需要,促进教学发展。教材要适应多样化的教学需要,正确把握教学内容和课程体系的改革方向,在选择教材内容和编写体系时注意体现素质教育、创新能力与实践能力的培养,为学生知识、能力、素质协调发展创造条件。

(3)实施精品战略,突出重点,保证质量。规划教材把重点放在公共基础课和专业基础课的教材建设上;特别注意选择并安排一部分原来基础比较好的优秀教材或讲义修订再版,逐步形成精品教材;提倡并鼓励编写体现教学质量和教学改革成果的教材。

(4)主张一纲多本,合理配套。基础课和专业基础课教材配套,同一门课程有针对不同层次、面向不同专业的多本具有各自内容特点的教材。处理好教材统一性与多样化,基本教材与辅助教材、教学参考书,文字教材与软件教材的关系,实现教材系列资源配套。

(5)依靠专家,择优选用。在制定教材规划时要依靠各课程专家在调查研究本课程教材建设现状的基础上提出规划选题。在落实主编人选时,要引入竞争机制,通过申报、评审确定主题。书稿完成后要认真实行审稿程序,确保出书质量。

　　繁荣教材出版事业,提高教材质量的关键是教师。建立一支高水平教材编写梯队才能保证教材的编写质量和建设力度,希望有志于教材建设的教师能够加入到我们的编写队伍中来。

21世纪普通高校计算机公共课程规划教材编委会

联系人:魏江江 weijj@tup.tsinghua.edu.cn

前　言

　　大学计算机基础课程是高等院校非计算机专业学生必修的公共基础课程，也是学习其他计算机应用技术的基础课。本课程的教学内容是根据教育部的教学基本要求，实现教学与科研的有效结合，通过对教学内容的基础性、科学性和前瞻性的研究，体现以技能技术为主体，构建支持学生终身学习的基础，反映本学科领域的最新科技应用成果。特别要以加强人才培养的针对性、应用性、实践性为重点，调整学生的知识结构和提升学生的素质。通过本课程的学习，学生应较全面、系统地掌握计算机软硬件技术与网络技术的基本概念，了解软件设计与信息处理的基本过程，掌握典型计算机系统的基本工作原理，具备安装、设置与操作现代典型计算环境的能力，具有较强的信息系统安全与社会责任意识，为后继计算机技术课程的学习打下必要的基础。

　　本书一是根据教育部非计算机专业计算机基础课程教学指导委员会提出的《关于进一步加强高校计算机基础教学的几点意见》中有关"大学计算机基础"课程教学要求；二是纳入了《全国计算机等级考试大纲》规定的相关内容；三是考虑了当前学生的实际情况和社会需求，结合教师多年的教学经验编写而成。

　　本书系统研究了目前大学计算机基础教育和计算机技术发展的状况，在内容取舍、篇章结构、教学讲解和实验安排等方面都进行了精心的设计。全书共分为 9 章，全面讲述计算机基础知识和公共基础知识、Windows7 操作系统、文字处理软件 Word 2010、电子表格软件 Excel 2010、演示文稿软件 PowerPoint 2010、网络技术基础、多媒体技术基础、软件工程基础等知识。在第 3 章、第 4 章、第 5 章渗入实际案例教学，进一步贴近实际，有利于提高学生的应用能力。

　　本书内容全面，由浅入深，同时密切结合了计算机专业技术的发展，并采用计算机专业写作手法，避免了教材过于通俗而专业讲解不足的问题。本书可以适应多层次分级教学，以满足不同学时的教学和适应不同基础学生的学习。在教学中，可以根据实际教学时数和学生的基础选择教学内容。

　　本书的第 1 章由李华、胡佳山编写；第 2 章由李微娜编写；第 3 章由刘越编写；第 4 章由李美珊编写；第 5 章由李春洁编写；第 6 章由王晓娟编写；第 7 章由郭吉平、张晓勇编写；第 8 章由韦韫韬编写；第 9 章由孙志勇编写。刁树民教授、郭吉平教授、李华教授制定了本书修订方案和实施计划，并做了编辑、修正和定稿工作。周虹教授对此书进行了审校。本书征求了哈尔滨工业大学、青岛大学、佳木斯大学的多位老师在课程建设、教材建设和本书编写的过程中提出了许多建议，对此，我们深表感谢。

　　由于作者水平的局限，本书可能存在不足之处，希望同行和读者提出宝贵的意见。

编　者

2014 年 3 月

前　言

目　录

第 1 章　计算机基础知识

计算机无疑是人类社会 20 世纪最伟大的发明之一,在半个多世纪的时间里,它一直以令人难以置信的高速度发展着。计算机的出现彻底改变了人类社会的文化生活,并且对人类的整个历史发展都有着不可估量的影响。随着人类进入信息社会,计算机已经成为人们在社会生活中不可缺少的工具。

本章主要介绍计算机的基本知识,通过本章的学习,读者将对计算机有个概括的了解,为以后的学习奠定必要的基础。

本章学习要点:
◇ 计算机的起源与发展、主要特点、应用领域。
◇ 数的进制、不同进制之间的转换。
◇ 理解计算机中的英文字符编码和汉字编码。
◇ 掌握冯·诺依曼结构及计算机的工作过程。
◇ 微型计算机的硬件组成。

1.1　计算机概述

本节学习要点:
◇ 掌握计算机的起源与发展、主要特点、应用领域。
◇ 熟悉计算机的发展趋势。
◇ 了解微型计算机的发展及计算机的分类。

1.1.1　计算机的起源与发展

在人类的整个发展历程中,一直都在寻找快速有效的计算工具。从远古时期先民们结绳记事的“绳”到战国争雄时谋士们运筹帷幄的“筹”,从公元 600 多年中国人的算盘到 17 世纪欧洲人的计算尺(1620 年)、计算器(1642 年),经历了漫长的历史过程。随着机械工业的出现,1832 年由英国数学家巴贝奇(Charles Babbage,1792—1871)首先提出了通用数字计算机的设计思想,并且设计出了第一台由外部指令驱动的计算机,可是由于缺乏资金和当时技术水平的限制,他从未制造出这样的机器。

基础理论的研究与先进思想的出现也推动了计算机的发展。1854 年,英国数学家布尔(George Boole,1824—1898)提出了符号逻辑的思想,数十年后形成了计算机科学软件的理论基础。1936 年,英国数学家图灵(Alan Turing,1912—1954)提出了著名的“图灵机”模型,探讨了现代计算机的基本概念,理论上证明了研制通用数字计算机的可行性。1945 年,匈牙利出生的美籍数学家冯·诺依曼(John von Neumann,1903—1958)提出了在数字计算

2

机内部的存储器中存放程序的概念。这是所有现代计算机的范式,被称为"冯·诺依曼结构",按这一结构建造的计算机称为存储程序计算机,又称为通用计算机。冯·诺依曼的EDVAC(Electronic Discrete Variable Computer,电子离散变量计算机)方案是计算机发展史上的一个划时代的文献,它向世界宣告:计算机时代开始了。几十年来,虽然现在的计算机系统从性能指标、运算速度、工作方式、应用领域和价格等方面与当时的计算机有很大的差别,但基本结构仍没有改变,都属于冯·诺依曼计算机。冯·诺依曼因此而被人们誉为"计算机之父"。

1946年,由宾夕法尼亚大学的工程师们开发出了世界上第一台多用途的计算机ENIAC,这是一台真正现代意义上的计算机,如图 1-1 所示。这台机器共使用了 18 000 个电子管,占地 135m²,功率 150kW,重达 30t。ENIAC 主要是靠继电器的状态组合来完成运算任务,每秒钟可进行 5000 次的加法运算。它虽然庞大笨重,不可与后来的各式计算机同日而语,但是却标志着计算机时代的到来。

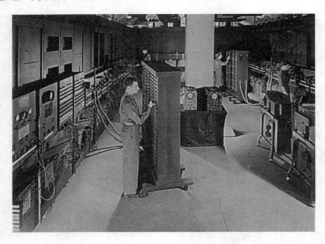

图 1-1　第一台电子计算机 ENIAC

计算机自从诞生之日起,就以惊人的速度发展着,到目前为止它经历了 4 个发展阶段,表 1-1 中说明了这个发展的大致过程。

表 1-1　计算机发展简表

代别	起止年份	代表产品	硬件			软件	应用领域
			逻辑元件	主存储器	其他		
第一代	1946—1957	ENIAC、EDVAC UNIVAC-1 IBM-704	电子管	水银延迟线 磁鼓 磁芯	输入输出主要采用穿孔卡片	机器语言 汇编语言	科学计算
第二代	1958—1964	IBM-7090 ATLAS	晶体管	普遍采用磁芯	外存开始采用磁带、磁盘	高级语言、管理程序、监控程序、简单的操作系统	科学计算、数据处理、事务管理

代别	起止年份	代表产品	硬　件			软件	应用领域
			逻辑元件	主存储器	其他		
第三代	1965—1970	IBM-360、CDC-6000 PDP-11、NOVA	集成电路	磁芯半导体	外存普遍采用磁带、磁盘	多种功能较强的操作系统、会话式语言	实现标准化系列,应用于各个领域
第四代	1970年至今	IBM-4300 VAX-11、BM-PC	超大规模集成电路	半导体	各种专用外设,大容量磁盘、光盘等普遍使用	可视化操作系统、数据库、多媒体、网络软件	广泛应用于所有领域

1.1.2　微型计算机的发展

在计算机的发展史中,个人计算机(Personal Computer,PC)的出现无疑具有里程碑的意义。它的出现并非偶然,而是电子技术与计算机技术发展的必然结果。

随着集成电路的出现,在单个芯片上集成大量的电子元件已经成为电子科学的事实。英特尔公司(Intel)于1971年顺利开发出全球第一块4位微处理器Intel4004芯片。于是就产生了世界上第一台4位微型电子计算机MCS-4。这台计算机揭开了世界微型计算机发展的序幕。

1972年,Intel公司研制成功8位微处理器Intel8008。这就是人们通常所称的第一代微处理器,由它装备起来的微型计算机称为第一代微型计算机。

Intel在1974年推出了新一代8位微处理器Intel8080。8080集成了6000个晶体管,并一举突破1MHz的工作频率大关,达到2MHz。8080是一个划时代的产品,它的诞生使得Intel有了自己真正意义上的个人计算机微处理器。1975年1月,由MITS公司研制的以8080为CPU的全球第一台微型计算机——Altair出世。另外,8080芯片和Altair计算机同时也催生了Apple计算机:1976年,乔布斯和沃兹制作出Apple Ⅰ;1977年4月,Apple Ⅱ上市。Apple计算机的出现,宣布了PC时代的到来。

1978年,Intel公司首先开发成功16位微处理器Intel8086。由于它采用了H-MOS新工艺,使新的微处理器Intel8086比上一代的Intel8085在性能上提高了将近十倍。1981年,IBM的工程师们在佛罗里达的Boca Raton采用8086与8088微处理器芯片,设计出了自己的个人计算机——IBM-PC,并且建立起了个人计算机的标准,由于IBM的品牌效应,PC迅速获得了成功,而且PC的魅力经久不衰,它的影响一直持续到了今天。

1982年2月1日,Intel80286芯片正式发布,该芯片总线带宽为16位,集成了13万多个晶体管,因此性能也有了很大的提高,主频达到了20MHz。它除完全向下兼容外,也使得多任务并行处理操作系统的普及成为可能。此后,以微处理器代号称谓的个人计算机沿着Intel所划定的80286、80386、80486一路走下来。1993年,Intel公司推出32位微处理器芯片Pentium,中文名称为"奔腾",它的外部数据总线为64位,工作频率为66～200MHz,一时间各厂家纷纷推出奔腾计算机。在随后的日子里,微处理器市场很快经历了高能奔腾(Pentium Pro)、多能奔腾(Pentium MMX)、Pentium Ⅱ、Pentium Ⅲ、Pentium 4几代产品。

目前市场上主流产品是 Pentium 双核处理器的微型计算机,其外观如图 1-2 所示。

图 1-2　微型计算机外观

1.1.3　计算机的主要特点

计算机(Computer)也称为"电脑",是一种具有计算功能、记忆功能和逻辑判断功能的机器设备。使用它能接收数据,保存数据,按照预定的程序对数据进行处理,并提供和保存处理结果。与其他工具和人类自身相比,计算机具有以下特点。

1. 运算速度快

计算机的运算速度是指在单位时间内执行指令平均条数,目前计算机的运算速度已达数万亿次/秒,极大地提高了工作效率。

2. 运算精度高

当前计算机字长为 32 或 64 位,计算结果的有效数字可精确到几十位甚至上百位数字。

3. 存储容量大

计算机具有强大的存储数据的能力。目前常用来存储信息的硬盘单盘容量已达到了 200GB,并且可以在极短的时间内调出任何所需要的内容。

4. 具有记忆和逻辑判断能力

计算机不仅能计算,还可以把原始数据、中间结果、指令等信息存储起来,随时调用,并能进行逻辑判断,从而完成许多复杂问题的分析。

5. 具有自动运行能力

计算机能够按照存储在其中的程序自动工作,不需要人直接干预运算、处理和控制。这是计算机与其他计算工具的本质区别。

另外,计算机还有一些其他的特性,如通用性、高可靠性、易用性等。计算机之所以能迅速地渗入到人类社会的各个方面,和它所具有的这些特性是分不开的。

1.1.4　计算机应用领域

计算机的应用已渗透到社会的各行各业,正在改变着传统的工作、学习和生活方式,推动着社会的发展。归纳起来,计算机的应用主要有科学计算、数据处理、过程控制、计算机辅助工程、人工智能等方面。

1. 科学计算

科学计算也称为数值计算,通常是指用于完成科学研究和工程技术中提出的数学问题的计算。科学计算是计算机最早的应用领域。随着科学技术的发展,使得各种领域中的计算模型日趋复杂,人工计算已无法解决这些复杂的计算问题,需要依靠计算机进行复杂的运算。科学计算的特点是计算工作量大、数值变化范围大。

2. 数据处理

数据处理也称为非数值计算,是指对大量的数据进行加工处理,例如统计分析、合并、分类等。与科学计算不同,数据处理涉及的数据量大,但计算方法较简单。从数据的收集、存储、整理到检索统计,计算机应用范围日益扩大,很快超过了科学计算,成为最大的计算机应用领域。

3. 过程控制

过程控制又称实时控制,是指用计算机及时采集检测数据,按最佳值迅速地对控制对象进行自动控制或自动调节。利用计算机进行过程控制,不仅可以大大提高控制的自动化水平,而且可以提高控制的及时性和准确性,从而改善劳动条件、提高质量、节约能源、降低成本。计算机过程控制已在军事、冶金、化工、机械、航天等部门得到广泛的应用。

4. CAD/CAM

计算机辅助设计(Computer Aided Design,CAD),就是用计算机帮助设计人员进行设计。例如,飞机船舶设计、建筑设计、机械设计、大规模集成电路设计等。

计算机辅助制造(Computer Aided Manufacturing,CAM),就是用计算机进行生产设备的管理、控制和操作的过程。

除了 CAD、CAM 之外,计算机辅助系统还有计算机辅助教学(Computer Aided Instruction,CAI)、计算机辅助教育(Computer Based Education,CBE)、计算机辅助工程(Computer Aided Engineering,CAE)、计算机辅助工艺规划(Computer Aided Process Planning,CAPP)、计算机集成制造系统(Computer Integrated Manufacture System,CIMS)等。

5. 多媒体技术

多媒体(Multimedia),是一种以交互方式将文本、图形、图像、音频、视频等多种媒体信息,经过计算机设备的获取、操作、编辑、存储等综合处理后,将这些媒体信息以单独或合成的形态表现出来的技术和方法。多媒体技术是以计算机技术为核心,将现代声像技术和通信技术融为一体,以追求更自然、更丰富的接口界面,因而其应用领域十分广泛。

6. 网络技术

20 世纪 80 年代发展起来的国际互联网(Internet)正在促进全球信息产业化的发展,对于全球的经济、科学、教育、政治、军事等各个领域起着巨大的作用,它可以实现各部门、地区、国家之间的信息资源共享与交换。

7. 虚拟现实

虚拟现实是利用计算机生成的一种模拟环境,通过多种传感设备使用户"投入"到该环境中,实现用户与环境直接进行交互的目的。这种模拟环境是用计算机构成的具有表面色彩立体图形,它可以是某一特定现实世界的真实写照,也可以是纯粹构想出来的世界。

8. 电子商务

电子商务(E-Business)是指利用计算机和网络进行的商务活动,具体地说,是指综合利用 LAN(局域网)、Intranet(企业内部网)和 Internet 进行商品与服务交易、金融汇兑、网络广告或提供娱乐节目等商业活动。交易的双方可以是企业与企业之间(B2B),也可以是企业与消费者之间(B2C)。

9. 人工智能

人工智能(Artificial Intelligence,AI)是指用计算机来模拟人类的智能。虽然计算机的能力在许多方面远远超过了人类,如计算速度,但是真正要达到人类的智能还是非常遥远的事情。不过目前一些智能系统已经能够替代人的部分脑力劳动,获得了实际的应用,尤其是在机器人、专家系统、模式识别等方面。

1.1.5 计算机的分类

因着眼的角度不同,对计算机的分类也不同。

(1) 按工作原理分类,计算机分为数字计算机和模拟计算机。

(2) 按用途分类,计算机可以分为专用计算机和通用计算机。

(3) 按功能分类,计算机分为巨型计算机、小巨型计算机、大型计算机、小型计算机、工作站和微型计算机。

(4) 按使用方式分类,计算机分为掌上电脑、笔记本、台式计算机、网络计算机、工作站、服务器、主机等。

还有一些其他的分类方法,不再详述。在本书中所讨论的计算机都是电子数字计算机,而实际操作主要针对 PC 系列的微型计算机。

1.1.6 计算机的发展趋势

随着新技术新发明的不断涌现和科学技术水平的提高,计算机技术也将会继续高速发展下去。从目前计算机科学的现状和趋向上看,它将向着以下 4 个方向发展。

1. 巨型化

为了适应尖端科学技术的需要,将会发展出一批高速度、大容量的巨型计算机。巨型计算机的发展集中地体现了国家计算机科学的发展水平,推动了计算机系统结构、硬件和软件理论与技术、计算数学以及计算机应用等方面的发展,也是一个国家综合国力的反映。

2. 微型化

随着信息化社会的发展,微型计算机已经成了人们生活中不可缺少的工具,所以计算机将会继续向着微型化的趋势发展。从笔记本到掌上电脑,再到嵌入到各种各样家电中的计算机控制芯片,而进入到人体内部,甚至能嵌入到人脑中的微计算机不久也将会成为现实。

3. 网络化

计算机的网络化将是计算机发展的另一趋势。随着网络带宽的增大,计算机与网络一起成为人们生活的一个不可或缺的部分,通过网络,可以下载自己喜欢的电影,可以控制远在万里之外的家电设备,可以去完成一切想要去做的事情。

4. 智能化

智能化计算机一直是人们关注的对象,其研究领域包括:自然语言的生成与理解、模式识别、自动定理证明、专家系统、机器人等。如随着 Internet 而发展研究的计算机神经元网络、最新出现的量子计算机雏形就是在智能化计算机研究上的重大成果。智能化计算机的发展,将会使计算机科学和计算机的应用达到一个崭新的水平。

1.2　计算机中的数据与编码

计算机最基本的功能是对数据进行计算和加工处理,这些数据可以是数值、字符、图形、图像和声音等。在计算机内,不管是什么样的数据,都是采用 0 和 1 组成的二进制编码形式表示。本节介绍二进制数及字符在计算机内的表示。

本节学习要点:
◇ 掌握数的进制的基本特点。
◇ 掌握不同进制之间的转换。
◇ 掌握数据的存储单位及它们的换算关系。
◇ 理解英文字符编码和汉字编码的过程。

1.2.1　数的进制

数制(Numbering System)即表示数值的方法,有非进位数制和进位数制两种。表示数值的数码与它在数中的位置无关的数制称为非进位数制,如罗马数字就是典型的非进位数制。按进位的原则进行记数的数制称为进位数制,简称"进制"。对于任何进位数制,都具有以下的基本特点。

1. 数制的基数确定了所采用的进位记数制

表示一个数时所用的数字符号的个数称为基数(Radix),如十进制数制的基数为 10;二进制的基数为 2。对于 N 进位数制,有 N 个数字符号,如十进制中有 10 个数字符号 0~9;二进制有两个符号 0 和 1;八进制有 8 个符号 0~7;十六进制有 16 个符号 0~9、A~F。

2. 逢 N 进一

如十进制中逢 10 进 1;八进制中逢 8 进 1;二进制中逢 2 进 1;十六进制中逢 16 进 1,如表 1-2 所示。

表 1-2　0~15 之间整数的 4 种常用进制表示

十进制	二进制	八进制	十六进制	十进制	二进制	八进制	十六进制
0	0	0	0	8	1000	10	8
1	1	1	1	9	1001	11	9
2	10	2	2	10	1010	12	A
3	11	3	3	11	1011	13	B
4	100	4	4	12	1100	14	C
5	101	5	5	13	1101	15	D
6	110	6	6	14	1110	16	E
7	111	7	7	15	1111	17	F

3. 采用位权表示法

处在不同位置上的相同数字所代表的值不同,一个数字在某个位置上所表示的实际数值等于该数值与这个位置的因子的乘积,而该位置的因子由所在位置相对于小数点的距离来确定,简称为位权(Weight)。位权与基数的关系是:位权的值恰是基数的整数次幂。小数点左边的第一位的位权为基数的 0 次幂,第二位位权为基数的 1 次幂,以此类推;小数点右边第一位位权为基数的-1次幂,第二位位权为基数的-2次幂,以此类推。因此,任何进制的数都可以写出按位权展开的多项式之和。如表1-3所示为不同进制中数的展开式。

表1-3　不同进制中的数按位权展开式

进　　制	原　始　数	按位权展开	对应十进制数
十进制	923.45	$9\times10^2+2\times10^1+3\times10^0+4\times10^{-1}+5\times10^{-2}$	923.45
二进制	1101.1	$1\times2^3+1\times2^2+0\times2^1+1\times2^0+1\times2^{-1}$	13.5
八进制	572.4	$5\times8^2+7\times8^1+2\times8^0+4\times8^{-1}$	378.5
十六进制	3B4.4	$3\times16^2+B\times16^1+4\times16^0+4\times16^{-1}$	948.25

十分清楚,在数的各种进制中,二进制是其中最简单的一种计数进制。一是因为它的数码只有两个:0和1。在自然界中,具有两种状态的物质俯拾皆是,如电灯的"亮"与"灭",开关的"开"与"关"等。二是因为二进制的运算规则很简单:

$0+0=0$　　$0+1=1$　　$1+0=1$　　$1+1=10$

$0\times0=0$　　$0\times1=0$　　$1\times0=0$　　$1\times1=1$

这样的运算很容易实现,在电子电路中,只要用一些简单的逻辑运算元件就可以完成。因此在计算机中数的表示全部用二进制,并采用二进制的运算规则完成数据间的计算。

尽管在计算机中数据一律用二进制表示,但是在数据的输入输出、数据处理程序的编写中仍然大量地采用其他进制,例如,在屏幕上看到的数据及计算结果都是十进制数据。这是因为数据进制的转换工作已经由计算机代劳了。在应用计算机的过程中,不用考虑数据在机器内部的表示及底层的处理方式、处理过程。

在输入输出数据时,可以用数据后加一个特定的字母来表示它所采用的进制:字母D表示数据为十进制(也可以省略);字母B表示数据为二进制;字母O表示数据为八进制;字母H表示数据为十六进制。例如,567.17D(十进制数567.17)、110.11B(二进制数110.11)、245O(八进制数245)、234.5BH(十六进制数234.5B)。

也可以用加括号和下标的形式,例如,$(567.17)_{10}$表示十进制数567.17、$(110.11)_2$表示二进制数110.11、$(245)_8$表示八进制数245、$(234.5B)_{16}$表示十六进制数234.5B。

1.2.2　不同进制之间的转换

1. r进制数转换为十进制数

r进制转换为十进制数,只要将各位数字乘以各自的权值求和即可。例如:

将二进制数110011.101转换为十进制数:

$(110011.101)_2=1\times2^5+1\times2^4+1\times2^1+1\times2^0+1\times2^{-1}+1\times2^{-3}=(51.625)_{10}$

将十六进制数A12转换为十进制数:

$(A12)_{16}=A\times16^2+1\times16^1+2\times16^0=(2578)_{10}$

2. 十进制数转换为r进制数

将十进制数转换为r进制数时,可将此数分成整数与小数两部分分别转换,然后再拼接起来即可。整数部分转换成r进制整数采用除r取余法,即将十进制整数不断除以r取余数,直到商为0,余数从右到左排列,首次取得的余数最右。

例如,将 57 转换为二进制数:

```
2 ⌐  57        余数
2 ⌐  28         1      低位 ↑
  2 ⌐ 14        0
    2 ⌐ 7       0
      2 ⌐ 3     1
        2 ⌐ 1   1
            0   1      高位
```

因此,$(57)_{10} = (111001)_2$。

小数部分转换成 r 进制小数采用乘 r 取整法,即将十进制小数不断乘以 r 取整数,直到小数部分为 0 或达到所求的精度为止(小数部分可能永不为零);所得的整数从小数点自左往右排列,取有效精度,首次取得的整数最左。

例如,将十进制数 0.3125 转换成二进制数:

$0.3125 \times 2 = 0.625$ ··········· 0 ← 高位

$0.625 \times 2 = 1.25$ ··········· 1

$0.25 \times 2 = 0.5$ ··········· 0 ↓

$0.5 \times 2 = 1.0$ ··········· 1 ← 低位

因此,$(0.3125)_{10} = (0.0101)_2$

要注意的是,十进制小数常常不能准确地换算为等值的二进制小数(或其他进制数),有换算误差存在。

若将十进制数 57.3125 转换成二进制数,可分别进行整数部分和小数部分的转换,然后再拼在一起 $(57.3125)_{10} = (111001.0101)_2$。

3. 二进制、八进制、十六进制数间的相互转换

由上例看到十进制数转换成二进制数转换过程书写比较长,为了转换方便,人们常把十进制数转换八进制数或十六进制数,再转换成二进制数。由于二进制、八进制和十六进制之间存在特殊关系:$8^1 = 2^3$,$16^1 = 2^4$,即一位八进制数相当于三位二进制数;一位十六进制数相当于四位二进制数,因此转换方法就比较容易。

根据这种对应关系,二进制数转换成八进制数时,以小数点为中心向左右两边分组,每三位为一组,两头不足三位补 0 即可。

同样,二进制数转换成十六进制数只要四位为一组进行分组。例如,将二进制数 1101101110.110101 转换成十六进制数:

$(\underline{0011}\ \underline{0110}\ \underline{1110}.\underline{1101}\ \underline{0100})_2 = (36E.D4)_{16}$(整数高位和小数低位补零)
　　3　　6　　E　.　D　　4

又如将二进制数 1101101110.110101 转换成八进制数:

$(\underline{001}\ \underline{101}\ \underline{101}\ \underline{110}.\underline{110}\ \underline{101})_2 = (1556.65)_8$
　　1　 5　 5　 6　.　6　 5

同样将八(十六)进制数转换成二进制数只要一位化三(四)位即可。

例如:

$(2C1D.A1)_{16} = (\underline{0010}\ \underline{1100}\ \underline{0001}\ \underline{1101}.\underline{1010}\ \underline{0001})_2$
　　　　2　　C　　1　　D　.　A　　1

$$(7123.14)_8 = (\underbrace{111}_{7}\ \underbrace{001}_{1}\ \underbrace{010}_{2}\ \underbrace{011}_{3}.\underbrace{001}_{1}\ \underbrace{100}_{4})_2$$

注意：整数前的高位 0 和小数后的低位 0 可取消。

1.2.3 数据存储的单位

在计算机中,数据存储的最小单位为比特(b),1b 为 1 个二进制位。

由于 1b 太小,无法用来表示出数据的信息含义,所以又引入了"字节"(B)作为数据存储的基本单位。在计算机中规定,1B 为 8 个二进制位。除字节外,还有千字节(KB)、兆字节(MB)、吉字节(GB)、太字节(TB)。它们的换算关系是：

$1\text{KB} = 1024\text{B} = 2^{10}\text{B}$

$1\text{MB} = 1024\text{KB} = 1\,048\,576\text{B} = 2^{20}\text{B}$

$1\text{GB} = 1024\text{MB} = 1\,048\,576\text{KB} = 1\,073\,741\,824\text{B} = 2^{30}\text{B}$

$1\text{TB} = 1024\text{GB} = 2^{40}\text{B}$

在谈到计算机的存储容量或某些信息的大小时,常常使用上述的数据存储单位。如一张 3.5 英寸的软盘容量约为 1.44MB;目前的个人计算机的内存容量一般约为 64MB～1GB,而硬盘的容量一般在 10～200GB 之间。TB 单位目前还使用较少。

注意：这里 B 作为数据量大小的单位,不要和表示二进制数的"B"混淆。

1.2.4 英文字符编码

计算机除进行数值计算以外,大多还是进行各种数据的处理。其中字符处理占有相当大的比重。由于计算机是以二进制的形式存储和处理的,因此字符也必须按特定的规则进行二进制编码才能进入计算机。字符编码的方法很简单,首先确定需要编码的字符总数,然后将每一个字符按顺序确定顺序编号,编号值的大小无意义,仅作为识别与使用这些字符的依据。字符形式的多少涉及编码的位数。这如同学生在学校中必须有一个学号来唯一地表示某个学生;学校的招生规模,决定了学号的位数。对西文与中文字符,由于形式的不同,使用不同的编码。

在计算机中,最常用的英文字符编码为 ASCII 码(American Standard Code for Information Interchange,美国信息交换标准码),如表 1-4 所示,它原为美国的国家标准,1967 年确定为国际标准。在 ASCII 中,用 7 个二进制位表示 1 个字符,其排列次序为 $d_6d_5d_4d_3d_2d_1d_0$,d_6 为高位,d_0 为低位,共可以表示 128 个字符。其中 94 个可打印或显示的字符,其他的则为不可打印或显示的字符。在 ASCII 码的应用中,也经常用十进制或十六进制表示。在这些字符中,0～9、A～Z、a～z 都是顺序排列的,且小写比大写字母码值大 32,即位值 d_5 为 0 或 1,这有利于大、小写字母之间的编码转换。

有些特殊的字符编码请读者记住,例如：

a 字母字符的编码为 1100001,对应的十进制数是 97,十六进制数为 61H;

A 字母字符的编码为 1000001,对应的十进制数是 65,十六进制数为 41H;

数字 0 的字符编码为 0110000,对应的十进制数是 48,十六进制数为 30H;

空格的字符编码为 0100000,对应的十进制数是 32,十六进制数为 20H;

LF(换行)控制符的编码为 0001010,对应的十进制数是 10,十六进制数为 0AH;

CR(回车)控制符的编码为0001101,对应的十进制数是13,十六进制数为0DH。

表 1-4　7 位 ASCII 代码表

$d_3d_2d_1d_0$	$d_6d_5d_4$							
	000	**001**	**010**	**011**	**100**	**101**	**110**	**111**
0000	NUL	DLE	SP	0	@	P	`	p
0001	SOH	DC1	!	1	A	Q	a	q
0010	STX	DC2	"	2	B	R	b	r
0011	ETX	DC3	#	3	C	S	c	s
0100	EOT	DC4	$	4	D	T	d	t
0101	ENQ	NAK	%	5	E	U	e	u
0110	ACK	SYN	&	6	F	V	f	v
0111	BEL	ETB	'	7	G	W	g	w
1000	BS	CAN	(	8	H	X	h	x
1001	HT	EM	)	9	I	Y	i	y
1010	LF	SUB	*	:	J	Z	j	z
1011	VT	ESC	+	;	K	[	k	{
1100	FF	PS	,	>	L	\	l	|
1101	CR	GS	—	=	M	]	m	}
1110	SO	RS	.	<	N	^	n	~
1111	SI	US	/	?	O		o	DEL

计算机的内部存储与操作常以字节为单位,即 8 个二进制位为单位。因此一个字符在计算机内实际是用 8 位表示。正常情况下,最高位为 0。

注意:ASCII 码只占用了一个字节中低端的 7 位,最高位(第 8 位)为 0。

1.2.5　汉字编码

英文是拼音文字,采用不超过 128 种字符的字符集就满足英文处理的需要,编码容易,而且在一个计算机系统中,输入、内部处理和存储都可以使用同一编码(一般为 ASCII 码)。汉字是象形文字,种类繁多,编码比较困难,而且在一个汉字处理系统中,输入、内部处理、输出对汉字编码的要求不尽相同,因此需进行一系列的汉字编码及转换。计算机对汉字的输入、保存和输出过程是这样的:在输入汉字时,操作者通过键盘输入输入码,通过输入码找到汉字的国标区位码,再计算出汉字的机内码后保存内码。而当显示或打印汉字时,则首先从指定地址取出汉字的内码,根据内码从字模库中取出汉字的字形码,再通过一定的软件转换,将字形输出到屏幕或打印机上。其过程见图 1-3,其中虚框中的编码对应的是国标码,除此之外还有很多种汉字内码(在后边介绍)。

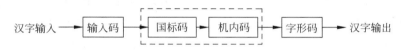

图 1-3　汉字信息处理系统模型

1. 输入码

为了能直接使用英文标准键盘进行汉字输入,必须为汉字设计相应的编码。汉字编码方法主要分为三类:数字编码、拼音编码和字形编码。

(1) 数字编码:指用一串数字表示一个汉字,如区位码、电报码等。数字码缺乏规律,难于记忆,通常很少用。

(2) 拼音编码:拼音码是以汉语拼音为基础的输入方法,如全拼、智能 ABC 等。拼音法的优点是学习速度快,学过拼音就可掌握,但重码率高,打字速度慢。

(3) 字形编码:是按汉字的形状进行编码,如五笔字型、郑码等。字形码的优点是平均触键次数少、重码率低,缺点是需要背字根、不易掌握。

2. 国标区位码

为了解决汉字的编码问题,1980 年我国公布了 GB 2312—1980 国家标准。在此标准中,共含有 6763 个简化汉字,其中一级汉字 3755 个,二级汉字 3008 个,此外还有 682 个汉字符号,包括西文字母、日文假名和片假名、俄文字母、数字、制表符以及一些特殊的图形符号。在该标准的汉字编码表中,汉字和符号按区位排列,共分成了 94 个区,每个区有 94 个位。一个汉字的编码由它所在的区号和位号组成,称为区位码。例如,"啊"字在此标准中的第 16 区第 1 位,所以它的区位码为 1601,十六进制表示为 1001H。

3. 机内码

区位码占用两个字节,这两个字节的最高位都是"0"。为了避免汉字区位与 ASCII 码无法区分,汉字在计算机内的保存采用了机内码,也称汉字的内码。目前占主导地位的汉字机内码是将区码和位码分别加上数 A0H 作为机内码。如"啊"字的区位码的十六进制表示为 1001H,而"啊"字的机内码则为 B0A1H。这样汉字机内码的两个字节的最高位均为 1,很容易与西文的 ASCII 码区分。汉字机内码和国标区位码的换算关系是:

$$机内码 = 区位码 + A0A0H$$

注意:汉字机内码的两个字节的最高位均为 1。

需要说明的是,在我国的台湾省,目前广泛使用的是"大五码(BIG-5)",对于这种内码一个汉字也是用两个字节表示,共可以表示 13 053 个汉字。

为了统一地表示世界各国的文字,1992 年 6 月,国际标准化组织公布了"通用多 8 位编码字符集"的国际标准 ISO/IEC 10646,简称 UCS(Universal Multiple-Octet Code Character Set)。UCS 的基本多文种平面与另一工业标准 Unicode(美国的一个民间团体制定的一个 16 位编码的多文种字符集,1990 年推出)相一致。Unicode 用两个字节编码一个字符,可以容纳 65 536 个不同的字符,目前已经包括日文、拉丁文、俄文、希腊文、希伯来文、阿拉伯文、韩文和中文的共约 29 000 个字符,ASCII 字符集只是其中的一个小小的子集。为了适应这一趋势,我国于 1994 年正式公布了与 ISO/IEC 10646 相一致的国家标准 GB 13000,不久又提出了"扩充汉字机内码规范(GBK)",从而产生了 GBK 大字符集。目前微软公司(Microsoft)在中国内地销售的 Windows 9x/2000/XP/NT/Me 操作系统都使用了 GBK 内码,能统一地表示 20 902 个汉字及汉字符号。

4. 字形码

汉字字形码又称汉字字模,用于汉字在显示屏或打印机输出。汉字字形码通常有两种表示方式:点阵和矢量表示方式,如图 1-4 所示。

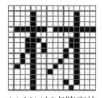 

(a) 16×16点阵字体　　(b) 64×64点阵字体　　(c) 轮廓字体

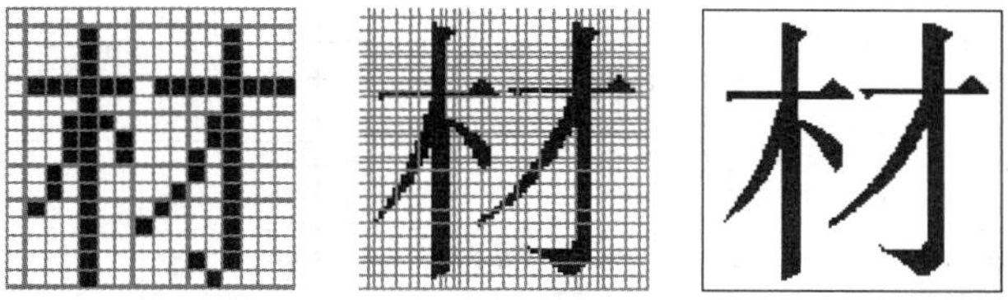

图 1-4　汉字字形表示

用点阵表示字形时,汉字字形码指的就是这个汉字字形点阵的代码。根据输出汉字的要求不同,点阵的多少也不同。简易型汉字为 16×16 点阵,提高型汉字为 24×24 点阵、32×32 点阵、48×48 点阵等。点阵规模愈大,字形愈清晰美观,所占存储空间也很大。

矢量表示方式存储的是描述汉字字形的轮廓特征,当要输出汉字时,通过计算机的计算,由汉字字形描述生成所需大小和形状的汉字点阵。矢量化字形描述与最终文字显示的大小、分辨率无关,因此可产生高质量的汉字输出。Windows 中使用的 TrueType 技术就是汉字的矢量表示方式。

点阵和矢量方式的区别:前者编码、存储方式简单,无须转换直接输出;但字形放大后产生的效果差,而且同一种字体不同的点阵需要不同的字库。矢量方式正好与前者相反。

1.3　计算机系统组成

本节学习要点:
◇　了解计算机系统的组成。
◇　掌握冯·诺依曼体系计算机的核心思想和特点。
◇　掌握计算机的工作过程。
◇　熟悉计算机硬件系统和软件系统的组成。

1.3.1　计算机系统概述

计算机系统包括硬件系统(Hardware)和软件系统(Software)两大部分,如图 1-5 所示。计算机通过执行程序而运行,计算机工作时软硬件协同工作,二者缺一不可。

硬件系统是组成计算机系统的各种物理设备的总称,是计算机系统的物质基础,是看得见、摸得着的一些实实在在的有形实体。

计算机的性能,如运算速度、存储容量、计算精度、可靠性等,很大程度上取决于硬件的配置。只有硬件而没有任何软件支持的计算机称为裸机。在裸机上只能运行机器语言程序,使用很不方便,效率也低,对于一般用户来说几乎是没有用的。

软件(Software)是指使计算机运行需要的程序、数据和有关的技术文档资料。软件是计算机的灵魂,是发挥计算机功能的关键。有了软件,人们可以不必过多地去了解机器本身的结构与原理,可以方便灵活地使用计算机。软件屏蔽了下层的具体计算机硬件,形成一台抽象的逻辑计算机(也称虚拟机),它在用户和计算机(硬件)之间架起了桥梁。

现代计算机不是一种简单的电子设备,而是由硬件与软件结合而成的一个十分复杂的

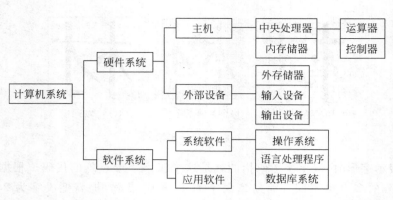

图 1-5 计算机系统组成

整体。

计算机硬件是支撑软件工作的基础,没有足够的硬件支持,软件无法正常工作。相对于计算机硬件而言,软件是无形的。但是不安装任何软件的计算机(称为裸机),不能进行任何有意义的工作。系统软件为现代计算机系统正常有效地运行提供良好的工作环境;丰富的应用软件使计算机强大的信息处理能力得以充分发挥。

在一个具体的计算机系统中,硬件、软件是紧密相关、缺一不可的,但是对某一具体功能来说,既可以用硬件实现,也可以用软件实现,这就是硬件、软件在逻辑功能上的等效。所谓硬件、软件在逻辑功能上的等效是指由硬件实现的操作,在原理上均可用软件模拟来实现;同样,任何由软件实现的操作,在原理上也可由硬件来实现。

在计算机技术的飞速发展过程中,计算机软件随着硬件技术发展而不断发展与完善,软件的发展又促进了硬件技术的发展。

1.3.2 冯·诺依曼结构

尽管计算机发展了 4 代,但其基本工作原理仍然是基于冯·诺依曼原理,其基本思想是存储程序与程序控制。存储程序是指人们必须事先把计算机的执行步骤序列(即程序)及运行中所需的数据,通过一定方式输入并存储在计算机的存储器中。程序控制是指计算机运行时能自动地逐一取出程序中的一条条指令,加以分析并执行规定的操作。

冯·诺依曼体系计算机的核心思想是"存储程序"的概念。它的特点如下。

(1) 计算机由运算器、存储器、控制器和输入设备、输出设备 5 大部件组成;

(2) 指令和数据都用二进制代码表示;

(3) 指令和数据都以同等地位存放于存储器内,并可按地址寻访;

(4) 指令是由操作码和地址码组成,操作码用来表示操作的性质,地址码用来表示操作数所在存储器中的位置;

(5) 指令在存储器内是顺序存放的;

(6) 机器以运算器为核心,输入输出设备与存储器的数据传送通过运算器。

典型的冯·诺依曼计算机是以运算器为中心的。其中,输入、输出设备与存储器之间的数据传送都需通过运算器。

现代的计算机已转化为以存储器为中心,如图 1-6 所示,图中实线为控制线,虚线为反馈线,双线为数据线。

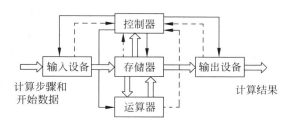

图 1-6 冯·诺依曼计算机框图

1.3.3 计算机硬件系统

1. 存储器

存储器是用来存储数据和程序的部件。

计算机中的信息都是以二进制代码形式表示的,必须使用具有两种稳定状态的物理器件来存储信息。这些物理器件主要有磁芯、半导体器件、磁表面器件等。

存储器分为主存储器和辅助存储器。主存可直接与 CPU 交换信息,辅存又叫外存。

1) 主存储器

主存储器(又称为内存储器,简称主存或内存)用来存放正在运行的程序和数据,可直接与运算器及控制器交换信息。按照存取方式,主存储器又可分为随机存取存储器(Random Access Memory,RAM)和只读存储器(Read Only Memory,ROM)两种。只读存储器用来存放监控程序、系统引导程序等专用程序,在生产制作只读存储器时,将相关的程序指令固化在存储器中,在正常工作环境下,只能读取其中的指令,而不能修改或写入信息。随机存取存储器用来存放正在运行的程序及所需要的数据,具有存取速度快、集成度高、电路简单等优点,但断电后,信息将自动丢失。

主存储器由许多存储单元组成,全部存储单元按一定顺序编号,称为存储器的地址。存储器采取按地址存(写)取(读)的工作方式,每个存储单元存放一个单位长度的信息。

2) 辅存储器

辅存储器(又称为外存储器,简称辅存或外存)是用来存放多种大信息量的程序和数据,可以长期保存,其特点是存储容量大、成本低,但存取速度相对较慢。外存储器中的程序和数据不能直接被运算器、控制器处理,必须先调入内存储器。目前广泛使用的微型计算机外存储器主要有硬盘、光盘以及 U 盘等。

对某些辅助存储器中的数据信息进行读写操作,需要使用驱动设备,如读写光盘上的数据信息,需要使用光盘驱动器。

2. 运算器

运算器是计算机中处理数据的核心部件,主要由执行算术运算和逻辑运算的算术逻辑单元(Arithmetic Logic Unit,ALU)、存放操作数和中间结果的寄存器组以及连接各部件的数据通路组成,用以完成各种算术运算和逻辑运算。

在运算过程中,运算器不断得到由主存储器提供的数据,运算后又把结果送回到主存储器保存起来。整个运算过程是在控制器的统一指挥下,按程序中编排的操作顺序进行的。

3. 控制器

控制器是计算机中控制管理的核心部件。主要由程序计数器(PC)、指令寄存器(IR)、指令译码器(ID)、时序控制电路和微操作控制电路等组成,在系统运行过程中,不断地生成指令地址、取出指令、分析指令、向计算机的各个部件发出微操作控制信号,指挥各个部件高速协调地工作。

由于运算器和控制器在逻辑关系和电路结构上联系十分紧密,尤其在大规模集成电路制作工艺出现后,这两大部件往往制作在同一芯片上,因此,通常将它们合起来统称为中央处理器,简称 CPU(Central Processing Unit),是计算机的核心部件。

CPU 和主存储器是信息加工处理的主要部件,通常把这两个部分合称为主机。

4. 输入输出设备

输入输出设备(简称 I/O 设备)又称为外部设备,它是与计算机主机进行信息交换,实现人机交互的硬件环境。

输入设备用于输入人们要求计算机处理的数据、字符、文字、图形、图像、声音等信息,以及处理这些信息所必需的程序,并把它们转换成计算机能接受的形式(二进制代码)。常见的输入设备有键盘、鼠标、扫描仪、光笔、手写板、麦克风(输入语音)等。

输出设备用于将计算机处理结果或中间结果,以人们可识别的形式(如显示、打印、绘图)表达出来。常见的输出设备有显示器、打印机、绘图仪、音响设备等。

辅(外)存储器可以把存放的信息输入到主机,主机处理后的数据也可以存储到辅(外)存储器中。因此,辅(外)存储设备既可以作为输入设备,也可以作为输出设备。

1.3.4　计算机软件系统

软件包括可在计算机上运行的各种程序、数据及其有关文档。通常把计算机软件系统分为系统软件和应用软件两大类。

1. 系统软件

系统软件是维持计算机系统的正常运行,支持用户应用软件运行的基础软件,包括操作系统、程序设计语言和数据库管理系统等。

1) 操作系统

为了使计算机系统的所有资源(包括中央处理器、存储器、各种外部设备及各种软件)协调一致,有条不紊地工作,就必须有一个软件来进行统一管理和统一调度,这种软件称为操作系统(Operating System,OS)。它的功能就是管理计算机系统的全部硬件资源、软件资源及数据资源,使计算机系统所有资源最大限度地发挥作用,为用户提供方便、有效、友善的服务界面。

操作系统是一个庞大的管理控制程序,它大致包括如下 5 个管理功能:进程与处理机调度、作业管理、存储管理、设备管理、文件管理。实际的操作系统是多种多样的,根据侧重面不同和设计思想不同,操作系统的结构和内容存在很大差别。对于功能比较完善的操作系统,应具备上述 5 个部分。

2) 程序设计语言

计算机语言是程序设计的最重要的工具,它是指计算机能够接受和处理的、具有一定格式的语言。从计算机诞生至今,计算机语言发展经历了三代。

（1）机器语言。机器语言是由 0、1 代码组成的，能被机器直接理解、执行的指令集合。这种语言编程质量高，所占空间小，执行速度快，是机器唯一能够执行的语言，但机器语言不易学习和修改，且不同类型机器的机器语言不同，只适合专业人员使用。

（2）汇编语言。汇编语言采用助记符来代替机器语言中的指令和数据，又称为符号语言。汇编语言一定程度上克服了机器语言难读难改的缺点，同时保持了其编程质量高、占存储空间小、执行速度快的优点，目前在实时控制等方面的编程中仍有不少应用。汇编语言程序必须翻译成机器语言的目标程序后再执行。

（3）高级语言。高级语言是一种完全符号化的语言，其中采用自然语言（英语）中的词汇和语法习惯，容易为人们理解和掌握；它完全独立于具体的计算机，具有很强的可移植性。用高级语言编写的程序称为源程序，源程序不能在计算机中直接执行，必须将它翻译或解释成目标程序后，才能为计算机所理解和执行。

将源程序翻译成目标程序，其翻译过程有解释和编译两种方式。解释是由解释程序对源程序逐句解释执行，直到程序结束。编译是在编写好源程序后，先用编译程序将源程序翻译成目标程序，再用连接程序将各个目标程序模块以及程序所调用的内部库函数连接成一个可执行程序，最后再运行这个可执行程序。

从源程序的输入到可执行的装入程序的过程如图 1-7 所示。

图 1-7　源程序输入到可执行程序的过程

高级语言的种类繁多，如面向过程的 FORTRAN、PASCAL、C、BASIC 等，面向对象的 C++、Java、Visual Basic、Visual C、Delphi 等。

3）数据库管理系统

数据库管理系统是 20 世纪 60 年代末产生并发展起来的，它是计算机科学中应用最为广泛并且发展最快的领域之一。主要是面向解决数据处理的非数值计算问题。目前主要用于档案管理、财务管理、图书资料管理及仓库管理等的数据处理。这类数据的特点是数据量比较大，数据处理的主要内容为数据的存储、查询、修改、排序、分类等。数据库技术针对这类数据的处理而产生发展起来，至今仍在不断地发展、完善。

目前，常用数据库管理系统有 Access、FoxPro、SQL Server、Oracle、Sybase、DB2 等。

2. 应用软件

应用软件也称为应用程序，是专业软件公司针对应用领域的需求，为解决某些实际问题而研制开发的程序，或由用户根据需要编制的各种实用程序。应用程序通常需要系统软件的支持，才能在计算机硬件上有效运行。例如，文字处理软件、电子表格软件、作图软件、网页制作软件、财务管理软件等均属于应用软件。

1.3.5　计算机的工作过程

计算机开机后，CPU 首先执行固化在只读存储器（ROM）中的一小部分操作系统程序，这部分程序称为基本输入输出系统（BIOS），它启动操作系统的装载过程，先把一部分操作系统从磁盘中读入内存,然后再由读入的这部分操作系统装载其他的操作系统程序。装载操作系统的过程称为自举或引导。操作系统被装载到内存后,计算机才能接收用户的命令,执行其他的程序,直到用户关机。程序的执行过程,也就是指令的分析和执行过程。

1. 指令和程序的概念

指令就是让计算机完成某个操作所发出的命令,即计算机完成某个操作的依据。一条指令通常由两个部分组成:操作码和操作数。操作码指明该指令要完成的操作,如:加、减、乘、除等。操作数是指参加运算的数或者数所在的单元地址。一台计算机的所有指令的集合,称为该计算机的指令系统。

使用者根据解决某一问题的步骤,选用一条条指令进行有序的排列。计算机执行了这一指令序列,便可完成预定的任务。这一指令序列就称为程序,程序即指令的有序集合。显然,程序中的每一条指令必须是所用计算机的指令系统中的指令。因此指令系统是提供给使用者编制程序的基本依据。

2. 计算机执行指令的过程

计算机执行指令一般分为两个阶段。首先将要执行的指令从内存中取出送入 CPU,然后由 CPU 对指令进行分析译码,判断该条指令要完成的操作,向各部件发出完成该操作的控制信号,完成该指令的功能。当一条指令执行完后就处理下一条指令。一般将第一阶段称为取指周期,第二阶段称为执行周期。

3. 程序的执行过程

计算机在运行时,CPU 从内存读出一条指令到 CPU 内执行,指令执行完,再从内存读出下一条指令到 CPU 内执行。CPU 不断地取指令,执行指令,这就是程序的执行过程。

1.4　微型计算机硬件组成

本节学习要点:
◇ 掌握中央处理器、主板、总线、内存储器的概念。
◇ 熟悉输入设备、输出设备的组成。
◇ 了解外部存储器的概念以及外部存储器的分类。

1.4.1　中央处理器

在微型计算机中,运算器和控制器被制作在同一块半导体芯片上,称为中央处理器或中央处理单元,简称 CPU,又称微处理器。CPU 采用超大规模集成电路制成,是计算机硬件系统的核心部件。随着计算机技术的进步,微处理器的性能飞速提高。目前最具代表性的产品是 Intel 公司出产的微处理器系列产品。CPU 内部结构也越来越复杂,如 Pentium 4 就在一个芯片上集成了多达 4200 万个电子元件。由于 CPU 处于微型计算机的核心地位,人们习惯用 CPU 来概略地表示微型计算机的规格,如 486 微机、586 微机、Pentium Ⅲ 微机、Pentium 4 微机等。

时钟频率是衡量 CPU 运行速度的重要指标。它是指时钟脉冲发生器输出周期性脉冲的频率。在整个计算机系统中,它决定了系统的处理速度。时钟频率从早期机器的 16MHz 发展到 Pentium 4 的 800MHz,而 Pentium 4 的时钟频率则高达 3.0GHz。微处理器的另外一个重要技术指标就是字长,字长是 CPU 能同时处理二进制数的位数,如 16 位微处理器、32 位微处理器、64 位微处理器。字长越大,处理信息的速度越快。

CPU 的功能就是高速、准确地执行预先安排好的指令,每一条指令完成一次基本的算术运算或逻辑判断。CPU 中的控制器部分从内存储器中读取指令,并控制计算机的各部分完成指令所指定的工作。运算器则是在控制器的指挥下,按指令的要求从内存储器中读取数据,完成各种算术运算和逻辑运算,运算的结果再保存回到内存储器中的指定地址。

1.4.2　主板

主板(Main Board)是安装在微型计算机主机箱中的印刷电路板,如图 1-8 所示。主板是连接 CPU、内存储器、外存储器、各种适配卡、外部设备的中心枢纽。主板上安装有系统控制芯片组、BIOS ROM 芯片、二级 Cache 等部件,提供了 CPU 的插槽和内存储器的插槽及硬盘、打印机、鼠标、键盘等外部设备的接口。接口与插槽都是按标准设计的,可以接入相应类型的部件。在主板上还有多个扩展槽,如 PCI 扩展槽和 AGP 扩展槽;用于插接各种适配卡,如显示卡、声卡、调制解调器、网卡等。

图 1-8　主板外观

扩展槽的使用为用户提供了增加可选设备的简易方法。

1.4.3　总线

总线(Bus)是连接计算机中 CPU、内存、外存、输入输出设备的一组信号线以及相关的控制电路,它是计算机中用于在各个部件之间传输信息的公共通道。根据同时可以传送的数据位数分为 16 位总线、32 位总线等,位数越多数据传送越快。所谓 I/O(Input/Output,输入/输出)总线就是 CPU 互连 I/O 设备,并提供外设访问系统存储器和 CPU 资源的通道。在 I/O 总线上根据传送的信号不同,又分为数据总线(Data Bus,用于数据信号的传送)、地址总线(Address Bus,用于地址信号的传送)和控制总线(Control Bus,传送控制信号)。

微型计算机采用开放体系结构,在系统主板上装有多个扩展槽,扩展槽与 I/O 总线相连,任何插入扩展槽的扩展部件(例如,显示卡、声卡)就可通过 I/O 总线与 CPU 连接,这为用户自己组合可选设备提供了方便。在微型计算机中常用的总线结构与扩展槽有 ISA 总线、PCI 总线、USB 通用总线等、AGP 扩展槽等。

计算机基础知识

1.4.4 内存储器

1. 内存储器

内存通常由半导体电路组成,通过总线与 CPU 相连。它可以保存 CPU 所需要的程序指令和运算所需的数据,也可以保存一些运算中产生的中间结果以及最终结果,通过总线快速地与 CPU 交换数据。

内存储器又分为只读存储器(Read Only Memory,ROM)和随机存储器(Random Access Memory,RAM)两部分。ROM 用于永久存放特殊的专门数据。计算机基本输入输出系统(Basic Input Output System,BIOS)的程序就放在 ROM 中。RAM 是可读写的内存储器,计算机运行时大量的程序、数据等信息就是保存在 RAM 中。

内存空间的大小(一般指 RAM 部分)也称内存的容量,对计算机的性能影响很大,容量越大,能保存的数据就越多,从而减少了与外存储器交换数据的频度,因此效率也越高。目前流行的微型计算机,内存容量一般在 2～8GB 范围内。

内存中的数据存取以字节为基本的存取单位,内存中的字节线性排列,因此每一个字节都有其确定的地址。在 CPU 数据存取时,就是以指令中提供的内存地址,按照一定的寻址方式实现数据存取。

注意:RAM 中的数据只是在计算机运行中有效,一旦断电,RAM 中的所有程序及数据将会自动丢失,只能在下一次运行计算机时重新装载。

2. 高速缓冲存储器

高速缓冲存储器(Cache)也称高速缓存,是 CPU 与内存之间设立的一种高速缓冲器。由于和高速运行的 CPU 数据处理速度相比,内存的数据存取速度太慢,为此在内存和 CPU 之间设置了高速缓存,其中可以保存下一步将要处理的指令和数据,以及在 CPU 运行的过程中重复访问的数据和指令,从而减少 CPU 直接到速度较慢的内存中访问。

Cache 一般有两级,一级 Cache(Primary Cache)设置在 CPU 芯片内部,容量较小。二级 Cache(Secondary Cache)设置在主板上,一般有 128～512KB 的大小。

1.4.5 输入设备

输入设备是把数据和程序输入到计算机中的设备。常用的输入设备包括键盘、鼠标、扫描仪、数码摄像头、数字化仪、触摸屏、麦克风等。

1. 键盘和鼠标

键盘是计算机系统中最常用的输入设备,人们所做的文字编辑、表格处理以及程序的编辑调试等工作,绝大部分都是通过键盘完成的。目前最常用的是增强型 104 键键盘。

鼠标目前已经成了微型计算机系统的标准配置,它是一种通过移动光标(Cursor)进而实现选择操作的输入设备。分为机械式鼠标和光电式鼠标两种类型。机械式鼠标是通过移动鼠标,带动底部的滚动球滚动引发屏幕上鼠标指针的移动。光电式鼠标是利用发光-测量元件来测量鼠标位移,一旦鼠标移动,其中的发光-测量元件即刻测出水平方向和垂直方向上的位移,从而引发屏幕上的鼠标指针移动。

2. 扫描仪

扫描仪作为一种新型的重要的输入设备,被广泛地应用着。它的作用是将各类文档、相片、幻灯片、底片等上面的图形、文字符号输入到计算机中去。

扫描仪的外形差别很大，但可以分为4大类：笔式、手持式、平台式、滚筒式。它们的尺寸、精度、价格不同，用在不同的场合精度也就是分辨率，可以从每英寸几百点到几千点。笔式和手持式精度不太高，但携带方便，一般用于个人台式计算机和笔记本。平台式扫描仪，又叫平板式扫描仪，精度居于中间，可用于办公和桌面出版。最为高档的要算是滚筒式扫描仪了，它用于专业印刷领域。

从处理信息后输出的颜色上分，扫描仪又可以分为黑白(灰阶)和彩色两种。彩色扫描仪输入和输出的信息最多，价格也在不断降低，现在越来越普及了。

3. 数码摄像头

数码摄像头是一种数字视频的输入设备，利用光电技术采集影像，通过内部的电路把这些代表像素的"点电流"转换成为能够被计算机所处理的数字信号。

传感器是组成数码摄像头的重要组成部分，根据元件不同分为CCD和CMOS。CCD (Charge Coupled Device，电荷耦合元件)是应用在摄影摄像方面的高端技术元件，CMOS (Complementary Metal-Oxide Semiconductor，金属氧化物半导体元件)则应用于较低影像品质的产品中，它的优点是制造成本较CCD更低，功耗也低得多。尽管在技术上有较大的不同，但CCD和CMOS两者性能差距不是很大，只是CMOS摄像头对光源的要求要高一些，但现在该问题已经基本得到解决。目前CCD元件的尺寸多为1/3英寸或者1/4英寸，在相同的分辨率下，宜选择元件尺寸较大的为好。

1.4.6 输出设备

输出设备是将计算机的处理结果或处理过程中的有关信息交付给用户的设备。常用的输出设备有显示器、打印机、绘图仪、音响等，其中显示器为计算机系统的基本配置。

1. 显示器

目前使用最多的显示器有两种：阴极射线管显示器(Cathode Ray Tube，CRT)和液晶显示器(Liquid Crystal Display，LCD)。

显示器的尺寸以显像管对角线长度来衡量，有15英寸、17英寸等。显示器通过显示适配卡(Video Adapter)与计算机相连接。显示器能显示的像素个数叫显示器的分辨率。标准的VGA显示适配卡能够在一个屏幕上分辨出640×480个像素(Pixel)，支持16色，简称其分辨率为640×480；SVGA显示卡分辨率为1024×768。如今的显示卡一般都带有1～2GB的显示内存(Video Memory)以及图形加速芯片，用以支持图形加速功能。显示卡的外观如图1-9所示。

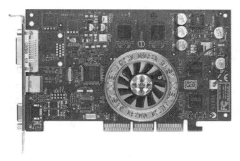

图1-9 显示卡

能显示 16.7M 以上颜色的显示卡为真彩色显示卡。有的显示器还能支持 VCD 和 DVD 回放。显示卡一般插在主板上的接口插槽上,也有一部分显示卡是合并到主板上的。

对于显示器本身,测量分辨率的单位为点距(Dot Pitch),此值越小,图像越清晰。常用的显示器点距为 0.31mm、0.28mm、0.25mm 等。

2. 打印机

打印机也是经常使用的输出设备。目前使用的打印机主要有三种:点阵打印机、喷墨打印机和激光打印机。

(1) 点阵打印机。现在常指 24 针打印机,是由 24 根打印针击打出文字或图形点阵的方式打印的,其打印速度慢、分辨率低、噪声大;但是性能价格比高,可以打印蜡纸,可以多层打印,目前仍有广泛的市场。点阵打印机按打印的宽度分为宽行打印机和窄行打印机两种。

(2) 喷墨打印机。使用喷墨来代替针打,它利用振动或热喷管使带电墨水喷出,在打印纸上绘出文字或图形。喷墨打印机无噪声、重量轻、清晰度高,可以喷打出逼真的彩色图像,但是需要定期更换墨盒,成本较高。目前的喷墨打印机有黑白和彩色两种类型。

(3) 激光打印机。激光打印机实际上是复印机、计算机和激光技术的复合。它应用激光技术在一个光敏旋转磁鼓上写出图形及文字,再经过显影、转印、加热固化等一系列复杂的工艺,最后把文字及图像印在打印纸上。激光打印机无噪声、速度快、分辨率高。目前的激光打印机有黑白和彩色两种类型。

在计算机的硬件系统中,还包含机箱、电源、网络设备(如网卡、调制解调器)、多媒体设备(如音箱、麦克风)等,不再一一介绍。

1.4.7 外存储器

外存储器设置在主机外部,简称外存(又称辅存),属于外部设备。外存主要指那些容量比主存大、读取速度较慢,通常用来存放需要永久保存的或相对来说暂时不用的各种程序和数据的存储器。通常外存不与计算机的其他部件直接交换数据,CPU 不能像访问内存那样,直接访问外存,外存要与 CPU 或 I/O 设备进行数据传输,必须通过内存进行,而且不是按单个数据进行存取,而是成批地进行数据交换。常用的外存有磁盘、磁带、光盘等。

1. 硬盘

硬盘是由一张或多张由硬质材料制成的磁性圆盘,具有很高的精度,连同驱动器一起密闭在外壳之中,固定于微型计算机机箱之内,如图 1-10 所示。硬盘的容量很大,目前出售的硬盘容量一般为 40~500GB。硬盘的数据传输速率因传输模式不同而不同,通常在 33~133MB/s。计算机的操作系统,常用的各种软件、程序、数据、注册的各种系统信息一般都保存在硬盘上。

硬盘主要由盘片、磁头、盘片转轴及控制电机、磁头控制器、数据转换器、接口、缓存等几个部分组成。

硬盘中所有的盘片都装在一个旋转轴上,每张盘片之间是平行的,在每个盘片的存储面上有一个磁头,磁头与盘片之间的距离比头发丝的直径还小,所有的磁头连在一个磁头控制器上,由磁头控制器负责各个磁头的运动。磁头可沿盘片的半径方向运动,加上盘片每分钟几千转的高速旋转,磁头就可以定位在盘片的指定位置上进行数据的读写操作。硬盘作为

图 1-10　硬盘外观

精密设备,尘埃是其大敌,必须完全密封。

2. 光盘存储器

光盘存储器是 20 世纪 90 年代中期开始广泛使用的外存储器,它采用与激光唱片相同的技术,将激光束聚焦成约 $1\mu m$ 的光斑,在盘面上读写数据。在计算机中用于衡量光盘驱动器数据传输速率的指标叫倍速,一倍速为 150KB/s。光盘存储器的数据密度很高,容量可达 650MB。目前使用的大多是只读光盘存储器(Compact Disk Read Only Memory,CD-ROM),其中的信息已经在制造中写入。由于它体积小、重量轻、数据存储量大、易于保存,很受用户欢迎。计算机中用于只读光盘的驱动器称为 CD-ROM 驱动器,简称为光驱,目前已经成了微型计算机的标准配置,如图 1-11 所示。

除 CD-ROM 外,市面上可一次性写入光盘(CD-R)、可重复写入的光盘(CD-RW)等也已经逐渐流行起来。另外,新一代的光盘——数字视盘存储器(Digital Versatile Disk Read Only Memory,DVD-ROM)也逐渐成为 PC 的常用配置,它的大小与 CD-ROM 一样,但是仅单面单层的数据容量就可达 4.7GB,双面双层的最高容量可达 17.8GB。可以一次性写入以及可重复写入的 DVD 光盘 DVD-WO、DVD-RAM 已经面市。

3. 闪盘存储器

闪盘是采用 Flash Memory(闪存)作为存储器的移动存储设备,因其采用 USB 接口,故也称为 U 盘。图 1-12 是闪盘的外观。世界第一款闪盘是 1999 年由深圳市朗科公司总裁邓国顺发明的。由于闪盘具有在掉电后还能够保持存储的数据不丢失的特点,因此成为移动存储设备的理想选择。与传统的移动存储设备相比,闪盘有几个重要特点。

图 1-11　光盘驱动器

图 1-12　U 盘

(1) 闪盘体积小、重量轻,市售产品的重量都在 15～30g 之间。

(2) 采用 USB 接口,使用时只要插到计算机的 USB 接口里面即可,无须打开机箱或者使用附加连线,不用外接电源。

(3) 读写速度比软盘快。

因为闪盘具有上面的这些突出特点,因此才能够在短时间内迅速占领移动存储设备市场。由于大容量的闪盘价格昂贵,所以闪盘目前只适合几百兆字节以下的数据移动。

4. 移动硬盘

移动硬盘,主要指采用计算机标准接口(USB/IEEE 1394)的硬盘,其实就是用小巧的笔记本硬盘加上特制的配套硬盘盒构成的一个便携的大容量存储系统,它的优点很明显。

(1) 容量大。移动硬盘少至 3.2GB,大至 6TB 都有。是容量最大的 MO、ZIP 的几十倍。非常适合需要携带大型的图库、数据库、软件库的需要。

(2) 兼容性好,即插即用。为了确保在"所有"的计算上都能使用"移动硬盘",因此移动硬盘采用了计算机外设产品的主流接口 USB 与火线(IEEE 1394)接口,通过 USB 线或者1394 连线轻松与计算机联系,而且除了 Windows 98 操作系统,在 Windows Me、Windows 2000 和 Windows XP 下完全不用安装任何驱动程序,即插即用,十分方便。

(3) 速度快。USB 1.1 标准接口传输速率是 12Mb/s,USB 2.0 标准接口是 480Mb/s,IEEE 1394 接口的传输速率是 400Mb/s,远胜其他移动存储设备。

(4) 外观时尚,体积小,重量轻。

(5) 安全可靠性好。

1.5 微型计算机软件配置

本节学习要点:

了解微型计算机配置的软件涉及的软件名称和功能。

应用较广泛的微机通用类软件版本不断更新,功能不断完善,交互界面更加友好,同时也要求具有较苛刻的硬件环境;为适应不同的需要或更好地解决某些应用问题,新软件也层出不穷。一台微机应该配备哪些软件,应根据实际需求来配置。

对于一般微机用户来讲,列出如下软件供参考。

1. 操作系统

操作系统是微机必须配置的软件。目前用户采用微软公司 Windows 2000、Windows XP、Windows Vista 等操作系统的比较普遍。

Windows 2000 对硬件设备的要求相对较低,近 8 年来购置的微机均可使用,但在不同档次的微机上使用,运行速度有明显的差别,且不支持较新的软硬件技术。

Windows Vista 是目前最新的操作系统软件,支持最新的软硬件技术,但对硬件设备要求较高,近两年来购置的微机均可使用,但稍早购置的设备,因部分部件的技术落后,在功能上受限。

建议近两年购置的微机最好安装 Windows XP 或 Windows Vista 操作系统,有利于整机性能的充分发挥。

2. 工具软件

配置必要的工具软件有利于系统管理、保障系统安全,方便传输交互。

反病毒软件用以尽量减少计算机病毒对资源的破坏,保障系统正常运行。常用的有瑞星、金山毒霸、卡巴斯基等。

压缩工具软件用以对大容量的数据资源压缩存储或备份,便于交换传输,缓解资源空间危机,有利于数据安全。常用的有 ZIP、WinRAR 等。

网络应用软件用于网络信息浏览、资源交流、实时通信等。常用的有腾讯 TT(浏览器)、网络蚂蚁(下载软件)、Foxmail(邮件处理软件)、QQ(实时通信软件)等。

3. 办公软件

相对而言,办公软件是应用最广泛的应用软件,可提供文字编辑、数据管理、多媒体编辑演示、工程制图、网络应用等多项功能。常用的有微软 Office 系列、金山 WPS 系列。

4. 程序开发软件

程序开发软件主要指计算机程序设计语言,用于开发各种程序。目前较常用的有 C/C++、Visual Studio 系列、Visual Studio. NET 系列、Java 等。

5. 多媒体编辑软件

多媒体编辑软件主要用于对音频、图像、动画、视频创作和加工。

常用的有 Cool Edit Pro(音频处理软件)、Photoshop(图像处理软件)、Flash(动画处理软件)、Premiere(视频处理软件)、Authorware(多媒体软件制作工具)等。

6. 工程设计软件

工程设计软件用于机械设计、建筑设计、电路设计等多行业的设计工作,常用的有 AutoCAD、Protel、Visio 等。

7. 教育与娱乐软件

教育软件主要指用于各方面教学的多媒体应用软件,如"轻松学电脑"系列、"小星星启蒙"儿童教育系列等。

娱乐软件主要是指用于图片、音频、视频的播放软件,以及计算机游戏等,如 ACDSee(图片浏览软件)、豪杰超级解霸(影音播放软件)、魔兽争霸(游戏软件)。

8. 其他专用软件

基于不同的工作需求,还有大量的行业专用软件,如"用友"财务软件系统、"北大方正"印刷出版系统、"法高"彩色证卡系统等。

在具体配置微机软件系统时,操作系统是必须安装的,工具软件、办公软件也应该安装,对于其他软件,应根据需要选择安装,也可以事先准备好可能需要的安装软件,在使用时即用即装。不建议将尽可能全的软件都安装到同一台微机中,一方面影响整机的运行速度,以 Windows 操作系统平台为例,软件安装的越多,注册表越庞大,资源管理工作量加大,则微机速度下降;另一方面,软件间可能发生冲突,如反病毒软件在系统工作时,进行实时监控,不断搜集分析可疑数据和代码,若同时安装两套反病毒软件,将会造成互相侦测、怀疑,如此反复循环,最终导致系统瘫痪;此外,不常用程序安装在微机中,还将对宝贵的存储空间造成不必要的浪费。

习　题

一、选择题

1. 现代计算机最大的特点是采用了＿＿＿＿＿＿原理,使得计算机的功能强大。
   A. CPU
   B. 存储与程序控制
   C. 大规模集成电路
   D. 二进制

2. 计算机软件系统分为＿＿＿＿＿＿两类。
   A. 操作系统和高级语言
   B. 工具软件和 Office 套件
   C. 系统软件和应用软件
   D. 数据库和网络软件

3. 计算机的内存比外存＿＿＿＿＿＿。
   A. 存储容量大
   B. 存取速度快
   C. 便宜
   D. 不便宜但能存储更多的信息

4. 当用各种清病毒软件都不能清除系统病毒时,则应该对此软盘＿＿＿＿＿＿。
   A. 丢弃不用
   B. 删除所有文件
   C. 重新进行格式化
   D. 删除 COMMAND.COM 文件

5. 1KB 表示＿＿＿＿＿＿。
   A. 1000b
   B. 1024b
   C. 1000B
   D. 1024B

6. 在下列不同进制的 4 个数中,＿＿＿＿＿＿是最小的数。
   A. $(101101)_2$
   B. $(52)_8$
   C. $(2B)_{16}$
   D. $(46)_{10}$

7. 在计算机内部用来传送、存储、加工处理的数据或指令都是以＿＿＿＿＿＿形式进行的。
   A. 十进制
   B. 八进制
   C. 二进制
   D. 十六进制

二、填空题

1. 一台微机必须具备的输出设备是＿＿＿＿＿＿,必须具备的输入设备是＿＿＿＿＿＿。

2. 1MB 的存储空间能存储＿＿＿＿＿＿个汉字。

3. 在微机中,常用的英文字符编码是＿＿＿＿＿＿码。

4. 程序设计语言按其与计算机硬件接近的程度可分为＿＿＿＿＿＿、＿＿＿＿＿＿和高级语言。

5. 计算机病毒的主要特点有＿＿＿＿＿＿、＿＿＿＿＿＿、＿＿＿＿＿＿、＿＿＿＿＿＿、＿＿＿＿＿＿。

第2章 | Windows 7 操作系统

本章学习要点：

◇ 掌握操作系统的基本概念、功能。

◇ 开始、桌面、窗口、图标、菜单、鼠标等基本操作。

◇ 个性化设置的各种操作。

◇ 控制面板、时区与时间、帮助等的使用。

◇ 回收站、任务栏的操作。

◇ 文档新建、保存、打开、关闭等操作。

◇ 资源管理器、库的使用。

◇ 附件中系统工具、多媒体、画图、记事本等的操作。

◇ 磁盘管理、硬件及驱动程序安装、打印机的安装。

2.1 操作系统概述

操作系统是最重要的系统软件，是整个计算机系统的管理与指挥机构，管理着计算机的所有资源。因此，要熟练使用计算机的操作系统，首先需要了解一些操作系统的基本知识。

本节学习要点：

◇ 掌握操作系统的基本概念和功能。

◇ 熟悉操作系统的分类。

◇ 了解一些典型操作系统的知识。

2.1.1 操作系统的基本概念

操作系统(Operating System，OS)是计算机系统中非常重要的系统软件，其功能是管理和控制计算机软件和硬件资源，使计算机各部分协调工作；合理组织计算机工作流程，为用户使用计算机提供友好的人机界面，方便用户使用计算机系统。

计算机系统层次结构可以分为4部分：硬件、操作系统、其他系统程序和应用程序。硬件是所有软件运行的物质基础；操作系统位于硬件之上，是与硬件关系最密切的系统软件，是对硬件功能的首次扩充；操作系统上运行的系统程序包括语言处理程序、数据库管理系统和各种服务程序等；应用程序是为解决某一特定问题利用计算机程序设计语言开发的软件。

2.1.2 操作系统的功能

一般来说，从资源管理角度，操作系统功能包括进程管理、作业管理、存储管理、设备管理和文件管理 5 个主要部分。

1. 进程管理

处理机(CPU)是计算机中最宝贵的硬件资源,程序只有获得 CPU 才能运行,进程管理主要对处理机进行分配和管理。在计算机系统中,以进程为基本单位分配和使用处理机,因此对处理机的管理最终归结为对进程的管理。进程管理的主要功能是进程控制、进程调度、进程同步及进程通信。

2. 作业管理

作业管理是为了合理组织工作流程,对作业进行控制和管理。作业管理包括作业输入、作业调度和作业控制。

3. 存储管理

存储管理是指对内存资源进行管理,主要任务是为多道程序运行提供良好环境,方便用户使用存储器,提高内存利用率。存储管理主要包括存储分配、存储保护、虚拟内存和地址映射。

4. 设备管理

设备管理是指对计算机外部设备(打印机、显示器等)进行分配、控制和管理,使用户不必过多了解接口技术而方便地使用外部设备。设备管理主要功能有缓冲区管理、设备分配和设备控制。

5. 文件管理

文件管理主要负责软件资源管理,包括文件存储空间管理、目录管理、文件存取控制、文件共享与保护。

2.1.3 操作系统的分类

操作系统是计算机系统软件的核心,根据操作系统在用户界面的使用环境和功能特征的不同,有很多分类方法。

1. 按结构和功能分类

一般分为批处理操作系统、分时操作系统,实时操作系统、网络操作系统以及分布式操作系统。

1)批处理操作系统

批处理(Batch Processing)操作系统的工作方式是:用户将作业交给系统操作员,系统操作员将许多用户的作业组成一批作业,之后输入到计算机中,在系统中形成一个自动转接的连续的作业流,然后启动操作系统,系统自动、依次执行每个作业。最后由操作员将作业结果交给用户。

2)分时操作系统

分时(Time Sharing)操作系统的工作方式是:一台主机连接了若干个终端,每个终端有一个用户在使用。用户交互式地向系统提出命令请求,系统接受每个用户的命令,采用时间片轮转方式处理服务请求,并通过交互方式在终端上向用户显示结果。用户根据上步结果发出下道命令。分时操作系统将 CPU 的时间划分成若干个片段,称为时间片。操作系统以时间片为单位,轮流为每个终端用户服务。每个用户轮流使用时间片而使每个用户感觉不到有别的用户存在。

3）实时操作系统

实时操作系统（Real-Time Operating System，RTOS）是指使计算机能及时响应外部事件的请求，在规定的严格时间内完成对该事件的处理，并控制所有实时设备和实时任务协调一致工作的操作系统。实时操作系统追求的目标是对外部请求在严格时间范围内做出反应，有高可靠性和完整性。

4）网络操作系统

网络操作系统是基于计算机网络的，是在各种计算机操作系统上按网络体系结构协议标准开发的系统软件，包括网络管理、通信、安全、资源共享和各种网络应用。其目标是相互通信及资源共享。网络操作系统除了具有一般操作系统的基本功能之外，还具有网络管理模块。网络操作系统用于多台计算机的硬件和软件资源进行管理和控制。网络管理模块的主要功能是提供高效而可靠的网络通信能力，提供多种网络服务。

网络操作系统通常用在计算机网络系统中的服务器上。最有代表性的几种网络操作系统产品有 Novell 公司的 Netware、Microsoft 公司的 Windows XP Server、UNIX 和 Linux 等。

5）分布式操作系统

分布式操作系统是由多台计算机通过网络连接在一起而组成的系统，系统中任意两台计算机可以通过远程过程调用交换信息，系统中的计算机无主次之分，系统中的资源提供给所有用户共享，一个程序可分布在几台计算机上并行运行，互相协调完成一个共同的任务。分布式操作系统的引入主要是为了增加系统的处理能力、节省投资、提高系统的可靠性。用于管理分布式系统资源的操作系统称为分布式操作系统。

2. 按用户数目分类

一般分为：单用户操作系统和多用户操作系统。

单用户操作系统又可以分为单用户单任务操作系统和单用户多任务操作系统。

单用户单任务操作系统：在一个计算机系统内，一次只能运行一个用户程序，此用户独占计算机系统的全部软硬件资源。常见单用户单任务操作系统有 MS-DOS、PC-DOS 等。

单用户多任务操作系统也是为单用户服务的，但它允许用户一次提交多项任务，例如 Windows 95、Windows 98、Windows XP 等。

多用户操作系统允许多个用户通过各自的终端使用同一台主机，共享主机中各类资源。常见的多用户多任务操作系统有 Windows XP Server、Windows 7、UNIX。

2.1.4 典型操作系统介绍

1. DOS 操作系统

DOS（Disk Operating System，磁盘操作系统）是一种单用户、单任务的计算机操作系统。DOS 采用字符界面，必须输入各种命令来操作计算机，这些命令都是英文单词或缩写，比较难于记忆，不利于一般用户操作计算机。进入 20 世纪 90 年代后，DOS 逐步被 Windows 操作系统所取代。

2. Windows 操作系统

从 1985 年 11 月 Microsoft 公司发布 Windows 1.0 版到现在的 Windows 8，Windows 操作系统的发展经历了三十年。比较著名的版本有 Windows 98、Windows XP 和 Windows 7

Windows 7 操作系统

等。Windows 的优良性能奠定了 Microsoft 在操作系统上的垄断地位。

Windows 之所以取得成功,主要在于它具有以下优点。

(1) 直观、易用的面向对象图形界面。Windows 用户界面和开发环境都是面向对象的。要打开一个文档,只要双击该文档图标即可。这种工作方式模拟了现实世界的行为,人们不必学习太多操作系统知识就可以使用计算机。

(2) 用户界面统一。Windows 应用程序拥有相同或相似的基本外观,只要掌握其中之一,就很容易学会使用其他软件。

(3) 丰富的与设备无关的图形操作。支持各种设备,支持即插即用技术。

(4) 多任务。Windows 允许同时运行多个应用程序,每个应用程序对应一个窗口,关闭窗口就可以中止程序运行。

(5) 先进的内存管理。Windows 可以根据应用程序的大小适当地分配内存空间。

(6) 提供各种系统管理工具。如程序管理器、文件管理器和打印管理器等各种实用程序。允许运行部分 DOS 应用程序。

(7) 内置的网络通信功能。支持多种网络传输协议。

(8) 出色的多媒体功能。在 Windows 中可以对音频、视频进行编辑和播放,支持高级显卡和声卡。

3. UNIX 操作系统

UNIX 操作系统于 1969 年在贝尔实验室诞生。它是一个交互式的分时操作系统。

UNIX 取得成功的最重要原因是系统的开放性、公开源代码、易理解、易扩充、易移植性。用户可以方便地向 UNIX 系统中逐步添加新功能和工具,这样可使 UINX 越来越完善,提供更多服务,从而成为有效的程序开发的支持平台。它是可以安装和运行在从微型机、工作站直到大型机和巨型机上的操作系统。

UNIX 系统因其稳定可靠的特点而在金融、保险等行业得到广泛应用。

4. Linux 操作系统

Linux 是由芬兰科学家 Linus Torvalds 于 1991 年编写完成的一个操作系统内核。当时他还是芬兰首都赫尔辛基大学计算机系的学生,他在学习操作系统课程中,自己动手编写了一个操作系统原型。Linus 把这个系统放在 Internet 上,允许自由下载,许多人对这个系统进行改进、扩充、完善,进而一步一步地发展完成完整的 Linux 系统。

Linux 是一个开放源代码、类 UNIX 的操作系统。它除继承了 UNIX 操作系统的特点和优点外,还进行了许多改进,从而成为一个真正的多用户、多任务的通用操作系统。目前人们熟知的手机操作系统 Android 就是基于 Linux 内核的操作系统。

5. Mac OS

Mac OS 系统是苹果公司为苹果品牌计算机打造的基于 UNIX 内核的图形化操作系统。由苹果公司自行开发,专为苹果计算机专用的系统,一般情况非苹果计算机上是无法安装此操作系统的。

Mac OS 系统设计简单直观,安全易用,操作系统界面非常独特,突出了形象的图标和人机对话。目前苹果机的操作系统版本为 Mac OS X,这是 MAC 计算机诞生多年来最大的变化。新系统非常可靠、简单高效;它的许多特点和服务都体现了苹果公司的理念。提供超强性能、超炫图形并支持互联网标准。并且 Mac OS X 是全世界第一个采用"面向对象操作系统"的全面的操作系统。

2.2　Windows 7 操作系统概述

Windows 7 是美国微软公司 2009 年推出的最新个人计算机操作系统。在功能和用户体验上都更加完善。

本节学习要点：
◇　了解 Windows 7 操作系统的新特征。
◇　熟悉操作系统的运行环境。
◇　掌握操作系统的安装过程。

2.2.1　Windows 7 操作系统的版本介绍

Windows 7 操作系统操作简单快捷，而且微软公司面向不同的用户推出了 6 大版本以满足不同需求，分别是 Windows 7 Starter 初级版或简易版、Windows 7 Home Basic 家庭普通版或家庭基础版、Windows 7 Premium 家庭高级版、Windows 7 Professional 专业版、Windows 7 Enterprise 企业版、Windows 7 Ultimate 旗舰版。下面简单介绍各版本的特点。

1. Windows 7 Starter 初级版

Windows 7 Starter 初级版或称简易版，是 Windows 7 中功能最少的版本，有 Jump List 菜单，但没有 Aero 效果。

2. Windows 7 Home Basic 家庭基础版

Windows 7 Home Basic 家庭基础版或称家庭普通版，其主要新特性是视觉体验的增强、缩略图预览、高级网络支持、移动中心等。但是家庭基础版同样没有 Aero 效果。

3. Windows 7 Premium 家庭高级版

Windows 7 Premium 家庭高级版可以使用户轻松创建家庭网络，共享照片、视频、音乐等功能，并且具有 Aero Glass 高级界面。

4. Windows 7 Professional 专业版

Windows 7 Professional 专业版，基本满足用户工作和生活的需要。不但拥有家庭高级版本的娱乐功能，而且还可以支持加入管理网络、备份和加密文件等数据保护功能，以及网络功能加强。

5. Windows 7 Enterprise 企业版

Windows 7 Enterprise 企业版是针对企业用户提供了一系列企业级的功能，如 BitLocker、AppLocker、DirectAccess 等。

6. Windows 7 Ultimate 旗舰版

Windows 7 Ultimate 旗舰版是各版本中最为强大的一个版本，它是将前面版本的娱乐功能和业务功能相结合，体现了显著的易用性，但是相对地对硬件资源的消耗也是最大的。

2.2.2　Windows 7 操作系统的新特征

1. 增大搜索功能

Windows 7 中增加了文件的搜索范围，不但可以搜索磁盘驱动器的文件，还可以搜索外部硬盘驱动器、联网计算机和库内的文件，简便快捷。

2. 小工具的改进

Windows 7 提供了灵活的小工具功能，取消了边框设置，常用小程序可以任意添加、随意放置到桌面任意位置，方便灵活。

3. 触摸控制

针对触摸感应的计算机屏幕，Windows 7 提供多点触控功能，只需通过手指点击即可实现拖曳文件或文件夹、浏览相册等操作。

4. 桌面的变化

Windows 7 桌面新增加了一些功能，丰富了用户体验，大大提高了用户效率。

1）任务栏窗口缩略预览功能

Windows 7 的任务栏新增了窗口预览功能。将鼠标移动到任务栏的图标上，即可弹出当前已打开文件或程序的缩略图预览。用鼠标指向该缩略图，即可全屏预览，方便用户迅速浏览而不需要将文件最大化，提高了效率。

2）通知区域图标的显示/隐藏

在通知区域中，Windows 7 系统默认将所有活动程序的显示关闭，对该区域的视觉效果进行调整，用户可按自己的需要将指定程序的图标设置为隐藏或者显示。在任务栏右端通知区域单击三角小按钮![icon]，在弹出的选框中单击"自定义"，进入"通知区域图标"的设置面板，在该面板内用户可自由选择在任务栏上出现的图标和通知。每个程序图标包括三个设置选项：显示图标和通知（始终显示）、隐藏图标和通知（始终隐藏）、仅显示通知（有状态变化时显示，如 QQ 信息等）。单击右边的![icon]按钮选择所需的选项，如图 2-1 所示。

3）跳转列表功能

跳转列表（Jump List）是 Windows 7 系统中出现的新功能，可以帮助用户快速轻松地访问常用的文档、图片、歌曲或网站等。用鼠标右键单击 Windows 7 任务栏上的程序按钮（包括对于已固定到任务栏的程序和当前正在运行的程序），或者按住鼠标左键将任务栏上的程序按钮往桌面方向拖动，就可以打开跳转列表，如图 2-2 所示。另外，也可以单击"开始"菜单![icon]后，用鼠标左键单击程序列表某些程序右侧的![icon]图标，也可以看到跳转列表。

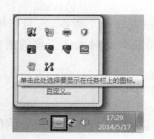

图 2-1　通知区域图标的显示/隐藏

图 2-2　跳转列表功能

4）Shake 功能

为了解决用户窗口多得眼花缭乱的困扰，Windows 7 提供了强大的 Shake 新功能，帮助用户解脱出来。只需单击当前正在使用窗口的标题栏，快速晃动该窗口，其他窗口就会最小化，再次晃动窗口则还原。

5）智能化的窗口缩放功能

智能化的窗口缩放功能是 Windows 7 新增的功能。

（1）用户若需要将当前窗口最大化，除了传统的单击"最大化/还原"按钮 ▣ / ▣ 的方法外，Windows 7 还提供了新功能。用户只需拖动当前窗口至屏幕最上方，窗口将自动最大化；将最大化的窗口向下拖曳一些，即可还原。

（2）将鼠标在任务栏右下角的"显示桌面"按钮上停留 1s，或者按 ⊞＋空格键，所有窗口将变成透明，只留下边框。另外，⊞键与方向键结合，功能如下。

⊞＋↑：实现窗口最大化。

⊞＋←：实现窗口靠左显示。

⊞＋→：实现窗口靠右显示。

⊞＋↓：实现窗口还原或窗口最小化。

2.2.3　Windows 7 需要的基本环境

Windows 7 具有更强大的功能，它对硬件配置的要求也有很大的提高。微软官方给出 Windows 7 系统需要的硬件环境如表 2-1 所示。

表 2-1　Windows 7 的配置要求

硬 件 要 求	基 本 配 置	推 荐 配 置
CPU	1000MHz 及以上	2.0GHz 及以上
内存	1GB 及以上	2GB DDR2 以上
安装硬盘空间	至少 16GB(空间或分区)	40GB 以上可用空间
显卡	64MB 共享或独立显存	显卡支持 DirectX 9/WDDM 1.1 或更高版本
其他设备	DVD R/RW 驱动器	同基本配置
其他要求	互联网/电话	同基本配置

2.2.4　Windows 7 的安装过程

Windows 7 操作系统的安装方式可分为光盘启动安装、升级安装和多系统安装。

1. 光盘启动安装

首先，在 BIOS 中设置启动顺序为光盘优先，然后将 Windows 7 安装光盘插入光驱。计算机从光盘启动后将自动运行安装程序。按照屏幕提示，用户即可顺利完成安装。

2. 升级安装

启动早期版本 MS 系列操作系统，关闭所有程序。将 Windows 7 光盘插入光驱，系统会自动运行并弹出安装界面，单击"安装 Windows 7"超链接进行安装即可。如果光盘没有自动运行，可双击光盘根目录中的 setup.exe 文件开始安装。

3. 多系统安装

如果用户需要安装一个以上的 MS 系列操作系统可按照由低到高的版本顺序安装。例如,安装完 Windows XP 后再安装 Windows 7。

2.3　Windows 7 的基本操作

本节学习要点：
- ◇ 掌握正确的操作系统的启动、退出方法。
- ◇ 掌握桌面、窗口及菜单的使用。
- ◇ 熟练运用鼠标和键盘。
- ◇ 熟练运用帮助工具。

2.3.1　Windows 7 的启动与退出

1. 启动 Windows 7

Windows 7 操作系统安装完成后,启动 Windows 7 操作系统,操作步骤如下。

(1) 首先打开外设电源开关,然后按主机电源开关 Power 按钮。如果计算机中有多个操作系统,如 Windows XP 和 Windows 7 两个操作系统,屏幕将显示"请选择要启动的操作系统"界面,选择 Windows 7 操作系统,按回车键。

(2) 进入 Windows 7 操作系统,显示用户登录界面,如图 2-3 所示。

图 2-3　用户登录界面

(3) 单击用户名,如果没有设置系统管理员密码,可以直接登录系统;如果设置了管理员密码,输入密码,按回车键后即可登录系统。

2. 退出 Windows 7

计算机的关闭需要注意的是,不能直接断电,否则可能会丢失数据,更有甚者会损坏硬件。因此,在退出操作系统前,需要先关闭所有已经打开或正在运行的程序。正确的操作步骤如下。

单击屏幕左下角的 ![]按钮，打开"开始"菜单，单击 ![关机] 按钮（如图 2-4 所示），将退出 Windows 7 操作系统，主机箱电源被断开后，关闭显示器开关。

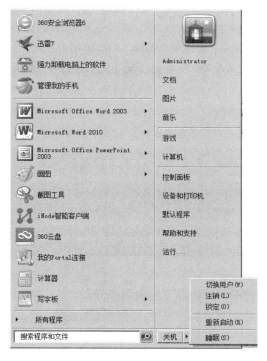

图 2-4 "关机"快捷菜单

在"关闭"快捷菜单中，还提供了几种节能模式。用户只需单击 ![关机] 按钮右侧的 ![] 按钮，在弹出的菜单中任选一项，执行操作，如图 2-4 所示，简要介绍如下。

（1）切换用户：Windows 提供的多用户操作模式。用此功能，可以切换到另一用户工作，而前一用户的工作转为后台，当另一用户工作完成后，再次切换时，即可回到前一用户工作状态。

（2）注销：是指向操作系统请求退出当前用户登录，退出后可选其他用户登录，系统清空当前用户的缓存空间和注册表信息，并强制关闭正在运行的所有程序。

（3）锁定：当用户需要暂时离开计算机时，为防止其他人对计算机操作，直接锁定当前用户，并且保留当前用户的当前状态，只是将系统切换到进入系统时的登录界面，需输入登录密码才可恢复。

（4）重新启动：计算机出现某些故障需要重新启动计算机恢复，或是由于计算机运行时间过长导致运行速度变慢等情况，可用此模式重新启动计算机。

（5）睡眠：是 Windows 提供的一种节能模式。启动睡眠模式后，计算机将当前打开状态的程序和文档保存到内存中，仅给内存部分供电，其他部件此时处于最低能耗状态。当用户单击时，系统可以快速恢复睡眠模式前状态。

2.3.2　Windows 7 的桌面、窗口及菜单

1. Windows 7 的桌面

启动 Windows 7 后,界面如图 2-5 所示。该界面被称为桌面,它是组织和管理资源的一种有效的方式。正如日常的办公桌面常常搁置一些常用办公用品一样,Windows 7 也利用桌面承载各类系统资源。Windows 7 桌面主要由桌面图标、桌面背景和任务栏几部分组成,如图 2-5 所示。

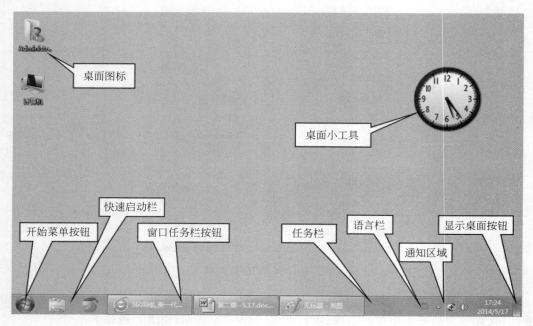

图 2-5　Windows 7 桌面

1) 桌面图标

桌面图标由一些图形和文字组成,这些图标包括系统自带桌面图标、程序、文件、文件夹和其他快捷方式图标等。双击这些图标可以打开文件夹,或启动某一应用程序。不同的桌面可以有不同的图标,用户可以自行设置。

(1) 桌面上系统自带的图标

主要包括"计算机"、"个人文件夹"、"网络"、Internet Explorer、"回收站"。

① "计算机"图标：用于组织和管理计算机中的软硬件资源,同资源管理器。

② "个人文件夹"图标：用于存储用户各种文档的默认文件夹。

③ "网络"图标：用于浏览本机所在的局域网的网络资源。

④ Internet Explorer 图标：用于浏览 Internet。

⑤ "回收站"图标：用于暂存、恢复或永久删除已删除的文件或文件夹。

【提示】　在 Windows 7 中除了"回收站"图标,其他图标都可删除。如果想将系统自带"计算机"、"个人文件夹"、"网络"、Internet Explorer 等图标在桌面显示,可右键单击桌面空白区域,在弹出的快捷菜单中单击"个性化"命令,在弹出的"个性化"窗口中单击窗口左侧

"更改桌面图标"超链接,在弹出的"桌面图标设置"对话框的"桌面图标"栏中选中需显示的桌面图标名称前的复选框,单击"确定"按钮。

(2)桌面图标的操作

用户可根据自已喜好排列图标位置、更改桌面图标大小、隐藏显示桌面图标,以及设置桌面小工具等。

① 设置"排序方式"。

右击桌面空白区域,在弹出的快捷菜单中单击"排序方式"命令,在展开的下一级联菜单中可选择不同的图标排序方式,其中可按"名称"、"大小"、"类型"或"修改日期"等方式排序,选择后桌面图标将对应排列,如图 2-6 所示。

图 2-6　桌面图标的排序方式

② 设置"查看"。

右击桌面空白区域,在弹出的快捷菜单中单击"查看"命令,在展开的下一级联菜单中可设置"大图标"、"中等图标"、"小图标"、"自动排列图标"、"显示桌面图标"、"显示桌面小工具"等命令,如图 2-7 所示。

图 2-7　设置图标大小

◇ 设置图标大小。通过选取"大图标"、"中等图标"、"小图标"命令,可根据不同要求设置图标的大小。

◇ 自动排列图标。单击"自动排列图标"命令,桌面图标会自动整齐排列。取消自动排列图标,可单击取消前面的复选标记。

◇ 暂时显示/隐藏图标。如果用户需要暂时隐藏桌面图标,可单击取消"显示桌面图标"复选标记。

◇ 显示/隐藏桌面小工具。桌面小工具是 Windows 7 提供的一个小组件,内含一些小程序,既可查看即时信息,又可调用常用的一些工具。

2)桌面背景

桌面背景又称壁纸,登录 Windows 后出现的屏幕上的主体部分显示的图像即为桌面,其作用是美化屏幕。用户可根据喜好自行设置。

3)任务栏

任务栏位于桌面底部,它包括"开始"菜单按钮、"快速启动"栏、窗口任务栏、"应用程序"栏、语言栏、通知区域和"显示桌面"按钮,如图 2-8 所示。

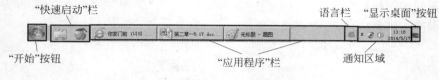

图 2-8　任务栏

（1）"开始"菜单按钮

位于任务栏的最左侧,单击"开始"菜单按钮 ![icon] 可以打开"开始"菜单。Windows 7 的"开始"菜单中集成了系统的所有功能,Windows 7 的所有操作都可以从这里开始。单击该按钮,可以弹出"开始"菜单,如图 2-9 所示。

图 2-9　"开始"菜单

该菜单分为两列:

左侧列出了固定程序图标和最常用的程序图标,这种风格便于用户快速打开程序,用户可根据需要任意添加,只需将图标拖曳放入该区域即可;菜单左侧的下方有一个"所有程序"命令,单击该命令,在打开的下级菜单中将显示本机上安装的所有程序;菜单左侧最底部是"搜索"区域,用户可直接在搜索框内查找程序或文件。

右侧列出了用户名称和图标;"文档"、"计算机"和"控制面板"等图标;还可以查看帮助信息;菜单底部有"关机"等操作选项。

（2）"快速启动"栏

用于快速启动应用程序。单击相关的按钮,即可打开相应的应用程序;当鼠标指针停在某个按钮上时,将会显示相应的提示信息。用户可通过拖曳图标实现添加和删除操作。

（3）"应用程序"栏

用于放置已经打开窗口的最小化图标,其中,深色代表当前窗口。如果用户要激活其他的窗口,只需用鼠标单击代表相应窗口的图标即可。

（4）通知区域

在该区域中显示了时间指示器、输入法指示器、音量控制指示器和系统运行时常驻内存的应用程序图标。时间指示器显示系统当前的时间;输入法指示器用来帮助用户快速选择输入法;音量控制指示器用于调整扬声器的音量大小。

（5）"显示桌面"按钮

在任务栏最右侧有一小块空白区域,为"显示桌面"按钮,将光标移动到该按钮上,可快速预览桌面,移走光标可返回原界面;单击该按钮可快速显示桌面。

2. Windows 7 的窗口

在 Windows 中,不论是打开一个文件、文件夹还是一个程序,都会在屏幕上出现一个矩形区域,这个矩形区域就是窗口。

1）窗口的分类和组成

Windows 7 的窗口一般分为应用程序窗口、文档窗口和对话框三类。应用程序窗口是应用程序运行时的人机界面;文档窗口只能出现在应用程序窗口之内(应用程序窗口是文档窗口的工作平台);对话框是 Windows 和用户进行信息交流的一个界面,Windows 为了完成某项任务而需要从用户那里得到更多的信息时,就会使用对话框。

（1）应用程序窗口

应用程序窗口一般由标题栏、菜单栏、工具栏、地址栏、状态栏、工作区等组成。例如,双击桌面上的"计算机"图标 ,就可以打开"计算机"窗口,如图 2-10 所示。

① 标题栏:位于窗口顶部,用于显示本窗口中运行的程序名或主要内容。包括控制按钮、窗口标题、"最小化"按钮、"最大化(恢复)"按钮和"关闭"按钮。

② 菜单栏:位于标题栏的下方,它由多个菜单项组成,每一个菜单项又可以包含一组菜单命令,以供选择。通过菜单命令可以完成多种操作。

③ 工具栏:位于菜单栏的下方,它提供了调用系统各种功能和命令的按钮,是非常快捷的操作方式。会根据窗口显示内容的不同而变化,便于用户快速操作。

④ 地址栏:位于工具栏下方,用于标识窗口文件当前的工作位置,左侧包含"后退"按钮 和"前进"按钮 ,用来打开最近浏览过的窗口;也可以直接在地址栏中输入网址,访问网络。

⑤ 状态栏:位于窗口的底部,显示用户当前所选对象或菜单命令的简要信息。

⑥ 滚动条:是在窗口的内容不能完整地显示在一屏时,提供给用户的一种滚动查看方

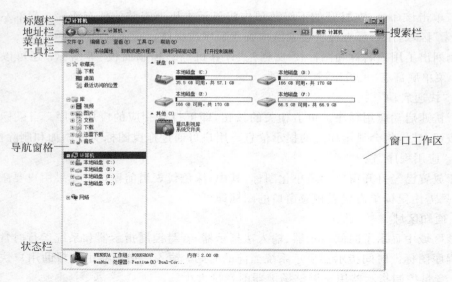

图 2-10 "计算机"窗口

式。包括水平滚动条和垂直滚动条。

⑦ 工作区：用于显示窗口当前工作主题的内容。一般由操作对象、水平滚动条、垂直滚动条等组成。

⑧ 导航窗格：窗口的左侧以超链接的形式为用户提供了各种操作的便利途径，可快速链接到其他窗口。

（2）文档窗口

文档窗口主要用于编辑文档，它共享应用程序窗口中的菜单栏，当文档窗口打开时，用户从应用程序菜单栏中选取的命令同样会作用于文档窗口或文档窗口中的内容，如图 2-11所示。

（3）对话框

对话框有多种形式，以"打印"对话框为例，如图 2-12 所示。

① 命令按钮：可控制立即执行命令。通常对话框中至少会有一个命令按钮。

② 文本框：是要求输入文字的区域，直接在文本框中输入文字即可。

③ 数值框：用于输入数值信息。用户也可以单击该数值框右侧的向上或向下的增减按钮来改变数值。

④ 单选按钮：一般用一个圆圈表示，如果圆圈带有一个黑色实心点，则表示该项为选中状态；如果是空心圆圈，则表示该项未被选中。单选按钮是一种排他性的设置，选中其中一个，其他的选项将处于未选中状态。

⑤ 复选框：一般用方形框（或菱形）表示，用来表示是否选择该选项。若复选框中有√符号，则表示该项为选中状态；若复选框为空，则表示该项没有被选中。若要选中或取消选择某一选项，则单击相应的复选框即可。

⑥ 列表框：列出了可供用户选择的选项。列表框常常带有滚动条，用户可以拖曳滚动条显示相关选项并进行选择。

⑦ 下拉列表框：是一个单行列表框。单击其右侧的下拉按钮，将弹出一个下拉列表，

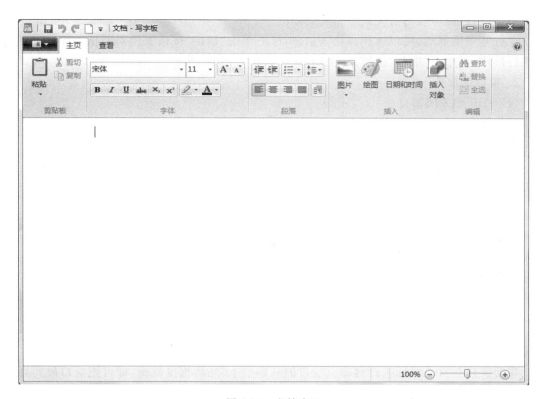

图 2-11　文档窗口

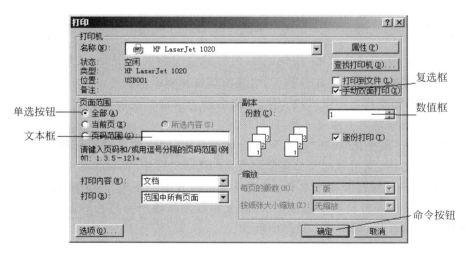

图 2-12　"打印"对话框

其中列出了不同的信息以供用户选择。

⑧ 选项卡：代表一个对话框由多个部分组成，用户选择不同的选项卡将显示不同的信息。

⑨ 滑块：拖曳滑块可改变数值大小。

⑩ "帮助"按钮：在有些对话框的标题栏右侧会出现一个 按钮，单击该按钮，然后

单击某个项目,就可获得有关该项目的帮助。

在打开对话框后,可以选择或输入信息,然后单击"确定"按钮关闭对话框;若不需要对其进行操作,可单击"取消"按钮或"关闭"按钮关闭对话框。

2) 窗口的操作

（1）打开和关闭窗口

以打开"计算机"窗口为例:

方法一:双击桌面上"计算机"图标,打开"计算机"窗口。

方法二:选中桌面上"计算机"图标(即鼠标左键单击图标)后,按 Enter 键打开"计算机"窗口。

方法三:右键单击桌面上"计算机"图标,在弹出的快捷菜单中单击"打开"命令。

以关闭"计算机"窗口为例:

方法一:单击窗口标题栏右上角的"关闭"按钮,即可关闭窗口。

方法二:按 Alt+F4 键。

方法三:鼠标右击任务栏上"计算机"窗口的任务按钮,在弹出的快捷菜单中选择"关闭窗口"命令或"关闭所有窗口"命令。

方法四:右键单击"计算机"窗口的标题栏,在弹出的快捷菜单中选择"关闭"命令。

（2）移动窗口

移动窗口只需将鼠标指针移动至窗口的标题栏上,然后拖曳鼠标,即可把窗口放到桌面的任何地方。

（3）缩放窗口

每个窗口的右上角都有"最小化"按钮、"最大化/还原"按钮/,通过它们可迅速放大或缩小窗口。

最大化/还原:单击"最大化"按钮,窗口就会充满整个屏幕,此时,"最大化"按钮将变为"还原"按钮,单击该按钮,可将窗口恢复到原来状态;另外,Windows 7 提供了新功能,用户若需要将当前窗口最大化,只需拖动当前窗口至屏幕最上方,窗口将自动最大化;将最大化的窗口向下拖曳一些,即可还原。

最小化:单击"最小化"按钮,窗口会被最小化,即隐藏在桌面任务栏中,单击任务栏上该程序的图标时,又可以把窗口还原到原来的大小;另外,Windows 7 还新增了智能最小化方式。若用户需要打开多个文档,当前只需使用其中一个窗口,希望其他窗口最小化时,用户只需按住左键轻轻晃动鼠标,此时除该窗口外其他所有打开的窗口都会自动最小化;若要所有窗口恢复,只需重复操作即可。

鼠标改变窗口大小:除了可以使用按钮来控制窗口的大小外,还可以使用鼠标来改变窗口的大小。将鼠标指针移动到窗口的边缘或 4 个角上的任意位置,当鼠标指针变成双向箭头 ⟷ 时,拖曳鼠标就可以实现改变窗口大小的目的。

（4）切换窗口

当桌面上同时打开了多个窗口时,只能有一个窗口为当前活动窗口,因此需要通过切换窗口来指定当前窗口。窗口的切换有以下几种实现方式。

方法一:用 Alt+Tab 键进行切换。

具体方法是：按住 Alt 键，再按 Tab 键，在桌面上将出现一个任务框，它显示了桌面上所有窗口的小图标，如图 2-13 所示。此时，再按 Tab 键，可选择下一个图标。选中哪个程序的图标，在释放 Alt 键时，相应的程序窗口就会成为当前工作窗口。

方法二：鼠标单击任务栏上的程序按钮。

在 Windows 中，当用户打开很多窗口或程序时，系统会自动将相同类型的程序窗口编为一组，此时，切换窗口就需要进行如下操作：将鼠标指针移到任务栏上，单击程序组图标，将弹出一个菜单，如图 2-14 所示，然后在菜单上选择要切换的程序选项即可。

图 2-13　窗口切换任务框　　　　　　　　　图 2-14　在程序组中切换窗口

方法三：Aero 三维窗口切换功能。

按住 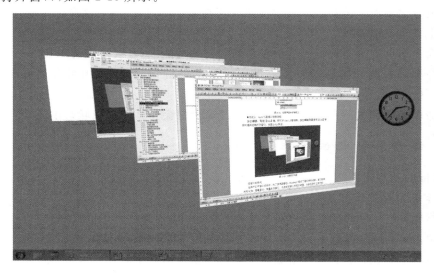键，再按 Tab 键，即可打开 Aero 三维切换。按住 ⊞键再重复按 Tab 键即可循环切换打开窗口，如图 2-15 所示。

图 2-15　三维窗口切换

（5）窗口的排列

当用户打开窗口过多时，为了使界面整洁，Windows 7 提供了窗口排列功能，窗口的排列可分为：层叠窗口、堆叠显示窗口、并排显示窗口和显示桌面。右击任务栏上空白处，弹出快捷菜单，如图 2-16 所示。用户可从中选择对应的命令选项设置窗口的排列方式。

图 2-16　排列窗口菜单

3. Windows 7 的菜单

Windows 7 中菜单一般包括"开始"菜单、下拉菜单、快捷菜单、控制菜单等。

1）打开菜单

（1）下拉菜单：单击菜单栏中相应的菜单命令，打开下拉菜单。

（2）快捷菜单：关于某个对象的常用命令快速运行的弹出式菜单，右击对象弹出。

（3）控制菜单：单击窗口左上角的控制按钮，或右击标题栏均可打开控制菜单。

2）关闭菜单

打开菜单后，用鼠标单击菜单以外的任何地方或按 Esc 键，就可以关闭菜单。

3）菜单中常用符号的含义

菜单中含有若干命令项，命令项上的一些特殊符号，有着特殊的含义，具体含义如下。

（1）暗淡显示项：表示该菜单命令在当前状态下不能执行。

（2）命令名后带有省略号（…）：表示该命令执行后将弹出对话框。

（3）命令名前有√号标记：表示该命令正在起作用，再次单击该命令可删除√号标记，则该命令将不再起作用。

（4）命令名前有·号标记：表示在并列的几项功能中，每次只能选用其中一项。

（5）命令名右侧的组合键：表示在不打开菜单的情况下，使用组合键可直接执行该命令。

（6）命令名右侧的三角形▶：表示执行该命令将会打开一个级联菜单。

2.3.3　键盘和鼠标的操作

1. 鼠标的基本操作

最基本的鼠标操作方式有以下几种。

（1）指向：把光标移动到某一对象上，一般可以用于激活对象或显示提示信息。

（2）单击：鼠标左键按下、松开，用于选择某个对象或某个选项、按钮等。

（3）右键单击（右击）：鼠标右键按下、松开，会弹出对象的快捷菜单或帮助提示。

（4）双击：快速连续单击鼠标左键两次，用于启动程序或窗口。

（5）拖曳：单击对象，按住左键，移动鼠标，在另一位置释放鼠标左键。常用于滚动条操作、标尺滑块操作或复制、移动对象操作。

2. 键盘的基本操作

利用键盘可以实现 Windows 提供的一切操作功能，利用其快捷键，还可以大大提高工作效率。表 2-2 列出了 Windows 提供的常用快捷键。

表 2-2　Windows 的常用快捷键

快　捷　键	描　　述	快　捷　键	描　　述
Alt	激活菜单栏（显示"计算机"窗口隐藏的菜单栏）	F1	打开帮助
Alt+Tab	在最近打开的多个窗口之间进行切换	F2	重命名文件（夹）
Alt+Esc	按照打开的时间顺序，在窗口之间循环切换	F3	搜索文件或文件夹
Alt+Space	打开控制菜单（系统菜单）	F5	刷新当前窗口
Alt+F4	退出程序	Ctrl+C	复制
Ctrl+Esc	打开"开始"菜单	Ctrl+X	剪切
Ctrl+Alt+Del	打开任务管理器	Ctrl+V	粘贴
Del(Delete)	删除	Ctrl+Z	撤销
Shift+Del	永久删除所选项，不放入"回收站"	Ctrl+A	选中全部内容
Ctrl+空格	打开或关闭输入法	Shift+Ctrl	切换输入法

当移动鼠标时，屏幕上会有一个小的图形在跟着移动，这个小的图形即光标。在 Windows 中，共定义了以下几种光标，每一种光标形状都具有特定的含义，光标的指针形状和含义见表 2-3。

表 2-3　鼠标指针形状及特定含义

指　　针	特定含义	指　　针	特定含义
↖	标准选择	⊘	不可用
↖?	帮助选择	↕	调整垂直大小
↖⌛	后台操作	↔	调整水平大小
⌛	忙	⤡ ⤢	对角线调整
+	精度选择	✥	移动
I	文字选择	↑	其他选择
✎	手写	↑🖑	链接选择

鼠标移动过程中,光标的形状会发生变化,光标形状的变化代表着可以进行的操作。比如,当鼠标移动到一个窗口的左右边框时,光标会由标准选择形状变为水平调整,此时用户可以按下鼠标左键左右拖动来改变窗口的宽度。

2.3.4 使用帮助

可随时联机解决所遇到的问题,这是 Windows 7 提供帮助的一大优势。Windows 7 相当于用户身边的专家顾问,随时随地对于用户遇到的问题给予相应的提示和背景知识,并可以通过远程协助求助于技术专家。

1. 帮助和支持中心

Windows 7 提供了一种称为"帮助和支持中心"的帮助模式,该帮助中心既可以提供脱机帮助文件,还可以借助综合的联机帮助系统,用户可以方便、快捷地联机下载找到问题的答案,从而更好地"驾驭"计算机。

单击"开始"按钮 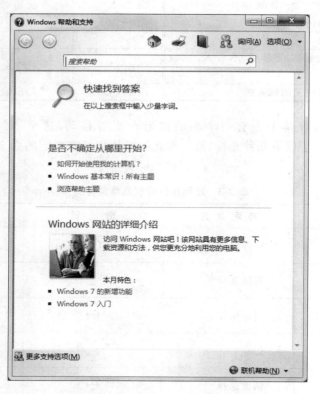,选择"帮助和支持"命令,显示"Windows 帮助和支持"窗口,如图 2-17 所示。

图 2-17 "Windows 帮助和支持"窗口

通过"Windows 帮助和支持"窗口用户可以获取的帮助方式有以下几种。

1) 快速找到答案

获取帮助最快的方法是在"搜索帮助"搜索框内输入少量的词或字,单击 按钮或直接按 Enter 键,系统将会自己搜索相关帮助信息并出现结果列表。例如,若要获取有关蓝牙的信息,需在"搜索帮助"搜索框内输入 Bluetooth 后,按 Enter 键,将出现结果列表,其中最适用的结果以超链接形式显示在顶部,单击该结果进入阅读主题,如图 2-18 所示。

图 2-18　Windows 帮助和支持中的搜索

2）如何开始使用我的计算机

单击"如何开始使用我的计算机"超链接,弹出如图 2-19 所示窗口,按提示向导操作执行入门级的任务。

3）Windows 基本常识：所有主题

Windows 基本常识中的各个主题向用户介绍了个人计算机和 Windows 操作系统。无论用户是计算机入门者还是使用 Windows 以前版本的有经验者,这些主题都可帮助用户了解顺利使用计算机所需的任务和工具。

4）浏览帮助主题

以目录的形式列出了"帮助和支持"下的所有内容,分别单击超链接可跳转到相应的主题,方便用户查看。

5）Windows 网站的详细介绍

单击 Windows 超链接,可以跳转到微软的 Windows 主页,访问主页内容,网页内含更多的信息和下载资源,可更好地方便用户了解和使用 Windows 7。

2．其他求助方法

除了可以利用 Windows 的"Windows 帮助和支持"窗口获取帮助外,用户还可以使用以下两种方法得到帮助和提示信息。

1）联机帮助

在打开帮助和支持中心的时候,如果当前系统已连接互联网,那么,默认情况下,

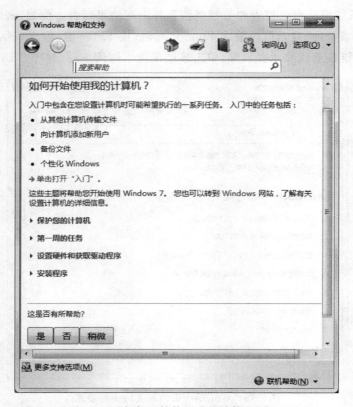

图 2-19 "如何开始使用我的计算机"窗口

Windows 会自动使用联机帮助。反之,若系统没有连接互联网或是已设为不使用联机帮助,则 Windows 会使用脱机帮助。联机帮助和脱机帮助的状态显示和切换可通过图 2-20 "Windows 帮助和支持"窗口右下角的"脱机帮助"按钮 实现,两者的切换见图 2-20。

图 2-20 脱机帮助的切换

2) 更多支持选项

如果用户所遇问题很复杂,在 Windows 的帮助文件和微软的网站都不能解决,可使用"更多支持选项"。

单击图 2-19 下方的 更多支持选项(M) 或标题栏上的 询问(A),弹出如图 2-21 所示窗口。根据窗口提供的方式,可以寻求他人的帮助,可以通过 Internet 获取帮助,也可以请教专业人士,还可以与技术支持联系等,用户可以通过该窗口提供的方式尝试获取帮助。

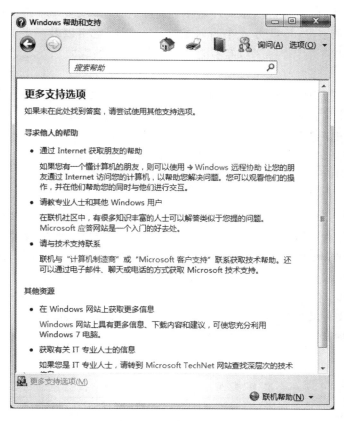

图 2-21　更多支持选项

2.4　Windows 7 的文件和文件夹管理

计算机系统中保存的数据是以文件的形式存放于外部存储介质上的,为了便于管理,文件通常放在文件夹中。

本节学习要点:

◇ 掌握新建文件、文件夹及保存、删除、恢复文件的方法。

◇ 掌握文件和文件夹的重命名、搜索。

◇ 熟练运用资源管理器和库。

2.4.1　文件、文件夹和库

1. 文件

1) 文件的命名

文件是具有名称标识的一组相关信息集合。可以是文档、图形、图像、声音、视频、程序等。每个文件必须有一个唯一的标识,这个标识就是文件名。

文件名一般由主文件名和扩展名组成,其格式为:

<主文件名>[.扩展名]

在 Windows 中,一个文件的主文件名不能省略,由一个或多个字符组成,最多可以包含 255 个字符,可以是字母(不区分大小写)、数字、下划线、空格以及一些特殊字符,如"@"、"＃"、"＄"、"％"、"^"、"!"、"{}"等,但不能包含":"、"＊"、"?"、"|"、"<"、">"、""""、"\"、"/" 等字符。

在 Windows 中扩展名有系统定义和自定义两类。系统定义扩展名一般不允许改变,有 "见名知类"的作用。自定义扩展名可以省略或由多个字符组成。

系统文件的主文件名和扩展文件名由系统定义。用户文件的主文件名可由用户自己定义,文件名的选取应做到"见名知意",扩展名一般按照系统的约定。

在定义文件名时可以是单义的,也可以是多义的。单义是指一个文件名对应一个文件,多义是指通过通配符来实现代表多个文件。

通配符有两种,分别为"＊"和"?"。"＊"为多位通配符,代表文件名中从该位置起任意多个任意字符,如"A＊"代表以 A 开头的所有文件。"?"为单位通配符,代表该位置上的一个任意字符,如"B?"代表文件名只有两个字符且第一个字符为 B 的所有文件。

2) 文件类型

文件类型很多,不同类型的文件具有不同的用途,一般文件的类型可以用其扩展名来区分。常用类型的文件其扩展名是有约定的,对于有约定的扩展名,用户不应该随意更改,以免造成混乱,常用的约定的扩展名如表 2-4 所示。

表 2-4　常用扩展名及其含义

扩　展　名	文　件　类　型	扩　展　名	文　件　类　型
DBF	数据库文件	JPG BMP GIF	图形文件
BAK	备份文件	PPT PPTX	PowerPoint 演示文件
BAS	BASIC 源程序文件	HTML HTM	网页文件
BAT	批处理文件	LIB	程序库文件
BIN	二进制程序文件	HLP	求助文件
C CPP	C 语言源文件	MP3 WAV MID	音频文件
AVI MPG	视频文件	DRV	设备驱动文件
ZIP RAR	压缩文件	VBP	VB 工程文件
DOC DOCX	Word 文件	PRN	打印文件
XLS XLSX	Excel 文件	SYS DLL INT	系统配置文件
EXE COM	可执行文件	TMP	临时文件
FOR	FORTRAN 源文件	TXT	文本文件

此外,Windows 中把一些常用外部设备看作文件。这些设备名又称保留设备名。用户给自己的文件起名的时候,不能用这些设备名。常用设备文件名如表 2-5 所示。

表 2-5　常用设备文件名

文　件　名	说　　明	文　件　名	说　　明
COM1	串行输出接口 1	COM2	串行输出接口 2
CON	键盘输入,屏幕输出	LPT1(PRN)	并行输出接口 1
LPT2	并行输出接口 2	NUL	空设备

2. 文件夹及路径

1）文件夹

文件夹可以理解为用来存放文件的容器，便于用户使用和管理文件。文件夹由图标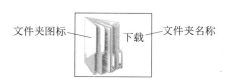和文件夹名称组成，如图 2-22 所示。

文件夹图标 —— 下载 —— 文件夹名称

图 2-22　文件夹组成

在 Windows 中文件夹是按树形结构来组织和管理的，如图 2-23 所示。

图 2-23　树形文件夹结构

文件夹树的最高层称为根文件夹，一个逻辑磁盘驱动器只有一个根文件夹。在根文件夹中建立的文件夹称为子文件夹，子文件夹还可以再包含子文件夹。如果在结构上加上许多子文件夹，它便形成一棵倒置的树，根向上，树枝向下。这也称为多级文件夹结构。

除根文件夹外的所有文件夹都必须有文件夹名，文件夹的命名规则和文件的命名规则类似，但一般不需要扩展名。

2）路径

（1）路径：在文件夹的树形结构中，从根文件夹开始到任何一个文件都有唯一一条通路,该通路全部的结点组成路径,路径就是用\隔开的一组文件夹名。

(2) 当前文件夹:指正在操作的文件所在的文件夹。

(3) 绝对路径和相对路径:绝对路径是指以根文件夹"\"开始的路径;相对路径是指从当前文件夹开始的路径。

3. 库

为避免文件存储混乱、重复文件多等情况,Windows 7引入库的概念,"库"并非传统意义上的用来存放用户文件的文件夹,除了可以将本地文件和文件夹添加到"库",它还支持局域网中的文件和文件夹的添加,并且它还具备了方便用户在计算机中快速查找到所需文件的作用。

库与传统的文件夹比较相似,比如都可以保存文件或子文件夹,但是"库"本质上与传统文件夹有很大差别。传统文件夹所保存的文件或子文件夹都是在同一位置,而"库"可以将不同位置的文件或文件夹集中到一起,如同网页的收藏夹一样,只要单击库中的超链接,就可以快速打开库的文件或文件夹,不论该文件或文件夹在什么位置,可以是本地磁盘上也可是移动磁盘上,也可能是局域网中。另外,"库"可以随着原始文件的更改而自动随之更新,详见2.4.3节。

2.4.2 文件和文件夹的操作

文件和文件夹的操作包括新建、选定、打开、关闭、显示、移动、复制、重命名和删除等。在 Windows 操作系统中,若要对某一对象(文件或文件夹)进行操作,就必须先将其选中后,再按某一方法选择一操作。通常情况下可以由以下 4 个方法实现。

(1) 右键单击选择弹出的快捷菜单。

(2) 工具栏中的命令按钮。

(3) 菜单栏中的菜单命令。

(4) 快捷键组合。

1. 新建文件或文件夹

新建文件或文件夹的方法有多种,常用方法是利用"计算机"、"资源管理器"。

【例 2-1】 在 F 盘下以"下载"为名新建一个文件夹,具体操作步骤如下。

(1) 双击桌面上的"计算机"图标 ,打开"资源管理器"窗口,单击 F 盘盘符,用来选择需要新建文件或文件夹的位置。

(2) 方法一:在窗口的空白处右键单击鼠标,在弹出的快捷菜单中单击"新建"→"文件夹"命令。

方法二:单击菜单栏中的"文件"菜单→"新建"→"文件夹"命令。

方法三:单击工具栏中的"新建文件夹"按钮 新建文件夹 。

(3) 此时在窗口中就会显示一个新的文件夹或文件,可以将其命名为"下载",如图 2-24 所示。

新建文件的操作也适用前两个方法,注意在弹出的子菜单中需要选择一种文件类型,新建后,双击新建文件打开。

【提示】 在 Windows 7 中,默认将菜单栏隐藏,要使用菜单栏,需要按 Alt 键显示即可。

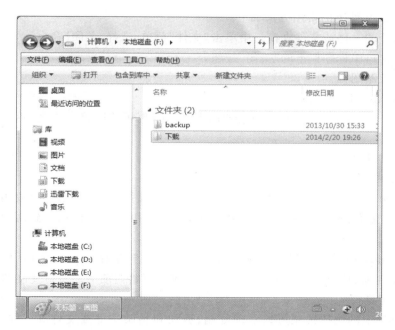

图 2-24　新建文件夹

2. 选择文件或文件夹

在 Windows 操作系统中,若要对某一对象(文件或文件夹)进行操作,就必须先将其选中。选择文件或文件夹的常用方法如下。

1)选中单个文件或文件夹

鼠标单击要选择的文件或文件夹即可将其选中。

2)选中多个相邻的文件和文件夹

(1)拖曳选择相邻项:用鼠标拖曳框选要选择的文件或文件夹。

(2)连续选择多项:单击第一个要选择的文件或文件夹,按住 Shift 键,单击要选择的最后一项,则两项之间的所有文件或文件夹都将被选中。

3)选中多个不相邻的文件和文件夹

任意选择:按住 Ctrl 键,依次单击要选择的文件或文件夹即可。

取消:按住 Ctrl 键,再次单击已选中的文件或文件夹即可取消选定。

4)选择全部

如果要选择某个驱动器或文件夹中的全部内容,可单击"编辑"菜单,选择"全部选定"命令,或按 Ctrl+A 键。

反向选择:单击"编辑"菜单,选择"反向选择"命令,即可选择当前未选定的对象,同时取消已选定对象,实现反向选择。

3. 打开及关闭文件或文件夹

打开文件或文件夹的常用方法如下。

(1)双击需打开的文件或文件夹。

(2)右击需打开的文件或文件夹,在弹出的快捷菜单中选择"打开"命令。

关闭文件或文件夹的常用方法如下。

（1）在打开的文件或文件夹窗口中单击"文件"菜单，选择"关闭"命令。

（2）单击窗口中标题栏上的"关闭"按钮。

（3）双击控制图标。

（4）使用 Alt＋F4 快捷键。

另外，在打开的文件夹窗口中若单击"向上"按钮，也可关闭该文件夹，返回到上一级文件夹。

4. 复制、移动文件或文件夹

1）利用剪贴板

剪贴板实际上是系统在内存中开辟的一块临时存储区域，专门用来存放用户剪切或复制下来的文件、文本、图形等内容。剪贴板上的内容，可以无数次地粘贴到用户指定的不同位置上。

另外，Windows 还可以把整个屏幕或活动窗口复制到剪贴板。按 Print Screen 键可以将整个屏幕复制到剪贴板，按 Alt＋Print Screen 键可以将当前活动窗口复制到剪贴板。

（1）使用工具栏

使用工具栏上的快捷按钮可以实现复制、剪切和粘贴文件或文件夹。 ✂ 为"剪切"按钮；▤▤ 为"复制"按钮； ▤ 为"粘贴"按钮。

先选中操作对象，单击"复制"（"剪切"）按钮，打开目标文件夹，单击"粘贴"按钮，完成复制（移动）。

（2）使用菜单栏

先选中操作对象，在菜单栏中选择"编辑"|"复制"（"剪切"）命令，然后打开目标文件夹，在菜单栏中选择"编辑"|"粘贴"命令，完成复制（移动）。

（3）使用右键快捷菜单

右击选中的对象，在弹出的快捷菜单中选择"复制"（"剪切"）命令，然后打开目标文件夹，右击目标文件夹，在弹出的快捷菜单中选择"粘贴"命令，即可完成复制（移动）。

（4）使用键盘快捷键

"剪切"（Ctrl＋X）把用户选择的内容剪裁移植到剪贴板上。

"复制"（Ctrl＋C）把用户选择的内容复制一份放到剪贴板上。

"粘贴"（Ctrl＋V）把"剪贴板"上的内容复制到当前位置。

先选中操作对象，按 Ctrl＋C（Ctrl＋X）键，打开目标文件夹，按 Ctrl＋ V 键，完成复制（移动）。

2）使用鼠标拖曳

先选中操作对象，将其拖曳到目标文件夹中，若在不同磁盘驱动器中拖曳，完成复制操作；若在同一磁盘驱动器中拖曳，完成移动操作。在拖曳过程中若按住 Ctrl 键，完成复制，若按住 Shift 键，完成移动。

3）使用"发送到"命令

先选中操作对象，在"文件"菜单中，选择"发送到"级联菜单，或右击选中的操作对象，在弹出的快捷菜单中选择"发送到"级联菜单，选择目的地址，随后系统开始复制，并给出进度提示。

5. 删除、恢复文件或文件夹

1）删除文件或文件夹

为了保持计算机中文件系统的整洁,同时也为了节省磁盘空间,需要经常删除一些没有用的或损坏的文件和文件夹。删除文件或文件夹的常用操作方法如下。

（1）右击要删除的文件或文件夹,从弹出的快捷菜单中选择"删除"命令。

（2）选定要删除的文件或文件夹,单击"文件"菜单|"删除"命令。

（3）选定要删除的文件或文件夹,然后按 Delete 键。

（4）选择要删除的文件夹,然后用鼠标将其拖曳到桌面的"回收站"图标 上。

执行以上任意一个操作之后,系统都将显示"确认删除"对话框。单击 按钮,将所选择的文件或文件夹送到回收站,单击 按钮,则将取消本次删除操作,如图 2-25 所示。

图 2-25 "删除文件夹"对话框

执行前面几个操作后,可以发现当前被删除的文件或文件夹被转移到"回收站"中了,但如果删除文件或文件夹存储在移动设备上,如 U 盘、网盘,则不经过回收站,直接删除,不可恢复。

如果用户要不经回收站永久删除文件或文件夹,则可以按住 Shift 键,再执行上述删除操作。

若想清除回收站中的文件或文件夹,方法是:双击桌面上的"回收站"图标,打开"回收站"窗口,选中欲清除的对象,在"文件"菜单中(或右击选中的对象,在弹出的快捷菜单中)选择"删除"命令。

若需删除回收站中的全部内容,双击桌面上的"回收站"图标,打开"回收站"窗口,在"文件"菜单中(或右击"回收站"图标,在弹出的快捷菜单中)选择"清空回收站"命令。

2）还原文件或文件夹

如果用户感觉被删除的对象还有用,则可以从"回收站"中恢复该文件或文件夹,方法如下。

（1）双击桌面上的"回收站"图标,打开"回收站"窗口。

（2）选中要还原的对象,在"文件"菜单中(或右击选中的对象,在弹出的快捷菜单中)选择"还原"命令,文件即还原到删除前的位置。

6. 重命名文件或文件夹

新建文件或文件夹后,系统会自动为其默认命名,另外在同一个文件夹下,不允许有相同名称的文件或文件夹。因此,将用户更改文件或文件夹名称的操作称为重命名。

文件或文件夹的重命名操作步骤如下。

(1) 选中要重命名的文件或文件夹。

(2) 方法一:在"文件"菜单中(或右击欲重命名的文件或文件夹,在弹出的快捷菜单中)选择"重命名"命令,使文件或文件夹的名称框处于编辑状态。

方法二:连续单击文件或文件夹名称框两次,这时名称框变为可编辑状态。

(3) 输入新名称,按 Enter 键确认即可完成重命名操作。

【提示】 将文件重命名时,若文件的扩展名显示,注意不要更改,只需更改[.扩展名]之前的文件名称即可。

7. 搜索文件或文件夹

随着磁盘空间的增大,用户急需某个文件或文件夹时,有时会忘记存放位置,因此需要搜索功能帮助用户快速、准确地找到所需的文件或文件夹。Windows 7 的搜索功能非常强大,更方便,要搜索文件和文件夹,有以下几个方法。

(1) 单击"开始"按钮 →在"开始搜索"文本框内输入查找的内容。

(2) 在任意文件夹窗口的右上角,利用"搜索"文本框输入要查找的内容。

若要对默认搜索方式和搜索内容重新设置,可依次选择"工具"→"文件夹选项"→"搜索"选项卡设置,如图 2-26 所示。

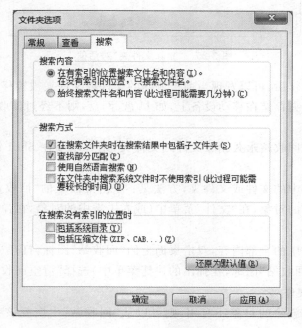

图 2-26　搜索设置

8. 文件和文件夹快捷方式的创建

在 Windows 中,快捷方式可以帮助用户快速打开应用程序、文件或文件夹。快捷方式的图标与普通图标不同,它的左下角有一个小箭头。在桌面创建快捷方式的步骤如下。

(1) 在桌面空白处单击右键,在弹出的"新建"级联菜单中选择"快捷方式"命令,打开

"创建快捷方式"对话框。

（2）在该对话框中，单击"浏览"按钮选定对象，单击"下一步"按钮。

（3）输入快捷方式名称，然后单击"完成"按钮。

还可以使用鼠标右键创建快捷方式：右击想要创建快捷方式的文件或文件夹，在弹出的快捷菜单中选择"发送到桌面快捷方式"命令，即可在桌面上创建该项目的快捷方式。

9. 文件和文件夹的属性设置、查看

要查看文件或文件夹的详细属性，方法是先选定要查看属性的文件，在"文件"菜单中（或右击要查看的文件或文件夹，在弹出的快捷菜单中）选择"属性"命令，打开"属性"对话框，如图 2-27 所示。

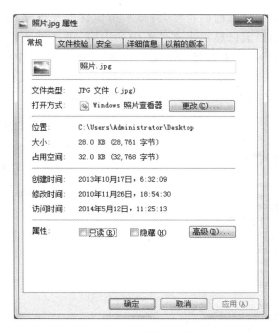

图 2-27　"属性"对话框

在"属性"对话框"常规"选项卡中显示了文件的大小、位置、类型等。在该对话框底部中的"属性"栏中有：□只读(R) 和 □隐藏(H) 两个复选框，用户可以选中不同的复选框以修改文件的属性；单击 高级(D)... 按钮，弹出"高级属性"对话框，可以设置文件存档、索引属性和压缩、加密属性。

2.4.3　资源管理器和库

Windows 资源管理器是用于管理计算机所有资源的应用程序。通过资源管理器可以运行程序、打开文档、新建、删除文件、移动和复制文件、启动应用程序、连接网络驱动器、打印文档和创建快捷方式，还可以对文件进行搜索、归类和属性设置。

1. 资源管理器的打开

打开资源管理器的常用方法如下。

（1）双击桌面上的"计算机"图标 。

（2）单击任务栏上的"Windows 资源管理器"图标 。

（3）单击"开始"按钮 ，|"所有程序"|"附件"|"Windows 资源管理器"命令。

（4）右击"开始"按钮 ，在弹出的快捷菜单中选择"打开 Windows 资源管理器"命令。

2. 资源管理器的使用

1）浏览文件夹

打开 Windows 资源管理器，如图 2-28 所示。

在"资源管理器"窗口中，浏览文件夹内容的方法有以下两种。

一是通过窗口左侧的导航窗格。通过树形结构能够查看整个计算机系统的组织结构以及所有访问路径的详细内容，如果文件夹图标左边带有"＋"符号，则表示该文件夹还包含子文件夹，单击该文件夹或文件夹前的符号，将显示所包含的文件夹结构，如果文件夹图标左边带有"－"符号，则表示当前已显示出文件夹中的内容，单击该文件夹前的符号，可折叠文件夹。当用户从"文件夹"窗格中选择一个文件夹时，在右侧窗格中将显示该文件夹下包含的文件和子文件夹。

二是通过窗口的地址栏直接输入具体位置，如图 2-28 所示。

图 2-28 "资源管理器"窗口

【提示】 调整窗格：如果要调整"文件夹"窗格的大小，则将鼠标指针指向两个窗格之间的分隔条上，鼠标指针变成 ⇔ 形状时，按住鼠标左键并向左右拖曳分隔条，即可调整"文件夹"窗格的大小。

2）设置文件或文件夹的显示方式

查看文件或文件夹时，Windows 7 提供了 8 种显示方式，用户可根据需要的不同任选其一。最快捷的方法就是单击工具栏上的"视图"按钮 的下三角按钮，可在多种显示方式中选择；也可单击"视图"按钮 ，每单击一次在几种显示方式中切换。还可以在文件夹窗口的空白处右击,在弹出的快捷菜单中单击"查看"命令,从"查看"下一级联菜单中直接选取所需显示方式,如图2-29所示。显示方式包括:超大图标、大图标、中等图标、小图标、列表、详细信息、平铺和内容。

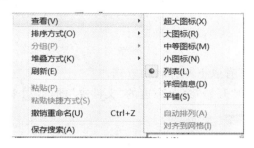

图 2-29　文件或文件夹的显示方式

3) 文件或文件夹的排列方式

用户可以按自己需要的方式在窗口中排列图标。右击窗口空白处,在弹出的快捷菜单中选择"排列方式"级联菜单中的相应排列方式。可按文件或文件夹的名称、类型、大小以及修改日期等方式排列图标。

4) 显示/隐藏文件或文件夹

用户将文件或文件夹设置成"隐藏"属性后,该文件或文件夹为不显示状态。若用户需要切换该文件或文件夹的显示/隐藏状态,需要设置文件夹选项。具体方法:在"资源管理器"窗口中,依次单击"组织"|"文件夹和搜索选项",弹出"文件夹选项"对话框,选择"查看"选项卡"高级设置"列表框中的"隐藏文件和文件夹"下的单选框,如图2-30所示。

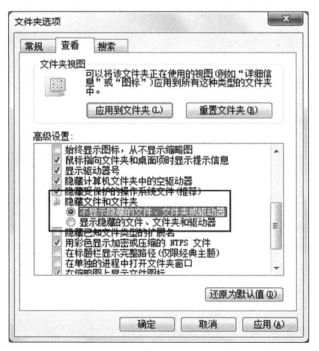

图 2-30　"文件夹选项"对话框

Windows 7 操作系统

3. 库

在 Windows 7 中引入了一个"库"的功能,"库"的全名叫"程序库(Library)",是指为了便于用户访问,将计算机磁盘中的文件或文件夹统一存放并查看的视图。用户可以不需要通过知道文件(或文件夹)所在的具体位置,只需将文件或文件夹添加到库中,便可直接访问。

1) 库的启动

在 Windows 7 中,"库"有以下几种启动方式。

第一种:单击任务栏中"开始"菜单旁边的"文件夹"图标 来启动库(见图 2-31)。

图 2-31　库的启动

第二种:进入计算机 ,单击左侧导航栏中的"库"(见图 2-32)。

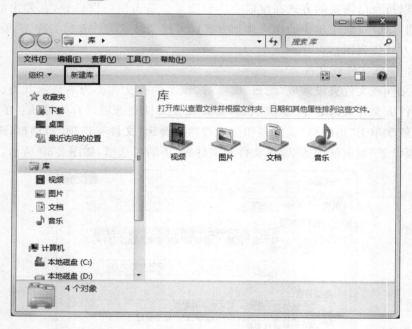

图 2-32　"库"窗口

2) 库的创建

Windows 7 中默认的库有 4 个:视频库、图片库、文档库、音乐库,如图 2-32 所示。用户若要创建新的库,只需在"库"窗口中,单击工具栏上的"新建库"按钮 ,输入新库的名称,比如输入"下载"后,按 Enter 键确定,如图 2-33 所示。

3) 库的设置

(1) 文件夹添加到库中

【例 2-2】 将 F 盘下"学生"文件夹添加到"文档"库中。

① 在资源管理器中,找到要添加的库文件夹即 F 盘下的"学生"文件夹,右键单击"学

图 2-33　库的创建

生"文件夹,在弹出的快捷菜单中,单击 [包含到库中(I) ▶] |"文档"库,如图 2-34 所示。此时库中"文档"库中出现新的"学生"文件夹。

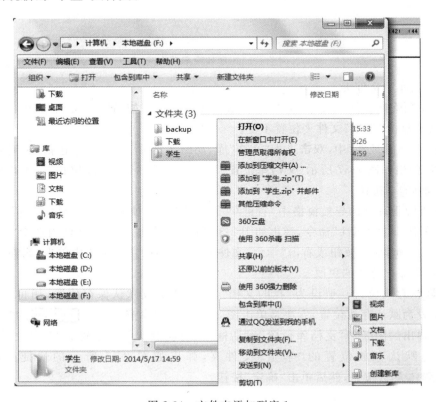

图 2-34　文件夹添加到库 1

② 在资源管理器的导航窗格中,找到目标文件夹"学生",选中该文件夹。单击工具栏中的 [包含到库中▼] 按钮,在下拉列表中单击目标库文件夹"文档"库,如图 2-35 所示。

图 2-35　文件夹添加到库 2

(2) 删除库中文件夹

① 若要删除库中文件夹,并不会删除原始文件夹。例如,删除"文档"库中的"学生"文件夹后,原 F 盘内"学生"文件夹位置不变。

② 在"资源管理器"中,双击进入"文档"库,如图 2-36 所示。单击"包括"右侧的"3 个位置"超链接,弹出如图 2-37 所示"文档库位置"对话框。然后选中"库位置"分类内的"学生"项,单击 [删除(R)] 按钮。

③ 在资源管理器的导航窗格中,右键单击要删除文件夹所在的库即"文档"库,在弹出的快捷菜单中,选择"属性"命令,弹出如图 2-38 所示对话框,在该对话框内选中"学生"文件夹,然后单击 [删除(R)] 按钮或右击"学生"文件夹,在弹出的快捷菜单中单击"删除"命令。

(3) 默认保存位置的更改

库的默认存放位置一般设为"我的文档",若是要更改默认保存位置,如将 F 盘的"学生"文件夹设为默认存放位置,方法是单击图 2-36"文档"库窗口中的 [包括: 3 个位置] 的"3 个位置"超链接,在弹出的图 2-37"文档库位置"对话框中,当前默认保存位置为"我的文档"。右键单击要设为默认存放位置的"学生"文件夹,弹出如图 2-37 所示的快捷菜单,单击 [设置为默认保存位置(S)] 按钮,然后单击"确定"按钮。

图 2-36　"文档"库

图 2-37　"文档库位置"对话框

Windows 7 操作系统

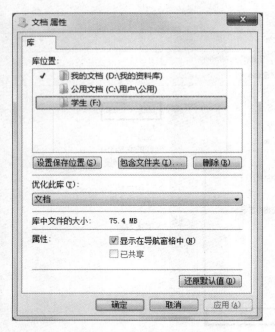

图 2-38 "文档属性"对话框

2.5 Windows 7 系统设置

"控制面板"是用户对计算机系统进行配置的重要工具,可用来修改系统设置。"控制面板"中默认安装许多管理程序,还有一些应用程序和设备会安装它们自己的管理程序以简化这些设备或应用程序的管理和配置任务。

本节学习要点:

◇ 掌握控制面板、个性化设置、鼠标设置、日期时间设置及系统设置。

◇ 熟悉输入法的添加和卸载、用户管理方法。

◇ 掌握字体设置、桌面小工具的使用。

2.5.1 控制面板的启动

控制面板类似于一个文件夹,多种设置工具包含在内,用户对系统的设置可以通过控制面板实现。

单击"开始"按钮|"控制面板"命令,或打开"计算机"窗口,在窗口工具栏单击 打开控制面板 按钮,打开"控制面板"窗口,如图 2-39 所示。

2.5.2 个性化设置

Windows 7 提供了比较灵活、全新的、更人性化的交互界面,可以满足用户的个性化需求,用户可以根据个人习惯方便地设置它的外观,包括改变桌面的图标、背景以及设置屏幕保护程序、窗口外观分辨率等,使用户的计算机更有个性、更符合自己的操作习惯。

图 2-39　"控制面板"窗口

依次单击"开始"按钮|"控制面板"|"外观和个性化"|"个性化",或右击桌面空白处,在快捷菜单中单击"个性化"命令,都可打开"个性化"窗口,如图 2-40 所示。

图 2-40　"个性化"窗口

Windows 7 操作系统

1. 设置主题

Windows 7 提供了多种主题形式,主要包括 Aero 主题、安装的主题、基本和高对比度主题等,主题是成套的桌面设置方案,决定桌面上各种可视元素的外观,每选择一种主题单击图标其桌面背景、窗口、颜色、声音等都会随之确定。打开"个性化"窗口后,列出了系统自带的一些预设主题项,在"更改计算机上的视觉和声音"选项中鼠标单击选择主题。也可从网上下载主题,单击"联机获取更多主题"超链接,可从网上下载其他主题。另外,用户也可以进行个性化修改后,保存为自己的主题,见图 2-40。

2. 桌面背景

用户若是不喜欢系统自带的桌面背景,或是选定了主题后不喜欢该主题所带的桌面背景,那么可以将选择后的桌面背景更换,即用户按照自己的喜好任选一张图片作为桌面背景,也可选多张不同图片以互相切换,更换方法如下。

按前面介绍的方法打开"个性化"窗口,单击该窗口中的"桌面背景"超链接,如图 2-40 所示,即可弹出"桌面背景"窗口,如图 2-41 所示。

图 2-41 "桌面背景"窗口

在弹出的"桌面背景"窗口中选择系统自带的图片或颜色作为背景,若是要使用不在列表内的其他图片,可以单击 浏览(B)... 按钮在计算机中搜索确定目标图片或是单击 图片位置(L): Windows 桌面背景 下拉列表中的选项选择其他类别均可将图片设为桌面背景。

若要桌面背景动态显示,可以使用多张图片以幻灯片形式切换,方法是按住 Ctrl 键,选中多张背景图片,在"更改图片时间间隔"下拉列表中选定间隔时间,如图 2-42 所示,通过右侧的"无序播放"复选框的选取与否确定图片的播放次序。

图 2-42　动态桌面背景设置

设置完毕后单击 保存修改 按钮完成保存设置。

3. 设置屏幕保护程序

屏幕保护程序用于在一段时间之内没有使用触发鼠标或键盘操作时,屏幕上出现暂停显示或动画显示,以起到保护显示器寿命的作用。

按前面介绍的方法打开"个性化"窗口,单击该窗口中的"屏幕保护程序"超链接,即可弹出"屏幕保护程序设置"对话框,如图 2-43 所示。当用户需要一段时间离开计算机时,可以为计算机屏幕设置屏幕保护程序密码,以防离开时别人看到工作屏幕或未经许可使用计算机。

图 2-43　"屏幕保护程序设置"对话框

4. 设置窗口颜色和外观

用户可以个性化设置窗口边框、"开始"菜单和任务栏的颜色,并且还可以设置透明效果和颜色浓度等。在"个性化"窗口中单击"窗口颜色"超链接,即可弹出"窗口颜色和外观"窗口,如图 2-44 所示。可以在窗口中选择任一颜色,或是使用"显示颜色混合器"自定义颜色。另外,还可以通过选定"启用透明效果"复选框用来设定显示透明效果,并使用"颜色浓度"滑块调节颜色浓度。

图 2-44　"窗口颜色和外观"窗口

5. 设置屏幕分辨率

屏幕分辨率用于设置显示器的显示像素高低,一般分辨率越高,显示的像素越多,屏幕显示越清楚,反之越粗糙。设置的方法如下。

依次单击"开始"按钮|"控制面板"|"外观和个性化"|"显示"|"调整屏幕分辨率",或右击桌面空白处,在快捷菜单中单击"屏幕分辨率"命令,都可打开"屏幕分辨率"窗口,如图 2-45 所示。利用拖动"分辨率"下拉列表框中滑块设置屏幕分辨率。

图 2-45　"屏幕分辨率"窗口

2.5.3 鼠标属性的设置

单击"开始"按钮|"控制面板"|"硬件和声音"|"设备和打印机"|"鼠标",弹出"鼠标属性"对话框,如图 2-46 所示。在该对话框中用户可设置切换主要和次要的按钮、双击速度、单击锁定、指针方案滑轮滚动等。

图 2-46　"鼠标属性"对话框

2.5.4 日期和时间的设置

在计算机系统中,默认的时间、日期是根据计算机中 BIOS 的设置得到的,用户可以在任何时间更新日期、时间和区域。

依次单击"开始"按钮|"控制面板"|"时钟、语言和区域"|"日期和时间",弹出"日期和时间"对话框,如图 2-47 所示。在"日期和时间"选项卡中,单击 更改日期和时间(D)... 按钮,可以在

图 2-47　"日期和时间"对话框

弹出的"日期和时间设置"对话框(见图 2-48)中设置日期、时间。从"日期"选项区中选择月份和年份,然后在日历上单击某一天;如果要设置时间,在时钟下面的"时间"数值框中设置或输入时间;也可用鼠标直接拖曳时钟的指针。在"时区"选项卡的下拉列表框中可以选择时区。

图 2-48　"日期和时间设置"对话框

在"Internet 时间"选项卡中,用户可以进行设置以保持用户的计算机与 Internet 上的时间服务器同步,但必须是在计算机与 Internet 连接时才能进行。

2.5.5　系统设置

Windows 的系统属性关系到用户当前使用计算机的一些相关信息,如 CPU、内存的容量以及相关的信息,还可以更改计算机名、设置虚拟内存等。

1. 查看系统属性

查看系统属性的方法是:在"控制面板"窗口中,单击"系统和安全"分类,进入"系统和安全"窗口,单击"系统"超链接,也可以在桌面上右击"计算机"图标,在弹出的快捷菜单中选择"属性"选项,同样可以弹出"系统"窗口,在该窗口中可以看到如图 2-49 所示的系统信息。由于用户的计算机配置各有不同,所以看到的信息也就不尽相同了,其中显示了计算机系统的基本状态,包括操作系统的类型、版本及系统配置等信息。

2. 计算机名

在"系统"窗口中的"计算机名称、域和工作组设置"分栏内,单击计算机名右侧的 更改设置 超链接,弹出"系统属性"对话框,如图 2-50 所示。该对话框中显示了完整的计算机名和工作组成员。在对话框中可更改网络的属性,具体操作步骤如下。

(1) 单击"更改"按钮,打开"计算机名/域更改"对话框,如图 2-51 所示。

图 2-49 "系统"窗口

（2）在"计算机名"文本框中输入新的计算机名，单击"其他"按钮，在打开的对话框中可修改域名。修改后单击"确定"按钮，关闭对话框。

图 2-50 "计算机名"选项卡

图 2-51 "计算机名/域更改"对话框

Windows 7 操作系统

（3）在"隶属于"选项区中选择计算机所隶属的类型。若隶属于工作组,则在"工作组"文本框中输入工作组名。若隶属于域,则在"域"文本框中输入域名。

（4）单击"确定"按钮,完成操作。

3. 硬件管理

如果要查看计算机硬件的相关信息,则在"系统属性"对话框中选择"硬件"选项卡,该对话框中有两种硬件管理类别:"设备管理器"、"设备安装设置"。

1）设备管理器

"设备管理器"为用户提供计算机中所安装硬件的图形显示。通过使用设备管理器可以检查硬件的状态并更新硬件设备的驱动程序。对计算机硬件有深入了解的高级用户也可以使用"设备管理器"的诊断功能来解决设备冲突并更改资源设置。

在"硬件"选项卡中,单击 [设备管理器(D)] 按钮,打开"设备管理器"窗口,如图 2-52 所示。

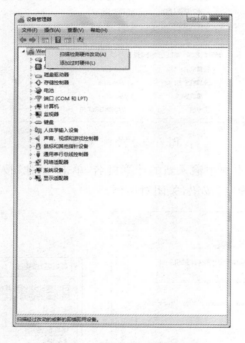

图 2-52　"设备管理器"窗口

在列表框中单击 ▷ 按钮,则展开下一级选项,此时,该按钮变成了 ◢ 按钮,可以从中选择相关的硬件设备,右击即打开一个快捷菜单,选择"扫描检测硬件改动"命令,可以执行检查此硬件设备工作是否正常。若选择"添加过时硬件"命令,可以根据硬件添加向导,为新增硬件设备添加驱动程序。

2）设备安装设置

"设备安装设置"选项区中有 [设备安装设置(S)] 按钮。通过该按钮用户可以为设备下载驱动程序软件和真实图标。

2.5.6　用户管理

1. 用户账户

用户账户用于为共享计算机的每个用户设置个性化的 Windows。可以选择自己的账户名、图片和密码，并选择只适用于自己的其他设置。有了用户账户，在默认情况下，用户创建或保存的文档将存储在自己的"我的文档"文件夹中，而与使用该计算机的其他人的文档分隔开。

在 Windows 7 系统中，用户账户被分为两大类：一类是 Administrator 计算机管理员账户；另一类是 Guest 账户。计算机管理员账户是专门为可以对计算机进行全系统更改、安装程序和访问计算机上所有文件的用户而设置的。只有拥有管理员账户的用户才拥有添加或删除用户账户、更改用户账户类型、更改用户登录或注销方式等权限。

受限制账户，只能访问已经安装在计算机上的程序，可以更改其账户图片，还可以创建、更改或删除其密码。而无法安装软件或硬件，无法更改其账户名或者账户类型。

此外没有账户的用户可以使用来宾账户临时登录计算机。来宾账户没有密码，所以他们可以快速登录，以检查电子邮件或者浏览 Internet。

2. 管理用户账户

1）创建用户账户

在安装 Windows 7 的过程中，安装向导会在安装完成之前要求计算机管理员指派用户名，然后系统会根据这些用户名自动创建用户账户。

系统管理员也可以在安装完成后创建新的用户账户，但是必须在计算机上拥有计算机管理员账户才能把新用户添加到计算机中。具体操作步骤如下。

（1）在"控制面板"窗口中，在"用户账户和家庭安全"分类下，单击"添加或删除用户账户"超链接，打开"管理账户"窗口，如图 2-53 所示。

图 2-53　"管理账户"窗口

（2）在"管理账户"窗口中，单击"创建一个新账户"超链接，打开如图 2-54 所示的窗口。

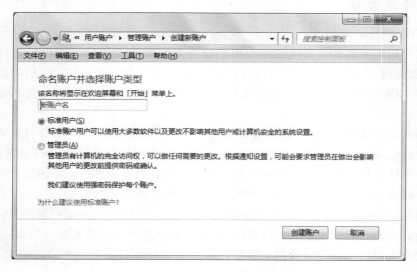

图 2-54 "创建新账户"窗口

（3）然后按照提示输入用户的名称。

（4）根据提示信息，选择一个用户的账户类型。

（5）单击"创建账户"按钮，完成操作。

这样在下次启动 Windows 7 时，欢迎屏幕的用户列表中就会包含新创建的用户账户。

2）更改用户账户

当与其他人共享计算机时，密码的使用增加了计算机的安全性。如果为用户账户名分配一个密码，则用户的自定义设置、程序以及系统资源会更加安全。用户可以修改自己所拥有账户的名称、密码、图片等，而系统管理员则可以对所有用户账户的登录密码等进行修改。在进入到"管理账户"窗口后，在"选择希望更改的账户"列表中，点击要更改的用户，在打开的"更改账户"窗口中，可以对该用户的名称、密码、图片、账户类型等进行修改，或者也可以删除该用户。

2.5.7 输入法的添加和卸载

1. 添加/卸载输入法

具体操作步骤如下。

（1）在"控制面板"中选择"时钟、语言和区域"分类下的"更改键盘或其他输入法"超链接，弹出"区域和语言"对话框，如图 2-55 所示。

（2）在"键盘和语言"选项卡中单击 更改键盘(C)... 按钮，打开"文字服务和输入语言"对话框。或者右键单击任务栏右侧的"语言栏"按钮 ，同样可以弹出"文字服务和输入语言"对话框。

（3）单击"添加"按钮，在"添加输入语言"对话框中，其下拉列表框中选择需要的输入法；若要删除某个输入法，可在"已安装的服务"选项区中选择需要删除的输入法，单击"删除"按钮，可删除该输入法。

图 2-55 "区域和语言"对话框

有些输入法的添加,如五笔输入法、紫光拼音等,应下载相应的输入法软件进行安装。如果安装后在语言栏中没有相应的输入法,可以在"文字服务与输入语言"对话框中添加相应的输入法。

2. 输入法的使用

(1) 启动和关闭输入法:按 Ctrl+空格键。

(2) 输入法切换:按 Shift+Ctrl 键,或单击"输入法指示器",在弹出的输入法菜单中选择一种汉字输入法。

(3) 全角/半角切换:按 Shift+空格键,或单击输入法状态窗口中的"全角/半角切换"按钮。

(4) 中英文标点切换:按 Ctrl+. 键。或单击"输入法指示器"上的"中英文标点切换"。

另外,特殊字符的输入,如希腊字母、数学符号等,通过输入法指示器上的"软键盘"输入较为方便。

2.5.8 字体设置

Windows 7 有一个字体文件夹,使用该文件夹可以方便地安装或删除字体。在"控制面板"中,单击"字体"超链接,即弹出"字体"窗口。

1. 安装字体

找到要安装的字体文件(.ttf 文件),复制该字体文件,如图 2-56 所示,打开"字体"窗

Windows 7 操作系统

口,将字体文件粘贴到"字体"窗口,即可安装字体。另外,也可以将剪贴板上的字体文件粘贴到 C:\Windows\Fonts 文件夹内,也可实现安装字体。

图 2-56　安装字体

2. 删除字体

在"字体"窗口中选择需要删除的字体,按 Del 键删除,即可完成删除字体操作。

2.5.9　桌面小工具

Windows 7 提供了一些常用的桌面小工具功能,可以提供即时信息并且可以轻松访问常用工具,用户可以随意添加或删除这些小程序,更加实用、灵活、方便。在安装 Windows 系统后,默认的桌面上并没有小工具,用户可以自行添加。

1. 添加小工具

在桌面上显示小工具的方法如下。

(1) 在"控制面板"中,单击"程序"超链接,打开"程序"窗口,单击"桌面小工具",弹出"小工具"设置窗口,如图 2-57 所示。或者右击桌面空白处,在弹出的快捷菜单中单击"小工具"按钮,也可弹出"小工具"窗口。

(2) 弹出的"小工具"窗口中显示了所有的小工具,右击要添加的小工具,在弹出的快捷菜单中单击"添加"命令,或是直接双击要添加的小工具,此时即可将目标小工具添加到桌面上。

图 2-57　"小工具"设置窗口

2. 自定义桌面小工具

右击桌面上已添加的小工具,弹出快捷菜单,如图 2-58 所示。在弹出的快捷菜单中,可以更改该小工具的选项、调整大小、设置移动、前端显示/隐藏、透明度等操作。

图 2-58　小工具快捷菜单

3. 关闭小工具

将鼠标置于小工具上,在显示的悬浮框中单击"关闭"按钮,即可关闭小工具。或是在右击小工具弹出的快捷菜单中单击"关闭小工具"按钮,也可关闭小工具。

2.6　Windows 7 的设备管理

本节学习要点:

◇　熟悉磁盘的属性、格式化、维护。

◇　掌握硬件驱动程序安装、打印机安装及设置、应用程序的安装和卸载。

2.6.1 磁盘管理

计算机中大量信息都在磁盘中存储,用户对文件所做的操作如删除、移动等,会在磁盘中形成碎片,日积月累,会使计算机的速度大大降低。因此,用户可以利用 Windows 7 自带的磁盘清理工具对磁盘中的数据进行日常维护,以提高硬盘的使用效率。Windows 的磁盘管理操作可以实现对磁盘的格式化、空间管理、碎片处理、磁盘维护和查看磁盘属性等。

1. 磁盘属性

通过查看磁盘属性,可以了解到磁盘的总容量、可用空间和已用空间的大小,以及该磁盘的卷标(即磁盘的名字)等信息。此外,还可以为磁盘在局域网上设置共享、进行磁盘压缩等操作。

要查看磁盘属性,首先在"计算机"窗口中右击要查看属性的磁盘驱动器,然后在弹出的快捷菜单中选择"属性"命令,打开磁盘"属性"对话框,如图 2-59 所示。

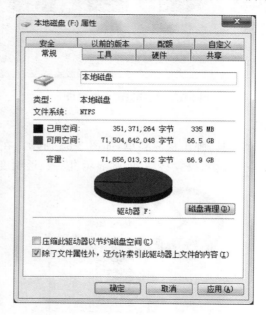

图 2-59　磁盘属性

下面主要介绍几个选项卡的功能。

(1) 常规:在此选项卡的"卷标"文本框中显示当前磁盘的卷标。用户可以在此文本框中设定或更改磁盘卷标的名称。在此选项卡中还显示了当前磁盘的类型、文件系统、已用和可用空间。还可以设置压缩驱动器、磁盘清理等。

(2) 工具:该选项卡由"查错"、"碎片整理"和"备份"三部分组成。在该选项卡中可以完成检查磁盘错误、备份磁盘上的内容、整理磁盘碎片等操作。

(3) 硬件:此选项卡可以查看计算机中所有磁盘驱动器的属性。

(4) 共享:使用此选项卡可以设置当前驱动器在局域网上的共享信息。

2. 格式化磁盘

磁盘是专门用来存储数据信息的,格式化磁盘就是给磁盘划分存储区域,以便操作系统把数据信息有序地存放在里面。格式化磁盘将删除磁盘上的所有信息，因此，格式化之前应先将有用的信息进行备份，特别是格式化硬盘时一定要小心。在格式化磁盘之前，应先关闭磁盘上的所有文件和应用程序。

本节以格式化 U 盘为例进行说明（硬盘的格式化操作类似），具体操作步骤如下：

（1）将准备格式化的 U 盘接入到计算机。

（2）打开"计算机"或"资源管理器"窗口，右击 U 盘驱动器，在弹出的快捷菜单中选择"格式化"选项，显示"格式化可移动硬盘"对话框，如图 2-60 所示。

（3）在对话框中的三个"容量"、"文件系统"、"分配单元大小"下拉列表中选取相应参数，一般采用系统默认。

（4）在"卷标"文本框中输入用于识别 U 盘卷标。在"格式化选项"选项区中，用户还可以进行"快速格式化"和"创建一个 MS-DOS 启动盘"的设置操作。

（5）单击"开始"按钮，系统将弹出一个警告对话框，提示格式化操作将删除该磁盘上的所有数据。

（6）单击"确定"按钮，系统开始按照格式化选项的设置对 U 盘进行格式化处理，并且在"格式化磁盘"对话框的底部实时地显示格式化 U 盘的进度。

格式化完毕后，将显示该 U 盘的属性报告。

图 2-60　格式化 U 盘

3. 磁盘维护

磁盘维护是通过磁盘扫描程序来检查磁盘的破损程度并修复磁盘。使用磁盘扫描程序的具体操作步骤如下。

（1）打开"计算机"窗口，右击要进行扫描的磁盘驱动器，在弹出的快捷菜单中选择"属性"选项，在打开的对话框中，单击"工具"选项卡中的 开始检查(C)... 按钮，打开"检查磁盘 本地磁盘"对话框，如图 2-61 所示。

图 2-61　"检查磁盘 本地磁盘"对话框

（2）在"磁盘检查选项"选项区中，如果选中"自动修复文件系统错误"复选框，则在检查过程中遇到文件系统错误时，将由检查程序自动进行修复。如果选中扫描并试图恢复坏扇区"复选框"，在检查过程中扫描整个磁盘，如果遇到坏扇区，扫描程序会对其进行修复。在磁盘扫描时，该磁盘不可用。对于包含大量文件的驱动器，磁盘检查过程将花费很长时间。

（3）单击"开始"按钮，系统开始检查磁盘中的错误，检查结束后将弹出检查完毕提示对话框。

(4) 单击"确定"按钮,完成磁盘错误检查。

4. 磁盘清理

磁盘内随着系统使用一段时间后,会产生许多垃圾文件,如网页临时文件、已下载的程序文件、回收站等,"磁盘清理"程序可以把磁盘中无用的文件删除,以留出更多的空间来保存那些需要保存的文件或安装新程序。可以使用磁盘清理工具对磁盘进行定期清理,以减少硬盘上垃圾文件的数量,加快计算机运行速度。同时,"磁盘清理"程序还可以把一些不再指向应用程序的快捷方式删除。

运行"磁盘清理"程序对磁盘进行清理的操作步骤如下。

(1) 方法一:在"资源管理器"窗口的导航窗格中,右击磁盘名称,在弹出的菜单中依次单击"属性"|"常规"|"磁盘清理"命令。

方法二:依次单击"控制面板"|"系统和安全"|"释放磁盘空间"超链接。

方法三:单击"开始"|"所有程序"|"附件"|"系统工具"|"磁盘清理"命令。

弹出"磁盘清理:驱动器选择"对话框,如图 2-62 所示。

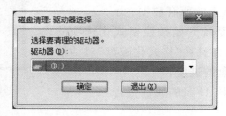

图 2-62　"磁盘清理:驱动器选择"对话框

(2) 在对话框中,选取目标磁盘后,单击"确定"按钮。

(3) 会首先对系统进行分析,然后弹出"磁盘清理"对话框,如图 2-63 所示。在"要删除的文件"列表中选中删除某个类别中的文件,单击"确定"按钮,即可删除选中类别的文件。

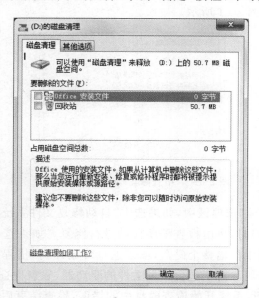

图 2-63　"磁盘清理"对话框

5．碎片整理

用户对磁盘进行多次读写操作后,会产生多处不可用的磁盘空间,即"碎片"。如果磁盘产生"碎片"过多,将降低磁盘的访问速度,影响系统性能。因此,磁盘在使用了一段时间后,需要用户对磁盘中的碎片进行整理。

使用"磁盘碎片整理程序"整理磁盘的具体操作步骤如下。

(1)方法一:单击"开始"|"所有程序"|"附件"|"系统工具"|"磁盘碎片整理程序"命令。

方法二:单击"开始"|"控制面板"|"系统和安全"|"对硬盘进行碎片整理",打开"磁盘碎片整理程序"窗口。

方法三:在资源管理器窗口中右击磁盘,在弹出的快捷菜单中单击"属性"|"工具"|"立即进行碎片整理"按钮。

打开"磁盘碎片整理程序"窗口,如图 2-64 所示。

图 2-64　"磁盘碎片整理程序"窗口

(2)在"当前状态"列表中选择要整理的磁盘,单击"分析磁盘"按钮,程序开始对磁盘内的碎片进行分析。

(3)分析操作结束后,如果系统建议对磁盘进行整理,可以单击"磁盘碎片整理"按钮,开始对磁盘的碎片进行整理。

2.6.2　硬件及驱动程序的安装

在微型计算机中,硬件通常可分为即插即用型和非即插即用型两种。大多数设备是即插即用型的,就是可以直接连接到计算机中的,如 U 盘、移动硬盘、数码相机、数据摄像头等。一般 Windows 7 系统会自动安装驱动程序;也有些设备是非即插即用的,如显卡、打印机等,这些设备系统虽然能够识别,但仍需要用户安装该硬件厂商提供的驱动程序。驱动程序是硬件或设备需要与计算机进行通信时所用的一种软件。

一般来说,在 Windows 7 中安装新的硬件有两种方式。

1. 自动安装

当计算机中新增添一个即插即用型的硬件后,Windows 系统会自动检测到该硬件,如果 Windows 7 附带该硬件的驱动程序,则会自动安装驱动程序;除非设备的型号特别新,这时系统则会提示用户安装该硬件自带的驱动程序。

2. 手动安装

如果系统不能识别当前新安装的硬件设备,不能自动安装驱动程序,则需要手动进行安装,手动安装一般又有以下两种情况。

(1) 使用安装程序。有些硬件如扫描仪、数码相机、手写板等都有厂商提供的安装程序,这些安装程序的名称通常是 Setup.exe 或 Install.exe。首先把硬件连接到计算机上,然后运行安装程序,按安装程序窗口提示的步骤操作即可。

(2) 使用安装向导。单击"控制面板"窗口中的"设备管理器"超链接,弹出"设备管理器"窗口,如图 2-65 所示,有计算机的设备列表,如网络适配器、显示适配器等设备。双击这些设备的图标,在打开的窗口中都包含该设备的安装向导。按照"安装向导"提示进行安装。

图 2-65 "设备管理器"窗口

2.6.3 打印机的安装、设置与管理

打印机是常见输出设备,目前常用的打印机主要是喷墨打印机和激光打印机,用户可以用它打印文档、图片等。

要在 Windows 7 中使用打印机，必须先将其安装到系统中。这里的"安装"主要是指装入打印机驱动程序，以使系统正确识别和管理打印机。打印机从所处的地理位置来划分，可分为本地打印机和网络打印机。其安装方法类似。

1. 打印机的安装

在开始安装之前，应了解打印机的生产厂商和类型，并使打印机与计算机正确连接，安装步骤如下。

（1）将打印机连接到计算机，打开打印机电源。

（2）此时，Windows 7 将会自动识别。若 Windows 7 找到该打印机的驱动程序，系统将自动安装；若 Windows 7 没有找到该打印机的驱动程序，系统将提示"发现新硬件向导"，选中"自动安装软件"复选框，单击"下一步"按钮，按提示操作；或者也可以直接放入驱动程序光盘，按照提示步骤安装。

2. 打印机共享

对于局域网用户，可以共用一台打印机，只需将打印机设置成共享模式。

（1）依次单击"控制面板"|"查看设备和打印机"或单击"开始"菜单 |"查看设备和打印机"，打开"设备和打印机"窗口，如图 2-66 所示。

图 2-66 "设备和打印机"窗口

（2）右键单击要共享的打印机，在弹出的快捷菜单中选择"打印机属性"命令，选择"共享"选项卡，选中"共享这台打印机"复选框，如图 2-67 所示，单击"确定"按钮，即可实现打印机共享。

图 2-67 "共享"选项卡

3. 打印队列管理

正在等待打印的文档会在打印队列中显示,在打印队列列表中会显示等待打印文档的基本信息,如名称、页数、提交时间等,用户可以管理打印队列,对打印文档进行取消、暂停、重新打印等操作。具体操作方法如下。

(1)在"设备和打印机"窗口中,双击要使用的打印机图标,弹出打印机队列管理窗口,如图 2-68 所示。

图 2-68 打印机队列管理窗口

(2)若当前没有打印任务,该窗口显示为空白,并且状态栏显示为队列中有 0 个文档;若当前有多个打印任务,该窗口以用户打印操作顺序排列文档,可以右键单击欲暂停或取消等操作的文档,在弹出的快捷菜单中按需要进行操作。

2.6.4 应用程序的安装和卸载

尽管 Windows 7 作为操作系统来说其功能非常强大,但其自带的一些应用程序却远远满足不了实际应用的需要。因此,在使用计算机时还需安装符合具体需要的各种应用程序,对于不再需要的应用程序,也可以将其及时删除。

1. 安装应用程序

1)自动安装

将含有自启动安装程序的光盘放入光盘驱动器中,安装程序就会自动运行。只需按照屏幕提示进行操作,即可完成安装。这类程序安装完毕后,通常在"开始"菜单中自动添加相应的程序选项。

2)手工安装

Windows 7 中,应用程序一般都包含自己的安装程序(Setup.exe 文件),因此只要执行该程序就可以把相应的应用系统安装到计算机上。同时,程序安装后,系统还往往生成一个卸载本系统的卸载命令(UnInstall 命令),该命令在相应的程序组菜单中,执行该命令将把该系统从计算机中卸载,包括系统文件、有关库、临时文件及文件夹、注册信息等。

2. 卸载应用程序

1)使用软件自带的卸载程序

有的应用软件在计算机中成功安装后,会同时添加该软件的卸载程序命令(通常是UnInstall 命令),运行该应用程序的卸载程序命令,即可从计算机中卸载该程序。

2)利用"添加或删除程序"

具体操作步骤如下。

(1)在"控制面板"窗口中,单击"程序"|"程序和功能"超链接,弹出"程序和功能"窗口,如图 2-69 所示。

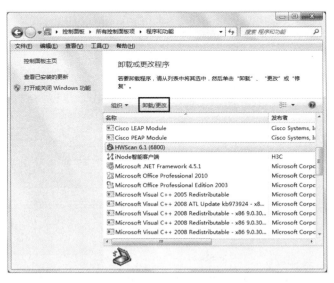

图 2-69 "程序和功能"窗口

Windows 7 操作系统

（2）在"卸载或更改程序"列表框中选中需要删除的应用程序，此时该程序的名称及其相关信息将以高亮显示。

（3）单击"组织"按钮右侧的 卸载/更改 按钮，Windows 将开始自动进行卸载操作。

2.7　Windows 7 的附件

Windows 7 为广大用户提供了功能强大的附件，这些工具小巧、使用方便，如系统工具、游戏、记事本、画图、计算器、写字板等程序。

本节学习要点：

熟练运用写字板、记事本、画图、计算器、截图工具、多媒体等。

2.7.1　记事本与写字板

1. 记事本

"记事本"程序是 Windows 7 中的一个文本编辑工具，它的特点是程序小巧，功能简单。"记事本"程序只能完成无任何格式的纯文本文件的编辑，无法完成特殊的格式编辑，默认情况下文件存盘后的扩展名为.txt。

一般来讲，源程序代码文件、某些系统配置文件(ini 文件)都是用纯文本的方式存储的，所以编辑系统配置文件时，常用"记事本"程序而不用"写字板"程序或 Word 等较大型的文字处理软件。

单击 按钮|"所有程序"|"附件"|"记事本"命令，即可打开"记事本"窗口，进行文本编辑，如图 2-70 所示。

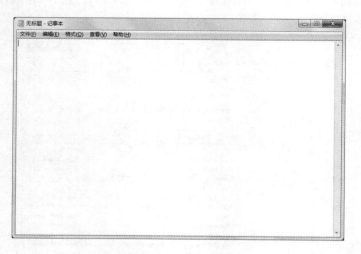

图 2-70　记事本窗口

2. 写字板

"写字板"是一个高效的文字处理器，它可以进行一般的文本数据处理，还可以进行编辑与排版，写字板可以编辑较复杂的格式和图形。

单击 <img src="button" /> 按钮|"所有程序"|"附件"|"写字板"命令，即可打开"写字板"窗口，进行编辑，如图 2-71 所示。

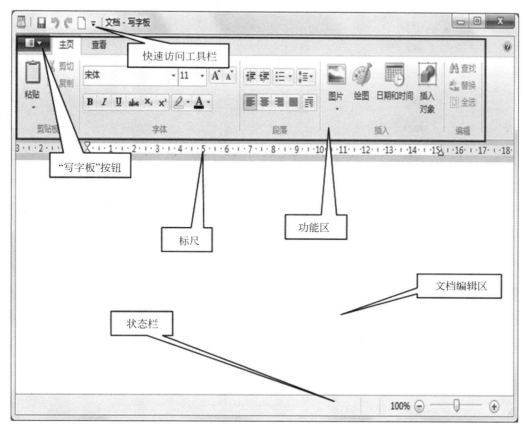

图 2-71 "写字板"窗口

该窗口主要由快速访问工具栏、"写字板"按钮、功能区、标尺、文档编辑区、状态栏几部分组成。

各个主要组成部分的功能如下。

（1）快速访问工具栏：是常用的命令按钮，主要用于用户快速保存、撤销、重做等操作。将鼠标置于按钮上停留，就会出现提示说明框。

（2）写字板按钮：位于写字板窗口左上角，单击该按钮，弹出下拉菜单，如图 2-72 所示。

（3）功能区：单击功能区上方的"主页"或"查看"标签，可以显示相应的编辑工具，主要用于文档的格式化编辑等。

（4）标尺：用于确定文档的编辑位置。

（5）文档编辑区：文档编辑的主要工作区，文档的基本操作、编辑、修改、格式化等操作都应用此区域。

（6）状态栏：位于窗口最底部，用于显示文档的页数、页面缩放等信息。

图 2-72　单击"写字板"按钮后出现的下拉菜单

2.7.2 画图

Windows 7 中的"画图"程序是一种位图绘图软件,具有绘制、编辑图形、文字处理,以及打印图形文档等功能。

单击 按钮|"所有程序"|"附件"|"画图"命令,打开如图 2-73 所示的"画图"窗口,进行绘图编辑。

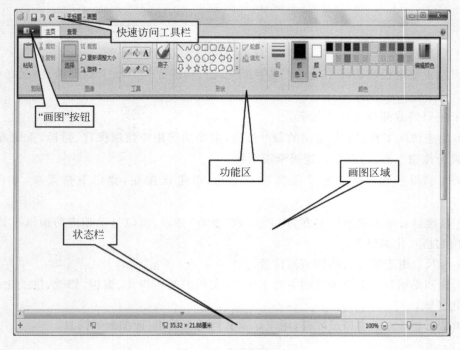

图 2-73　"画图"窗口

"画图"窗口界面的组成与写字板类似,下面就画图主要功能简要介绍如下。

(1) 绘图区:该区域是画图界面中最大的区域,用于显示和编辑当前图像效果。

(2) 状态栏:用于显示当前操作图形的信息,如当前图形宽度、高度像素等。

(3) 功能区和功能选项卡区:主要用于图形绘制时对图形的编辑操作。"画图"程序中的大部分操作都可以在该区实现。

2.7.3 计算器

"计算器"是 Windows 7 自带的小程序,包含标准型计算器、科学型计算器、程序员型计算器以及统计信息型计算器 4 种模式。

图 2-74 标准型计算器

1. 标准型计算器

依次单击 按钮"所有程序"|"附件"|"计算器"命令,打开如图 2-74 所示的"计算器"窗口。

此界面是标准型计算器,标准型计算器通常只能执行简单的顺序计算。如要使用数字小键盘输入数字和运算符,按 NumLock 键,然后再输入数字和运算符。该计算器还能存储数据。但是不能做到先乘除后加减运算。例如,若要计算 9＋3×5＝?,用标准计算器算得的结果为 60,与实际结果 24 不符。可以使用数字键上面的 MC MR MS M+ M- 按钮实现,部分按钮的功能和作用,如表 2-6 所示。

表 2-6   标准计算器部分按钮及作用

按钮	说明	按钮	说明
MC	清除存储区中的数值(Memory Clear)	M-	将当前显示数值与存储区数值相减,结果存入存储区,但不显示
MS	将当前显示数值存储到存储区(Memory Save)	CE	清除当前显示数值
MR	显示存储区数值,且存储区数值不变(Memory Reveal)	C	清除当前整个计算,清为 0
M+	将当前显示数值与存储区数值相加,结果存入存储区,但不显示	←	清除当前显示数值的最后一位

2. 科学型计算器

一些稍复杂的数据运算可以使用科学型模式。单击"查看"菜单,选择"科学型"命令,可将标准计算器变成科学型计算器。科学计算器的功能很强大,可以进行三角函数、阶乘、平方、立方等运算,见图 2-75。

3. 程序员型计算器

单击"查看"菜单,选择"程序员"命令,可切换成程序员型计算器。该模式主要用于满足用户对进制转换的计算需求,如图 2-76 所示。

图 2-75　科学型计算器

图 2-76　程序员型计算器

4. 统计信息型计算器

单击"查看"菜单,选择"统计信息"命令,可切换成统计信息型计算器模式。此模式主要用于数据的统计、计算等操作,如图 2-77 所示。

图 2-77　统计信息型计算器

2.7.4　截图工具

当用户需要当前计算机屏幕上的内容时,可以利用 Windows 7 自带的截图工具来实现图像捕捉,然后保存到其他位置,也可以进行编辑操作。依次单击"开始"  按钮|"所有程序"|"附件"|"截图工具"命令,打开如图 2-78 所示的"截图工具"窗口。在 下拉菜单中选择截图类型,或者单击 按钮使用当前截图类型。即可截取屏幕图像。

图 2-78　"截图工具"窗口

2.7.5　多媒体

Windows 7 提供了强大的多媒体功能,用户可以听音乐、看视频,还可以利用照片库编辑管理照片等。

1. Windows Media Player

使用 Windows Media Player 可以播放和组织计算机及 Internet 上的数字媒体文件,可用来播放 CD、MP3、WMA 等音频文件,还可以打开 AVI、MPEG 等视频文件,还可以收听全世界的电台广播,可以满足用户的多媒体播放需求。打开这些程序的一般操作方法是:单击"开始"|"所有程序"|Windows Media Player 命令,即启动 Windows Media Player 程序,如图 2-79 所示。

图 2-79　Windows Media Player 窗口

2. 录音机

录音机的主要功能是用来录制和剪辑音频,它可以实时地把用户通过音频输入接口输入的信息录制保存起来,也可以把某一个音频媒体中某一段的内容剪辑保存下来,见图 2-80。

Windows 7 操作系统

图 2-80　录音机

3. 音量控制

如果计算机系统配置有多媒体装置,那么就可以使用"音量控制"程序调节计算机或其他多媒体应用程序所播放声音的音量、平衡和高低音等设置。

习　　题

一、选择题

1. "写字板"实用程序的基本功能是_____。

　　A. 文字处理　　　　　　　　　　　　B. 图像处理

　　C. 手写汉字输入处理　　　　　　　　D. 图形处理

2. 关闭当前窗口可以使用的快捷键是_____。

　　A. Ctrl+F1　　　　B. Alt+F4　　　　C. Ctrl+Esc　　　D. Ctrl+Tab

3. 鼠标是 Windows 环境中的一种重要的_____工具。

　　A. 画图　　　　　　B. 指示　　　　　C. 输入　　　　　D. 输出

4. Windows 的"回收站"是_____。

　　A. 存放重要的系统文件的容器　　　　B. 存放打开文件的容器

　　C. 存放已删除文件的容器　　　　　　D. 存放长期不使用的文件的容器

5. 在 Windows 的对话框中,有些项目在文字说明的左边小方框里有"√"符号时表明_____。

　　　A. 这是一个多选(复选)按钮,而且未被选中

　　　B. 这是一个多选(复选)按钮,而且已被选中

　　　C. 这是一个单选按钮,而且未被选中

　　　D. 这是一个单选按钮,而且已被选中

6. 在"任务栏"中的任何一个按钮都代表着_____。

　　A. 一个可执行程序　　　　　　　　　B. 一个正执行的程序

　　C. 一个缩小的程序窗口　　　　　　　D. 一个不工作的程序窗口

7. 若想立即删除文件或文件夹,而不将它们放入回收站,则执行的操作是_____。

　　A. 按 Del 键　　　　　　　　　　　　B. 按 Shift+Del 键

　　C. 打开快捷菜单,选择"删除"命令　　D. 在"文件"菜单中选择"删除"命令

8. Windows 的任务栏_____。

　　A. 不能被隐藏起来　　　　　　　　　B. 必须被隐藏起来

　　C. 是否被隐藏起来,用户无法控制　　　D. 可以被隐藏起来

9. 下列关于剪贴板的叙述中,_____是错误的。

　　A. 凡是有"剪切"和"复制"命令的地方,都可以把选取的信息送到剪贴板

B. 剪贴板中的信息超过一定数量时,会自动清空,以便节省内存空间

C. 按下 Alt+Print Screen 键或 Print Screen 键都会往剪贴板中送信息

D. 剪贴板中信息可以保存到磁盘文件中长期保存

10. 下面的描述中,_____符合 Windows 选择操作的含义。

A. 用鼠标单击一个项目,使之高亮度显示

B. 用鼠标双击一个项目,可以完成选择操作

C. 用鼠标单击一个项目,再按 Enter 键,可以完成选择操作

D. 在对话框中,用鼠标单击一个项目,再单击"确定"按钮,可以完成选择操作

11. 在 Windows 中,使用中文输入法时快速切换中英文符号的组合键是_____。

A. Ctrl+空格键　　　B. Shift+Ctrl　　　C. Shift+空格键　　　D. Ctrl+Alt

12. 移动窗口时,首先应将鼠标放在_____。

A. 窗口内任一位置　　　　　　　　　B. 窗口滚动条上

C. 窗口标题栏上　　　　　　　　　　D. 窗口四角或四边

13. 文件的类型可以根据_____来识别。

A. 文件的大小　　　　　　　　　　　B. 文件的用途

C. 文件的扩展名　　　　　　　　　　D. 文件的存放位置

14. 在资源管理器中,选定多个不连续的文件应首先按下_____键。

A. Ctrl　　　　　　B. Shift　　　　　　C. Alt　　　　　　D. Shift+Ctrl

15. 在 Windows 7 操作系统中,将打开窗口拖动到屏幕顶端,窗口会_____。

A. 关闭　　　　　　B. 消失　　　　　　C. 最大化　　　　　　D. 最小化

16. 当一个应用程序窗口被最小化后,该应用程序将_____。

A. 被终止执行　　　　　　　　　　　B. 继续在前台执行

C. 被暂停执行　　　　　　　　　　　D. 被转入后台执行

17. 控制面板的作用是_____。

A. 控制所有程序的执行　　　　　　　B. 对系统进行有关的设置

C. 设置"开始"菜单　　　　　　　　　D. 设置硬件接口

18. 剪贴板的作用是_____。

A. 临时存放应用程序剪贴或复制的信息

B. 作为资源管理器管理的工作区

C. 作为并发程序的信息存储区

D. 在使用 DOS 时划给的临时区域

19. 用鼠标直接运行带有图标的 Windows 程序,所进行的操作为_____。

A. 双击　　　　　　B. 单击　　　　　　C. 拖动　　　　　　D. 选中

20. 在 Windows 7 的各个版本中,支持功能最多的是_____。

A. 家庭普通版　　　B. 家庭高级版　　　C. 专业版　　　　　D. 旗舰版

二、 填空题

1. 安装中文 Windows 7 对内存的最小要求是_____。

2. 在 Windows 7 中,回收站是_____中的一块区域。

3. Windows 7 有 4 个默认库,分别是视频、图片、_____和音乐。

4. 在 Windows 7 中,被删除的硬盘上的文件或文件夹将存放在_____中。

5. 在 Windows 操作系统中,Ctrl+C 是_____命令的快捷键。

6. 要想隐藏文件的扩展名,可在"资源管理器"窗口中选择"工具"菜单中的_____命令,单击"查看"标签进行设置。

7. 在启动 Windows 时,桌面上会出现不同的图标。双击_____图标可浏览计算机上的所有内容。

8. 撤销最后一个动作,除了用菜单命令和工具栏按钮之外,还可以用快捷键_____。

9. 在 Windows 7 中,可以通过按快捷键_____激活程序中的菜单栏。

10. 如果要选定一个窗口中不连续的多个文件和文件夹,除了要用鼠标单击这些文件或文件夹之外,为配合操作还要同时按住_____键。

第 3 章　文字处理软件 Word 2010

Microsoft Word 2010 软件是 Office 2010 系统软件中的一款，它主要是用于文字处理，是计算机办公自动化应用的重要内容，辅助人们制作文档。Word 集文字编辑和排版、表格和图表制作、图形和图像编辑等功能于一体，是极方便实用的文档编辑软件。

本章学习要点：

◇ Word 文档的建立、打开、输入和保存等基本操作。

◇ Word 文档中文本的移动、复制、修改和删除等基本编辑方法。

◇ Word 文档的格式化、页面设置、排版、打印等方法的编辑使用。

◇ Word 文档中表格的制作、编辑和表格数据的格式化、计算和排序的运用。

◇ Word 文档中图片（图形）、艺术字、绘图、图文框、文本框等的编辑使用。

本章训练要点：

◇ 熟悉 Word 文档的软件功能及环境。

◇ 掌握 Word 文档制作的基本操作技能。

◇ 熟练掌握 Word 文档编辑、排版、表格等操作，灵活运用图文混排等效果设计美化文档，方便阅读。

3.1　Word 2010 概述

中文 Word 2010 是 Microsoft 公司推出的 Office 2010 办公系列软件中的一个重要的组件，是目前功能最强大的文字处理软件之一。中文 Word 2010 具有许多方便优越的性能，其图文并茂、高度智能、赏心悦目的操作界面，充分体现了所见即所得的特点，在社会上得到了广泛的应用。与早期版本相比，Word 2010 在功能上作了很大的改进，特别是中文处理、图片图形的操作、文档翻译、文档导航、多语言翻译等方面，并增强了安全性，极大地提高了办公的效率。

本节学习要点：

◇ 了解文字处理软件 Word 2010 的安装方式。

◇ 熟练掌握 Word 文档的启动与退出方式。

◇ 掌握 Word 工作窗口的基本组成及用途。

本节训练要点：

◇ 熟悉 Word 2010 启动、退出的不同方式。

◇ 熟悉文字处理 Word 2010 的工作环境。

◇ 了解 Word 2010 窗口中标题栏、"文件"选项卡、工具栏、编辑区、状态栏功能。

3.1.1　Word 2010 安装、启动和退出

1. Word 2010 的安装

将 Microsoft Office 2010 的安装光盘放入光驱中,光盘将自动启动 Microsoft Office 2010 的安装程序。首先进入安装初始化界面,自动搜集所需安装的信息,即可安装 Word 2010。

2. Word 2010 的启动

启动 Word 的常用方法如下。

1) 从"开始"菜单启动

单击"开始"菜单,选择"所有程序"│Microsoft Office│Microsoft Office Word 2010 命令。

2) 从桌面的快捷方式启动

(1) 在桌面上创建 Word 的快捷方式。

(2) 双击快捷图标。

3) 通过文档打开

双击要打开的 Word 文档,也可以启动 Word,同时打开文档。

3. Word 2010 的退出

退出 Word 2010 的常用方法如下。

(1) 单击 Word 2010 窗口标题栏右侧的"关闭"按钮。

(2) 选择"文件"选项卡中的"关闭"命令。

(3) 右击文档标题栏,在弹出的控制菜单中选择"关闭"命令。

(4) 直接按 Alt+F4 键关闭文档。

3.1.2　Word 2010 窗口组成

Word 2010 窗口主要由"文件"选项卡、快速访问工具栏、标题栏、功能区、内容编辑区以及状态栏等部分构成,如图 3-1 所示。

1. "文件"选项卡

"文件"选项卡取代了 Word 2007 版本中的 Office 按钮,可实现打开、保存、打印、新建、关闭等功能。

2. 快速访问工具栏

用户可以使用快速访问工具栏实现常用的功能,例如,保存、撤销、恢复、打印预览等。在快速访问工具栏右侧,可以通过单击下拉按钮,在弹出的菜单中选择已经定义好的命令,即可将选择的命令选项以按钮方式添加到快速访问工具栏中。

3. 标题栏

标题栏位于快速访问工具栏的右面,除显示正在编辑的文档的标题外,还包括三个窗口控制按钮,分别为"最小化"、"最大化/还原"和"关闭"按钮。

4. 标签

单击相应的标签可以切换到相应的选项,不同的选项卡提供了多种不同的命令选项。

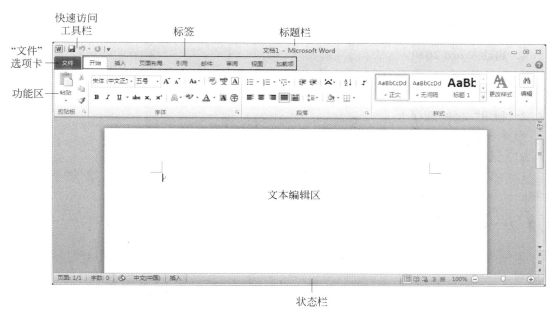

图 3-1　Word 2010 窗口

5. 功能区

功能区几乎涵盖了所有按钮、库和对话框。功能区首先将控件对象分为多个选项卡，然后在选项卡中将控件细化为不同的组。

6. 编辑区

用户可以在白色区域的编辑区输入、编辑文本。Word 2010 编辑区除了可以编辑文本外，还提供了水平标尺、垂直标尺以及水平滚动条、垂直滚动条。

7. 状态栏

状态栏位于 Word 窗口的下方，用于显示系统当前的状态。可以通过单击状态栏按钮快速定位到指定的页，还可以改变视图方式等。

3.2　基本操作

本节学习要点：

◇ 掌握 Word 文档的创建、打开、输入、保存和关闭等基本操作。

◇ 了解文档内容输入时的注意事项。

◇ 了解各种视图之间的区别及转换方式。

本节训练要点：

◇ 熟练使用 Word 文档处理的各项基本操作。

◇ 学会区分文档视图及相互转换。

3.2.1　新建文档

在进行文字处理前，首先要创建一个新的文档，然后才可以进行编辑、设置和打印等操作。

新建文档的常用方法如下。

1. 启动 Word 2010

在启动 Word 2010 后,系统会自动创建一个名为"文档 1"的新文档,默认扩展名为 docx。

2. 利用"文件"选项卡

操作步骤如下:

(1) 选择"文件"选项卡,选择"新建"命令。

(2) 在"新建"窗口中单击"可用模板"列表框中"空白文档"按钮,就可以新建一个空白文档。

3.2.2 输入文档

当创建了新文档后,用户就可在插入点处输入文档内容。在输入文档内容时应注意以下问题。

(1) 中英文输入法切换。按 Ctrl+空格键或单击"输入法指示器"选择中英文输入法。

(2) 中文标点符号输入。只需切换到中文输入法,直接按键盘上的所需标点符号即可。

(3) 插入点重新定位。有以下三种常用的方法。

① 利用键盘上方向键、PgUp 键(向上翻一页)、PgDn 键(向下翻一页)。

② 利用鼠标移动或移动滚动条,然后在欲定位处单击。

③ 选择"编辑"菜单中的"定位"命令或直接在状态栏双击"页码"处,再输入所需定位的页码,然后在该页欲定位处单击。

(4) 符号或特殊字符的输入。

单击"插入"菜单,选择"符号"命令,在"符号"对话框中选择要插入的字符后,单击"插入"按钮。

(5) 如输入有错,可按 Del 或 Back Space 键删除插入点右侧或左侧的一个字符。

(6) 按 Insert 键进行插入状态和改写状态切换。在插入状态下,输入的文字会出现在插入点的位置,以后的文字会向后退;而在改写状态下,输入的文字会取代插入点后的位置,以后的文字并不向后退。若当前处于插入状态,此时最右端的"改写"框字迹暗淡,否则为"改写"状态。

(7) 为了排版方便起见,在各行结尾处不要按回车键,段落结束时可按回车键;对齐文本时不要用空格键,可用缩进等对齐方式。

3.2.3 保存文档

由于 Word 对打开的文档进行的各种编辑工作都是在内存进行的,如果不执行存盘(外存)操作,可能由于一些意外情况而使得文档的内容得不到保存而丢失。

1. 保存新建文档

新建文档使用默认文件名"文档 1"、"文档 2"等,如果要保存可以选择"文件"菜单中的

"保存"命令,或单击"保存"按钮,这时将打开"另存为"对话框,如图 3-2 所示。

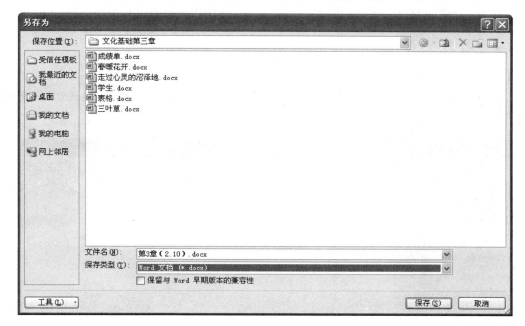

图 3-2 "另存为"对话框

(1) 在"保存位置"下拉列表框中选择文档要存放的位置。

(2) 在"文件名"下拉列表框中输入要保存文档的名称。

(3) 在"保存类型"下拉列表框中选择文档要保存的格式,默认为 Word 文档类犁,文件的扩展名为 docx。

(4) 单击"保存"按钮,保存该文档。

2. 保存已有文档

如果打开的文档已经命名,而且对该文档做了编辑修改,可以进行以下保存操作。

1) 以原文件名保存

方法有:

(1) 单击"文件"菜单,选择"保存"命令。

(2) 单击快速访问工具栏上的"保存"按钮。

(3) 按 Ctrl+S 键。

2) 另存文件

单击"文件"菜单,选择"另存为"命令或使用功能键 F12,在打开的"另存为"对话框中,操作与新建文档保存的方法相同。

3) 自动保存

为防止因意外掉电、死机等意外事件丢失未保存的大量文档内容,可执行自动保存功能,指定自动保存的时间间隔,让 Word 自动保存文件。"自动保存"的操作步骤如下。

(1) 单击"工具"菜单,选择"选项"命令,打开"选项"对话框。

(2) 打开"保存"选项卡,在"保存选项"区域中,选择"自动保存时间间隔"复选框,在右侧数值框中设置保存时间。

（3）单击"确定"按钮，Word将以"自动保存时间间隔"为周期定时保存文档。

3.2.4 打开文档

1. 打开单个文档

用户可以重新打开以前保存的文档，单击"常用"工具栏上的"打开"按钮或选择"文件"菜单中的"打开"命令，显示"打开"对话框，如图3-3所示。

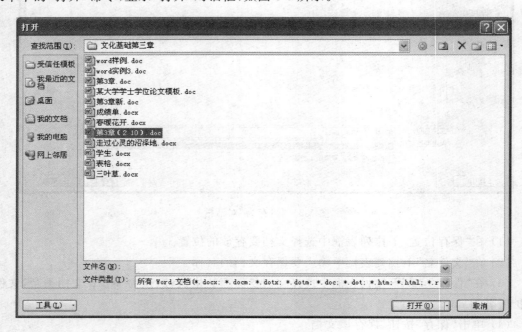

图 3-3 "打开"对话框

用户可以在"查找范围"下拉列表框中选择要打开文档的位置，然后在文件和文件夹列表中选择要打开的文件，最后单击"打开"按钮即可。也可以直接在"文件名"文本框中输入要打开的文档的正确路径和文件名，然后按回车键或单击"打开"按钮。

2. 打开多个文档

Word 2010可以同时打开多个文档，方法有两种：一种是依次打开各个文档；另一种是同时打开多个文档。一次同时打开多个文档的操作步骤如下。

（1）单击"文件"菜单，选择"打开"命令，将弹出"打开"对话框。

（2）选定需要打开的多个文档，如图3-4所示。

（3）单击"打开"按钮。

3. 打开最近使用的文档

打开"文件"选项卡，在左侧的列表中选择"最近使用文件"命令选项，再选择某个文档时就可以打开要浏览的文档。

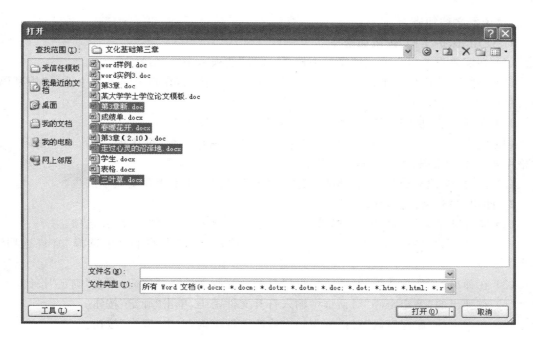

图 3-4　选择打开多个文档

3.2.5　关闭文档

关闭文档的常用方法如下。

1. 利用"关闭"按钮

单击当前窗口的"关闭窗口"按钮,可以把当前文档窗口关闭,不退出 Word 应用程序;单击标题栏上的"关闭"按钮,若打开的是单个文件,在关闭文档的同时退出应用程序,否则只关闭当前文档。

2. 利用文件选项卡

打开"文件"选项卡,选择"关闭"命令,作用与当前文档的"关闭窗口"按钮相同。

若在文档关闭时还未执行"保存"命令,则弹出提示框,询问"是否保存对'文档 1'的更改?",若单击"是"按钮,则保存对文档的修改;单击"否"按钮,则不保存;单击"取消"按钮,则重新返回文档编辑窗口。

3. 使用控制按钮关闭文档

单击快速访问工具栏中的控制图标,在弹出的控制菜单中选择"关闭"选项,也可以关闭文档。

4. 一次关闭多个文档

如果想一次关闭打开的所有文档,可以通过选择"文件"选项卡中的"退出"命令选项完成关闭所有文档的操作。

3.2.6　保护文档

如果所编辑的文档不希望其他用户查看或修改,则可以给文档设置"打开文件时的密码"和"修改文件时的密码"。"保护文档"方法有两种,使用"保护文档"按钮加密和使用"另

第3章

文字处理软件 **Word 2010**

存为"选项给文档加密。

1. 使用"保护文档"按钮加密

(1) 在需要设置口令的文档窗口中选择"文件"选项卡中的"信息"命令。

(2) 在"信息"窗口中单击"保护文档"下方的倒三角按钮,在弹出的菜单中选择"用密码进行加密"命令选项。

(3) 在弹出的"加密文档"对话框中"密码"文本框中输入密码。

(4) 输入完成后单击"确定"按钮,在弹出的"确定密码"对话框中的"重新输入密码"文本框中再次输入密码,单击"确定"按钮。

(5) 此时"保护文档"按钮右侧的"权限"两个字也由原来的黑色变成了红色。

2. 使用"另存为"选项加密

(1) 打开某个文档,打开"文件"选项卡,在左侧的列表中选择"另存为"选项。

(2) 在弹出的"另存为"对话框中单击"工具"按钮,在弹出的菜单中选择"常规选项"命令。

(3) 在弹出的"常规选项"对话框中设置打开及修改文件时的密码,单击"确定"按钮。

(4) 在弹出的"确定密码"对话框中输入打开文件密码,单击"确定"按钮。

(5) 在弹出的"确定密码"对话框中输入修改文件密码,单击"确定"按钮。

(6) 返回"另存为"对话框,单击"保存"按钮。

3.2.7 文档的显示方式

为方便对文档的编辑,Word 2010 提供了多种显示文档的方式,主要包括页面视图、阅读版式视图、Web 版式视图、大纲视图、草稿视图 5 种显示方式。

用户可以根据不同需要选择适合自己的视图方式来显示和编辑文档。例如,使用页面视图来查看与打印效果相同的页,使用阅读版式视图来查看文档,利用草稿视图来快速编辑文本等。

1. 文档视图

1) 页面视图

页面视图是首次启动 Word 后默认的视图方式,是"所见即所得"的视图模式。在这种视图模式下,Word 将显示文档编排的各种效果,包括显示页眉、页脚和分栏等。

在页面视图中,不再以虚线表示分页,而是直接显示页边框。

2) 阅读版式视图

阅读版式视图可以对文档进行阅读。它最大的特点是利用最大空间阅读或批注文档。该视图模拟图书阅读的方式,让人感觉在翻看图书。并有部分工具栏可以进行简单修改。

3) Web 版式视图

Web 版式视图专为浏览、编辑 Web 网页而设计,它能够以 Web 浏览器方式显示文档。在Web 版式视图方式下,可以看到背景和文本,且图形位置和在 Web 浏览器中的位置一致。

4) 大纲视图

大纲视图模式主要用于查看、调整文档的结构。在这种视图模式下,可以看到文档标题的层次关系。

在大纲视图中可以折叠文档、查看标题或者展开文档,这样可以更好地查看整个文档的结构和内容,移动、复制文字和重组文档都比较方便。

5)草稿视图

草稿视图主要用于查看草稿形式的文档,便于快速编辑文本,也可以设置字符和段落的格式,但只能将多栏显示成单栏的形式。此视图下不会显示页眉、页脚等文档元素。

2. 视图切换

视图切换的常用方法如下。

1)"视图"选项卡

打开"视图"选项卡,选择相应文档的视图方式命令。

2)快捷按钮

单击状态栏右边相应视图切换按钮,即可完成视图切换。

3.3　文档输入和编辑

本节学习要点:

◇ 掌握文本输入的各种操作方法。

◇ 掌握 Word 文档中文本的移动、复制、修改和删除等基本操作。

◇ 掌握文本的定位、查找和替换等编辑技巧。

◇ 掌握窗口拆分设置方法。

本节训练要点:

熟练掌握文档编辑的基本功能。

3.3.1　文本的基本操作

1. 输入文本

输入文本是编辑文档的最基本操作之一,在文档窗口中有一个不断闪烁的光标,那就是字符插入点,随着字符的输入,光标不断向右移动。

1)输入文字

新建文档或打开文档后,通过选择输入法输入字符。当输入字符到达最右端时,输入的文本会自动跳转到下一行。如果在未输入完一行时想换行输入,则可以按 Enter 键来结束段落。输入文本时,如果输入错误可以按 Back Space 键删除错误的字符,然后再输入正确的字符。

2)输入中文标点符号

启动中文输入法后,可以使用如表 3-1 所示的快捷键输入相应的中文标点符号。

表 3-1　中文输入方式下的标点符号的快捷键

按键	标点符号	按键	标点符号	按键	标点符号	按键	标点符号	按键	标点符号
,	,	\$	￥	?	?	>	》	"	"
.	。	@	·	_	——	:	:	"	"
!	!	^	……	<	《	\	、		

3) 输入特殊符号

对于一些键盘上没有的特殊符号,可以用以下的方法输入。

(1) 使用"符号栏"。单击"插入"选项卡下"符号"组中的"符号"按钮,打开如图 3-5 所示的"符号栏",直接选择符号即可插入该符号到文档中。

(2) 使用"符号"对话框插入符号。要使用更多的符号,可通过单击图 3-5 中的"其他符号"命令,打开"符号"对话框,如图 3-6 所示。

图 3-5 符号按钮

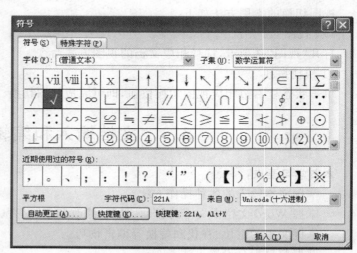

图 3-6 "符号"对话框

(3) 使用"插入新公式"命令插入符号。在 Word 界面切换到"插入"选项卡,在"符号"组中单击"公式"右侧的下三角按钮,在打开的下拉列表中单击"插入新公式"命令,进入"设计"选项卡,在这里可以看到各种类型的符号,如数学公式中的符号,单击符号即可插入到文档中。

4) 输入公式

Word 2010 提供了"公式编辑器"用于插入各种公式,具体操作步骤如下。

(1) 选定欲输入公式的位置。

(2) 打开"插入"选项卡,单击"符号"选项组中的"公式"按钮。

(3) 从"公式"下拉菜单中选择要插入的公式,如输入傅里叶级数公式,如图 3-7 所示;或单击"插入新公式"按钮,启动"公式工具"|"设计"选项卡,如图 3-8 所示。

$$f(x) = a_0 + \sum_{n=1}^{\infty} \left(a_n \cos \frac{n\pi x}{L} + b_n \sin \frac{n\pi x}{L} \right)$$

图 3-7 傅里叶级数

图 3-8 "插入新公式"输入符号

（4）插入公式后，可以利用"设计"选项卡中的工具对公式进行编辑。

（5）公式编辑完成后，单击公式外的任意位置退出公式编辑状态。

"公式"工具栏由两行组成。如果要在公式中插入符号，可以单击"公式"工具栏顶行的按钮，然后从按钮下面的工具面板上选择所需的符号；"公式"工具栏底行的按钮供用户插入模板或框架，它们包含公式、根式、求和、积分、乘积和矩阵等符号，以及像方括号和大括号这样的成对匹配符号，用户可以在模板中输入插入文字和符号。

在工作区（虚框）中输入需要的文字，或从"公式"工具栏或菜单栏中选择符号、运算符及模板来创建公式。

公式作为"公式编辑器"的一个对象，可以像处理其他对象一样处理它，修改公式时可双击该公式，可以弹出"公式"工具栏，进入公式编辑状态，对公式进行修改。

2. 文本的选定

1）鼠标选定

（1）拖曳选定

将光标移动到要选择部分的第一个文字的左侧，拖曳至欲选择部分的最后一个文字右侧，此时被选中的文字呈现反白显示。

（2）利用选定区

在文档窗口的左侧有一空白区域，称为选定区，当鼠标移动到此处时，光标变成右上箭头。这时就可以利用鼠标对行和段落进行选定操作。

① 单击鼠标左键：选中箭头所指向的一行。

② 双击鼠标左键：选中箭头所指向的一段。

③ 三击鼠标左键：可选定整个文档。

2）键盘选定

将插入点定位到欲选定的文本起始位置，按住 Shift 键的同时，再按相应的光标移动键，便可将选定的范围扩展到相应的位置。

（1）Shift＋↑：选定上一行。

（2）Shift＋↓：选定下一行。

（3）Shift＋←：选定光标左侧的一个字符。

（4）Shift＋→：选定光标右侧的一个字符。

（5）Shift＋Home：选定光标到当前行的开始位置。

（6）Shift＋End：选定光标到当前行的结束位置。

（7）Shift＋PgUp：选定上一屏。

（8）Shift＋PgDn：选定下一屏。

（9）Ctrl＋A：选定整个文档。

3）组合选定

（1）选定一句：将光标移动到指向该句的任何位置，按住 Ctrl 键单击。

（2）选定连续区域：将插入点定位到欲选定的文本起始位置，按住 Shift 键的同时，用鼠标单击结束位置，可选定连续区域。

（3）选定矩形区域：按住 Alt 键，利用鼠标拖曳出欲选择的矩形区域。

（4）选定不连续区域：按住 Ctrl 键，再选择不同的区域。

(5)选定整个文档:将光标移到文本选定区,按住 Ctrl 键单击。

3. 文本的编辑

1)移动文本

(1)使用剪贴板:先选中欲移动的文本,选择"编辑"菜单中的"剪切"命令,定位插入点到目标位置,再选择"编辑"菜单中的"粘贴"命令。

(2)使用鼠标:先选中欲要移动的文本,将选中的文本拖曳到插入点位置。

2)复制文本块

(1)使用剪贴板:先选中要复制的文本块,接着选择"编辑"菜单中的"复制"命令,定位插入点到目标位置,再选择"编辑"菜单中的"粘贴"命令。只要不修改剪贴板的内容,连续执行"粘贴"操作即可以实现一段文本的多处复制。

(2)使用鼠标:先选中要复制的文本块,按住 Ctrl 键的同时拖曳鼠标到插入点位置,释放鼠标左键和 Ctrl 键。

3)删除文本块

选中要删除的文本块,然后按下 Del 键即可。

4. 查找与替换

在编辑文本时,经常需要对文字进行查找和替换操作,Word 2010 提供了功能强大的查找和替换功能。

图 3-9　导航窗格查找文本

1)使用导航窗格查找文本

把光标定位到文档的开头,打开"开始"选项卡→"编辑"组→"查找"按钮,则在 Word 文档窗口左侧出现了"导航"窗格,输入需要查找的内容,确认即可,如图 3-9 所示。

2)在"查找和替换"对话框中查找或替换文本

在"开始"选项卡的"编辑"组内,单击替换按钮或单击"查找"按钮右侧的倒三角按钮,在弹出的下拉菜单中选择"高级查找"命令,会打开"查找和替换"对话框,单击"更多"按钮进行相应的设置,如图 3-10 所示。

(1)"搜索"下拉列表:可以选择搜索的方向,即从当前插入点向上或向下查找。

(2)"区分大小写"复选框:查找大小写完全匹配的文本。

(3)"全字匹配"复选框:仅查找一个单词,而不是单词的一部分。

(4)"使用通配符"复选框:在查找内容中使用通配符。

(5)"区分全/半角"复选框:查找全角、半角完全匹配的字符。

(6)"格式"按钮:可以打开一个菜单,选择其中的命令可以设置查找对象的排版格式,如字体、段落、样式等。

(7)"特殊格式"按钮:可以打开一个菜单,选择其中的命令可以设置查找一些特殊符号,如分栏符、分页符等。

(8)"不限定格式"按钮:取消"查找内容"框下指定的所有格式。

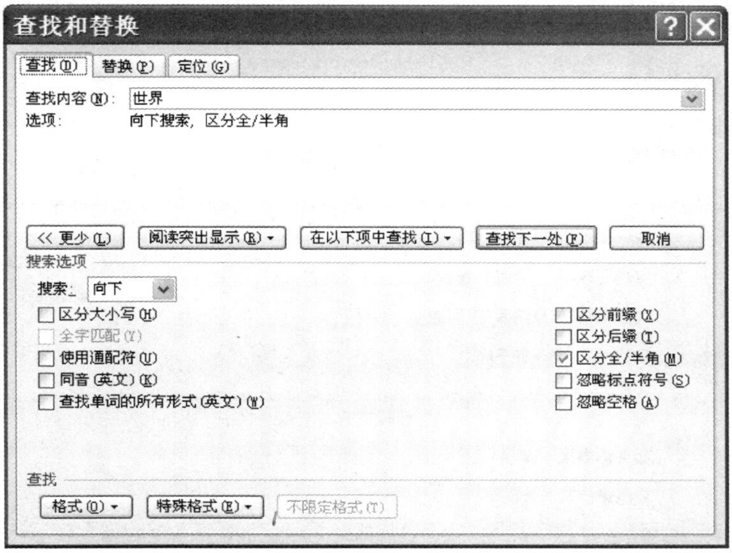

图 3-10　"查找和替换"对话框

5. 撤销与恢复操作

1）撤销

当用户在编辑文本时，如果对以前所做的操作不满意，要恢复到操作前状态，只需要按
Ctrl＋Z 键，或通过单击 Word 工作界面左上角的快速访问工具栏中的"撤销"按钮即可。

2）恢复

在经过撤销操作后，"撤销"按钮右侧的"恢复"按钮将变亮，表明已经进行过撤销操作，
如果用户想要恢复被撤销的操作，只需要通过按 Ctrl＋Y 键，或单击快速访问工具栏中的
"撤销"按钮即可。

如果单击"撤销"或"恢复"按钮右侧的下三角按钮，还可以通过打开的下拉列表撤销（或
恢复）连续的多步操作。

3.3.2　窗口拆分

当文档比较长时，处理起来很不方便，这时可以将文档的不同部分同时显示，方法有以
下两种。

1. 新建窗口

（1）打开需要显示的文档。

（2）打开"视图"选项卡，→"窗口"组→"新建窗口"按钮。

（3）屏幕上产生一个新的 Word 应用程序窗口，显示的是同一个文档，可以通过窗口的
切换和滚动，使不同的窗口显示同一文档的不同部分。

2. 拆分窗口

拆分窗口的操作步骤如下。

（1）打开需要显示的文档。

（2）打开"视图"选项卡→"窗口"→"拆分"按钮。

（3）选择要拆分的位置，单击，就可以将当前窗口分割为两个子窗口，如图 3-11 所示。

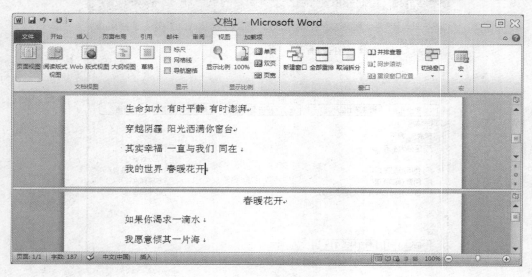

图 3-11　拆分窗口

拆分后，任何一个子窗口都可以独立地工作，而且由于它们都是同一窗口的子窗口，因此当前都是活动的，可以迅速地在文档的不同部分间传递信息。

3.4　文档排版

文档排版是指对文档外观的一种美化。用户可以对文档格式进行反复修改，直到对整个文档的外观满意为止。

本节将介绍字符格式化、段落格式化和页面设置等，并附一实例。

本节学习要点：

◇ 掌握字符格式的设置方法，学会使用格式刷。

◇ 掌握字体的相关设置及文字方向的设置方法。

◇ 掌握设置段落格式的方法（包括设置间距、段落对齐、边框等）。

◇ 掌握文档的页面设置方法。

◇ 掌握文档的排版方法，如分页、分节及分栏。

本节训练要点：

熟练使用文档排版的各项设置，美化文档，使文档具有漂亮的外观，更方便阅读，更能体现创作者的风格。

3.4.1　字符格式化

字符格式化是指对字符的字体、字号、字形、颜色、字间距、动态效果等进行设置。设置字符格式可以在字符输入前或输入后进行，输入前可以通过选择新的格式，设置将要输入的格式；对已输入的字符格式进行修改，只需选定需要进行格式设置的字符，然后对选定的字符进行格式设置即可。字符格式的设置可以通过"字体"选项组、"字体"对话框等完成。

1. "字体"选项组

选定文本后,打开"开始"选项卡,然后从"字体"选项组中可以选择大部分文字格式设置工具,如图 3-12 所示。

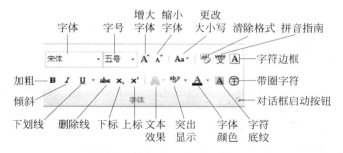

图 3-12　"开始"选项卡中的"字体"组

(1)"字体"下拉列表:包含各种 Windows 已安装的中英文字体,Word 2010 默认的中文字体是宋体,英文字体是 Times New Roman。

(2)"字号"下拉列表:字号是指字符的大小。中文字号有"一号"、"二号"等,数字表示法中的字号有"8 磅"、"10 磅"等。

(3)"字形":指对字符进行加粗、倾斜、加下划线、加字符边框、底纹和字符缩放等修饰。

2. "字体"对话框

利用"开始"选项卡,单击"字体",选择"字体"选项组,单击"字体"右下角的"对话框启动器"按钮,会出现如图 3-13 所示的"字体"对话框。

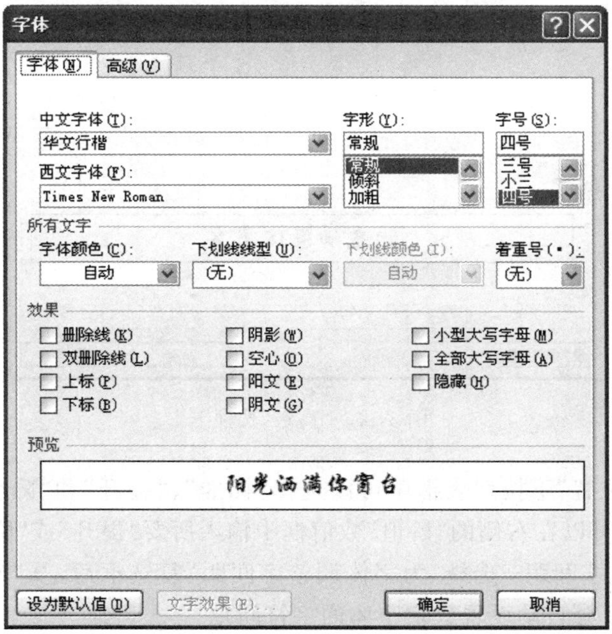

图 3-13　"字体"选项卡

文字处理软件 **Word 2010**

1)"字体"选项卡

选择"字体"选项卡可以进行字体相关设置。

(1)改变字体:在"中文字体"列表框中选择中文字体,在"西文字体"列表框中选择英文字体。

(2)改变字形:在"字形"列表框中选定所要改变的字形,如倾斜、加粗等。

(3)改变字号:在"字号"列表框中选择字号。

(4)改变字体颜色:单击"字体颜色"下拉列表框,设置字体颜色。

如果想使用更多的颜色可以单击"其他颜色…",打开"颜色"对话框,在"标准"选项卡中可以选择标准颜色,在"自定义"选项卡中可以自定义颜色。

(5)设置下划线:"下划线线型"和"下划线颜色"下拉列表框配合使用可设置下划线。

(6)设置着重号:在"着重号"下拉列表框中选定着重号标记。

(7)设置其他效果:在"效果"选项区域中,可以设置删除线、双删除线、上标、下标、阴影、空心、阳文、阴文、小型大写字母等字符效果。

2)"高级"选项卡

利用"高级"选项卡可以进行字符间距设置,如图 3-14 所示。

图 3-14　"高级"选项卡

(1)位置:在"位置"下拉列表框中可以选择"标准"、"提升"和"降低"三个选项。选用"提升"或"降低"时,可以在右侧的"磅值"数值框中输入所要"提升"或"降低"的磅值。

(2)为字体调整字间距:选择"为字体调整字间距"复选框后,从"磅或更大"数值框中选择字体大小,Word 会自动设置选定字体的字符间距。

若将选定格式复制到多处文本块上,则需要双击"格式刷"按钮,然后按照上述步骤完成复制。若取消复制,则单击"格式刷"按钮或按 Esc 键,鼠标恢复原状。

3. 设置文字方向

设置文字方向的操作步骤如下。

(1) 选定欲设置文字方向的文本。

(2) 选择"页面布局"选项卡→"页面设置"→"文字方向"命令,或右击,在弹出的快捷菜单中选择"文字方向"命令,打开"文字方向"对话框,如图 3-15 所示。

(3) 选择"方向"区域中相应的文字方向的图框,单击"确定"按钮。

图 3-15 "文字方向"对话框

3.4.2 段落格式化

段落格式化是指整个段落的外观处理。段落可以由文字、图形和其他对象组成,段落以 Enter 键作为结束标识符。有时也会遇到这种情况,即录入没有到达文档的右侧边界就需要另起一行,而又不想开始一个新的段落,此时可按 Shift+Enter 键,产生一个手动换行符(软回车),可实现既不产生一个新的段落又可换行的操作。

如果需要对一个段落进行设置,只需将光标定位于段落中即可,如果要对多个段落进行设置,首先要选中这几个段落。

1. 设置段落间距、行间距

段落间距是指两个段落之间的距离,行间距是指段落中行与行之间的距离,Word 2010 中,大多数快速样式集的默认的行间距是 1.15 倍,段落间有一个空白行。

设置段落间距、行间距的操作步骤如下。

(1) 选定欲改变间距的文档内容。

(2) 打开"页面布局"选项卡,选择"段落"组,可以进行一般段落间距的设置,通过单击右下角的段落对话框启动器按钮可以打开"段落"对话框;或在选定的段落上右击,在快捷菜单上选择"段落"命令,打开"段落"对话框,如图 3-16 所示。

(3) 选择"缩进和间距"选项卡,在"缩进和间距"选项卡中的"段前"和"段后"数值框中输入间距值,可调节段前和段后的间距;在"行距"下拉列表框中选择行间距,若选择了"固定值"或"最小值"选项,需要在"设置值"数值框中输入所需的数值;若选择"多倍行距"选项,需要在"设置值"数值框中输入所需行数。

(4) 设置完成后,单击"确定"按钮。

2. 段落缩进

"段落缩进"是指段落文字的边界相对于左、右页边距的距离。段落缩进有以下 4 种

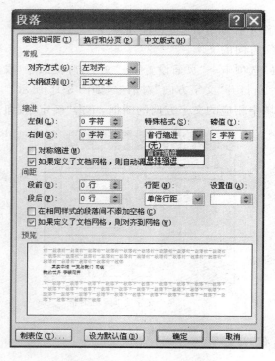

图 3-16 "段落"对话框

格式。

（1）左缩进：段落左侧边界与左页边距保持的距离。

（2）右缩进：段落右侧边界与右页边距保持的距离。

（3）首行缩进：段落首行第一个字符与左侧边界的距离。

（4）悬挂缩进：段落中除首行以外的其他各行与左侧边界的距离。

1）用标尺设置

在如图 3-17 所示的编辑窗口右上角单击"标尺"按钮，或通过选择"视图"选项卡→"显示"组→"标尺"复选框可以显示或隐藏水平和垂直标尺，利用标尺设置段落缩进的操作步骤如下。

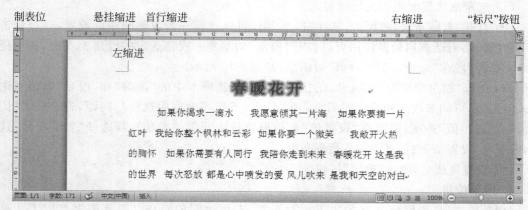

图 3-17 带有标尺的编辑窗口

（1）选定欲进行缩进的段落或将光标定位在该段落上。

（2）拖曳相应的缩进标记，向左或向右移动到合适位置。

2）利用制表位设置

制表位是指制表符出现的位置，用于在页面上放置和对齐文字。一般情况下使用 Tab 键对齐文本。每按一次 Tab 键，插入点就会从当前位置移动到其后最近一个制表位，同时在插入点经过之处插入空格。Word 窗口中的制表位如图 3-18 所示，利用制表位设置段落缩进的操作步骤如下。

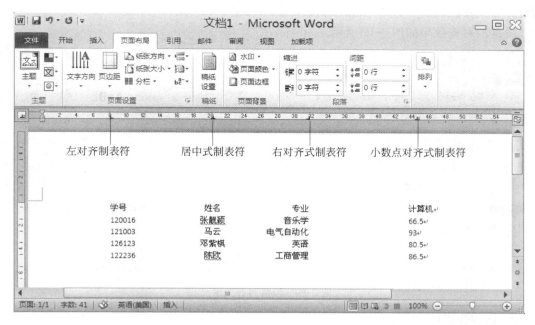

图 3-18　制表位设置

（1）选择制表位的类型，可单击标尺左侧的"制表符类型"按钮，直到出现用户所需要的对齐方式图标为止。

（2）在标尺上适当的位置单击标尺下沿即可。

设置好制表位后，用户就可以用制表位输入文本。按 Tab 键使插入点达到所需的位置，然后输入文本内容，每行结束后按 Enter 键。

3）利用选项卡设置

操作步骤如下。

（1）选择"页面布局"选项卡，选择"段落"组，单击右下角的段落对话框启动器按钮打开"段落"对话框，如图 3-16 所示。

（2）在"缩进和间距"选项卡中的"特殊格式"下拉列表框中选择"悬挂缩进"或"首行缩进"，在"缩进"区域设置左、右缩进。

（3）单击"确定"按钮。

4）利用工具栏按钮设置

这种设置方法简单、快捷，但是不够精确。操作步骤如下。

113

（1）首先选定段落或段落中部分文本。

（2）单击"开始"选项卡中的"段落"组中的"减少缩进量"或"增加缩进量"按钮，可以完成所选段落左移或右移一个汉字位置。

3. 段落的对齐方式

段落对齐方式包括左对齐、两端对齐、居中对齐、右对齐和分散对齐，Word 默认的对齐格式是两端对齐。

如果要设置段落的对齐方式，应先选中相应的段落，再单击"开始"标签中"段落"组相应的对齐方式按钮或利用打开"段落"对话框完成，如图 3-16 所示。

段落的对齐效果如图 3-19 所示。

图 3-19　段落对齐效果

4. 边框和底纹

为起到强调作用或美化文档，可以为指定的段落、图形或表格等添加边框和底纹。

1）利用工具栏按钮设置

（1）先选定要添加边框和底纹的文档内容。

（2）选择"开始"选项卡，单击"段落"组中的"底纹"下拉列表框 右侧的下三角按钮，在展开的下拉菜单中设置底纹颜色。

（3）选择"开始"选项卡，单击"段落"组中的"边框"下拉列表框 右侧的下三角按钮，在展开的下拉菜单中选择所需要框线进行边框设置。

2）利用对话框设置

（1）先选定要添加边框和底纹的文档内容。

（2）打开"开始"选项卡，单击"段落"组中的"边框"按钮右侧的下三角按钮，在展开的下拉菜单中选择"边框和底纹"命令，在弹出的对话框中进行设置，如图 3-20 所示。

在此对话框中可以进行如下设置。

① 边框：可以为编辑对象设置边框的形式、线形、颜色、宽度等框线的外观效果。

② 页面边框：可以为页面加边框，设置"页面边框"选项卡与"边框"选项卡相似。

③ 底纹：在"填充"区域选择底纹的颜色（背景色），在"格式"列表框设置底纹的样式，

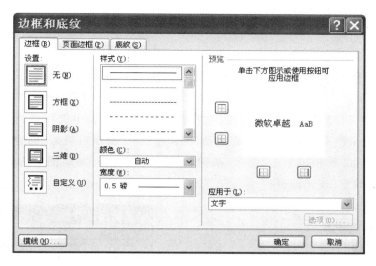

图 3-20　"边框和底纹"对话框

在"颜色"列表框选择底纹内填充的颜色(前景色)。

(3) 设置完后,单击"确定"按钮。

5. 首字下沉

首字下沉就是把文档中某段的第一个字或前几个字放大,以引起注意。

首字下沉分为下沉和悬挂两种方式,设置段落首字下沉的操作步骤如下。

(1) 先将插入点定位在欲设置"首字下沉"的段落中。

(2) 单击"插入"选项卡中"文本"组,选择"首字下沉"命令,在下拉菜单中选择"首字下沉选项",打开"首字下沉"对话框,如图 3-21 所示。在位置区域中选择需要下沉的方式,还可以为首字设置字体、下沉的行数以及与正文的距离。

图 3-21　"首字下沉"对话框

(3) 单击"确定"按钮。

3.4.3　项目符号和编号

对一些需要分类阐述的条目,可以添加项目符号和编号,使其层次分明、结构清晰,易于阅读和理解,也可以起到美化文档的作用。

1. 自动创建项目符号和编号

方法 1:在输入文本前输入一个星号"＊",后面跟着一个空格,在段落结束按 Enter 键时,"＊"和空格自动变成项目符号列表。

方法 2:在输入文本前输入"1."、"a)"或"(一)"等,后面跟着一个空格,在段落结束按 Enter 键时,自动将该行变成编号行。

如果下一行不再需要项目符号或编号,可以在当前段落末尾连续按 Enter 键两次。

2. 添加项目符号和编号

1）添加项目符号

（1）选择要添加项目符号或编号的文本。

（2）选择"开始"选项卡中的"段落"组，单击"项目符号"按钮，就可将最近使用的项目符号添加到文本中。

（3）单击"项目符号"右侧下三角按钮，在弹出的下拉列表中选择项目符号的样式，如图 3-22 所示。如果没有所需要的，可以选择下面的"定义新项目符号"命令，即可打开相应的对话框，如图 3-23 所示。单击"符号"按钮，在打开的"符号"对话框中选择自己喜欢的新项目符号，单击"确定"按钮即可。

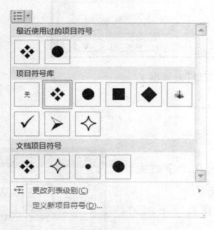

图 3-22　项目符号下拉菜单

图 3-23　"定义新项目符号"对话框

2）添加项目编号

添加项目编号与添加项目符号方法类似，单击"编号"右侧的下三角按钮，在下拉菜单中选择编号种类和格式，如没有需要的编号，可以单击"定义新编号格式"，做进一步的设置，如图 3-24 所示。

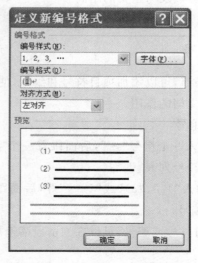

图 3-24　"定义新编号格式"对话框

3.4.4　页面设计

1. 页面设置

页面设置是指设置文档的总体版面布局以及选择纸张大小、上下左右边距、页眉页脚与边界的距离等内容。可以利用"文件"菜单中的"页面设置"命令来完成。设置页边距的操作步骤如下。

（1）选择"页面布局"选项卡中的"页面设置"组，单击"页边距"按钮，在弹出的下拉菜单中选择页边距的格式，如图 3-25 所示。

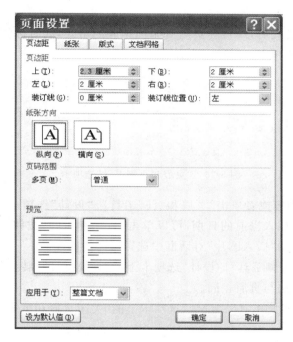

图 3-25　"页面设置"对话框

（2）如果选择"自定义边距"命令，将启动"页面设置"对话框，如图 3-25 所示。

① "页边距"选项卡。

页边距是正文与页面边缘的距离，在"页边距"选项卡中主要进行以下设置。

在"页边距"区域的"上"、"下"、"左"、"右"数值框中设置正文与纸张顶部、底部、左侧和右侧预留的宽度，在"装订线位置"列表框中选择装订位置，在"装订线"数值框中设置装订线与纸张边缘的间距；在"方向"区域设置纸张是"横向"还是"纵向"。

② "纸张"选项卡。

在"纸张"选项卡中主要进行以下设置。

在"纸张大小"区域中选择使用的纸张类型（如 A4、B5 等），此时系统显示纸张的默认宽度或高度；若选择"自定义大小"类型，则可在"宽度"和"高度"数值框中设置纸张的宽度或高度。

在"页边距"选项卡和"纸张"选项卡中，利用"预览"区域的"应用于"列表框可以选择应用范围。范围可以是"本节"、"插入点后"、"整篇文档"。

2. 页眉和页脚

页眉和页脚是指在文档每一页的顶部和底部加入信息。这些信息可以是文字和图形等。内容可以是文件名、标题名、日期、页码、单位名等。

页眉和页脚的内容还可以用来生成各种文本的"域代码"(如页码、日期等)。域代码与普通文本不同的是,它随时可以被当前的最新内容所代替。例如,生成日期的域代码是根据打印时系统时钟生成当前的日期。

创建页眉和页脚的操作步骤如下。

(1) 在"插入"选项卡中选择"页眉和页脚"组,单击"页眉"按钮,从弹出的下拉列表中选择页眉的格式。

(2) 选择所需的格式后,即可在页眉区添加相应的格式,同时标签中增加了一个"页眉和页脚工具"|"设计"选项卡,如图 3-26 所示。

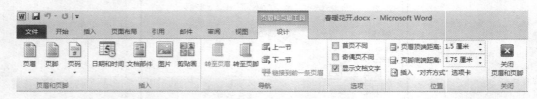

图 3-26 "页眉和页脚工具"选项卡

(3) 输入页眉的内容或者单击"页眉和页脚工具"|"设计"选项卡上的按钮来插入一些特殊的信息。例如,要插入当前的日期,可以单击"日期和时间"按钮;要插入图片,可以单击"图片"按钮,从弹出的"插入图片"对话框中选择所需的图片。

(4) 单击"页眉和页脚工具"|"设计"选项卡上的"导航"组的"转至页脚"按钮,切换到页脚区中,页脚的设置方法与页眉相同。

(5) 单击"页眉和页脚工具"|"设计"选项卡上的"关闭页眉和页脚"按钮,返回到正文编辑状态。

对于双面打印的文档,通常需要设置奇偶页不同的页眉和页脚,操作步骤如下。

(1) 双击页眉或页脚区,进入页眉或页脚编辑状态,并显示"页眉和页脚工具"|"设计"选项卡。

(2) 选中"选项"组中的"奇偶页不同"复选框。

(3) 在页眉区的顶部显示"奇数页页眉"字样,可以在此创建奇数页的页眉。

(4) 单击"导航"组中的"下一节"按钮,在页眉区的顶部显示"偶数页页眉"字样,在此创建偶数页的页眉。

(5) 设置完成后,单击"页眉和页脚工具"选项卡上的"关闭页眉和页脚"按钮。

3. 分栏

"分栏"可以编排出类似于报纸的多栏版式效果。它可以对整篇文档或部分文档分栏。选中要分栏的段落,选择"页面布局"选项卡中"页面设置"组,单击"分栏"按钮,在下拉列表中可根据需要选择栏数,如图 3-27 所示。

如果需要更多的栏数,单击"更多分栏"命令,在打开的"分栏"对话框中的"栏数"数值框中设置需要的数目,上限是 11。如果要在分栏时加上分隔线,需要选择"分隔线"复选框,若要求各栏宽相等,可在"宽度和间距"区域中设置栏的宽度和间距,若要求栏宽不相等,可以取消勾选"栏宽相等"复选框,在"宽度和间距"区域中设置每栏的宽度和间距,如图 3-27 所示。

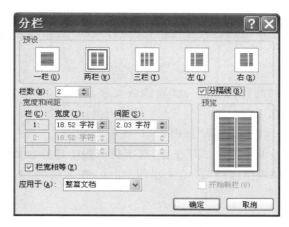

图 3-27 "分栏"对话框

4. 分页和分节符号

Word 2010 提供的分隔符有分页符和分节符两种。分页符用于分隔页面,分节符用于章节之间的分隔。

1)分页符

Word 自动在当前页已满时插入分页符,开始新的一页。这些分页符被称为自动分页符或软分页符。但有时也需要强制分页,这时可以人工输入分页符,这种分页符称为硬分页符。

插入分页符的操作步骤如下。

(1)将插入点定位到欲强制分页的位置。

(2)选择"页面布局"选项卡中的"页面设置"组,单击"分隔符"按钮,从弹出的下拉列表中选择"分页符"、"分栏符"或"自动换行符",如图 3-28 所示。可将光标后面的文本下移一个页面或从下一栏开始显示或从下一段落开始显示。

2)分节符

在页面设置和排版中,可以将文档分成任意几节,并且分别格式化每一节。节可以是整个文档,也可以是文档的一部分,如一段或一页。

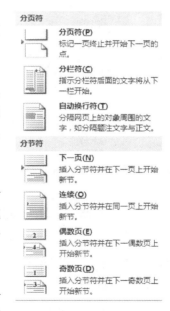

图 3-28 "分隔符"对话框

在建立文档时,系统默认整个文档就是一节,如果要在文档中建立节,就需要插入分节符。所在节的格式,如页边距、页码、页眉和页脚等,都存储在分节符中。在"分节符"区域中有"下一页"、"连续"、"偶数页"、"奇数页"4 个选项,各自含义如下。

(1)下一页:Word 会强制分页,从下一页顶部开始新节。

(2)连续:文档将在同一页上开始新节。

(3)偶数页:在下一个偶数页上开始新节。

（4）奇数页：在下一个奇数页上开始新节。

5. 设置页面背景

页面背景是指 Word 文档最底层的颜色或图案，用于丰富显示效果，其操作步骤如下。打开 Word 2010 文档，选择"页面布局"选项卡。

在"页面背景"组中单击"页面颜色"按钮，并在打开的"页面颜色"面板中选择需要的颜色，如图 3-29 所示。

6. 设置页面水印

在文档中可以对文档的背景设置一些隐约的文字或图案，称为"水印"。在 Word 2010 中添加水印的操作步骤如下。

（1）打开 Word 2010 文档，选择"页面布局"选项卡。

（2）在"页面背景"组中单击"水印"按钮，在下拉列表中选择合适的水印。

（3）在"水印"下拉列表中选择"自定义水印"命令，在弹出的"水印"对话框中可以设置图片水印或文字水印，如图 3-30 所示。

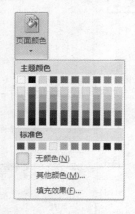

图 3-29 "页面颜色"列表

图 3-30 "水印"对话框

3.4.5 用格式刷复制格式

为了提高排版效率，对于已经设置好的字符或段落的格式，利用格式刷可以将它的格式复制到其他要求相同格式的文本中，而不用对每段文本都进行重复性的操作。格式刷的操作方法如下。

（1）选定已经设置好格式的原文本。

（2）选择"开始"选项卡中"剪贴板"组，单击"格式刷"按钮，此时鼠标变成了小刷子形状。

（3）按住鼠标左键，在目标文本上拖曳鼠标，即可完成格式复制。

3.4.6 实例训练

一个文档使用不同的格式、样式，会使文档的内容层次更分明。如图 3-31 所示的实例是一个结合本节所学知识设计的文档，主要用到字体、字号、字的颜色、着重号、下划线、文字加边框及背景、首字下沉等字符文本格式化的操作；段落间距、行间距、首行缩进、段落边框、项目符号及编号等段落格式化的操作；页面背景、页面边框、分栏、水印等页面设置操作,使文档看起来更丰富多彩。

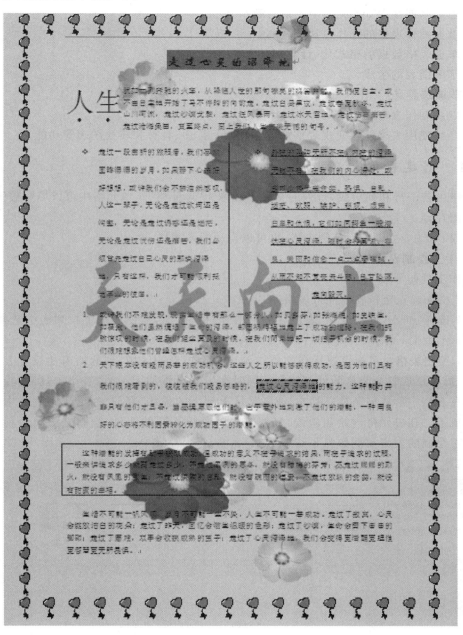

图 3-31　文档设计实例

3.5　表　　格

　　表格以行和列的形式组织信息,结构严谨,效果直观,而且信息量较大。Word 提供了表格功能,可以方便地建立和使用表格。

本节学习要点：

◇ 熟练掌握在 Word 文档中表格的制作方法。

◇ 掌握编辑表格的操作方法。

◇ 掌握表格数据的格式化、计算和排序的方法。

◇ 了解图表的生成。

本节训练要点：

◇ 熟练制作表格。

◇ 熟练使用表格能够实现表格的建立、编辑、排序、计算和转换图表等功能。

3.5.1 创建表格

表格由若干行和列组成，行列的交叉区域称为"单元格"。单元格中可以填写数值、文字和插入图片等。

在 Word 中，可以手工绘制表格，也可以自动插入表格。

1. 手工绘制表格

操作步骤如下。

(1) 将插入点定位在欲插入表格处。

(2) 选择"插入"选项卡中"表格"组，单击"表格"按钮，从弹出的下拉列表中选择"绘制表格"命令，此时，光标变成笔形。

(3) 绘制表格。可拖曳鼠标在文档中画出一个矩形的区域，到达所需要设置表格大小的位置，即可形成整个表格的外部轮廓。同时在标签上添加了一个"表格工具"选项卡。拖曳鼠标在表格中形成一条从左到右，或者是从上到下的虚线，释放鼠标，一条表格中的分隔线就形成了。在单元格内绘制斜线，以便需要时分隔不同的项目，绘制方法同绘制直线一样。手工绘制的表格实例如图 3-32 所示。

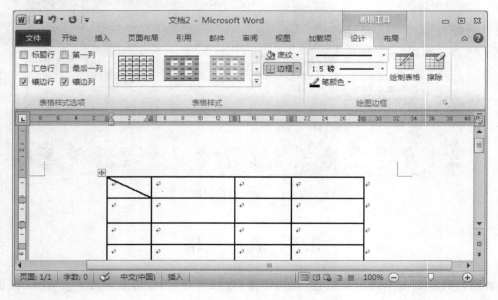

图 3-32　手工绘制表格

2. 自动创建表格

在 Word 2010 中，可以通过两种常用方法来插入表格。

（1）拖拉法：在"插入"选项卡中选择"表格"组，单击"表格"按钮，从弹出的下拉列表中拖拉鼠标设置表格的行、列数目，如图 3-33 所示。单击鼠标就会在编辑区插入一个 5 列 3 行的空白表格。

（2）对话框法：在"插入"选项卡中选择"表格"组，单击"表格"按钮，从弹出的下拉列表中选择"插入表格"命令，在弹出的对话框中设定列数为 5，行数为 3，如图 3-34 所示。

图 3-33　"表格"下拉列表　　　　图 3-34　"插入表格"对话框

另外，也可以通过已有的表格模板快速创建表格。Word 2010 中包含各种各样已有表格的模板，用户可以使用这些已有的模板快速创建表格。操作步骤为：单击"插入"选项卡中"表格"组的"表格"按钮，在弹出的下拉列表中选择"快速表格"选项，此时弹出"内置"下拉列表框，选择其中的某一个模板，单击鼠标即可快速在文本中插入表格。

3. 绘制斜线表头

在制作表格过程中，经常用到斜线表头，绘制斜线表头的操作步骤如下。

（1）单击表头位置（第一行第一列）的单元格。

（2）选择"表格工具"的"设计"选项卡，单击"表格样式"组里的"边框"右侧的下三角按钮，在弹出的下拉列表中选择"斜下框线"或"斜上框线"。

4. 文本与表格的相互转换

插入分隔符（如空格或制表符等），以示将文本分成列的位置，使用段落标记以示开始新行的位置。

将文本转换成表格的操作步骤如下。

（1）选定欲转换成表格的文本。

（2）选择"插入"选项卡中的"表格"组，单击"表格"，在弹出的下拉列表中选择"文本转换成表格"命令，打开"文本转换成表格"对话框。

（3）进行"列数"等相应的设置。

（4）单击"确定"按钮。

例如，将以下三行文字转换成表格（分隔符为空格）。

学号	姓名	性别	年龄
101	张凯	男	18
102	李丽丽	女	19

转换后的表格如图 3-35 所示。

学号	姓名	性别	年龄
101	张凯	男	18
102	李丽丽	女	19

图 3-35　转换后的表格

Word 2010 也可以将表格转换成文本,操作方法为:将光标定位到表格中或选中表格,选择"表格工具"中的"布局"选项卡中的"数据"组,单击"转换为文本"按钮,在弹出的"表格转换成文本"对话框中选择一种文字分隔符(默认为制表符),即可将表格转换成文本。

3.5.2　编辑表格

创建好一个表格后,经常需要对表格进行一些编辑,例如,行高和列宽的调整、行或列的插入和删除、单元格的合并和拆分等,以满足用户的要求。

1. 选定表格

(1) 选定单元格:将光标移动到欲选定单元格的左侧边界,光标变成右上的箭头 ➤,单击,即可选定该单元格。

(2) 选定一行:将光标移动到欲选定行左侧选定区,当光标变成 ↗,单击即可选定。

(3) 选定一列:将光标移动到该列顶部列选定区,当光标变成 ⬇,单击即可选定。

(4) 选定连续单元格区域:拖曳鼠标选定连续单元格区域即可。这种方法也可以用于选择单个、一行或一列单元格。

(5) 选定整个表格:光标指向表格左上角,单击出现的"表格的移动控制点"图标 ⊕,即可选定整个表格。

表格、行、列、单元格的选定,也可以通过单击"表格工具"中的"布局"选项卡中的"表"组中的"选择"按钮,在弹出的下拉列表中选择相应命令完成表格及单元格的选定。

2. 调整行高和列宽

调整表格行高或列宽的方法如下。

1) 使用鼠标

将光标指向欲改变行高(列宽)的垂直(水平)标尺处的行列标志上,此时,光标变为一个垂直(水平)的双向箭头,拖曳垂直(水平)行列标志到所需要的行高列宽即可。

2) 使用菜单

操作步骤如下。

(1) 选定表格中要改变列宽(行高)的列(行)。

(2) 选择"表格工具"|"布局"选项卡,选择"表"组中的"属性"命令,打开"表格属性"对话框,如图 3-36 所示。

(3) 选择"列"或"行"选项卡,在"指定宽度"或"指定高度"数值框中输入数值。

(4) 单击"确定"按钮。

图 3-36 "表格属性"对话框

3）使用"自动调整"命令

Word 提供了三种自动调整表格的方式：根据内容调整表格、根据窗口调整表格、固定列宽。

操作步骤如下。

（1）把光标定位在表格的任意单元格。

（2）选择"表格工具"｜"布局"选项卡，选择"单元格大小"组中的"自动调整"，在弹出的下拉列表中选择相应命令：或在表格的任意位置右击，在弹出的快捷菜单中选择"自动调整"级联菜单中的相应命令。根据设置系统自动进行调整。

3. 行或列的插入和删除

1）插入行和列

先在表格中选定某行（或列），要增加几行（或列）就选定几行（或列），再选择"表格工具"｜"布局"选项卡中的"行和列"组，单击"在上方插入"｜"在下方插入"或"在左侧插入"｜"在右侧插入"按钮，这时新行插入在选定行的上方或下方，新列插入在选定列的左侧或右侧。也可以通过选定行（或列），单击右键，在弹出的快捷菜单中选择"插入"选项，在级联子菜单中选择相应的选项，完成插入的操作。

2）删除行或列

先在表格中选定要删除的行或列，选择"表格工具"｜"布局"选项卡中的"行和列"组，单击"删除"按钮，在弹出的下拉列表中选择相应选项完成删除行或列的操作。也可以通过快捷菜单完成删除行或列的操作。

4. 单元格的合并和拆分

单元格的合并是把相邻的多个单元格合并成一个，单元格的拆分是把一个单元格拆分为多个单元格。

1）合并单元格

如果要进行合并单元格的操作，先选定要进行合并的多个单元格，然后右击选择的单元格,在弹出的快捷菜单中选择"合并单元格"命令或单击"表格工具"｜"布局"选项卡的"合并"组,单击"合并单元格"命令。

2) 拆分单元格

如果要进行拆分单元格的操作,先选定要进行拆分的单元格,然后右击选择的单元格,在弹出的快捷菜单中选择"拆分单元格"命令或单击"表格工具"｜"布局"选项卡的"合并"组,单击"拆分单元格"命令,弹出"拆分单元格"对话框。在"列数"框中输入要拆分成的列数;在"行数"框中输入要拆分成的行数,再单击"确定"按钮即可。

3.5.3 表格的格式化

创建好一个表格之后,可以对表格的外观进行美化,以达到理想的效果。

1. 单元格对齐方式

一般在某个表格的单元格中进行文本输入的时候,该文本都将按照一定的方式,显示在表格的单元格中。Word 2010 提供了 9 种单元格中文本的对齐方式:靠上左对齐、靠上居中、靠上右对齐;中部左对齐、中部居中、中部右对齐;靠下左对齐、靠下居中、靠下右对齐。

进行单元格对齐方式设置的具体操作步骤如下。

(1) 选定单元格。

(2) 右击选定单元格,选择"单元格对齐方式"级联菜单下的相应对齐方式。

或者通过"表格工具"｜"布局"选项卡的"对齐方式"组中的相应按钮完成对齐设置。

2. 表格边框和底纹

设置表格的边框和底纹的操作步骤如下。

(1) 选定表格。

(2) 单击"表格工具"｜"设计"选项卡的"表格样式"组,选择"边框"｜"底纹"命令;或右击表格,选择快捷菜单中的"边框和底纹"命令,打开"边框和底纹"对话框。

(3) 在该表格的"底纹"、"边框"、"页面边框"选项卡中进行相应的设置。

(4) 设置完毕后,单击"确定"按钮。

3. 设置文字方向

表格中的文本的格式化与文档中文本相同,同时也可以设置文字的方向。设置表格的文字方向的操作步骤如下。

(1) 选定欲设置文字方向的单元格。

(2) 单击"表格工具"｜"布局"选项卡的"对齐方式"组,选择"文字方向"命令;或单击鼠标右键,在弹出的快捷菜单中选择"文字方向"命令,显示"文字方向-表格单元格"对话框。

(3) 在"方向"区域中选择所需要的文字方向。

(4) 单击"确定"按钮。

3.5.4 表格中的数据处理

Word 提供了在表格中进行计算和排序的功能。

表中单元格列号依次用 A、B、C、D、E 等字母表示,行依次用 1、2、3、4 等数字表示,用列、行坐标表示单元格，如 A1、B2 等。

1. 表格中的数据计算

表格的计算操作步骤如下。

（1）定位要放置计算结果的单元格。

（2）单击"表格工具"｜"布局"选项卡的"数据"组中的"公式"命令，显示"公式"对话框。

（3）用户可以在"粘贴函数"下拉列表框中选择所需的函数或在"公式"文本框中直接输入公式即可。

（4）单击"确定"按钮。

2. 表格中的数据排序

表格可根据某几列内容进行升序和降序重新排列。操作步骤如下。

（1）选择需要排序的列或单元格。

（2）单击"表格工具"｜"布局"选项卡 "数据"组中的"排序"命令，打开"排序"对话框。

（3）设置排序的关键字的优先次序、类型、排序方式等。

（4）单击"确定"按钮。

3.5.5 图表

很多情况下，如果能根据数据表格绘制一幅统计图，会使数据的表示更加直观，分析也更为方便。Word 2010 可以使用插入对象的方法插入图表，也可以创建 Word 图表。

根据已有的数据表格，创建一个图表的操作步骤如下。

（1）将光标定位在表格的下一行。

（2）单击"插入"选项卡中"插图"组中的"图表"按钮，弹出"插入图表"对话框，选择某一种类型的图表，单击"确定"按钮，窗口会一分为二，在 Word 窗口右侧是 Excel 的窗口，如图 3-37 所示，在 Excel 表格中显示数据。

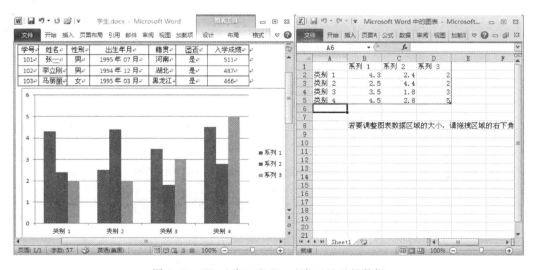

图 3-37　Word 窗口和 Excel 窗口显示的数据

文字处理软件 **Word 2010**

（3）在 Word 窗口中选择表格，然后按 Ctrl＋C 键，在 Excel 窗口中全选，然后按 Del 键，再按 Ctrl＋V 键，将 Word 窗口中复制的表格数据都粘贴到 Excel 中。

（4）单击 Excel 窗口右上角的"关闭"按钮，图表将按照刚才在 Excel 中输入的数据显示在 Word 窗口中。

3.5.6　实例训练

本节以制作学生成绩单为例介绍表格的应用。本例中首先创建表格并输入相应信息；然后进行公式计算，求出每名学生的总分；按照总分的降序排列；再就是对表格进行格式化的操作，主要用到绘制斜线表头、对齐方式、边框和底纹、合并单元格等设置，如图 3-38 所示，另可根据实际增加或删除行、列；最后根据表格创建了一个直方图，在该过程中生成 Excel 数据表，并把学生成绩单的相关数据复制到 Excel 窗口中，如图 3-39 所示；此时 Word 窗口中就生成了学生成绩单图表，并对图表的坐标轴进行设置，如图 3-40 所示，使数据更直观地显示出来。

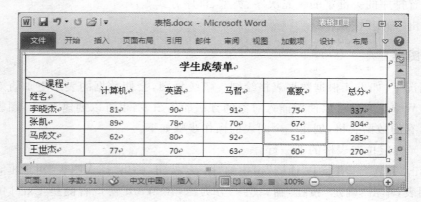

图 3-38　学生成绩单表格

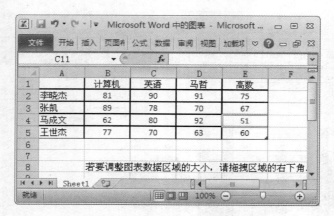

图 3-39　表格生成的数据表

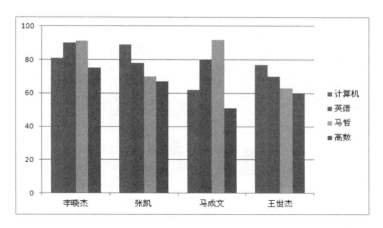

图 3-40 学生成绩单直方图

3.6 图 文 混 排

在 Word 中，除了可以编辑文本外，还可以向文档中插入图片，并将其以用户需要的形式与文本编排在一起进行图文混排。

Word 中可使用的图片有：自选图形、剪贴画、艺术字、公式以及 Windows 提供的大量图片文件等。

本节学习要点：

◇ 掌握图片（图形）的插入、编辑和修饰的基本方法。

◇ 掌握艺术字的插入、编辑和修饰的基本操作。

◇ 掌握图文框和文本框的使用方法。

◇ 了解"绘制"工具栏的使用及绘制图形的基本方法。

◇ 了解水印的制作及公式的使用方法。

本节训练要点：

熟悉图片、艺术字、图形、文本框等图片的使用，实现图文混排，以达到图文并茂的排版效果。

3.6.1 图片

1. 插入剪贴画

在文档中插入剪贴画的操作步骤如下。

（1）在文档中定位欲插入剪贴画的位置。

（2）单击"插入"选项卡中"插图"组的"剪贴画"按钮。

（3）在"剪贴画"任务窗格中单击"搜索"按钮。显示计算机中保存的剪贴画，如图 3-41 所示。

（4）单击欲插入的剪贴画，完成插入操作。

插入剪贴画后，若不关闭任务窗格，可以继续插入其他剪贴画。完成插入后，单击任务窗格右上角的"关闭"按钮即可关闭任务窗格。

图 3-41　"剪贴画"任务窗格

2. 插入图片文件

Word 文档中插入图片文件的操作步骤如下。

（1）将插入点定位在欲插入图片的位置。

（2）单击"插入"选项卡中"插图"组的"图片"按钮，打开"插入图片"对话框，如图 3-42
所示。

图 3-42　"插入图片"对话框

（3）在"查找范围"下拉列表框中选择图片所在的位置，选择欲插入的图片文件。

（4）单击"插入"按钮。

3．插入屏幕截图

在 Word 2010 中可以快速地添加屏幕截图，以捕获可用视窗并将其置于文档中。

（1）选择要插入屏幕截图的文档。

（2）打开"插入"选项卡，选择"插图"组，单击"屏幕截图"按钮弹出如图 3-43 所示下拉列表。

图 3-43　"屏幕截图"下拉列表

（3）若要添加整个窗口，可以单击"可用视窗"库中相应窗口的缩略图。

（4）若要添加窗口的一部分，则要单击"屏幕剪辑"选项，当鼠标指针变成十字形状时，按住鼠标左键来选择要捕获的屏幕区域。

4．编辑图片

插入图片后，还可以对图片进行编辑，如图片的移动、复制和删除，尺寸、位置的调整，缩放和剪裁等。

1）图片的移动、复制和删除

移动图片只需将光标定位在该图片上拖曳即可，而图片的复制和删除操作与文本的复制和删除操作相同。

2）图片的缩放和剪裁

（1）缩放图片

图片缩放的操作步骤如下。

① 选定欲缩放的图片，此时图片四周显示 8 个句柄。

② 将光标指向某个句柄时，光标变成双向箭头。

③ 根据需要进行拖曳。

选择某个图片后，会增加"图片工具"｜"格式"选项卡，其面板如图 3-44 所示。也可以通过"图片工具"｜"格式"选项卡中"大小"组的"宽度"｜"高度"设置，或单击"大小"组右下角的"高级版式：大小"启动器按钮，或单击右键，在快捷菜单中选择"大小和位置"命令，会打开"布局"对话框，在此来设置图片的大小，如图 3-45 所示。

图 3-44　"图片工具"｜"格式"选项卡

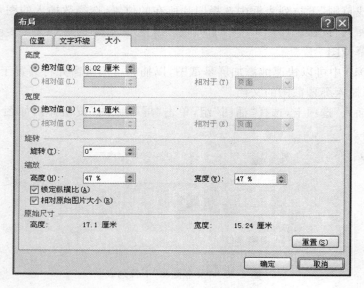

图 3-45 "布局"对话框"大小"选项卡

（2）剪裁图片

图片剪裁的操作步骤如下。

① 选定欲剪裁的图片。

② 单击"图片工具"|"格式"选项卡中"大小"组的"裁剪"按钮。

③ 光标指向某句柄，变成剪裁形状。

④ 向图片内部拖曳鼠标即可剪裁掉相应部分。

另外，也可以通过"图片样式"组右下角的"设置形状格式"启动器按钮，或通过单击右键打开的快捷菜单中选择"设置图片格式"命令来打开"设置图片格式"对话框，在其中单击左边的"裁剪"按钮，可以进行精确的裁剪。

3）设置图片的环绕方式

（1）选定图片。

（2）单击右键，在弹出的快捷菜单中选择"大小和位置"命令，会打开"布局"对话框，选择该对话框中的"文字环绕"选项卡，如图 3-46 所示。

（3）选择所需要的环绕方式。

也可以通过单击"排列"组中的"自动换行"按钮来实现环绕方式的设置。

4）删除背景

（1）选定图片。

（2）选择"图片工具"|"格式"选项卡中的"调整"组，单击"删除背景"按钮。

（3）在图片的周围可以看到一些浅蓝色的控点，拖动控点可以调整删除的背景范围。

（4）利用"背景消除"选项卡中的"标记要保留的区域"按钮，以及"标记要删除的区域"按钮，然后利用鼠标拖动对图片中的一些特殊的区域进行标记，从而进一步修正删除背景的准确性。

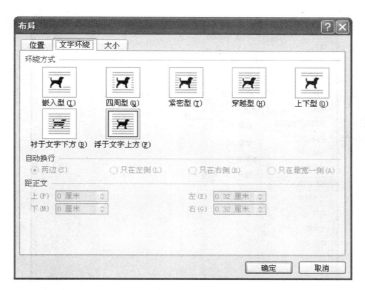

图 3-46　"文字环绕"选项卡

（5）设置好删除背景的区域后，单击"保留更改"按钮。图片前后对比图如图 3-47 所示。

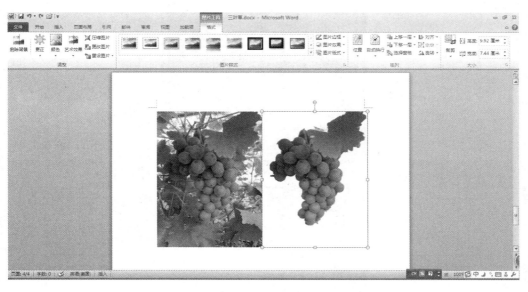

图 3-47　删除图片背景前后对比效果图

5）改变图片的颜色、亮度、对比度、背景、映像、艺术效果、旋转等操作

可以通过如图 3-48 所示的"设置图片格式"对话框中的相关选项卡来进行设置。或者通过"图片工具格式"选项卡中相应组的按钮完成操作。如图 3-49 所示，就是利用"设置图片格式"对话框中相应设置做出来的图片效果图。

图 3-48　"设置图片格式"对话框

图 3-49　映像效果图

3.6.2　艺术字

艺术字也是一种图形,在文档中插入艺术字的操作步骤如下。

（1）打开需要插入艺术字的文档,选定插入点位置。

（2）选择"插入"选项卡,单击"文本"组中的"艺术字"按钮,弹出 6 行 5 列的艺术字列表,选择其中一个艺术字样式,然后输入文本。

（3）在"绘图工具格式"选项卡"艺术字样式"组中,用相应按钮来设置修改艺术字。

3.6.3　绘制图形

Word 2010 提供了一套很强大的绘图工具,可以使用它插入现成的形状,如圆形、矩形、箭头、线条等,还可以对图形进行编辑修改。

利用相应的绘制图形的工具,将光标移到文本工作区,拖曳即可绘制出对应的图形。

1. 绘制自选图形

绘制自选图形的操作步骤如下。

（1）选择"插入"选项卡中的"插图"组,单击"形状"按钮,在下拉列表中选择所需的图形。

（2）在工作区拖曳,可以绘制出相应的图形。

对绘制的自选图形也可以进行格式设置和编辑等操作,通过"绘图工具"|"格式"选项卡中相应按钮对图形进行填充、设置阴影等,如图 3-50 所示。

图 3-50　"绘图工具"|"格式"选项卡

2. 在自选图形中添加文字

操作步骤如下:

（1）右击欲添加文字的图形,选择快捷菜单中的"添加文字"命令,在图形对象上显示文本框。

（2）输入文字。

对图形添加的文字也可以进行格式设置。绘制自选图形并添加文字的实例,如图 3-51 所示。

3. 图形的组合

在文档中,绘制的多个图形可以根据需要进行组合,以防止它们之间的相对位置发生改变,操作方法有:

（1）按住 Shift（或 Ctrl）键的同时选定欲组合的图形,将鼠标移动到欲组合的某一个图形处,右击,在弹出快捷菜单中选择"组合"级联菜单中的"组合"命令。

（2）在文档中按住 Ctrl 键,单击选中各个要组合的图形后,直接单击"排列"组中的"组合"按钮。

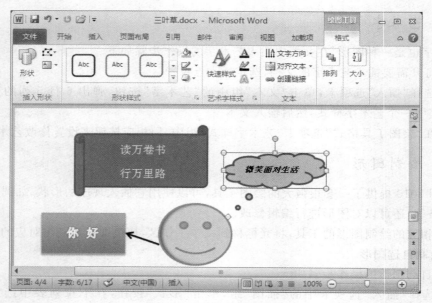

图 3-51　绘制自选图形

4. 图形的叠放次序

在文档中,有时需要绘制多个重叠的图形。设置图形叠放次序的操作方法有:

(1) 选定欲设置叠放次序的图形,右击,选择"置于顶层"|"置于底层"的级联子菜单中的相应命令即可。

(2) 选定欲设置叠放次序的图形,单击"排列"组中的"上移一层"|"下移一层"按钮,在下拉列表中选择某一种叠放次序。

5. 图形的旋转

在文档中,绘制的图形可以进行任意角度的旋转。操作方法有:

(1) 选定欲旋转的图形,单击"绘图工具"|"格式"选项卡中"排列"组的"旋转"按钮。

(2) 选定图形时,四周会出现句柄,上面有一个小绿色的旋转点,拖曳旋转到需要的角度,释放鼠标即可完成旋转操作。

(3) 选定图形后,右击,选择"其他布局选项",弹出"布局"对话框,选择"大小"选项卡,可以精确设置旋转的角度。

剪贴画、艺术字也可以旋转,方法与图形旋转相似。

3.6.4　文本框

文本框是将文字和图片精确定位的有效工具。文档中的任何内容放入文本框后,就可以随时被拖曳到文档的任意位置,还可以根据需要缩放。

1. 插入文本框

文本框的插入方法有两种:可以先插入空文本框,确定好大小、位置后,再输入文本内容;也可以先选择文本内容,再插入文本框。

1) 插入空文本框

文本框插入的操作步骤为:选择"插入"选项卡中"文本"组,单击"文本框"按钮,在下拉列表中选择一种内置的文本框类型,然后通过拖动来绘制所需大小的文本框。插入文本框后的插入点在文本框中,根据需要,可以在文本框中插入适当的图片或添加文本。若要改变文本框位置,需选中该文本框,在鼠标指针变成十字箭头时,拖动鼠标到新位置即可,如图 3-52 所示。

2) 将文档中指定的内容放入文本框

将文档中指定的内容放入文本框的操作步骤如下。

(1) 选定指定内容。

(2) 选择"插入"选项卡中的"文本"组,单击"文本框"按钮,在下拉列表中选择"绘制文本框"|"绘制竖排文本框"命令即可,见图 3-53。

图 3-52　插入文本框

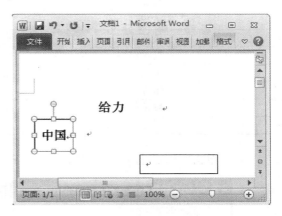

图 3-53　给文本添加文本框

2. 编辑文本框

利用鼠标可以调整文本框的大小、位置等,也可以利用快捷菜单的"设置形状格式命令"命令或单击"绘图工具"|"格式"选项卡中"形状样式"组和"排列"组中的相应按钮,对填充色、线条、形状效果、大小和环绕等进行设置。

3. 链接文本框

链接文本框就是把多个不同位置的文本框连在一起。若改变一个文本框的大小,如此相链接的其他文本框的字号也会随之改变。各个文本框按照一定的顺序形成一篇连续的文档。比如,一个文本框中容纳不下的内容可以显示在下一个文本框中,同样,当删除前一个文本框时,下一个文本框的内容上移。链接文本框的操作步骤如下。

(1) 在文档中建立多个空文本框。

(2) 选中第一个文本框,单击"绘图工具"|"格式"选项卡中的"文本"组的"创建链接"按钮,此时文档区域中光标变成直立的杯状。

(3) 将光标移到要链接的文本框中单击即可。

当用户按照上述步骤链接了多个文本框后,就可以输入文本框的内容。当输入内容在前一个文本框中排列不下时,Word 就会自动切换到下一个文本框中排列,以此类推。

若要断开两个文本框间的链接,操作步骤如下。

(1) 将鼠标移到要断开链接的文本框的边框线上。

(2) 单击"文本"组中"断开链接"按钮。

当用户选择"断开链接"后,则该文本框所链接的文本框的内容就会返回到该文本框中,以此类推。

3.6.5 SmartArt 图形

SmartArt 是用来表现结构、关系或过程的图表。SmartArt 图形类型及功能如表 3-2 所示。在文档中插入 SmartArt 图形操作步骤如下。

表 3-2　SmartArt 图形类型及功能

图 形 类 型	图 形 用 途
列表	显示无序信息
流程	在流程或日程表中显示步骤
循环	显示连续的流程
层次结构	显示决策树,创建组织结构图
关系	图示连接
矩阵	显示各部分如何与整体关联
棱锥图	显示与顶部或底部最大部分的比例关系
图片	显示图片

(1) 单击"插入"选项卡中"插图"组的 SmartArt 按钮,打开如图 3-54 所示的对话框。

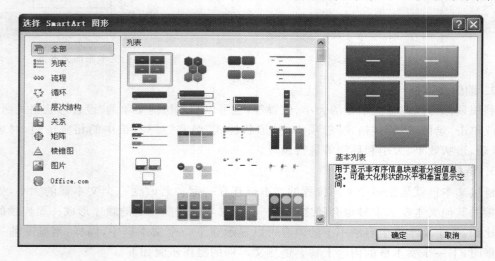

图 3-54　"选择 SmartArt 图形"对话框

(2) 选择左侧列表中所需类型,然后在中间选择一种布局。

(3) 单击"确定"按钮,即可在文档中插入选择的 SmartArt 图形。

(4) 在 SmartArt 图形中,单击图框,添加文本,如图 3-55 所示,作出了一个组织结构图。

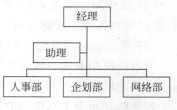

图 3-55　组织结构图

3.6.6　实例训练

利用 Word 2010 制作一个教师卡，如图 3-56 所示，操作步骤如下。

图 3-56　图文混排实例

（1）新建一空白文档，设置纸张大小，宽 11cm，高 7.5cm。

（2）插入与文档同等大小的文本框。

（3）文本框设置为无轮廓，填充一张图片。

（4）插入文本框，设置为无填充色、无轮廓；在其中插入一幅合适剪贴画或图片作为校标。

（5）插入艺术字：佳木斯大学（中英文）。

（6）插入其他文本内容，并设置。

（7）插入文本框，设置为无填充色、无轮廓，并插入一张存照。

（8）调整大小、位置。

3.7　打印文档

本节学习要点：

◇ 掌握文档的打印设置操作。

◇ 了解打印预览功能。

本节训练要点：

学会根据实际需要将设置好的文档打印出来。

打印编排的文档通常是文字处理的最后一步，在 Word 中打印文档时，可以选择性地打印，例如，打印选中文字、打印奇数页、打印当前页面或指定的页面等。

1. 打印预览

打印预览有所见即所得的功能，通过打印预览，可以浏览打印的效果，以便将文档调整成最佳效果，再打印输出。操作步骤是：打开"文件"选项卡，选择"打印"命令，在弹出的对话框(如图 3-57 所示)的右侧就可以预览打印的效果。用户也可以通过按 Ctrl＋F2 进入打印预览窗口。

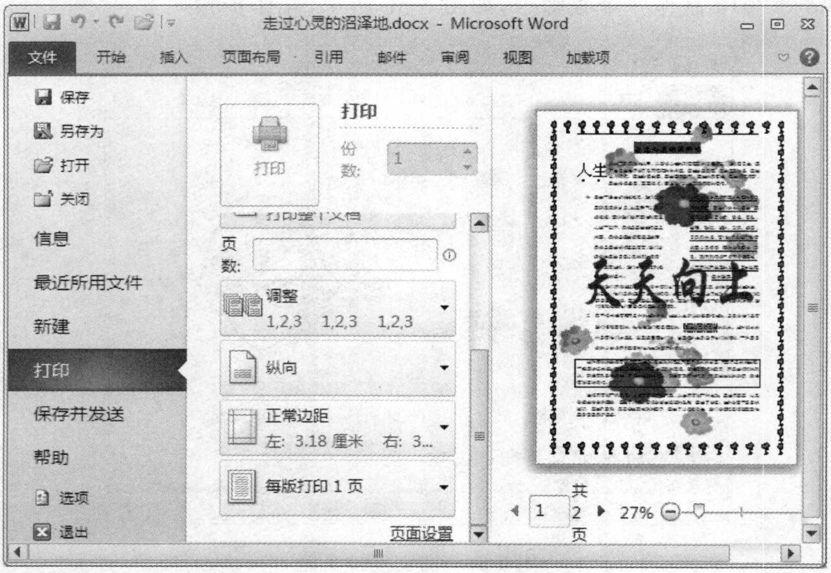

图 3-57 "打印"对话框

2. 打印文档

当打印机和文档的属性设置符合要求后,就可以打印文档,在上述的对话框中单击"打印"按钮即可。

(1) 在"打印"内容栏中的"设置"下面单击"打印所有页",在弹出的下拉列表中可以选择打印所有文档、打印所选内容、打印当前页、打印自定义的范围、打印奇数页或偶数页、只打印文档属性等设置。

(2) 单击"份数"调节按钮来调节打印份数或在"份数"文本框中输入打印的份数,系统默认逐份打印,如果单击"调整"选项组中的"取消排序",那么在打印时会将文档的第 1 页按照指定的份数打印输出后,再接着打印第 2 页、第 3 页的文档。

3. 取消打印

在打印过程中如果发现打印的文档有问题,可以取消正在打印的任务。

操作步骤如下:

(1) 双击 Windows 任务栏右下角的打印图标,在弹出的菜单中选择打印机命令,打开打印机操作的对话框。

(2) 右击打印的文件名,在弹出的快捷菜单中选择"取消"命令。

(3) 系统弹出一个"打印机"的信息提示框,单击"是"按钮即可取消正在打印的任务。

3.8 网 络 功 能

随着计算机技术的发展,Internet 已经深入到社会生活的各个领域,Word 也在先前版本的基础上增加了许多网络功能。

本节学习要点：

◇ 掌握超链接的设置方法。

◇ 了解将文档转换为网页的方法。

本节训练要点：

学会根据实际需要将编辑的文档插入超链接，使浏览查阅文档更加便利和快捷。

3.8.1 创建 Web 页

Word 可以创建 HTML 格式的 Web 页，也可以将已有的 Word 文档保存为 Web 页。

1. 新建 Web 页

（1）打开一个新的空白文档。

（2）打开"文件"选项卡，单击"保存"按钮，弹出"另存为"对话框。

（3）输入文件名称，在"保存类型"下拉列表框中选择"单个文件网页"或"网页"，输入网页标题，单击"保存"按钮。

（4）输入并编辑 Web 内容。

（5）单击"保存"按钮。

2. 将已有的文档转换为 Web 页

Word 2010 提供了一个内部转换器，可以将文档转换成 HTML 格式，以便于浏览器打开和在网上发布。将已有的文档转换为 HTML 格式的操作步骤如下。

（1）打开已有的文档。

（2）选择"文件"选项卡，在左侧列表中单击"另存为"按钮，打开"另存为"对话框，设置文件名和保存位置。

（3）在"另存为"对话框"保存类型"下拉列表框中选择"单个文件网页"或"网页"类型。

（4）单击"更改标题"按钮，在弹出对话框中输入页标题后单击"确定"按钮返回"另存为"对话框。

（5）单击"保存"按钮。

3.8.2 超链接

超链接是将文档中的文本、图形、图像等与相关的信息连接起来，以带颜色下划线的方式显示文本。将鼠标移到该处，按住 Ctrl 键再单击即可跳转到与其相关的信息处。在文档中建立超链接的方法如下。

（1）选择要作为超链接显示的文本或图形。

（2）选择"插入"选项卡中的"链接"组，单击"超链接"按钮，显示"插入超链接"对话框，如图 3-58 所示。

（3）设置链接目标的位置和名称。

（4）单击"确定"按钮。

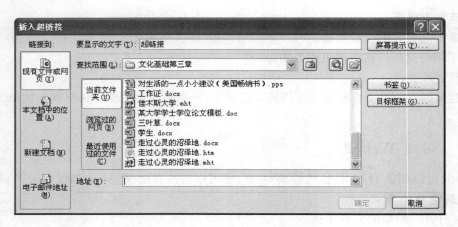

图 3-58 "插入超链接"对话框

3.9 综合应用举例

为增强教学效果,本章选用制作"大学本科生毕业设计模板"文档作为教学案例,让学生在实践体验中深入学习本章知识点,培养学生灵活运用所学知识解决问题的能力。

本案例中涉及的知识点:

◇ 文字的输入设置。

◇ 文档排版的格式设置。

◇ 组织结构图及表格的插入。

◇ 打印或打印预览效果的设置。

一个 Word 综合应用模板如图 3-59 所示。

1. 段落格式化

通过"开始"选项卡,选择"段落"组,或在选定的段落上右击,在快捷菜单上选择"段落"命令,打开"段落"对话框,设置段落间距、行间距等。或在选定的段落上右击,在快捷菜单上选择"段落"命令,打开"段落"对话框。段落首行第一个字符与左侧边界的距离为两个字符。

2. 项目符号和编号

通过"开始"选项卡,选择"段落"组,单击"项目符号"或"项目编号"按钮,设置项目符号和编号。

3. 页面设计

通过"页面布局"选项卡,选择"页面设置"组,单击"分隔符"按钮,在下拉列表中选择"分页符"。通过页面设置组相应按钮,设计文档的总体版面布局以及选择纸张大小、上下左右边距、页眉页脚与边界的距离等内容,效果如图 3-60 所示。

4. 页眉和页脚

通过"插入"选项卡,选择"页眉和页脚"组,分别单击"页眉"、"页脚"按钮,进行页眉佳木斯大学硕士论文和页脚页码编辑。

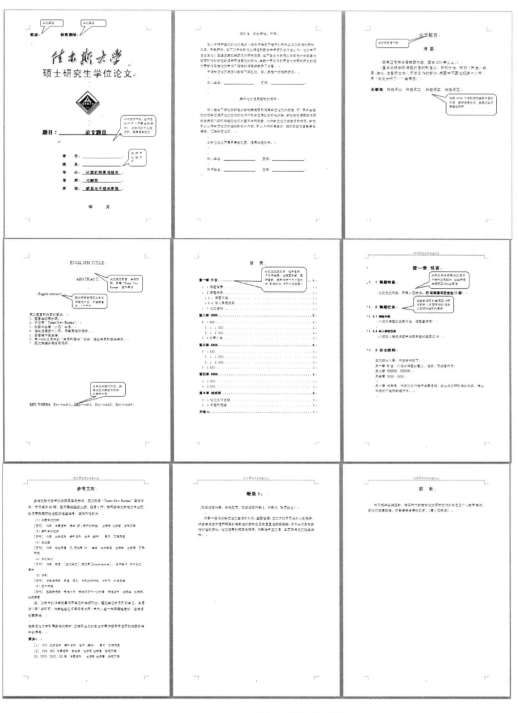

图 3-59　Word 综合应用案例模板

5. 组织结构图及表格的插入

1) 组织结构图的插入

（1）通过"插入"选项卡，单击"插图"组中的"形状"按钮插入。

基于 J2EE 的收入核对系统设计与实现

摘 要

随着 Internet 技术的日益发展，构建基于 web 应用的信息系统需求越来越多样化，而信息系统也逐渐的由 C/S 模式向 B/S 模式迁移。而对于复杂多变的市场需求，可靠性、稳定性、扩展性和可维护性也成为当今越来越多的系统所探讨的热点。

针对以上问题及设计原则，本文结合当今最主流的框架整合技术，深入分析了 Struts、Spring、Hibernate 框架。Struts 是一个基于 MVC 模式的框架，即分为模型、视图、控制器三部分，Struts 将业务数据、页面显示、动作处理进行分离，这有利于各部分的维护，有效的优化了系统结构。Spring 框架主要负责系统的业务层，负责应用程序的业务逻辑处理和事物管理等内容，进行必要的业务数据校验，绑定数据管理与数据持久化层直接交互。Hibernate 是一个开源的易于配置和运行的基于 Java 的 ORM 工具之一，它直接与数据库进行通信，对数据库进行数据的读写操作，极大的减轻了编写 SQL 语句和包装对象的工作量。

本文的主要工作和特色如下：

首先本文深入分析了 Struts、Spring、Hibernate 每一个框架的技术特点以及工作原理。然后结合本系统的业务需求，给出了系统的关键技术。

其次本文介绍了收入核对系统的总体结构，包括 MB 应用服务系统以及收入核对应用系统，同时结合 SSH 框架介绍系统的技术架构，介绍系统中各个模块的功能。

然后设计系统中的核对业务流程即整个收入核对工作的业务流程，以及后台管理子系统中的动态查询、查询统计、动态流程配置等功能模块，及针对这些功能模块所涉及的数据库中表的设计。

接着本文介绍了核对业务流程的实现以及动态配置管理中部分功能模块的实现，其中包括动态查询的实现以及核对业务流程动态配置的实现。

关键词：MB 应用服务系统 核对业务 动态查询 动态配置

目 录

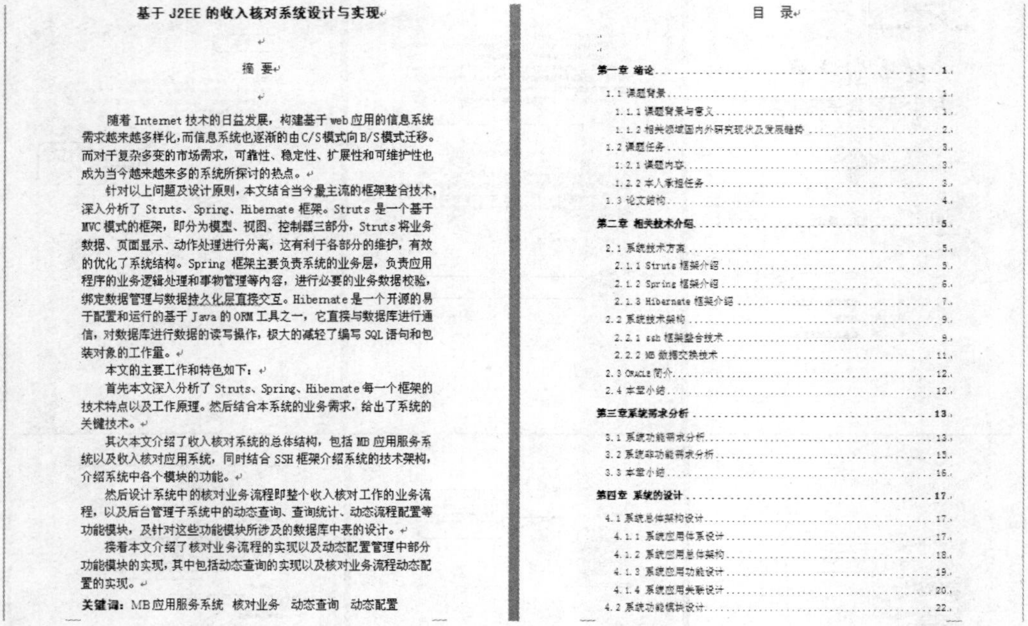

图 3-60 Word 综合应用文档排版

第二章 相关技术介绍

基于 Struts+Spring+Hibernate 架构目前已经成为当前 J2EE 轻量级架构开发的主流。本系统就是基于 Struts+Spring+Hibernate 框架整合技术建立的。

2.1 系统技术方案

2.1.1 Struts 框架介绍

Struts 是流行的基于 J2EE 的 web 层的架构方案。它是 MVC（Model-View-Controller 的缩写，模式-视图-控制器）的一种实现[2]。MVC 是一种常用的设计模式。MVC 减弱了业务逻辑接口和数据接口之间的耦合，以及让视图层更富于变化。

Struts 将业务数据(Form)、页面显示(JSP)、动作处理(Action)进行分离，这有利于各部分的维护，它采用 Front Controller 模式提供一个统一的控制器 ActionServlet 来实现繁杂的动作处理。通过它提供的 Action Form 封装 web form 中的元素，使重用 web 表单成为可能。同时可以借助 Struts 框架来帮助完成 web 层的验证工作。

Struts 的工作原理如图 2-1 所示：

图 2-1 Struts 工作原理

控制：图 2-1 中有一个 XML 文件即 Struts-config.xml 文件，与之相关联的是 Controller，在 Struts 中，承担 MVC 中 Controller 角色的是一个 Servlet，叫 ActionServlet。ActionServlet 是一个通用的控制组件。这个控制组件提供了处理所有发送到 Struts 的 HTTP 请求的入口点。它截取和分发这些请求到相应的动作类（这些动作类都是 Action 类的子类）。另外控制组件也负责用相应的请求参数填充 Action Form（通常称之为 FormBean），并传给动作类（通常称之为 ActionBean）。动作类实现核心商业逻辑，它可以访问 java bean 或调用 EJB。最后动作类把控制权传给后续的 JSP 文件，后者生成视图。所有这些控制逻辑利用 Struts-config.xml 文件来配置。

系统中设计了多个数据库，每个数据库包含多张表。本文给出在查询统计管理模块中，用到的数据库表。在基本信息查询、评估报告查询以及全市通报真实用到了以下查询配置表及基本查询结果配置表，如表 2-1 所示。

表 2-1 查询配置表

字段名	中文名称	数据类型	备注
BASE_QUERY_ID	系统编号	VARCHAR2(32)	主键
QUERY_NAME	查询名称	VARCHAR2(60)	
QUERY_TYPE	查询类型	CHAR(1)	0：基本信息查询 1：评估报告查询 2：全市通报
QUERY_SCOPE	查询范围	CHAR(1)	
FROM_TABLES	数据来源表及关联	VARCHAR2(2000)	
SQL_TEXT	关联关系	VARCHAR2(300)	
DESCRIPTION	描述	VARCHAR2(300)	
VALITY	标识	CHAR(1)	
OPERATION_TYPE_ID	业务类型	VARCHAR2(32)	

核心：Struts 的核心是 ActionServlet，ActionServlet 的核心是 Struts-config.xml。

Struts 实现 MVC 的技术手段主要体现在以下几个方面：

1. Struts 将业务数据（Form）、页面显示(JSP)、动作处理(Action)进行分离，这有利于各部分的维护。
2. Struts 采用 Front Controller 模式提供一个统一的控制器 ActionServlet 来实现繁杂的动作处理，让所有的动作请求（request）都是经过这个统一的入口，由其控制分发。这样方便我们在入口中加入一些全局控制代码的实现，如安全控制、日志管理、国际化编码等。另外只有这样做，才提供了通过配置文件进行控制的可能。
3. 通过 Struts 提供的 Action Form 封装 web form 中的元素，使重用 web 表单成为可能。
4. 借助 Struts Validator 框架帮助完成 web 层的验证工作，不用再去为每个 web 页面写其验证代码，只需通过编写该框架的 XML 配置文件即可实现。这样减少了开发量，由于验证代码的集中管理，也为复用和维护带来便利[3]。

2.1.2 Spring 框架介绍

任何一个企业应用都不可避免地面临着组件的生命周期管理、应用事务完整

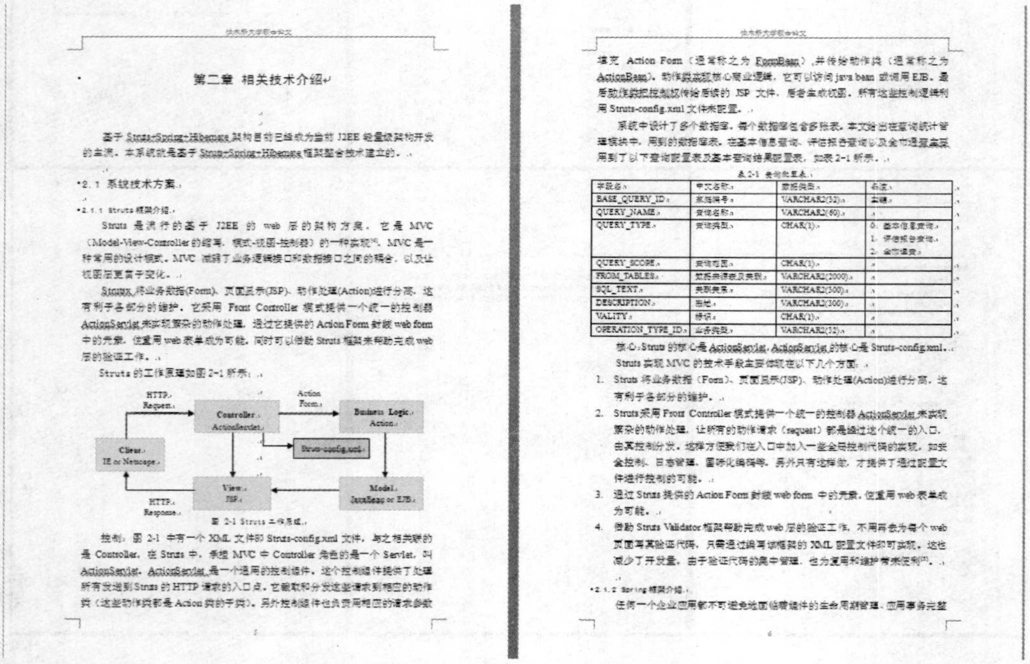

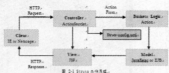

图 3-61 Word 综合应用图文表混排

(2) 选择某个形状后单击右键，添加文字。

(3) 将多个图形组合成一个图形。

2）表格的插入

（1）通过"插入"选项卡,单击"表格"组中的"表格"按钮。

（2）打开"插入表格"对话框,通过"表格尺寸"区域设置行数列数。

（3）调整表格列宽和行高。

（4）输入文字并调整单元格对齐方式。

6. 排版结果

通过"文件"选项卡,选择"打印"命令,在弹出的对话框中的右侧可以预览打印的效果,图 3-61 是浏览 60％比例的打印效果。

习　　题

一、选择题

1. Word 2010 _____。

    A. 只能处理文字

    B. 只能处理表格

    C. 可以处理文字、表格、图形、表格等

    D. 只能处理图片

2. Word 2010 的文档以文件形式存放在磁盘中,其默认扩展名是_____。

    A. .doc   B. .docx   C. .txt   D. .exe

3. Word 2010 窗口的标题栏的右上角,可以同时显示的按钮是_____。

    A. 最小化、还原和最大化   B. 还原、最大化和关闭

    C. 最小化、还原和关闭   D. 还原和最大化

4. 下面关于 Word 2010 说法正确的是_____。

    A. 在 Word 2010 中不能对打印机进行设置

    B. 对于 Word 2010 来说,可以在打印之前通过打印预览看到打印之后的效果

    C. Word 2010 文档转换成文本文件后,原来文档中所有数据都会丢失

    D. 打印预览和打印后看到的效果不同

5. 用按钮选定文本块的操作是同时按_____键和方向键。

    A. Ctrl   B. Shift   C. Alt   D. Tab

6. 在 Word 2010 中,要选取某个自然段,可将鼠标移到该段选择区,_____即可。

    A. 单击   B. 双击   C. 三击   D. 四击

7. 在 Word 2010 中,可以有多种操作来选定全部文本,下面的操作中_____不能实现全选。

    A. 按 Ctrl＋A 键   B. 按 Ctrl 键

    C. 在选择区三击鼠标左键   D. 选择"编辑"菜单中"全选"命令

8. 利用鼠标选定一个矩形区域的文字块,需先按住_____键。

    A. Alt   B. Shift   C. Enter   D. Ctrl

9. 在文档编辑过程中,可以按_____键来保存正在编辑的文档。

    A. Shift＋S   B. Ctrl＋S   C. Alt＋S   D. Ctrl＋Alt＋S

10. 在 Word 2010 文档中插入分页符,应通过_____选项卡中的"分隔符"命令完成。

    A. 插入   B. 开始   C. 页面布局   D. 引用

11. 在 Word 2010 文档中,要输入复杂的数学公式,应通过"插入"选项卡中的_____组的"公式"命令完成。

    A. 插图   B. 文本   C. 符号   D. 表格

12. 在 Word 中,为了确保文件中段落模式一致性,可以使用_____。

    A. 模板   B. 样式   C. 向导   D. 联机帮助

13. 在各种中文输入法之间切换的按键是_____。

    A. Ctrl+空格   B. Shift+Ctrl   C. Ctrl+Alt   D. Ctrl+Tab

14. 如果想把一个文档以另外一个名字保存,可以选择"文件"选项卡中的_____命令。

    A. 保存   B. 打开   C. 另存为   D. 新建

15. 在 Word 2010 中进行文件打印操作,假设要求用 B5 纸输出,在打印预览中发现最后一页只有一行,要把这一行提到上一页,最好的办法是_____。

    A. 改变纸张大小   B. 增大页边距   C. 减小页边距   D. 添加页眉/页脚

16. 对于误操作的纠正的方法是_____。

    A. 单击"恢复"按钮   B. 单击"撤销"按钮

    C. 按 Esc 键   D. 不存盘退出再重新打开文档

17. 在 Word 2010 状态栏中标有百分比的列表框的作用是改变_____的显示比例。

    A. 应用程序窗口   B. 工具栏   C. 文档窗口   D. 菜单栏

18. 选择纸张大小,可以在"文件"选项卡中选择_____来设置。

    A. 打印   B. 打印预览   C. 版面设置   D. 页面设置

19. 在 Word 中能显示页眉和页脚的视图方式是_____。

    A. 普通视图   B. 页面视图   C. 大纲视图   D. Web 版式视图

20. 将文档中的一部分文本内容复制到别处,先要进行的操作是_____。

    A. 粘贴   B. 复制   C. 选择   D. 剪切

二、填空题

1. 启动 Word 2010,功能区默认显示_____选项卡的命令。

2. Word 2010 的标题栏位于窗口的_____端。

3. Word 中右键单击所选文档内容后,选择"复制"命令,是将所选内容复制到_____。

4. Word 2010 标签中包括"文件"、_____、_____、_____、_____等选项卡。

5. Word 2010 的文档以文件形式存放于磁盘中,其文件扩展名为_____。

6. Word 2010 的显示模式有:页面视图、_____、_____、_____、_____。

7. 打印预览可使用户_____,可以对文档的整体效果进行浏览。

8. 在 Word 中如果使用了项目符号和编号,则项目符号或编号会在每按_____键时出现。

9. 使页面横向放置是通过_____的操作实现的。

10. 在 Word 中_____的显示效果与实际打印效果是一致的。

第 4 章 电子表格软件 Excel 2010

本章学习要点:
◇ 工作簿和工作表的概念,工作表的创建、数据输入、编辑和排版。
◇ 工作表的插入、复制、移动、更名、保存和保护等基本操作。
◇ 工作表中公式与常用函数的使用。
◇ 图表的创建和格式设置。
◇ 数据清单的概念和记录单的使用,记录的排序、筛选和分类汇总。
◇ 工作簿及工作表的打印设置。

本章训练要点:
◇ 工作表的基本操作。
◇ 工作表中公式与常用函数的使用。
◇ 数据图表的创建与编辑。
◇ 工作表中数据的排序、筛选及汇总操作。
◇ 工作簿、工作表密码设置及打印设置。

4.1 Excel 2010 基础知识及基本操作

本节学习要点:
◇ Excel 2010 简介、工作界面。
◇ Excel 2010 工作簿、工作表、单元格、区域等基本概念。
◇ 工作簿的新建、保存及打开。
◇ 工作簿的保护、隐藏、共享及加密。
◇ 工作表中数据的输入及编辑。

本节训练要点:
◇ 各种不同数据的输入。
◇ 单元格数据的修改、插入、删除、复制与移动操作。
◇ 单元格数据的查找与替换操作。
◇ 条件格式设置。

4.1.1 Excel 2010 简介

1. 简介

Excel 2010 是 Microsoft 公司开发的 Office 2010 套装组件之一,具有数据计算、数据统计、数据分析、绘制图表和 Internet 共享资源等功能。

Excel 2010 与 Excel 2003 相比具有较为新颖的操作界面,在 Excel 2010 中,操作界面以功能区选项卡为主,每个功能区选项卡包含若干个功能区组,每个功能区组都包含若干条命令,以此来完成用户提出的各种请求,这样的操作方式彻底地改变了 Excel 2003 中以菜单为主体的操作方式。

2. 文件保存格式

另外,Excel 2010 文件保存的格式有多种,默认的文件保存格式的后缀名是 .xlsx,而 Excel 2003 的文件保存格式的后缀名是 .xls,更为重要的是,Excel 2010 版本文件还可以直接保存为 .PDF 格式类型文件,并且可以打开低版本的 Excel 文件。

3. 激活和使用加载项

在 Excel 2010 中,如要使用 Excel 加载项,只需要激活它们即可。方法如下:选择"文件"选项卡下的"选项"命令,弹出"Excel 选项"对话框,在左侧窗口栏里选择"加载项"命令,在右侧窗口里的"加载项"中选择类别,在"管理"下拉菜单中选择"Excel 加载项",然后单击"转到"按钮,弹出"加载宏"对话框,在对话框中选中要使用的加载项所对应的复选框,单击"确定"按钮。

4.1.2 启动与退出

1. Excel 2010 的启动

启动 Excel 2010 的方法有多种,下面介绍常用的三种启动方法。

(1) 单击"开始"按钮,选择"所有程序"中的 Microsoft Office 级联菜单中的 Microsoft Excel 2010 命令即可启动。

(2) 双击桌面上已有的 Microsoft Excel 2010 快捷方式图标。

(3) 双击已有的 Excel 工作簿文件(扩展名为 .xlsx)。

启动 Excel 2010 后,打开 Excel 2010 窗口,如图 4-1 所示。

2. Excel 2010 的退出

退出 Excel 2010 的常用方法如下。

(1) 单击 Excel 窗口标题栏的"关闭"按钮。

(2) 在 Excel 2010 标题栏位置,单击鼠标右键,单击快捷菜单上的"关闭"命令,退出 Excel 2010 应用程序,如图 4-2 所示。

(3) 选择"文件"选项卡中的"退出"命令,即可退出,如图 4-3 所示。

(4) 双击 Excel 快速访问工具栏中的控制图标。

(5) 单击 Excel 快速访问工具栏中的"关闭"图标。

(6) 按快捷键 Alt+F4。

4.1.3 基本概念

1. 工作簿

一个 Excel 文件称为一个工作簿,扩展名为 xlsx。一个工作簿最多可包含 255 个工作表。默认情况下,一个新工作簿由三个工作表组成,默认名为 Sheet1、Sheet2、Sheet3。用户可根据需要自行添加或删除工作表。

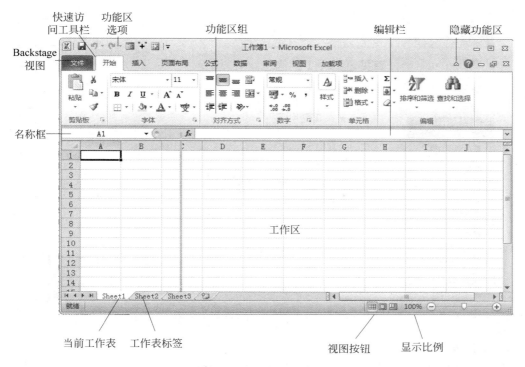

图 4-1　Excel 2010 窗口

图 4-2　Excel 2010 标题栏快捷键关闭

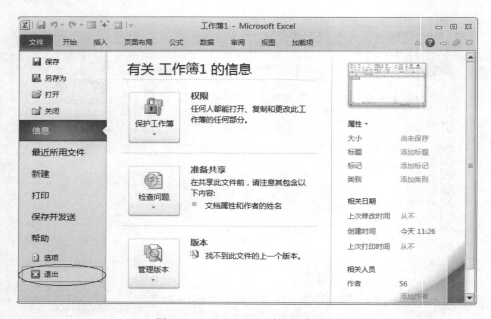

图 4-3　Excel 2010"文件"退出界面

2. 工作表

工作簿中的每一张表称为工作表,工作表由行和列组成。横向称为行,由行号区的数字(1、2、3、…)分别加以命名;纵向称为列,由列号区的字母(A、B、C、…、IV)分别加以命名。每一张工作表最多可以有 65 536 行、256 列。每张工作表都有一个工作表标签与之对应。

3. 单元格

行和列的交叉构成单元格,是 Excel 工作簿的最小组成单位。单元格的地址通过列号和行号指定,例如,B5、E7、$B$5、$E7 等。

4. 活动单元格

单击某单元格时,单元格边框线变粗,此单元格即为活动单元格,可在活动单元格中进行输入、修改或删除内容等操作。活动单元格在当前工作表中有且仅有一个。

5. 区域

区域是一组单元格,可以是连续的,也可以是非连续的。对定义的区域可以进行多种操作,如移动、复制、删除、计算等。用区域的左上角单元格和右下角单元格的位置表示(引用)该区域,中间用冒号隔开。如图 4-4所示的区域是 B2:D5,其中区域中呈白色的单元格为活动单元格。

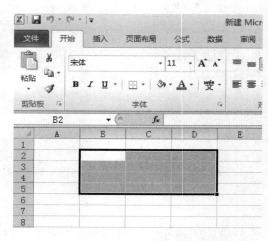

图 4-4　表格区域

4.1.4 工作簿的操作

1. 工作簿的建立

建立新工作簿的操作方法如下。

（1）启动 Excel 2010 时，系统自动生成一个名为"新建 Microsoft Excel 工作表"的新工作簿。

（2）启动 Excel 2010 后，创建新的工作簿的步骤如下。

① 选择"文件"选项卡，在弹出的菜单栏中单击"新建"命令。

② 在中间窗格中出现的"可用模板"或"Office.com 模板"中选择一种工作簿类型。

③ 在右侧窗格中选择"创建"命令按钮，如图 4-5 所示，为新建窗口界面。

图 4-5 "新建工作簿"任务窗格

中间窗格中的"可用模板"和"Office.com 模板"能够给用户提供多种选择，提供不同类型的工作簿，"可用模板"中的"空白工作簿"是没有任何修饰的工作簿，而"Office.com 模板"中提供一些特定应用的模板，用户可以根据自己的需要来选择不同类型的模板。

2. 工作簿的保存与打开

工作簿的保存与打开操作方法与 Word 文档的保存与打开操作方法相同。

3. 工作簿的保护、隐藏、共享、加密

任何人都可以自由访问并修改未经保护的工作簿和工作表。因此，对重要的工作簿进行保护是很有必要的。

在 Excel 2010 中对工作簿的保护、共享、加密在功能区选项卡中的"审阅"选项卡中的"更改"功能区组中设置,如图 4-6 所示。

图 4-6 "审阅"选项卡

1) 工作簿的保护

操作步骤如下。

选择"审阅"功能选项卡,选择"更改"功能区组中的"保护工作簿"命令,打开"保护结构和窗口"对话框,如图 4-7 所示。

选择"结构"复选框后,输入密码,单击"确定"按钮后,弹出"确认密码"对话框,此时再次输入所设置的密码后,单击"确定"按钮,设置密码成功,设置保护后可以防止他人修改或删除工作簿。

2) 工作簿的隐藏

除对工作簿进行上述密码保护外,也可以赋予其"隐藏"特性,使之可以被其他工作表调用,但其内容不可见,从而得到一定程度的保护。

打开"视图"功能选项卡,选择"窗口"功能区组中的"隐藏"命令,如图 4-8 所示。下次打开该文件时,将以隐藏方式打开,可以使用数据,但不可见。

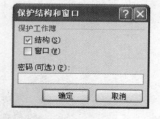

图 4-7 "保护结构和窗口"对话框

图 4-8 "窗口"功能区组

取消隐藏时,可打开要取消的工作簿,选择"视图"功能选项卡,选择"窗口"功能区组中的"取消隐藏"命令。

3) 工作簿的共享

利用工作簿共享来协作完成某一项工作是非常方便的,比如大批量的数据需要录入,Excel 2010 中允许多个用户同时对一个工作簿进行编辑,这就要求进行工作簿的共享设置。

打开"审阅"功能选项卡,选择"更改"功能区组中的"共享工作簿",打开"共享工作簿"对话框。

在"编辑"选项卡中勾选"允许多用户同时编辑,同时允许工作簿合并"复选框,如图 4-9 所示。

在"高级"选项卡中对修订、更新、用户间的修订冲突、在个人视图中包括等进行设置,然后单击"确定"按钮,完成共享设置,如图 4-10 所示。

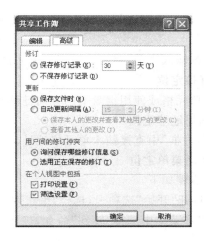

图 4-9 "共享工作簿"编辑选项设置   图 4-10 "共享工作簿"高级选项设置

4）工作簿的加密

打开功能区中的"文件"选项卡,选择其中的"另存为"命令,弹出如图 4-11 所示对话框,单击该对话框中的"工具"按钮,选择"常规选项"命令,弹出"常规选项"对话框,如图 4-12 所示,设置"打开权限密码"和"修改权限密码",完成工作簿的加密,通过加密必须输入密码才能打开工作簿,保护了用户的数据安全。

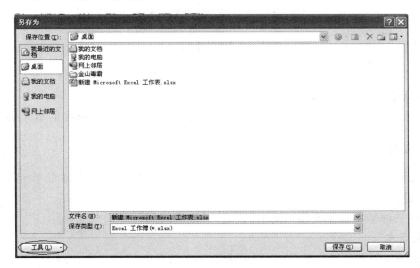

图 4-11 "另存为"对话框

图 4-12 "常规选项"对话框

4.1.5 单元格的定位

在数据输入之前,首先需要定位单元格,使要输入数据的单元格成为活动单元格。

1. 直接定位

单击单元格或使用键盘上的方向键移动到要定位的单元格。

2. 利用地址定位

在"名称框"中直接输入单元格地址,即可定位该单元格。

3. 使用菜单定位

操作步骤如下。

(1) 打开"开始"选项卡,选择"编辑"功能区组,在"编辑"功能区组中选择"查找和选择"命令,在级联菜单中选择"转到"命令,打开"定位"对话框,如图 4-13 所示。

图 4-13 "定位"对话框

(2) 在"引用位置"文本框中输入要定位的单元格地址,若想按条件定位,可单击"定位条件"按钮,选择所需条件。

(3) 单击"确定"按钮返回主窗口,活动单元格即定位到该地址所在的单元格。

4.1.6 数据的输入

Excel 允许在单元格中输入中文、英文、文本、数字或公式等。每个单元格最多容纳 32 767 个字符。

Excel 有三种基本数据类型:文本、数值、日期和时间。

1. 输入文本

在 Excel 中,文本可以是数字、空格和非数字字符及它们的组合。对于数字形式的文本型数据,如学号、电话号码等,数字前加单引号(英文半角),用于区分纯数值型数据。当输入的文字长度超出单元格宽度时,若右边单元格无内容,则扩展到右边列,否则将截断显示。系统默认文本对齐方式为左对齐。

2. 输入数值

数值除了数字 0~9 组成的字符串外,还包括＋、－、E、e、$、/、％、()等特殊字符。如输入并显示多于 11 位的数字时,Excel 自动以科学计数法表示,例如,输入 9.876 543 211 23 时,Excel 会在单元格中用"9.87654E＋11"来显示该数值。系统默认数值的对齐方式为右对齐。

在输入负数时可以在前面加负号,也可以用圆括号括起来,如(23)表示－23。在输入分数时,必须在分数前加 0 和空格,如要输入"3/4"则要输入"0 3/4";否则显示的是日期或字符型数据。

3. 输入日期和时间

Excel 内置了一些日期时间的格式,常见日期格式为:mm/dd/yy、dd-mm-yy。常见时间格式为:hh:mm AM/PM,其中表示时间时在 AM/PM 与分钟之间应有空格,如"7:30 PM",缺少空格将被当作字符数据处理。

4. 自动填充数据

如果输入有规律的数据,可以考虑使用 Excel 自动输入功能,它可方便快捷地输入等差、等比以及自定义的数据序列。

1)使用填充柄

自动填充只能在一行或一列上的连续单元格中填充数据。自动填充是根据初始值决定以后的填充项,填充数据时首先将鼠标指针移到初始值所在单元格的右下角拖动填充柄,此时鼠标指针变为实心十字形,然后拖曳至填充的最后一个单元格,即可完成自动填充。自动填充可分为以下几种情况。

(1)初始值为纯字符或数值,填充相当于数据复制。若初始值为数值并且在填充时按住 Ctrl 键,数值会依次递增,不是简单的数据复制。

(2)初始值为文字数字混合体,填充时文字不变,最右边的数字依次递增,如初值为X1,顺序填充为 X2、X3 等,如图 4-14 所示。

▲	A	B	C	D	E	F
1			X1		一月	
2			X2		二月	
3			X3		三月	
4			X4		四月	
5			X5		五月	
6			X6		六月	
7			X7		七月	
8			X8		八月	
9			X9		九月	
10			X10		十月	
11						
12						
13						

图 4-14 "填充柄"实现顺序填充

(3)初始值为 Excel 预设的自动填充序列中的一员,则按预设序列填充。如初值为一月,顺序自动填充为二月、三月等,如图 4-14 所示。若初始值不是 Excel 预设的自动填充序列中的一员,可添加自定义序列实现自动填充。

2)产生序列

操作步骤如下。

(1)定位单元格,在该单元格中输入初始值并回车。

(2)打开"开始"选项卡,在选项卡中"编辑"功能区组中选择"填充"图标,再单击填充的级联菜单中的"系列"命令,打开"序列"对话框,如图 4-15 所示。

下面是该对话框中的各项设置。

①"序列产生在"选项组:指定按行或列方向填充。

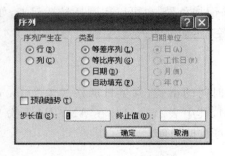

图 4-15　"序列"对话框

②"类型"选项组：选择产生序列的类型。若产生序列是"日期"类型,则必须选择"日期单位"。

③"步长值"文本框：对于等差序列步长值就是公差,对于等比序列步长值就是公比。

④"终止值"文本框：指序列不能超过的数值。终止值必须输入,除非在产生序列前已选定了序列产生的区域。

（3）完成上述设置后,单击"确定"按钮,即可产生一个序列。

3）添加"自定义序列"

操作步骤如下。

（1）打开"文件"选项卡,选择"选项"命令,打开"Excel 选项"对话框,在此对话框中单击左侧窗格中的"高级"项,再单击右侧窗格"常规"区域下方的"编辑自定义列表"按钮,如图 4-16 所示,此时弹出"自定义序列"对话框,如图 4-17 所示。

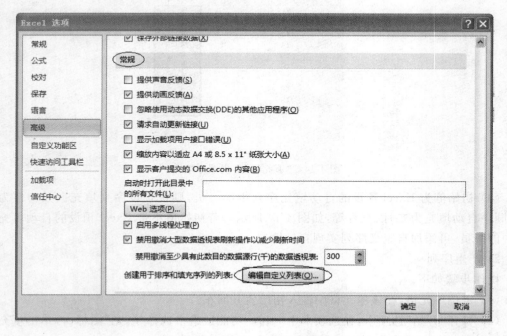

图 4-16　"Excel 选项"对话框

（2）在"自定义序列"列表框中选择"新序列"选项。

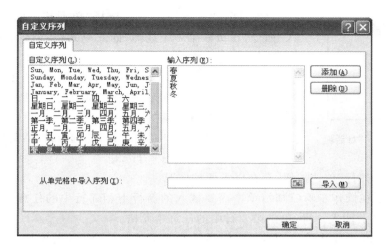

图 4-17 "自定义序列"对话框

（3）在"输入序列"列表框中输入要定义的序列，如输入"春"，按 Enter 键；用相同方法输入"夏、秋、冬"。

（4）单击"添加"按钮，将输入的序列加入自定义序列中。

（5）单击"确定"按钮。

4.1.7 数据的编辑

1. 区域的选定

区域选定的方法如下。

（1）先定位区域的起始单元格，拖曳鼠标到区域对角单元格，或单击区域一个角的单元格，按住 Shift 键，再单击对角单元格，即可选定一个连续区域。

（2）按住 Ctrl 键，再选定区域，可选定多个不连续的区域。

（3）单击行标或列标可选定相应的一行或一列，若在行标或列标上拖曳则可选定相邻的多行或相邻的多列。若要选择非相邻的行或列，在选择行或列的同时按住 Ctrl 键。

（4）单击窗口中的"全选"按钮可选定整张表格。

2. 单元格数据的修改

单击单元格使其成为活动单元格，然后在编辑栏中编辑修改单元格数据；或双击单元格，直接在单元格内进行编辑修改。

3. 单元格、区域数据的清除

选定要删除内容的单元格或区域，打开"开始"选项卡，选择"编辑"功能区组中的"清除"图标，单击级联菜单中的"清除内容"命令，或用 Del、Back Space 键。

此操作仅清除数据，单元格仍在原位置。

4. 单元格、行、列的插入或删除

在工作表中进行插入或删除单元格时，会发生相邻单元格的移动，即地址变化。

1）单元格、行、列的插入

操作步骤如下。

（1）选定要插入对象的位置。

图 4-18 "插入"对话框

(2) 打开"开始"选项卡,选择"单元格"功能区组中的"插入"命令,在级联菜单中选择"插入单元格"命令,打开"插入"对话框,如图 4-18 所示。

(3) 在该对话框中选择所需操作项的单选按钮。

① 若选择"活动单元格右移"单选按钮,活动单元格及右侧的所有单元格依次右移一列。

② 若选择"活动单元格下移"单选按钮,活动单元格及下侧的所有单元格依次下移一行。

③ 若选择"整行"单选按钮,存在以下两种情况。

插入一行:在操作步骤(1)时,单击需要插入的新行下相邻行中的任意单元格。例如,若要在第 5 行之上插入一行,单击第 5 行中的任意单元格。

插入多行:在操作步骤(1)时,选定需要插入的新行之下相邻的若干行。选定的行数应与要插入的行数相等。

④ 若选择"整列"单选按钮,存在以下两种情况。

插入一列:在操作步骤(1)时,单击需要插入的新列右侧相邻列中的任意单元格。例如,若要在 B 列左侧插入一列,单击 B 列中的任意单元格。

插入多列:在操作步骤(1)时,选定需要插入的新列右侧相邻的若干列。选定的列数应与要插入的列数相等。

(4) 单击"确定"按钮。

2) 单元格、行、列、区域的删除

操作步骤如下。

(1) 选定要删除的对象。

(2) 打开"开始"选项卡,选择"单元格"功能区组中的"删除"命令,在弹出的级联菜单中选择"删除单元格"命令,打开"删除"对话框,如图 4-19 所示。

(3) 在对话框中选择所需操作项的单选按钮。

(4) 单击"确定"按钮。

删除活动单元格或单元格区域后,单元格及数据均消失,同行右侧的所有单元格(或区域)均左移或同列下面的所有单元格(或区域)均上移。

图 4-19 "删除"对话框

5. 数据的复制或移动

数据的复制或移动一般是指单元格、行、列或区域数据的复制与移动。

操作步骤如下。

(1) 选定要复制(移动)的操作对象。

(2) 打开"开始"选项卡,选择"剪切板"功能区组中的"复制"(或"剪切")命令,或在选定的操作对象上右击,打开快捷菜单,选择"复制"(或"剪切")命令。

(3) 选择目标单元格或区域。

(4) 打开"开始"选项卡,选择"剪切板"功能区组中的"粘贴"命令,或在目标单元格(或区域)右击,打开快捷菜单,选择"粘贴"命令。

6. 查找与替换

利用查找功能可快速在表格中定位到要查找的内容,替换功能则可对表格中多处出现的同一内容进行修改,查找和替换功能可以交互使用。

1) 查找

查找是一种"条件定位",即根据给定的某一条件,快速寻找满足条件的单元格。

操作步骤如下。

(1) 打开"开始"选项卡,选择"编辑"功能区组中的"查找和选择"命令,在级联菜单中单击"查找"命令。或按 Ctrl+F、Shift+F5 键,打开"查找和替换"对话框,如图 4-20 所示。

图 4-20 "查找和替换"对话框

下面是在该对话框中的各项设置。

① "查找内容"下拉列表框:输入要查找的内容。

② "范围"下拉列表框:提供工作表、工作簿两种查找范围。

③ "搜索"下拉列表框:提供按行、列两种选择。

④ "查找范围"下拉列表框:提供了公式、值、批注三种选项供选择。

⑤ "单元格匹配"复选框:若选择此项,搜索内容必须与单元格内容完全相同。否则,部分内容相匹配的也会被选中。

(2) 选择相应选项。

(3) 单击"查找全部"按钮或"查找下一个"按钮。

2) 替换操作步骤

(1) 打开"开始"选项卡,选择"编辑"功能区组中的"查找和选择"命令,在级联菜单中单击"替换"命令,打开"替换"选项卡,如图 4-21 所示。

图 4-21 "替换"选项卡

(2) 分别在"查找内容"和"替换为"下拉列表框中输入相应内容。

(3) 若单击"全部替换"按钮,将工作表中所有匹配内容一次替换。若单击"查找下一个"按钮,则当找到指定内容时,单击"替换"按钮才进行替换,否则不替换当前找到的内容,再次单击"查找下一个"按钮,系统自动查找下一个匹配的内容,重复以上步骤,直到替换完成。

(4) 单击"关闭"按钮。

7. 条件格式

条件格式设置是指当单元格符合某些条件时,单元格将显示指定的格式。如在成绩管理中显示平均分大于等于 60 分的单元格设置底纹颜色为红色,设置条件格式的操作步骤如下。

(1) 选定要条件格式化的数据区域,本例选择"平均分"列。打开"开始"选项卡,选择"样式"功能区组中的"条件格式"命令,在级联菜单中选择不同命令,如"突出显示单元格规则"、"项目选取规则"、"数据条"、"色阶"、"图标集"、"新建规则"、"清除规则"、"管理规则"等,如图 4-22 所示。本题中选择"新建规则"命令,打开"新建格式规则"对话框,如图 4-23 所示。

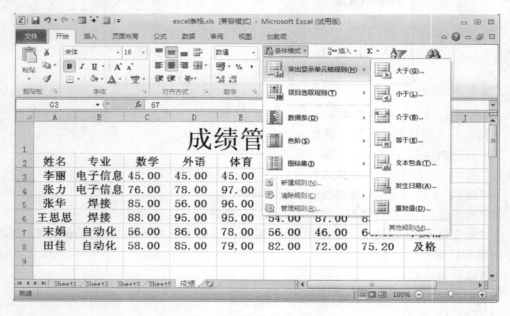

图 4-22　"条件格式"菜单

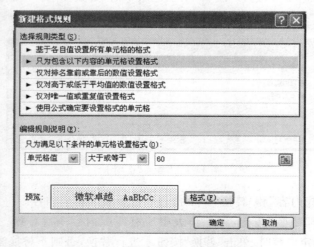

图 4-23　"新建格式规则"对话框

（2）在"选择规则类型"列表框里选择"只为包含以下内容的单元格设置格式"，在"编辑规则说明"中设置单元格值大于等于 60。

（3）单击"格式"按钮，设置单元格颜色为红色。

（4）单击"确定"按钮，平均分大于等于 60 分的单元格颜色将设置为红色，如图 4-24 所示。

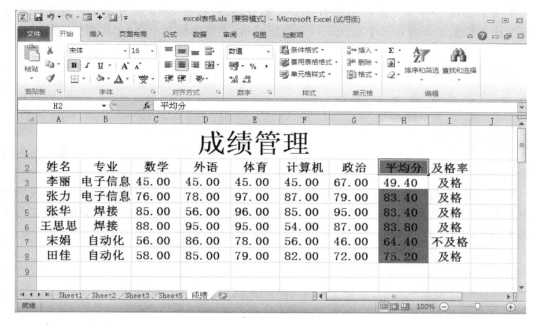

图 4-24　实例操作结果

4.2　工作表的操作

本节学习要点：

◇ 工作表的基本操作。

◇ 窗口拆分和冻结。

◇ 格式化工作表操作。

◇ 工作表的保护、隐藏。

本节训练要点：

◇ 工作表的插入、删除及重命名。

◇ 工作表的移动和复制。

◇ 工作表的格式化设置。

Excel 中可以对工作表进行重命名、复制、移动、隐藏和分割等操作。为了使工作表更适用、美观，还可以对工作表进行编辑和格式化操作。

4.2.1　工作表的选定

在编辑工作表之前，必须先选定后操作。

1. 选定一个工作表

单击要选择的工作表标签,则该工作表成为当前工作表,其名称以反白显示。若目标工作表标签未显示在工作表标签行,可通过单击工作表标签滚动按钮,使目标工作表标签出现并单击即可。

2. 选定多个相邻的工作表

单击要选定的多个工作表中的第一个工作表,然后按住 Shift 键并单击要选定的最后一个工作表标签。此时这几个工作表均以白底显示,工作簿标题出现"工作组"字样。

3. 选定多个不相邻的工作表

按住 Ctrl 键并单击每一个要选定的工作表。

4.2.2 工作表的基本操作

1. 插入工作表

在新建工作簿时,Excel 2010 自动创建三个工作表,用户可以根据自己的需要添加新的工作表。

单击功能区中的"开始"选项卡标签,选择"单元格"功能区组下的"插入"命令,在级联菜单中单击"插入工作表"命令,或者单击工作表标签右侧的插入工作表图标,新插入的工作表变成了当前活动工作表。

2. 删除工作表

先选定要删除的工作表,然后单击"开始"选项卡标签,选择"单元格"功能区组下的"删除"命令,在级联菜单中单击"删除工作表"命令,此时后面的工作表变成了当前活动工作表。

3. 工作表重命名

双击要改名的工作表标签,使其反白显示,直接输入新工作表名,然后按回车键即可。或右击工作表标签,在快捷菜单中选择"重命名"命令。

4. 工作表的移动和复制

1) 同一工作簿内的移动(或复制)

(1) 单击要移动(或复制)的工作表标签。

(2) 沿着标签行水平拖曳(或按住 Ctrl 键拖曳完成复制)工作表标签到目标位置。

在拖曳过程中,屏幕显示一个黑色三角形,用来指示工作表要插入的位置。

图 4-25 "移动或复制工作表"对话框

2) 不同工作簿之间的移动或复制

(1) 在源工作簿单击要移动(或复制)的工作表标签。

(2) 单击"开始"选项卡标签,选择"单元格"功能区组下的"格式"命令,单击级联菜单中的"移动或复制工作表"命令,打开"移动或复制工作表"对话框,如图 4-25 所示。

(3) 在对话框中的"工作簿"下拉列表框中选择目标工作簿。

(4) 在"下列选定工作表之前"列表框中选择插入位置。若选定"建立副本"复选框,为复制工作表,否则为移动工作表。

（5）单击"确定"按钮。

4.2.3　窗口的视图控制

Excel 2010 中窗口的视图控制与 Excel 2003 有明显的区别，在 Excel 2010 中窗口的视图控制通过功能区中的"视图"选项卡来完成，如图 4-26 所示。

图 4-26　"视图"选项卡

在"视图"选项卡中包含"工作簿视图"、"显示"、"显示比例"、"窗口"、"宏"等多个功能区组。

"工作簿视图"有多种选择，主要有"普通"、"页面布局"、"分页预览"、"自定义视图"、"全屏显示"等多重视图方式，"普通"视图是默认的视图方式。

"显示"功能区组中，可以选择是否显示"标尺"、"编辑栏"、"网格线"、"标题"。

"显示比例"功能区中，可以设置显示比例。

"窗口"功能区组中，可以设置窗口的新建、重排、冻结、拆分、切换及保护工作区的工作。

"宏"功能区组中，可以选择"查看宏"、"录制宏"、"使用相对引用"等操作。

1. 窗口的拆分

将当前工作表拆分为多个窗口显示，目的是使同一工作表中相距较远的数据能同时显示在同一屏幕上。拆分有以下两种方法。

（1）拖动"垂直滚动条"上方的拆分块 ▭ ，可将窗口分成上下两个窗口，拖动"水平滚动条"右侧的拆分块 ▯ ，可将屏幕分为左右两个窗口。水平、垂直同时分割，最多可以拆分成 4 个窗口。

（2）单击"视图"选项卡标签，选择"窗口"功能区组中的"拆分"命令，可将窗口最多拆分成 4 个窗口。

取消拆分可通过鼠标双击分割窗口的拆分线来完成。

2. 窗格的冻结

冻结窗格是使用户在选择滚动工作表时始终保持部分可见的数据，即在滚动时保持被冻结窗格内容不变。冻结窗格的步骤如下。

（1）首先确定需要的冻结窗格，可执行下列操作之一。

① 冻结顶部水平窗格：选择冻结处的下一行行标。

② 冻结左侧垂直窗格：选择冻结处的右边一列列标。

③ 冻结左上窗格：单击冻结区域外右下方的单元格。

（2）单击"视图"选项卡标签，选择"窗口"功能区组中的"冻结窗口"，在级联菜单中选择

"冻结拆分窗口"命令。

除此之外,在 Excel 2010 中还可以进行以下冻结窗口的操作。

(1)冻结首行窗口:选择"视图"选项卡,选择"窗口"功能区组中的"冻结窗口",在级联菜单中选择"冻结首行"命令。

(2)冻结首列窗口:选择"视图"选项卡,选择"窗口"功能区组中的"冻结窗口",在级联菜单中选择"冻结首列"命令。

取消冻结窗口可以选择"视图"选项卡,选择"窗口"功能区组中的"冻结窗口",在级联菜单中选择"取消冻结窗口"命令。

3. 窗口的全部重排

打开"视图"选项卡,选择"窗口"功能区组中的"全部重排"命令,弹出"重排窗口"对话框,可以设置窗口的重排操作。

4.2.4 格式化工作表

工作表内容编辑完成后,往往需要对工作表进行修饰,如字符格式化、设置单元格底纹、设置边框等。选择要格式化的单元格或区域,打开"开始"选项卡,选择"数字"功能区组中的"设置单元格格式"图标 ,打开"设置单元格格式"对话框。

1. 字符格式化

打开"字体"选项卡进行字符格式化,具体操作同 Word 中的字符格式化类似。

2. 数据格式的设置

Excel 提供了丰富的数据格式,主要包括数值、货币、会计专用、日期、时间、百分比、分数、科学记数、文本、特殊格式等,还可自定义数据格式。

操作步骤如下。

(1)打开"数字"选项卡,如图 4-27 所示。

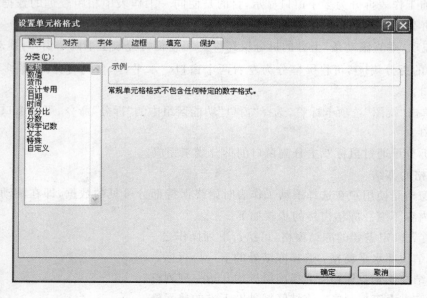

图 4-27 "数字"选项卡

（2）在"分类"列表框中选择要设置的数据类型。

（3）进行相应设置。

（4）单击"确定"按钮。

如果设置完成后，单元格中显示的是"＃＃＃＃"，表明当前的宽度不够，此时应调整列宽到合适宽度即可正确显示。

3. 对齐方式

Excel 提供了单元格内容缩进、旋转及在水平和垂直方向对齐的功能。默认情况下，单元格中的文字是左对齐，数值是右对齐的。为了使工作表美观且易于阅读，用户可以根据需要设置各种对齐方式。

操作步骤如下。

（1）打开"对齐"选项卡，如图 4-28 所示。

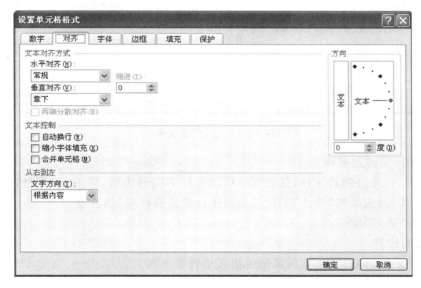

图 4-28　"对齐"选项卡

（2）在该选项卡中可进行如下设置。

①"文本对齐方式"区域可设置单元格的对齐方式。

②"文本控制"区域可设置自动换行、缩小字体填充及合并单元格。

③"方向"区域可对单元格中的内容进行任意角度的旋转。

④"从右到左"区域可设置文字方向。

通常对表格标题的居中，可以采用先对表格宽度内的单元格进行合并，然后再居中的方法。先选择标题行单元格，可以用以下三种方法完成操作。

（1）选择"水平对齐"和"垂直对齐"下拉列表框中的"居中"；选定"合并单元格"复选框，然后单击"确定"按钮。

（2）在"水平对齐"下拉列表框中选择"跨列居中"。

（3）也可单击"格式"工具栏中的"合并及居中"按钮。

4. 边框的设置

操作步骤如下。

（1）打开"边框"选项卡，如图 4-29 所示。

图 4-29 "边框"选项卡

（2）选择所需的边框线。

系统提供内、外边框共 8 种，各边框线可以选择不同的线型（样式）和颜色，可在"线条"区域中的"样式"列表框和"颜色"下拉列表框中设置边框样式、颜色等。

（3）单击"确定"按钮。

5. 底纹的设置

设置表格底纹，即设置选定的区域或单元格背景图案。

（1）打开"填充"选项卡。

（2）选择一种"图案颜色"，单击"图案样式"下拉列表框，从中选择一种背景图案。

（3）单击"确定"按钮。

4.2.5 工作表的保护、隐藏

1. 工作表的保护

操作步骤如下。

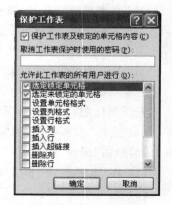

打开"审阅"功能选项卡，选择"更改"功能区组中的"保护工作表"命令，打开"保护工作表"对话框，如图 4-30 所示。输入密码，单击"确定"按钮，弹出"确认密码"对话框，此时再次输入所设置的密码后，单击"确定"按钮，设置密码成功，设置后可以防止他人修改或删除工作表。

撤销工作表保护可以打开"审阅"功能选项卡，选择"更改"功能区组中的"撤销保护工作表"命令，打开"撤销保护工作表"　图 4-30 "保护工作表"对话框对话框,输入密码完成撤销。

2. 隐藏工作表、行或列

选中需要隐藏的工作表标签,打开功能区的"开始"选项卡,选择"单元格"功能区组下的"格式"命令,单击"隐藏和取消隐藏"级联菜单下的"隐藏工作表(或隐藏行、列等)"命令,此时被选择的工作表被隐藏。

取消工作表的隐藏,要先打开要取消隐藏工作表的相应工作簿,打开功能区的"开始"选项卡,选择"单元格"功能区组下的"格式"命令,单击"隐藏和取消隐藏"级联菜单下的"取消隐藏工作表(或取消隐藏行、列等)"。

4.3   公式和函数

本节学习要点:

◇ 公式的创建。

◇ 公式的引用。

◇ 出错检查。

◇ 常见函数的使用。

本节训练要点:

◇ 熟练掌握各类公式创建及编辑方法。

◇ 使用常见函数解决数据统计、分析问题。

◇ Excel 中可利用公式和函数对工作表中的数据进行各种计算与分析。

4.3.1   公式

Excel 中的公式是以等号开头,使用运算符号将各种数据、函数、区域、地址连接起来的,是用于对工作表中的数据进行计算或文本进行比较操作的表达式。使用公式可以简化运算量,从而提高工作效率。

1. 基本语法

在一个公式中常常含有多个元素,而公式就是由这些元素按一定的结构组织起来的。各个元素在公式中的结构顺序就是这个公式的语法。虽然各个公式中含有各不相同的元素,但是任何公式中都必须含有等号"＝"。公式的创建都是以等号开始的,其后则是参与计算的各个元素和运算符。运算符包括常量、单元格或区域引用、标志、名称或工作表函数。

等号的作用在于表示一项数学操作的开始,并通知 Excel 将等号后面的表达式作为公式存储起来。例如,下面的公式表示两个数的相加运算:

＝5＋10

2. 运算符及优先级

Excel 公式中可使用的运算符号有算术运算符、比较运算符、连接运算符、引用运算符。每一种运算符都有一个固定的运算优先级。如果在一个公式中含有多个运算符,则 Excel 将由高级到低级进行计算,即通常所说的按各个运算符的优先级别进行运算。有时在公式中同时包含多个相同优先级的运算符,Excel 将按照从左到右的顺序进行计算。在公式中经常要用到括号,括号的作用是改变公式的优先级,计算公式时总是先计算括号内的部分,然后再计算括号外的部分。

各种运算符及优先级，如表 4-1 所示。

表 4-1　运算符优先级

运算符号(从高到低)	说　　明	运算符号(从高到低)	说　　明
：，空格	引用运算符	* /	乘、除法
—	负号	+ —	加、减法
%	百分号	&	连接字符串
^	指数	= < > <= >= <>	比较运算符

3. 建立公式

建立公式时，可在编辑栏或单元格中进行。建立公式的操作步骤如下。

(1) 单击用于存放公式计算值的一个单元格。

(2) 在编辑栏或单元格中输入"＝"号，编辑栏上出现 ✗ ✓ ƒx 符号。

(3) 建立公式，输入用于计算的数值参数及运算符。

(4) 完成公式编辑后，按回车键或单击 √ 按钮显示结果。

4. 引用

引用的作用在于标识工作表上的单元格或单元格区域，并指明公式中所使用的数据位置。通过引用，可以在公式中使用工作表中不同部分的数据，或者在多个公式中使用同一个单元格的数值。还可以引用同一个工作簿中不同工作表上的单元格和其他工作簿中的数据。单元格的引用主要有相对引用、绝对引用和混合引用。引用不同工作簿中的单元格称为链接。

1) 相对引用

相对引用是当公式在复制或移动时会根据移动的位置自动调节公式中引用单元格的地址。Excel 中默认的单元格引用为相对引用，如 A1、A2 等。如图 4-31 所示，在 C1 中输入公式"＝A1+B1"。下面将公式复制到 C2。

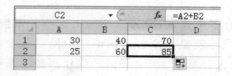

图 4-31　相对引用公式的粘贴

首先用鼠标单击单元格 C1，打开"开始"选项卡，选择"剪贴板"功能区组中的"复制"图标(或按 Ctrl+C 键)；然后用鼠标单击单元格 C2，打开"开始"选项卡，选择"剪贴板"功能区组中的"粘贴"图标(或按 Ctrl+V 键)，将公式粘贴过来。用户会发现 C2 中值变为 85，编辑栏中显示公式为"＝A2+B2"。

2) 绝对引用

在行号和列号前均加上"＄"符号，则代表绝对引用。公式复制时，绝对引用单元格将不随公式位置变化而改变。如在图 4-32 中，C1 公式改为"＝＄A＄1+＄B＄1"，再将公式复制到 C2，会发现 C2 的值仍为 70，公式也仍为"＝＄A＄1+＄B＄1"。

	C2	▼	f_x =$A$1+$B$1	
	A	B	C	D
1	30	40	70	
2	25	60	70	

图 4-32　绝对引用公式的粘贴

3）混合引用

混合引用是指单元格地址的行号或列号前加上"＄"符号,若"＄"符在字母前,而数字前没有"＄",那么被引用的单元格列的位置是绝对的,而行的位置是相对的。反之,则列的位置是相对的,而行位置是绝对的。在实际使用混合引用的公式时,当公式单元格,因为复制或插入而引起行列变化时,公式的相对地址部分会随位置变化,而绝对地址部分仍不变化。例如,下面的两个公式都是混合引用：

＝＄A3＋2

＝A＄3＋2

如果需要引用同一工作簿的其他工作表中的单元格,比如将 Sheet2 的 B3 单元格内容与 Sheet1 的 A3 单元格内容相加,其结果放入 Sheet3 的 A3 单元格,则在 A3 单元格中应输入公式："＝Sheet1!A3＋Sheet2!B3",即在工作表名与单元格引用之间用感叹号分开。如图 4-33 所示就是计算 Sheet3 中 A3 单元格的操作结果。

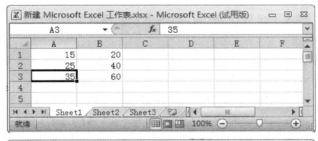

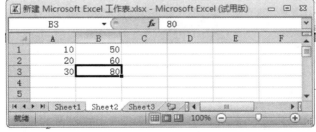

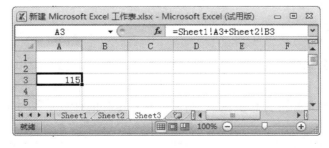

图 4-33　引用不同工作表中的单元格数据

电子表格软件 *Excel 2010*

4.3.2 公式出错检查

在 Excel 工作表的编辑栏中输入公式时,如果输入的公式不符合格式或其他要求,公式的运行结果就不能显示出来,并且在单元格中会出现相应的出错信息,如"＃＃＃＃!"。

Excel 具有一定的智能,它的审核功能可以查出公式化中的错误。在 Excel 中,公式返回的错误信息有多种,了解这些出错信息的含义可帮助用户纠正公式中的错误。

1. ＃＃＃＃!

出现出错值＃＃＃＃!的原因主要有以下几种。

(1) 单元格所在的列不够宽。

(2) 使用了负的日期。

(3) 使用了负的时间。

解决的方法如下。

(1) 增加列宽:选择"开始"选项卡,选择"单元格"功能区组下的"格式"命令,单击级联菜单中的"列宽"命令,在"列宽"文本框中输入相应的列宽值,单击"确定"按钮即可。

(2) 缩小字体:选择"开始"选项卡,单击"数据"功能区组下图标,选择"对齐"选项卡,选中"缩小字体填充"复选框,单击"确定"按钮。

(3) 变换数字格式:在某些情况下,更改单元格中的数字格式就可以使单元格的内容适应单元格的宽度。例如,将 9.9999 改为 9.99。

(4) 如果错误地输入了负日期、时间,则将负号去掉就可以了。

2. ＃VALUE!

在公式中需要输入数值或逻辑值的单元格中输入文本时,Excel 就会显示"＃VALUE!"的出错值。这是因为 Excel 无法将输入的文本转换为正确的数值类型。

例如,在单元格中 A1 中包含文本 name,在单元格 B1 中包含数字 10,在单元格 C1 中输入公式"＝A1＋B1",当按回车键时就会返回出错值"＃VALUE!",见图 4-34。

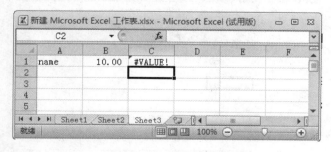

图 4-34 返回值错误

解决的方法如下。

(1) 选中包含公式的单元格或单元格区域,按 F2 键编辑公式,编辑完成后按回车键,这样错误便解决了。

(2) 如果使用的是矩阵工作表函数,则需要查看矩阵的维数是否与矩阵的参数一致,如果不一致则将其改正。

(3) 如果单元格引用、公式或函数作为数组常量输入,只需确认在数组公式中去掉了单元格引用、公式或函数。

（4）如果向需要单个值而不是整个区域的运算符或提供了区域，则需将整个区域作为一个单值提供。

3. ♯DIV/0！

当在公式中产生了除数或分母为 0 的错误时，公式的返回结果就是"♯DIV/0！"。

单击错误所在单元格，这时在单元格处会显示一个按钮，单击该按钮会弹出一个下拉菜单，如图 4-35 所示。

图 4-35　弹出的下拉菜单

选择该下拉菜单中的"错误检查选项"命令，弹出"Excel 选项"对话框，如图 4-36 所示。在该对话框里选中所需要的复选框。

图 4-36　"Excel 选项"对话框

出现"♯DIV/0！"的错误原因如下。

（1）公式中除数或分母为 0。

（2）引用了空白单元格。

（3）引用了包含数值为零的单元格。

（4）运行的宏程序中含有返回"♯DIV/0!"的函数或公式。

与上述的出错原因相对应,解决的方法如下。

（1）将除数或分母更改为非零值。

（2）将单元格引用更改为一个非空白的单元格。

（3）使用 IF 工作表函数来处理。

（4）清除宏程序中返回值为"♯DIV/0!"的函数或公式。

4. ♯NUM!

公式中某个函数的参数不对时,公式的返回值是"♯NUM!"。

出现该种情况的可能原因如下。

（1）函数中需要数字参数的地方使用了非数字的参数。

（2）使用了迭代计算的工作表函数,并且这些工作表函数无法得到有效的结果。这样的函数有 IRR 或 RATE 等。

解决的方法如下。

（1）保证函数中需要数字参数的地方使用的参数是数字,即使函数需要的参数是 $100,输入的也应该是数字 100。

（2）改变工作表函数的初始值。

（3）更改公式的迭代次数。

5. ♯NAME?

公式中含有 Excel 不能识别的名字或字符时,公式的返回值是"♯NAME?"。

出现该种情况原因可能如下。

（1）在单元格中输入了一些 Excel 不可识别的值。

（2）使用了"分析工具库"加载宏部分的函数,而没装载加载宏。

（3）使用了不存在的名称。

（4）在公式中使用了禁止使用的标志。

（5）使用了错误的函数名称。

（6）在公式中文本没有加双引号。

（7）缺少区域引用的冒号。

（8）引用了未经声明的工作表。

解决的方法如下。

（1）改正输入错误。

（2）安装和加载"分析工具库"加载宏。

（3）打开"公式"选项卡,选择"定义的名称"功能区组下的"定义名称"命令,弹出"新建名称"对话框,如图 4-37 所示。单击"确定"按钮,添加新的名称。这样在下次输入这个单词时便不会出现这个错误了。

（4）打开"公式"选项卡,选择"函数库"功能区组中的"插入函数"命令,弹出"插入函数"对话框,在该对话框中输入正确的函数名称。

（5）在公式中输入文本时用双引号括起来。

图 4-37 "定义名称"对话框

（6）把公式中应使用半角冒号而使用了全角冒号的地方改正过来。

（7）在公式中引用其他工作表或工作簿的名称时用单引号括起来。

4.3.3 函数

所谓函数，就是预定义的内置公式。函数具有一定的功能，但不能像程序那样输出多个数值，而是每次只能输出单一数值。函数是按照特定的顺序进行运算的，这个特定的运算就是语法。函数的语法是以函数的名称开始的，在函数名之后的是左圆括号，右圆括号代表着该函数的结束，在两个括号之间是函数的参数。

为便于计算、统计、汇总和数据处理，Excel 提供了大量的函数。

函数语法为：

函数名(参数 1,参数 2,参数 3,⋯)

利用键盘输入函数时首先输入函数的名称，然后是左括号，接着在括号里输入函数的参数，参数之后是右括号。在单元格中输入函数的具体步骤如下。

（1）选择一个单元格。

（2）在单元格中输入"＝SUM(A1＋A2)"。

在这个函数中单元格 A1 和单元格 A2 是函数 SUM 的参数。

如果记不住函数量名称或参数，也可通过函数向导来实现输入函数的目的，具体操作步骤如下。

（1）单击要输入函数值的单元格。

（2）打开"公式"选项卡，选择"函数库"功能区组下的"插入函数"命令，编辑栏中出现"＝"，并打开"插入函数"对话框，如图 4-38 所示。

（3）从"选择函数"列表框中选择所需函数。在列表框下将显示该函数的使用格式和功能说明。

（4）单击"确定"按钮。打开"函数参数"对话框。

（5）输入函数的参数。

（6）单击"确定"按钮。

在 Excel 中将函数分为数学与三角函数、文本函数、逻辑函数、数据库函数、统计函数、查找和引用函数、日期与时间函数、信息函数、财务函数几大类，下面详细介绍几个主要函数的用法。

173

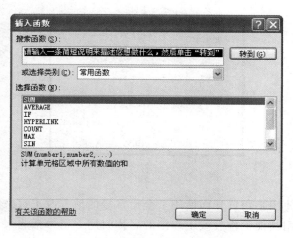

图 4-38 "插入函数"对话框

1. 求和函数 SUM

函数格式：SUM(number1,number2,…)

number1,number2,…是所要求和的参数。

功能：返回参数表中的参数总和。

说明：参数表中每个参数可以为常数值、单元格引用、区域引用或函数。若为单元格引用或区域引用即是对其中的数值进行求和。参数最多为 30 个。求和还可用"常用"工具栏中的"自动求和"按钮。

2. 求平均值函数 AVERAGE

函数格式：AVERAGE(number1,number2,…)

功能：返回所有参数的平均值。

3. 求最大值函数 MAX

函数格式：MAX(number1,number2,…)

功能：返回一组数值中的最大值。

4. 求最小值函数 MIN

函数格式：MIN(number1,number2,…)

功能：返回一组数值中的最小值。

5. 统计函数 COUNT

函数格式：COUNT(value1,value2,…)

功能：求各参数中数值参数和包含数值的单元格个数,参数的类型不限。

6. 条件统计函数 COUNTIF

函数格式：COUNTIF(range,criteria)

功能：计算某范围内符合条件的单元格的个数。

各参数功能如下：

range：为需要计算其中满足条件的单元格数目的单元格区域。

criteria：为确定哪些单元格将被计算在内的条件,其形式可以为数字、表达式、单元格引用或文本。例如,条件可以表示为 32、"32"、">32"、"apples" 或 B4。

7. 四舍五入函数 ROUND

函数格式：ROUND(number,num_digits)

功能：对数值项 number 进行四舍五入。若 num_digits＞0，保留 num_digits 位小数；若 num_digits＝0，保留整数；若 num digits＜0，从个位向左对第|num_digits|位进行舍入。

例如，"＝ROUND(24.468,2)"，则函数的结果是 24.47。

8. 取整函数 INT

函数格式：INT(number)

功能：取不大于数值 number 的最大整数。

例如，INT(12.46)＝12，INT(−12.46)＝−13。

9. 绝对值函数 ABS

函数格式：ABS(number)

功能：取 number 的绝对值。

例如，ABS(−11)＝11，ABS(11)＝11。

10. IF 函数

函数格式：IF(logical_test,value_if_true,value_if_false)

功能：判断一个条件是否满足，如果满足返回一个值，如果不满足则返回另一个值。

各参数功能如下。

logical_test：是用来进行判断的条件表达式，其判断的结果是真(true)或假(false)。

value_if_true：若 if 函数的第一个条件表达式的结果为真即 true 则返回此参数作为函数的输出结果。

value_if_false：若 if 函数的第一个条件表达式的结果为假即 false 则返回此参数作为函数的输出结果。

例如，在 E5 单元格中输入公式：＝IF(E5＞＝60,"及格","不及格")。当 E5 单元格的值大于等于 60 时，E5 单元格的内容为"及格"，否则为"不及格"。

11. RANK 函数

函数格式：RANK(number,ref,order)

功能：返回一个数字在数字列表中的排位。数字的排位是其大小与列表中其他值的比值(如果列表已排过序，则数字的排位就是它当前的位置)。

各参数功能如下。

number：为需要找到排位的数字。

ref：为数字列表数组或对数字列表的引用。Ref 中的非数值型参数将被忽略。

order：为一数字，指明排位的方式。如果 order 为 0(零)或省略，Microsoft Excel 对数字的排位是基于 ref 为按照降序排列的列表。如果 order 不为零，Microsoft Excel 对数字的排位是基于 ref 为按照升序排列的列表。

说明：

函数 RANK 对重复数的排位相同。但重复数的存在将影响后续数值的排位。例如，在一列按升序排列的整数中，如果整数 10 出现两次，其排位为 5，则 11 的排位为 7(没有排位为 6 的数值)。

12. FREQUENCY 函数

函数格式：FREQUENCY(data_array,bins_array)

功能：计算数值在某个区域内的出现频率，然后返回一个垂直数组。例如，使用函数FREQUENCY可以在分数区域内计算测验分数的个数。由于函数FREQUENCY返回一个数组，所以它必须以数组公式的形式输入。

各参数功能如下。

data_array：是一个数组或对一组数值的引用，要为它计算频率。如果data_array中不包含任何数值，函数FREQUENCY将返回一个零数组。

bins_array：是一个区间数组或对区间的引用，该区间用于对data_array中的数值进行分组。如果bins_array中不包含任何数值，函数FREQUENCY返回的值与data_array中的元素个数相等。

说明：

在选择了用于显示返回的分布结果的相邻单元格区域后，函数FREQUENCY应以数组公式的形式输入。返回的数组中的元素个数比bins_array中的元素个数多1个。多出来的元素表示最高区间之上的数值个数。例如，如果要为三个单元格中输入的三个数值区间计数，请务必在4个单元格中输入FREQUENCY函数获得计算结果。多出来的单元格将返回data_array中第三个区间值以上的数值个数。函数FREQUENCY将忽略空白单元格和文本。如果公式的返回结果为数组，该公式必须以数组公式的形式输入。

下面是一个Excel公式和函数应用的综合示例。

任务描述：针对如图4-39所示的学生成绩表，完成如下功能。

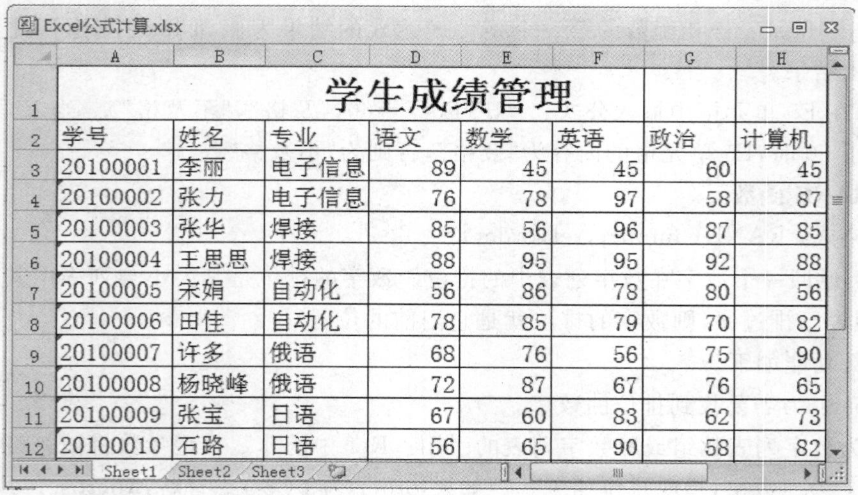

	A	B	C	D	E	F	G	H
1	学生成绩管理							
2	学号	姓名	专业	语文	数学	英语	政治	计算机
3	20100001	李丽	电子信息	89	45	45	60	45
4	20100002	张力	电子信息	76	78	97	58	87
5	20100003	张华	焊接	85	56	96	87	85
6	20100004	王思思	焊接	88	95	95	92	88
7	20100005	宋娟	自动化	56	86	78	80	56
8	20100006	田佳	自动化	78	85	79	70	82
9	20100007	许多	俄语	68	76	56	75	90
10	20100008	杨晓峰	俄语	72	87	67	76	65
11	20100009	张宝	日语	67	60	83	62	73
12	20100010	石路	日语	56	65	90	58	82

图4-39 “学生成绩管理”数据表

(1) 在表格的第一行输入表格的题目“学生成绩管理”，设置成“宋体”、“加黑”、“24号字”；

(2) 采用自动填充数的方法输入学号；

(3) 增加三列即总分、平均分及名次，利用Excel函数计算学生个人总分、平均分、排名等项目；

（4）利用条件格式将个人平均分不及格的记录设置成倾斜橙色；

（5）统计总人数、及格人数、及格率、最高分、最低分、各分数段分布等内容；

（6）设置表格的列标题底纹，表格外框加粗边框，内部加稍细边框；

（7）生成数据模板文件。

操作步骤如下。

1）数据输入

（1）单击"开始"|"所有程序"|Microsoft Office|Microsoft Office Excel 2010 菜单项，即可启动 Excel。

（2）在第一行输入"学生成绩管理"，用鼠标拖动的方式选中区域 A1:K1，然后打开"开始"选项卡，选择"数字"功能区组中的"设置单元格格式"图标，打开"设置单元格格式"对话框，打开"对齐"选项卡，选中"合并单元格"复选框，单击"确定"按钮，最后将文字居中即可。

（3）在 A2:K2 中分别输入"学号"、"姓名"、"专业"、"语文"、"数学"、"英语"、"计算机"、"总分"、"平均分"和"名次"。

（4）在 A3 单元格中输入"20100001"并按 Enter 键，然后向下拖动 A3 单元格右下角的填充柄，即可输入所有的学号。

（5）将表格的其他单元格数据输入完毕。

2）总分及平均分计算

单击总分下的 I3 单元格，在编辑栏中输入"=SUM(D3:H3)"，按 Enter 键计算第一个学生的总分。然后将光标移动到 I3 单元格的右下角，到变成细十字填充柄时，按住鼠标左键向下拖拉至最后一名学生，以后只要输入学生各科成绩，每位学生的总分即自动求出。平均分的计算和总分的计算基本一样，即在平均分下方的 J3 单元格中输入"=AVERAGE(D3:H3)"，其他的步骤与上面计算总分是一样的。

3）名次

总分位于 I 列，名次位于 K 列，在第一名学生的名次单元格中输入"=RANK(I3,$I$3:$I$12)"，该公式的目的是排出 I3 单元格的数据从 I3 到 I12 所有数据中的位次（假设该班共 10 名学生，学生的姓名、成绩等数据从第 3 行排到第 12 行）。然后向下拖动鼠标，利用自动填充的功能，就可以将每个学生的名次填入到相应单元格中。

注意：RANK 公式中范围中使用的绝对引用。这样只要将学生各科成绩输入到对应的单元格中后，RANK 函数即自动求出该学生的名次，同分数的名次则自动排为相同的名次，下一个名次数值自动空出。

经过上面三步操作后的计算结果如图 4-40 所示。

4）计算参考人数、及格人数、及格率、各科总分、各科平均分、最高分及最低分

（1）将 A13:C13 单元格合并，并输入"参考人数"，A14:C14 单元格合并，并输入"及格人数"，以此类推依次输入"及格率"、"总分"、"平均分"、"最高分"和"最低分"。

（2）以"语文"这科为例，在"参考人数"后 D13 单元格中输入公式"=COUNT(D3:D12)"，在"及格人数"后 D14 单元格中输入"=COUNTIF(D3:D12,">=60")"，在"及格率"后 D15 单元格中输入"=COUNTIF(D3:D12,">=60")/COUNT(D3:D12)"，"总分"后 D16 单元格中输入"=SUM(D3:D12)"，"平均分"后 D17 单元格中输入"=AVERAGE

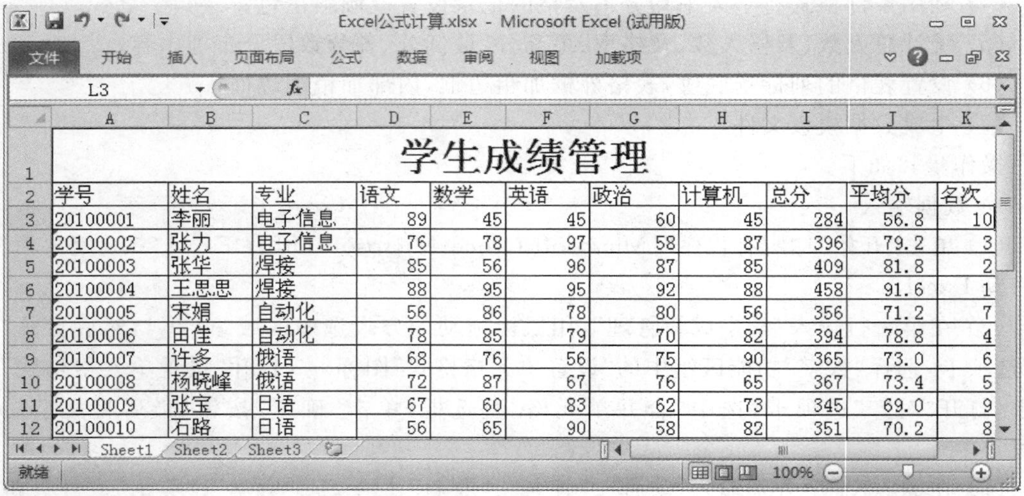

学生成绩管理

学号	姓名	专业	语文	数学	英语	政治	计算机	总分	平均分	名次
20100001	李丽	电子信息	89	45	45	60	45	284	56.8	10
20100002	张力	电子信息	76	78	97	58	87	396	79.2	3
20100003	张华	焊接	85	56	96	87	85	409	81.8	2
20100004	王思思	焊接	88	95	95	92	88	458	91.6	1
20100005	宋娟	自动化	56	86	78	80	56	356	71.2	7
20100006	田佳	自动化	78	85	79	70	82	394	78.8	4
20100007	许多	俄语	68	76	56	75	90	365	73.0	6
20100008	杨晓峰	俄语	72	87	67	76	65	367	73.4	5
20100009	张宝	日语	67	60	83	62	73	345	69.0	9
20100010	石路	日语	56	65	90	58	82	351	70.2	8

图 4-40　总分、平均分、名次计算结果

(D3:D12)”,“最高分”后 D18 单元格中输入“=MAX(D3:D12)”,“最低分”后 D19 单元格中输入“=MIN(D3:D12)”。以上公式输入后可利用自动填充功能填充其他各科的公式,操作结果见图 4-41。

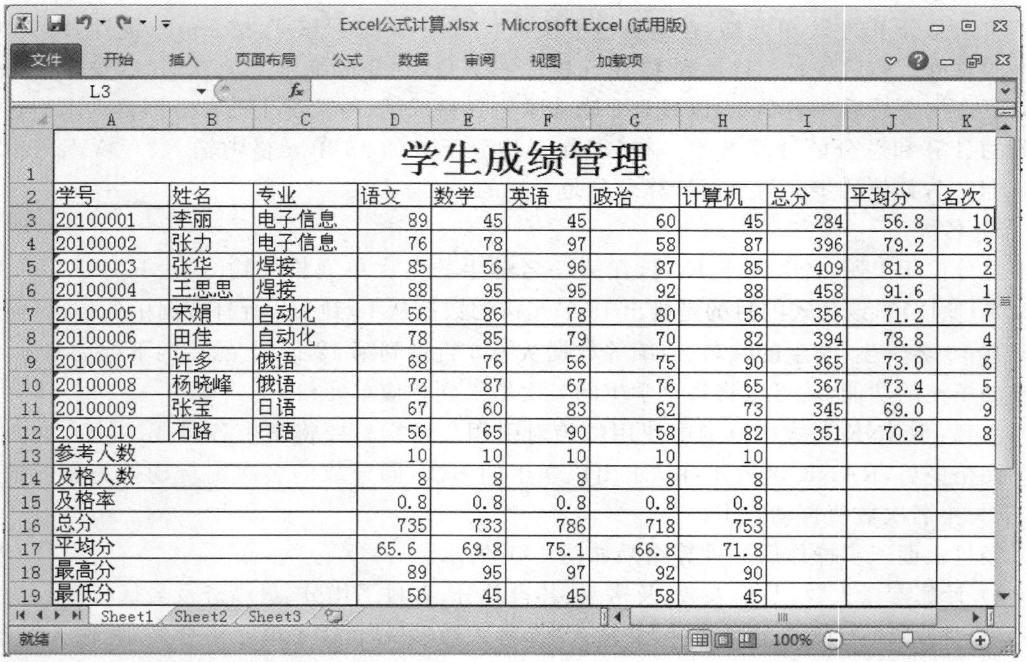

学生成绩管理

学号	姓名	专业	语文	数学	英语	政治	计算机	总分	平均分	名次
20100001	李丽	电子信息	89	45	45	60	45	284	56.8	10
20100002	张力	电子信息	76	78	97	58	87	396	79.2	3
20100003	张华	焊接	85	56	96	87	85	409	81.8	2
20100004	王思思	焊接	88	95	95	92	88	458	91.6	1
20100005	宋娟	自动化	56	86	78	80	56	356	71.2	7
20100006	田佳	自动化	78	85	79	70	82	394	78.8	4
20100007	许多	俄语	68	76	56	75	90	365	73.0	6
20100008	杨晓峰	俄语	72	87	67	76	65	367	73.4	5
20100009	张宝	日语	67	60	83	62	73	345	69.0	9
20100010	石路	日语	56	65	90	58	82	351	70.2	8
参考人数			10	10	10	10	10			
及格人数			8	8	8	8	8			
及格率			0.8	0.8	0.8	0.8	0.8			
总分			735	733	786	718	753			
平均分			65.6	69.8	75.1	66.8	71.8			
最高分			89	95	97	92	90			
最低分			56	45	45	58	45			

图 4-41　参考人数、及格人数、及格率等统计结果

5) 每科各分数段人数

可用 FREQUENCY 函数来实现。在(A20:A26)区域输入 40、49、59、69、79、89、99(即统计出 40 分以下至 100 分范围内组距为 10 的各分数段人数),同时选中 D20:D27 单元格

区域,输入公式:"=FREQUENCY(D3:D12,$A$20:$A$27)",按 Shift+Ctrl+Enter 组合键进行确认,即可求出 D20:D27 区域中,按 A20:A26 区域进行分隔的各段数值的出现频率数目,其他单元格可用自动填充功能实现。

6) 个人平均分不及格记录设置

选中个人平均分即 J3:J12 区域,打开"开始"选项卡,选择"样式"功能区选项下的"条件格式"命令,在弹出的级联菜单中"突出显示单元格规则"下选择"介于",弹出"介于"对话框,在"为介于以下值之间的单元格设置"中填入"0"与"59","设置为"下拉菜单中将单元格数值设置为自己喜欢的格式:如数值颜色为橙色、字形为倾斜等。

7) 表格外观排版

用鼠标拖动的方法选中 A1:K27 区域,打开"开始"选项卡,选择"数字"功能区组下的"设置单元格格式"图标,打开"边框"选项卡,将外边框设成粗实线,内边框设成稍细实线。再选定表格的第二行即列标题行,单击"填充"选项,选择底纹为浅灰色,图案为 25%灰色即可。

8) 保存为模板文件

打开"页面布局"选项卡,选择"工作表选项"功能区组下的图标,弹出"页面设置"对话框,打开"页眉/页脚"选项卡,设置页眉、页脚。打开"工作表"选项卡设置工作表的"打印标题"、"打印"、"打印顺序"等,该任务最后完成的操作结果如图 4-42 所示。

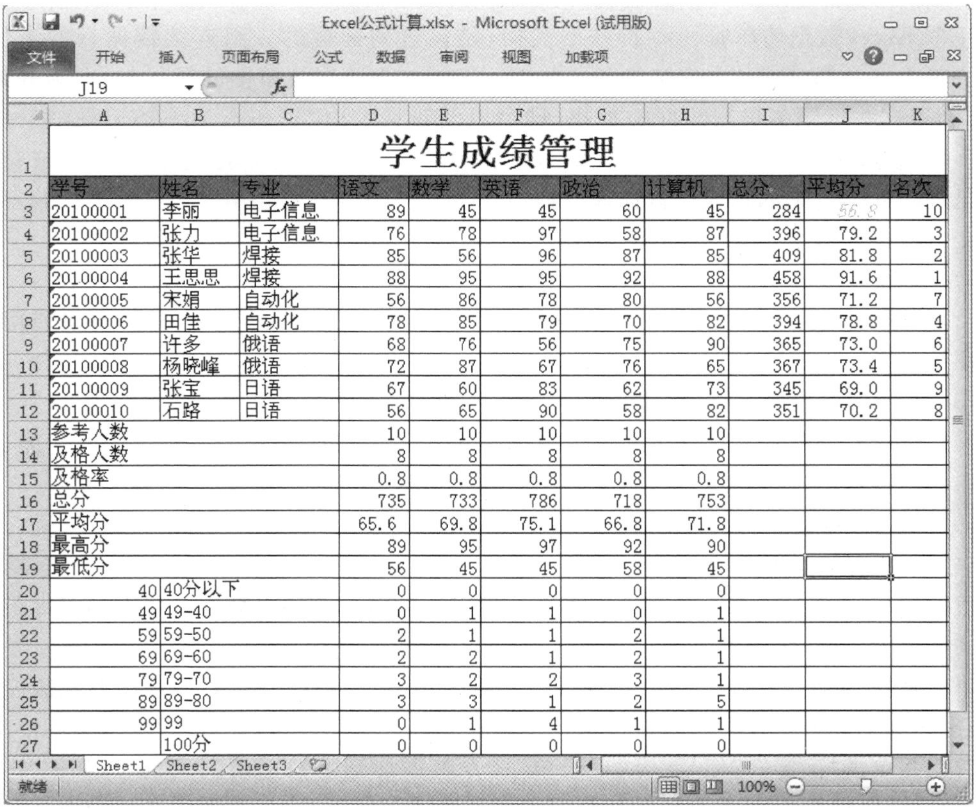

	A	B	C	D	E	F	G	H	I	J	K
1	学生成绩管理										
2	学号	姓名	专业	语文	数学	英语	政治	计算机	总分	平均分	名次
3	20100001	李丽	电子信息	89	45	45	60	45	284	56.8	10
4	20100002	张力	电子信息	76	78	97	58	87	396	79.2	3
5	20100003	张华	焊接	85	56	96	87	85	409	81.8	2
6	20100004	王思思	焊接	88	95	95	92	88	458	91.6	1
7	20100005	宋娟	自动化	56	86	78	80	56	356	71.2	7
8	20100006	田佳	自动化	78	85	79	70	82	394	78.8	4
9	20100007	许多	俄语	68	76	56	75	90	365	73.0	6
10	20100008	杨晓峰	俄语	72	87	67	76	65	367	73.4	5
11	20100009	张宝	日语	67	60	83	62	73	345	69.0	9
12	20100010	石路	日语	56	65	90	58	82	351	70.2	8
13	参考人数			10	10	10	10	10			
14	及格人数			8	8	8	8	8			
15	及格率			0.8	0.8	0.8	0.8	0.8			
16	总分			735	733	786	718	753			
17	平均分			65.6	69.8	75.1	66.8	71.8			
18	最高分			89	95	97	92	90			
19	最低分			56	45	45	58	45			
20	40	40分以下		0	0	0	0	0			
21	49	49-40		0	1	1	0	1			
22	59	59-50		2	1	1	2	1			
23	69	69-60		2	2	1	2	1			
24	79	79-70		3	2	2	3	1			
25	89	89-80		3	3	1	2	5			
26	99	99		0	1	4	1	1			
27		100分		0	0	0	0	0			

图 4-42 "学生成绩管理"工作表最后操作结果

4.4　数　据　管　理

本节学习要点：

◇　数据清单的概念及创建。

◇　数据排序。

◇　数据的分类汇总。

◇　数据筛选。

◇　数据透视表。

本节训练要点：

◇　数据的简单排序和复杂排序操作。

◇　分类汇总操作。

◇　自动数据筛选和高级数据筛选操作。

◇　制作数据透视表。

Excel 电子表格不仅具有简单数据计算处理的能力，还具有数据库管理的一些功能，它可对数据进行排序、筛选、汇总等操作。

4.4.1　数据清单

一个 Excel 数据清单是一种特殊的表格，是包含列标题的一组连续数据行的工作表。数据清单由两个部分构成：表结构和纯数据。表结构是数据清单中的第一行，即为列标题，Excel 利用这些标题名进行数据的查找、排序以及筛选，其他每一行为一条记录，每一列为一个字段；纯数据是数据清单中的数据部分，是 Excel 实施管理功能的对象，不允许有非法数据出现。数据清单的构成与数据库类似。

在 Excel 中创建数据清单的原则如下。

（1）在同一个数据清单中列标题必须是唯一的。

（2）列标题与纯数据之间不能用空行分开，如果要将数据在外观上分开，可以使用单元格边框线。

（3）同一列数据的类型应相同。

（4）在一个工作表上避免建立多个数据清单。因为在数据清单的某些处理功能，每次只能在一个数据清单中使用。

（5）在纯数据区不允许出现空行。

（6）数据清单与无关的数据之间至少留出一个空白行和一个空白列。

数据清单可像一般工作表一样直接进行建立和编辑。在编辑数据清单时还可以记录为单位进行编辑，操作步骤如下。

（1）单击"文件"选项卡下的"选项"命令，在弹出的"Excel 选项"对话框中的左侧窗口选择"快速访问工具栏"，在右侧窗口中选择"不在功能区的命令"，选择"记录单"，然后单击"添加"按钮，并单击"确定"按钮，此时"记录单"命令就添加到了快速访问工具栏，如图 4-43 所示，此种方法可以把不在功能区的命令都添加到快速访问工具栏，方便用户的操作。

（2）单击数据清单中的任意单元格。

图 4-43　添加"记录单"到快速访问工具栏

（3）单击"快速访问工具栏"，选择"记录单"命令，打开记录编辑的对话框，如图 4-44 所示，进行记录编辑。

图 4-44　记录编辑

① 单击"新建"按钮，可添加一条记录。

② 单击"删除"按钮，可删除当前的记录。

（4）单击"关闭"按钮。

4.4.2　数据排序

Excel 电子表格可以根据一列或多列的数据按升序或降序对数据清单进行排序。对英文字母,按字母次序(默认不区分大小写)排序,汉字可按拼音或笔画排序。

1. 简单排序

简单排序是指对单一字段按升序或降序排列,可利用工具栏中的按钮,或单击"数据"菜单,选择"排序"命令,进行排序。排序分为升序和降序排序两种。

(1)降序排列:以某个字段的数据为标准按照从大到小的顺序进行排列。

(2)升序排列:以某个字段的数据为标准按照从小到大的顺序进行排列。

为了更好地理解排序功能,在进行排序之前要介绍一下排序的标准。除了数字可以按照大小顺序进行排序外,可以进行排序操作的还有文本、日期、逻辑值等,它们的排序标准见表4-2。

表4-2 排序标准

数 据 类 型	排序标准(升序)
数字	从机器所能表示的最大负数到最大正数
文本	0~9 空格!"#$%()+|:;<>?@[\]^—{}A~Z,a~z
日期及时间	按照日期及时间的先后
空值	不论升序还是降序,空值单元格都排在最后

假设要对学生的英语成绩进行排列,简单排序的具体步骤如下。

(1)在"英语"所在的列中任意选择一个单元格。

(2)打开"数据"选项卡,单击"排序和筛选"功能区组中的"升序排列"按钮 。

按英语成绩升序排列后结果见图4-45。如果打开"数据"选项卡,单击"排序和筛选"功能区组中的"降序排列"按钮 ,则可以对单元格所在的列进行降序排列。

	A	B	C	D	E	F	G	H
1		学生成绩管理						
2	学号	姓名	专业	语文	数学	英语	政治	计算机
3	2010000	许多	体育	90	65	38	75	68
4	2010000	张燕	日语	78	60	58	80	80
5	2010000	李渊	药学	89	80	60	58	82
6	2010000	赵阳阳	药学	70	92	60	70	90
7	2010000	张梅子	英语	80	65	68	60	97
8	2010001	石路	药学	55	50	68	58	100
9	2010000	王淼	日语	58	45	75	92	65
10	2010000	杨晓凤	英语	88	78	78	76	50
11	2010000	李小鹏	俄语	65	85	85	87	78
12	2010000	张宝	体育	40	36	90	62	66

图4-45 按英语成绩进行升序排列结果

2. 复杂数据排序

当排序的字段(主要关键字)有多个相同的值时,可根据另外一个字段(次要关键字)的内容再排序,以此类推,可使用最多三个字段进行复杂排序。利用"数据"选项卡,单击"排序和筛选"功能区组中的"排序"按钮 ,可实现复杂排序。

例如,对学生成绩按"专业"为主要关键字升序排序,对同一"专业"按"总分"降序排序。

操作步骤：

（1）选择"数据"选项卡，单击"排序和筛选"功能区组中的"排序"按钮。

（2）在"排序"对话框中，"主要关键字"区域的下拉列表框中选择"专业"，排序依据选择"数值"，并选择"升序"；单击"添加条件"按钮，添加次要关键字，"次要关键字"区域的下拉列表框中选择"总分"，排序依据选择"数值"，并选择"降序"，如图 4-46 所示。单击"确定"按钮，得到排序结果，见图 4-47。

图 4-46 "排序"对话框

				学生成绩管理					
	学号	姓名	专业	语文	数学	英语	政治	计算机	总分
	20100003	李小鹏	俄语	65	85	85	87	78	400
	20100005	张燕	日语	78	60	58	80	80	356
	20100004	王淼	日语	58	45	75	92	65	335
	20100007	许多	体育	90	65	38	75	68	336
	20100009	张宝	体育	40	36	90	62	66	294
	20100006	赵阳阳	药学	70	92	60	70	90	382
	20100002	李渊	药学	89	80	60	58	82	369
	20100010	石路	药学	55	50	68	58	100	331
	20100001	张梅子	英语	80	65	68	60	97	370
	20100008	杨晓凤	英语	88	78	78	76	50	370

图 4-47 复杂排序结果

4.4.3 分类汇总

分类汇总就是对数据清单按某字段进行分类，将字段值相同的连续记录作为一类，进行求和、平均、计数等汇总运算。针对同一个分类字段，可进行多种汇总。

要注意的是在分类汇总前，首先必须对要分类的字段进行排序，否则分类无意义；其次，在分类汇总时要区分清楚对哪个字段分类、对哪些字段汇总、汇总的方式，这在分类汇总对话框中要逐一设置。

1. 简单汇总

例如，求各专业学生的各门课程的平均成绩。即对"专业"分类，对各门课程进行汇总，汇总的方式是求平均值。

操作步骤如下。

(1) 按照前面所讲的方法先对"专业"字段进行排序操作。

(2) 单击数据清单中的任意单元格。

(3) 打开"数据"选项卡,选择"分级显示"功能区组下的"分类汇总"命令,打开"分类汇总"对话框,如图 4-48 所示。

(4) 在"分类字段"下拉列表框中选择"专业"选项。

(5) 在"汇总方式"下拉列表框中选择"平均值"选项。

(6) 在"选定汇总项"列表框中选中"语文"、"数学"、"英语"、"政治"和"计算机"复选框,如图 4-48 所示。

图 4-48 "分类汇总"对话框

(7) 单击"确定"按钮,分类汇总结果如图 4-49 所示。

			学生成绩管理						
	学号	姓名	专业	语文	数学	英语	政治	计算机	总分
3	20100003	李小鹏	俄语	65	85	85	87	78	400
4			俄语 平均值	65	85	85	87	78	
5	20100005	张燕	日语	78	60	58	80	80	356
6	20100004	王淼	日语	58	45	75	92	65	335
7			日语 平均值	68	52.5	66.5	86	72.5	
8	20100007	许多	体育	90	65	38	75	68	336
9	20100009	张宝	体育	40	36	90	62	66	294
10			体育 平均值	65	50.5	64	68.5	67	
11	20100006	赵阳阳	药学	70	92	60	70	90	382
12	20100002	李渊	药学	89	80	60	58	82	369
13	20100010	石路	药学	55	50	68	58	100	331
14			药学 平均值	71.333	74	62.667	62	90.667	
15	20100001	张梅子	英语	80	65	68	60	97	370
16	20100008	杨晓凤	英语	88	78	78	76	50	370
17			英语 平均值	84	71.5	73	68	73.5	
18			总计平均值	71.3	65.6	68	71.8	77.6	

图 4-49 分类汇总结果

2. 嵌套汇总

对同一字段进行多种方式的汇总，则称为嵌套汇总。

如上例在求各专业学生的各门课程的平均成绩基础上再统计各专业的人数，则可分两次进行分类汇总，本例先求平均分，操作方法如上例。在上例操作的基础上，再统计人数，这时取消"分类汇总"对话框内对"替换当前分类汇总"复选框的选取，其他的设置与上例基本一样，对话框设置如图 4-50 所示，嵌套分类汇总结果见图 4-51。

图 4-50　嵌套汇总

1 2 3 4		A	B	C	D	E	F	G	H
	2	学号	姓名	专业	语文	数学	英语	政治	计算机
	3	20100003	李小鹏	俄语	65	85	85	87	78
	4		俄语 计数	1					
	5			俄语 平均值	65	85	85	87	78
	6	20100004	王淼	日语	58	45	75	92	65
	7	20100005	张燕	日语	78	60	58	80	80
	8		日语 计数	2					
	9			日语 平均值	68	52.5	66.5	86	72.5
	10	20100007	许多	体育	90	65	38	75	68
	11	20100009	张宝	体育	40	36	90	62	66
	12		体育 计数	2					
	13			体育 平均值	65	50.5	64	68.5	67
	14	20100002	李渊	药学	89	80	60	58	82
	15	20100006	赵阳阳	药学	70	92	60	70	90
	16	20100010	石路	药学	55	50	68	58	100
	17		药学 计数	3					
	18			药学 平均值	71.333	74	62.667	62	90.667
	19	20100001	张梅子	英语	80	65	68	60	97
	20	20100008	杨晓凤	英语	88	78	78	76	50
	21		英语 计数	2					
	22			英语 平均值	84	71.5	73	68	73.5
	23		总计数	14					
	24			总计平均值	71.3	65.6	68	71.8	77.6

图 4-51　按专业进行嵌套分类汇总的结果

若要取消分类汇总，单击"分类汇总"命令，在对话框中单击"全部删除"按钮。

4.4.4 数据筛选

数据筛选只显示数据清单中满足条件的数据,不满足条件的数据暂时隐藏起来(但没有被删除)。当筛选条件被删除时,隐藏的数据便又恢复显示。

筛选有两种方式:自动筛选和高级筛选。自动筛选对单个字段建立筛选,多字段之间的筛选是逻辑与的关系,操作简便,能满足大部分要求;高级筛选对复杂条件建立筛选,要建立条件区域。

1. 自动筛选

打开"数据"选项卡,选择"排序和筛选"功能区组中的"筛选"命令。单击列标题中的箭头 ▼ ,显示出"筛选"列表,如图 4-52 所示,单击列表中的"文本筛选"(或"数字筛选")命令,在级联菜单中选择"等于"、"不等于"、"开头是"、"结尾是"、"包含"、"不包含"、"自定义筛选"等选项。例如,从学生成绩表中要筛选出总分高于 360 分,并且计算机分高于 90 分的英语专业的学生。

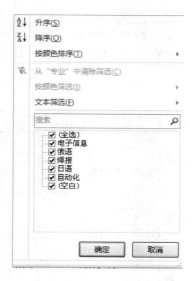

图 4-52 "筛选"列表

操作步骤:

(1) 打开"自定义"筛选条件对话框:这里通过对两个字段的筛选,前两个字段"总分"、"计算机"因为分数在一定范围内,必须通过"自定义筛选"(见图 4-53)设置筛选的条件。打开"数据"选项卡,选择"排序和筛选"功能区组下的"筛选"命令,在级联菜单中选择"数字筛选"命令,再单击级联菜单中的"自定义筛选"命令打开"自定义自动筛选方式"对话框,如图 4-54 所示。

(2) 在"自定义自动筛选方式"对话框中,输入"总分"的筛选条件(大于 360),单击"确定"按钮,"计算机"的筛选与其方法相同。

(3) 直接在"专业"字段栏中选择"英语"即可,筛选结果如图 4-55 所示。

如果想取消自动筛选功能,可打开"数据"选项卡,选择"排序和筛选"功能区组中的"筛选"命令,在出现的级联菜单下单击"从中清除筛选"命令,则数据恢复显示,但筛选箭头并不

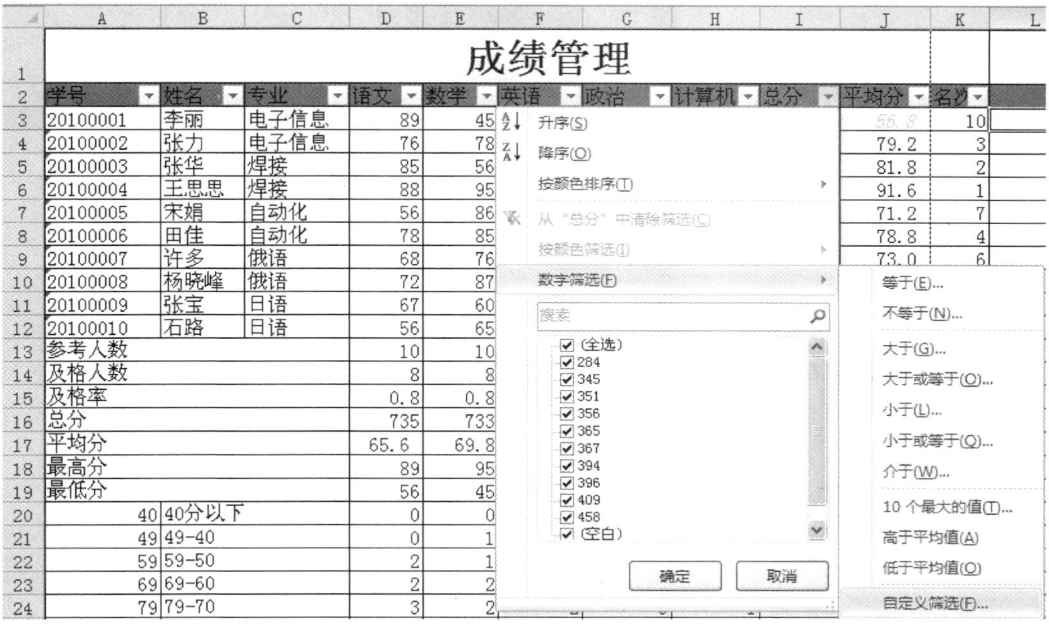

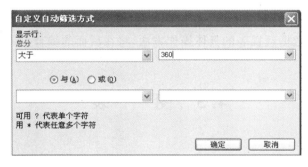

图 4-53　"自定义筛选"条件

图 4-54　"自定义自动筛选方式"对话框

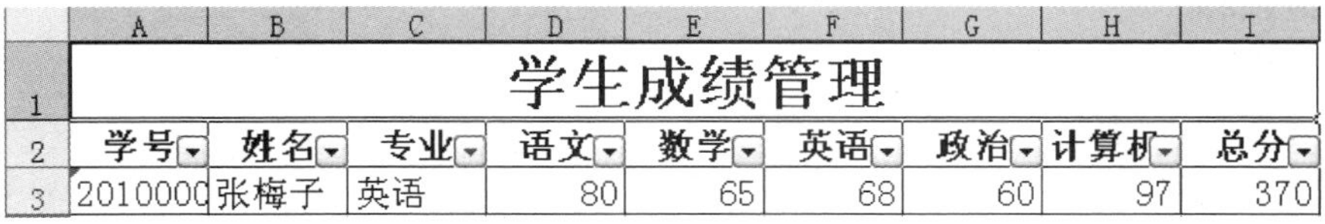

		学生成绩管理						
学号	姓名	专业	语文	数学	英语	政治	计算机	总分
2010000	张梅子	英语	80	65	68	60	97	370

图 4-55　筛选结果

消失。而单击"数据"选项卡下的"排序和筛选"功能区中的"筛选"命令,则所有列标题旁的筛选箭头消失,所有数据恢复显示。

2．高级筛选

利用"自动筛选"对各字段的筛选是逻辑与的关系,即同时满足各个条件。若实现逻辑或的关系,则必须借助于高级筛选。"高级筛选"对话框如图 4-56 所示。

高级筛选的条件不是在对话框中设置的,而是在工作表的某个区域中给定的,因此在使

图 4-56　"高级筛选"对话框

用高级筛选之前需要建立一个条件区域。一个条件区域通常包含两行,至少有两个单元格。第一行中的单元格用来指定字段名称,第二行中的单元格用来设置对于该字段的筛选条件。同一行上的条件关系为逻辑与,不同行之间为逻辑或。筛选的结果可以在原数据清单位置显示,也可以在数据清单以外的位置显示。

4.4.5　数据透视表

前面介绍的分类汇总适合于对一个字段进行分类,对一个或多个字段进行汇总。如果用户要求按多个字段进行分类并汇总,则用分类汇总就有困难了。Excel 提供了"数据透视表"来解决此类问题。

例如,要统计各系男女生的人数,则既要按"专业"分类,又要按"性别"分类,这时可利用数据透视表来解决。数据透视表的具体操作方法,将在后面的综合例题中进行讲解,在此不再叙述。

4.5　图　　表

本节学习要点:

◇　图表基本概念及图表类型。

◇　创建图表。

◇　图表操作。

本节训练要点:

◇　创建各种不同的图表。

◇　编辑修改图表。

图表是工作表数据的图形表示,可以帮助用户分析和比较数据之间的差异。图表与工作表数据相链接,工作表数据改变时,图表也随之更新反映出数据变化。下面参照图 4-57 先介绍关于图表中的常用术语。

(1) 图表区域:整个图表以及图表中的数据被称为图表区域。

(2) 图例:用于标识图表中数据系列或分类指定的图案或颜色。

(3) 绘图区:在二维图中,以坐标轴为界并包含所有数据系列的区域。在三维图表中,此区域以坐标轴为界并包含数据系列、分类名称、刻度线标签和坐标轴标题。

(4) 数据标志:图表中的条形、面积、圆点、扇形或其他符号,代表源于数据表单元格的

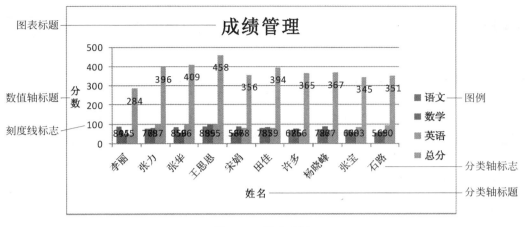

图 4-57　图表术语

单个数据点或值。图表中的相关数据标志构成了数据系列。

（5）三维背景墙和基底：包围在许多三维图表周围的区域，用于显示图表的纬度和边界。绘图区域中有两个背景墙和一个基底。

（6）数据系列：在图表中绘制的相关数据点，这些数据源自数据表的行和列。图表中的每个数据系列具有唯一的颜色或图案并且在图表的图例中表示。可以在图表中绘制一个或多个数据系列，饼图只有一个数据系列。

（7）图例项标示：图例项标示位于图例项的左边。设置图例项标示的格式也将设置与其他关联的数据标志的格式。

（8）图表标题：图表标题是说明性的文本，可以自动与坐标轴对齐或在图表顶部居中。

（9）数据标签：为数据标志提供附加信息的标签，数据标签代表源于数据表单元格的单个数据点或值。

（10）刻度线和刻度线标签：刻度线是类似于直尺分隔线的短度量线，与坐标轴相交。刻度线标签用于表示图表上的分类、值或系列。

在 Excel 中内置了 14 种图表类型，每种图表类型里又都包含着若干种不同的子类型。用户在创建图表时，可以根据自己的需要来选择一种恰当的图表类型。为了更好地了解各种图表类型，在表 4-3 里分别简述了各种图表的用途。

表 4-3　图表类型

图表类型	用　　途
柱形图	用于显示一段时间内数据的变化或各项之间的比较关系
条形图	用于描述各项之间的差异变化或者显示各个项与整体之间的关系
折线图	显示图表中的数据变化
XY 散点图	用于比较不同的数据系列之间数据的关联性
面积图	显示了局部随时间的幅值变化关系
圆环图	显示了局部占有整体的百分比，能充分显示百分比的变化
雷达图	用于多个数据系列之间的总和值的比较，各个分类沿各自的数值坐标轴相对于中点呈辐射状分布，同一序列的数值之间用折线相连

续表

图表类型	用　　途
曲面图	用于确定两组数据之间的最佳逼近
气泡图	一种特殊类型的 XY 散点图
股价图	用于分析股票价格走势
圆锥图	属于"三维效果图",用柱形圆锥反映数据的变化
圆柱图	属于"三维效果图",用柱形圆柱反映数据的变化
棱锥图	属于"三维效果图",用柱形棱锥反映数据的变化

4.5.1 图表的创建

Excel 提供了自动生成统计图表的工具。在标准类型和自定义类型中有多种二维图表和三维图表,而每种图表类型具有多种不同的变化(子图表类型)。创建图表时可根据数据的具体情况选择图表类型,具体创建图表的步骤将在下面的综合例题中进行详细讲解,在此不再叙述。

4.5.2 图表的编辑

当图表被激活时,显示"图表工具"选项卡,选项卡中包含"类型"、"数据"、"图表布局"、"图表样式"、"位置"等多个功能区组,如图 4-58 所示。"图表工具"工具栏对图的修改提供了很多方便。

图 4-58 "图表工具"栏

1. 更改图表的类型及图表的布局

1)更改图表的类型

(1)选中要更改的图表。

(2)单击鼠标右键,弹出快捷菜单,选择"更改图表类型"命令。

(3)在弹出的"更改图表类型"对话框中选择所需要的图标类型。

(4)单击"确定"按钮。

2)更改图表的布局方式

(1)选中要更改的图表。

(2)打开"图表工具"选项卡,选择"设计"选项卡中的"图表布局",选择自己需要的布局类型。

2. 更改图表的数据区域

(1)选中要更改的图表。

(2)单击鼠标右键,弹出快捷菜单,选择"选择数据"命令。

（3）在弹出的"选择数据源"对话框（如图 4-59 所示）中可以选择"图表数据区"、"图例项"、"水平（分类）轴标签"。

图 4-59 "选择数据源"对话框

（4）单击"确定"按钮。

4.5.3 图表的格式化

1. 图表的文字格式化

图表标题、轴坐标标题、图例文字等，都可以按下面的类似步骤处理。

（1）单击图表区。

（2）单击要定义的文字对象，使标题周围出现带小方柄的外框。

（3）在单个对象上单击鼠标右键，打开快捷菜单，选择"字体"命令，可以设置文字的字体大小、样式、字符间距等，或者选择"设置图表标题格式"，可以设置文字的填充、边框、阴影等。

（4）单击"确定"按钮。

除此之外，在 Excel 2010 中还提供文字的艺术字样式的设置，在"图表工具"中"格式"选项卡下的"艺术字样式"中提供了多种样式，包括"文本填充"、"文本轮廓"、"文字效果"。

2. 设置图表区域格式

（1）选中要更改的图表。

（2）单击鼠标右键，弹出快捷菜单，选择"设置图表区域格式"命令。

（3）弹出的"设置图表区域格式"对话框见图 4-60，在其中进行"填充"、"边框颜色"、"边框样式"、"阴影"、"三维格式"、"大小"、"属性"等项的设置。或者单击"图表工具"中"格式"选项卡下的"形状样式"图标，也可以打开"设置图表区域格式"对话框。

（4）单击"关闭"按钮。

下面是一个集 Excel 汇总、筛选、数据透视表及数据图表应用于一体的综合例题。

任务描述：针对如图 4-61 所示的"进口电器 2010 年销售统计表"，完成如下功能。

（1）按季度汇总计算各种商品销售额及销售利润。

（2）查找一季度总销售额超过 50 000，而且销售利润超过 10 000 的记录。

（3）作一个数据透视表，统计各季度、各部门商品销售汇总表。

图 4-60 "设置图表区格式"对话框

	A	B	C	D	E	F	G
1	进口电器2010年销售统计表						
2	季度	部门	电视机	电冰箱	洗衣机	销售额	销售利润
3	二季度	部门1	100000	25000	400100	525100	52510
4	二季度	部门2	65000	56000	18000	139000	13900
5	二季度	部门2	125000	56000	35800	216800	21680
6	二季度	部门3	850000	95800	125000	1070800	107080
7	三季度	部门1	380000	365820	475000	1220820	122082
8	三季度	部门2	50000	100000	78000	228000	22800
9	三季度	部门3	45000	56800	250000	351800	35180
10	四季度	部门1	226000	462400	769000	1457400	145740
11	四季度	部门2	532000	650000	965000	2147000	214700
12	四季度	部门3	762500	178000	1135000	2075500	207550
13	一季度	部门2	120000	158000	550000	828000	82800
14	一季度	部门1	65000	468000	165800	698800	69880
15	一季度	部门2	15000	45800	12500	73300	7330
16	一季度	部门3	90000	36800	150000	276800	27680

图 4-61 进口电器 2010 销售统计表

(4)作一个柱形图表,用于显示四季度各部门销售情况。

操作步骤如下。

1)按季度汇总计算各种商品销售额及销售利润

(1)汇总之前先排序:打开"数据"选项卡,单击"排序和筛选"工作区组下的"升序排序"图标 $\frac{A}{Z}\downarrow$,按"季度"升序排列即可。

(2)打开"数据"选项卡,选择"分级显示"工作区组下的"分类汇总",打开"分类汇总"对话框,在"分类字段"中选择"季度",在"汇总方式"中选择"求和",在"选定汇总项"中将"电视机"、"电冰箱"、"洗衣机"、"销售额"及"销售利润"复选框选中,最后,单击"确定"按钮。

操作结果如图 4-62 所示。

	A	B	C	D	E	F	G
1	进口电器2010年季度汇总统计表						
2	季度	部门	电视机	电冰箱	洗衣机	销售额	销售利润
3	二季度	部门1	100000	25000	400100	525100	52510
4	二季度	部门2	65000	56000	18000	139000	13900
5	二季度	部门2	125000	56000	35800	216800	21680
6	二季度	部门3	850000	95800	125000	1070800	107080
7	二季度 汇总		1140000	232800	578900	1951700	195170
8	三季度	部门1	380000	365820	475000	1220820	122082
9	三季度	部门2	50000	100000	78000	228000	22800
10	三季度	部门3	45000	56800	250000	351800	35180
11	三季度 汇总		475000	522620	803000	1800620	180062
12	四季度	部门1	226000	462400	769000	1457400	145740
13	四季度	部门2	532000	650000	965000	2147000	214700
14	四季度	部门3	762500	178000	1135000	2075500	207550
15	四季度 汇总		1520500	1290400	2869000	5679900	567990
16	一季度	部门1	120000	158000	550000	828000	82800
17	一季度	部门2	65000	468000	165800	698800	69880
18	一季度	部门2	15000	45800	12500	73300	7330
19	一季度	部门3	90000	36800	150000	276800	27680
20	一季度 汇总		290000	708600	878300	1876900	187690
21	总计		3425500	2754420	5129200	11309120	1130912
22							
23							
24							

图 4-62　进口电器 2010 年季度汇总统计表

2)查找即高级筛选操作

(1)在 A18 和 A19 单元格中分别输入"季度"、"一季度";在 C18 和 C19 单元格中分别输入"销售额"、">500000";在 E18 和 E19 单元格中分别输入"销售利润"、">10000",即输入高级筛选中的条件,构成条件区域 A18:E19。

(2)将鼠标放在数据表任意单元格内,打开"数据"选项卡,选择"排序和筛选"工作区组下的"高级"命令,打开高级筛选对话框,"方式"选择"将筛选结果复制到其他位置","列表区域"选择＄A＄2:＄G＄16,"条件区域"选择＄A＄18:＄E＄19,"复制到"输入 A21(当然也可以选择其他的,只要不与上面的表格区域相重合就行),单击"确定"按钮即可完成操作,操作结果如图 4-63 所示。

3)建立数据透视表

(1)单击数据清单中的任意单元格。

(2)单击"文件"选项卡下的"选项"命令,在弹出的"Excel 选项"对话框中的左侧窗口选择"快速访问工具栏",在右侧窗口中选择"不在功能区的命令",选择"数据透视表和数据透视图向导",然后单击"添加"按钮,设置完后单击"确定"按钮,此时"数据透视表和数据透视图向导"命令就添加到了快速访问工具栏中。

(3)单击"快速访问工具栏"中的"数据透视表和数据透视图向导"图标 ,打开"数据透视表和数据透视图向导-3 步骤之 1"对话框,如图 4-64 所示。

(4)单击"下一步"按钮,打开"数据透视表和数据透视图向导-3 步骤之 2"对话框。在"选定区域"文本框中输入建立数据透视表的数据区域,或在工作表中选择数据。

	季度	部门	电视机	电冰箱	洗衣机	销售额	销售利润
2	二季度	部门1	100000	25000	400100	525100	52510
3	二季度	部门2	65000	56000	18000	139000	13900
4	二季度	部门2	125000	56000	35800	216800	21680
5	二季度	部门3	850000	95800	125000	1070800	107080
6	三季度	部门1	380000	365820	475000	1220820	122082
7	三季度	部门1	50000	100000	78000	228000	22800
8	三季度	部门3	45000	56800	250000	351800	35180
9	四季度	部门1	226000	462400	769000	1457400	145740
10	四季度	部门1	532000	650000	965000	2147000	214700
11	四季度	部门2	762500	178000	1135000	2075500	207550
12	一季度	部门1	120000	158000	550000	828000	82800
13	一季度	部门1	65000	468000	165800	698800	69880
14	一季度	部门2	15000	45800	12500	73300	7330
15	一季度	部门3	90000	36800	150000	276800	27680
16							
17	季度		销售额		销售利润		
18	一季度		>500000		>10000		
19							
20	季度	部门	电视机	电冰箱	洗衣机	销售额	销售利润
21	一季度	部门1	120000	158000	550000	828000	82800
22	一季度	部门1	65000	468000	165800	698800	69880

图 4-63 高级筛选操作结果

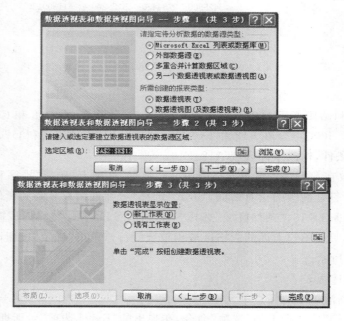

图 4-64 数据透视表和数据透视图向导

(5) 单击"下一步"按钮,打开"数据透视表和数据透视图向导-3 步骤之 3"对话框,选择数据透视表所显示的位置,单击"完成"按钮。

(6) 打开数据透视表所在的工作表,弹出"数据透视表字段列表"对话框,该对话框用来规定数据透视表的列和行,即有什么数据,如图 4-65 所示。将"季度"拖到"行标签";"部门"拖到"列标签";"销售额"和"销售利润"拖到"Σ数值"区,即可完成数据透视表的建立。或者可以打开"数据透视表工具"选项卡,如图 4-66 所示,在"选项"和"布局"中设计数据透视表的各项功能。

图 4-65　"数据透视表和数据透视表向导—布局"对话框

图 4-66　"数据透视表工具"选项卡

4）建立柱形图表

（1）本题要求四季度的数据，故首先用前面学过的自动筛选功能先找出四季度的数据，操作方法前面已经介绍，在此不再赘述。筛选后的数据结果如图 4-67 所示。

	A	B	C	D	E	F	G
2	季度	部门	电视机	电冰箱	洗衣机	销售额	销售利润
10	四季度	部门1	226000	462400	769000	1457400	145740
11	四季度	部门2	532000	650000	965000	2147000	214700
12	四季度	部门3	762500	178000	1135000	2075500	207550

图 4-67　四季度数据记录

（2）选定表格中创建图表的数据区域即筛选后的表格。

（3）打开功能区"插入"选项卡，选择"图表"功能区组，弹出"图表"对话框如图 4-68 所示，选择"柱形图"，单击"确定"按钮，图表插入完成。

（4）打开"图表工具"选项卡，选择"设计"选项卡下的"数据"功能区组中"选择数据"命令，弹出"选择数据源"对话框，如图 4-69 所示，在"图表数据区域"文本框中输入数据区域"＝＄B＄2：＄E＄12"。

（5）打开"图表工具"选项卡，选择"布局"选项卡下的"标签"功能区组，可以添加"图表标题"、"坐标轴标题"、"图例"、"数据标签"，如图 4-70 所示。如本例中可单击"图表标题"，在文本框中输入"四季度部门销售情况"；单击"坐标轴标题"在"横坐标标题"文本框中输入"部门名称"；在"纵坐标标题"文本框中输入"销售额"。

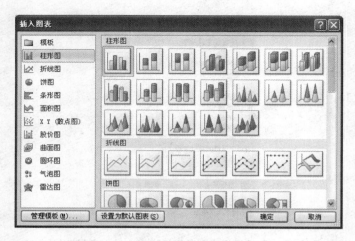

图 4-68　"插入图表"对话框

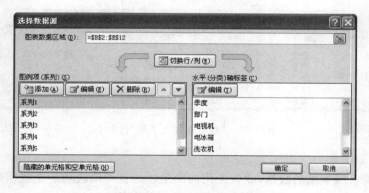

图 4-69　"选择数据源"对话框

图 4-70　"标签"功能区组

（6）打开"图表工具"选项卡，选择"设计"选项卡下的"位置"功能区组，单击"移动图表"命令弹出"移动图表"对话框，如图 4-71 所示，可以选择图表的位置。

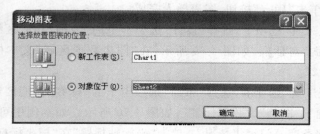

图 4-71　图表向导-4 步骤之 4-图表位置

（7）单击"确定"按钮，最终出现所需的统计，见图 4-72。

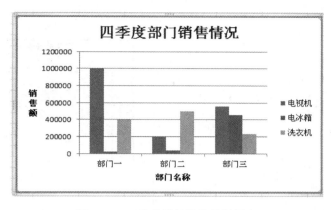

图 4-72   四季度部门销售情况图表

4.6   打　印　操　作

本节学习要点：

◇ 表格页面设置。

◇ 表格打印。

本节训练要点：

◇ "页面设置"对话框参数设置。

◇ "打印"对话框参数设置。

对表格的各种操作完毕，就可以将表格打印出来。Excel 提供了方便的打印命令，打印前先进行打印预览和打印设置，Excel 还提供分页预览功能，这些工作可相互切换，便于按要求调整打印。

4.6.1   页面设置

页面设置是打印操作中的重要环节，具体方法操作如下。

方法一：单击"文件"选项卡中的"打印"命令，在级联菜单中进行各种打印设置，如图 4-73 所示，在中间窗格中显示各种打印设置，右侧窗格中显示页面内容的预览效果。如果打印菜单中的命令不能满足用户要求，可以单击"页面设置"命令，打开"页面设置"对话框进行设置，如图 4-74 所示。

1. "页面"选项卡

在"页面"选项卡中设置打印方向"纵向"、"横向"、"调整缩放比例"及设置"纸张大小"等。

2. 页边距的设置

选择"页面设置"对话框中"页边距"选项卡，如图 4-75 所示。设置上、下、左、右页边距大小、页眉页脚与页边距的距离以及表格内容的居中方式。

3. 页眉/页脚的设置

选择"页面设置"对话框中的"页眉/页脚"选项卡，如图 4-76 所示。

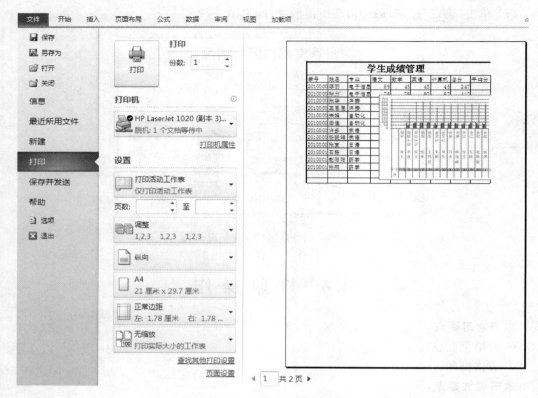

图 4-73 "打印"菜单

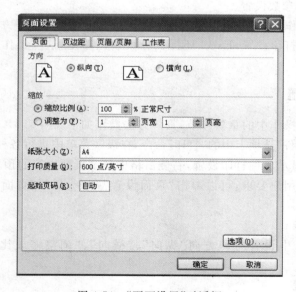

图 4-74 "页面设置"对话框

在"页眉"下拉列表框和"页脚"下拉列表框中选择预先设计好的页眉和页脚。若要自定义页眉、页脚,则可单击"自定义页眉"或"自定义页脚"按钮进行设置。

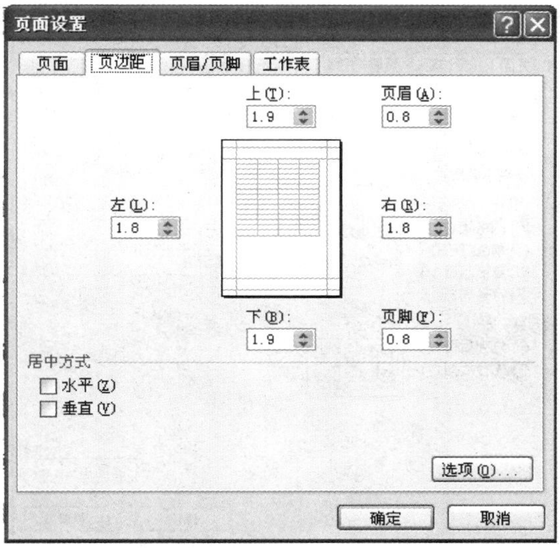

图 4-75 "页边距"选项卡

图 4-76 "页眉/页脚"选项卡

4. 工作表的设置

选择"页面设置"对话框中的"工作表"选项卡,如图 4-77 所示。

若工作表有多项,要求每页均打印表头(顶端标题或左侧标题),则在"顶端标题行"或"左端标题列"栏中输入相应的单元格地址,也可以从工作表中选定表头区域。

"打印"区域决定是否打印网格线、行号列标等。

方法二:在功能区中打开"页面布局"选项卡,如图 4-78 所示,在"页面布局"选项卡里进行打印的各种设置。

图 4-77 "工作表"选项卡

图 4-78 "页面布局"选项卡

4.6.2 打印预览及打印

对打印预览感到满意后,就可以正式打印了。

选择"文件"选项卡中的"打印"命令,在中间窗格中单击"打印"按钮,显示"打印"对话框。

打印方法与 Word 基本相同,这里不再叙述。

下面对"打印"对话框中的不同点加以说明。

(1)选定区域:打印工作表中选定的单元格区域。

(2)选定工作表:打印所有当前选定工作表的所有区域,按选定的页数打印。如果没有定义打印页数,则打印整个工作表。

(3)整个工作簿:打印当前工作簿中所有的工作表。

4.7 Excel 2010 的网络功能

本节学习要点:

Excel 2010 网页设置功能。

本节训练要点:

◇ Excel 2010 网页设置操作。

◇ Excel 2010 中的最大改进就是增加了一些网络功能,实现数据共享。

操作步骤如下。

(1) 打开"文件"选项卡,选择"另存为"命令,打开"另存为"对话框,在保存类型里选择"单个文件网页"。

(2) 单击"更改标题"按钮,打开"设置标题"对话框,在"标题"文本框中输入标题。

(3) 若单击"保存"按钮,以网页格式保存该文件,并关闭该对话框,若单击"发布"按钮,打开"发布为网页"对话框,如图 4-79 所示。在对话框中,选择发布内容、查看选项等,最后单击"发布"按钮,将网页发布到 Web 网站上。

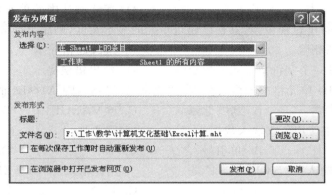

图 4-79 "发布为网页"对话框

习　　题

一、选择题

1. _____是 Excel 环境中存储和处理数据的最基本文件。

   A. 工作表文件　　　　B. 工作簿文件　　　　C. 图表文件　　　　D. 表格文件

2. 在默认情况下,一个工作簿窗口中包含_____张工作表。

   A. 1　　　　　　　　B. 3　　　　　　　　C. 15　　　　　　　D. 255

3. 当前工作表是指_____。

   A. Sheet1　　　　　　　　　　　　　　B. 当前编辑的工作表

   C. 最近编辑过的工作表　　　　　　　　D. 工作表标签最左边的工作表

4. Excel 工作簿的扩展名约定为_____。

   A. DOX　　　　　　　B. TXT　　　　　　　C. XLSX　　　　　　D. XLT

5. 某单元格中显示"98-4-20",它是一个_____型的数据。

   A. 数值　　　　　　　B. 日期　　　　　　　C. 文字　　　　　　D. 时间

6. 在 Excel 2010 中,下列输入的数据是负数的是_____。

   A. '12345　　　　　　B. (12345)　　　　　　C. "12345"　　　　　D. _12345

7. 数值型数据的默认对齐方式是右对齐,文字型数据的默认对齐方式是_____。

   A. 右对齐　　　　　　B. 左对齐　　　　　　C. 居中　　　　　　D. 两端对齐

8. 在某个单元中输入一个由数字构成的文字型数据,应以_____开头。

A. 逗号　　　　　　B. 双引号　　　　　　C. 单引号　　　　　　D. 等号

9. 区域总是用左上角和右下角的坐标中间加＿＿＿＿来表示。

　A. 冒号　　　　　　B. 逗号　　　　　　C. 分号　　　　　　D. 感叹号

10. 选定不相邻的区域时要按下＿＿＿＿键。

　A. F8　　　　　　B. Ctrl　　　　　　C. Shift　　　　　　D. Alt

11. 在 Excel 工作表中,可以选择一个或一组单元格,其中活动单元格的数目是＿＿＿＿。

　A. 1 个单元格　　　　　　　　　　B. 1 行单元格

　C. 1 列单元格　　　　　　　　　　D. 等于被选中的单元格数

12. 在输入字符串过程中,若其长度超过单元的显示宽度,则超出部分将＿＿＿＿。

　A. 被截断删除　　　　　　　　　　B. 继续超格显示

　C. 作为另一个字符串存入右邻单元　D. 给出错误提示

13. 设 A1 和 B4 单元格中的内容分别是"北京"、"烤鸭",则 A1&B4 的值为＿＿＿＿。

　A. 北京烤鸭　　　　B. 烤鸭北京　　　C. ♯VALUE!　　　D. ♯NAME?

14. 在 Excel 中使用公式输入数据,一般在公式前需要加＿＿＿＿。

　A. =　　　　　　　B. 单引号　　　　　C. $　　　　　　　D. 任意符号

15. 在公式中输入"=$C1+E$1"是＿＿＿＿引用。输入"=C1+E1"是＿＿＿＿。

　A. 相对　　　　　　B. 绝对　　　　　　C. 混合　　　　　　D. 任意

二、填空题

1. 要清除活动单元格中的内容按＿＿＿＿键。

2. 设置单元格中文本的垂直对齐方式,应选择"开始"选项卡中的＿＿＿＿命令。

3. Excel 2010 中,填充柄在活动单元格的＿＿＿＿下角。

4. 对于 C5 单元格,其"绝对引用"表示方法为＿＿＿＿,"混合引用"表示方法为＿＿＿＿,"相对引用"表示方法为＿＿＿＿。

5. 在 Excel 2010 中,在单元格内插入当前时间的操作是＿＿＿＿。

6. Excel 2010 中默认的文本对齐方式是＿＿＿＿。

7. Sheet1 是 Excel 2010 中的一个默认的＿＿＿＿。

8. 在 Excel 2010 中,若单元格 A2,B5,C4,D3 的值分别为 4,6,3,7,D5 中函数表达式为＝MAX(A2,B5,C4,D3),则 D5 的值为＿＿＿＿。

9. 在 Excel 2010 中,进行自动分类汇总前,必须对数据清单＿＿＿＿。

10. Excel 2010 不仅可以对工作簿和工作表进行保护,也允许用户只对工作表中的部分＿＿＿＿实施保护。

第 5 章 演示文稿软件 PowerPoint 2010

PowerPoint 2010 是微软公司开发的 Office 2010 组件之一,是一种功能强大的演示文稿创作工具。利用这个工具可以制作集文字、图形、图像、音频、视频于一体的演示文稿,声情并茂地把需要表达的内容展示给观众。

利用 PowerPoint 制作的演示文稿可以保存为多种文件类型,可以有多种播放形式,可以将幻灯片进行打印,也可以发布到互联网上。幻灯片已经成为人们工作、学习和生活的重要组成部分,在各个领域发挥着重大的作用。

本章学习要点:

◇ 演示文稿的建立、编辑和格式化等基本操作。

◇ 演示文稿中文本框、艺术字、图片、图形、表格和图表的有效使用。

◇ 演示文稿中页眉和页脚的设置。

◇ 演示文稿中音频和视频的编辑使用。

◇ 演示文稿主题、母版和版式的合理运用。

◇ 演示文稿中动画效果、幻灯片切片、超链接、动作按钮和放映方式的设置。

◇ 演示文稿的输出与发布。

本章训练要点:

◇ 了解 PowerPoint 的软件功能和使用环境。

◇ 掌握演示文稿制作的基本操作技能。

◇ 熟练运用图片、音频、视频等多媒体信息,配合动画和幻灯片切换增强视觉效果,突出重点,强化主题。

◇ 恰当利用幻灯片放映方式和超链接,使幻灯片播放更方便快捷。

为加强教学效果,本章选用制作演示文稿"PowerPoint 2010 简要教程"作为教学案例,将本章知识点贯穿其制作过程中。旨在通过实例驱动教学,培养和促使学生主动参与课堂讨论,增强课程学习兴趣,提高学生计算机实践应用能力。

1. 案例说明

本次案例为"PowerPoint 2010 简要教程",主要包括目录、PowerPoint 2010 概述及基本操作、演示文稿的编辑、设置演示文稿的放映效果、演示文稿的输出与发布和习题几个部分。通过该案例的制作可以熟练掌握 PowerPoint 2010 的使用,提高综合运用能力。

2. 案例分析

本案例中涉及的知识点:

(1) 演示文稿的创建、编辑及格式设置。

(2) 各类信息元素的插入编辑。

(3) 对整体演示文稿风格设置。

（4）动画效果，动作按钮和超链接设置。

（5）演示文稿换页方式及放映方式设置。

3. 案例展示

本案例效果展示如图 5-1 所示。

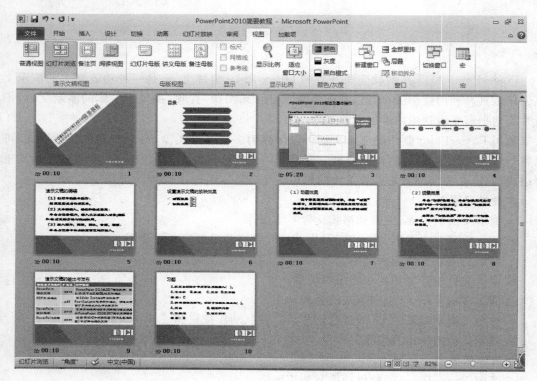

图 5-1　案例效果图

注意：案例制作过程及案例制作效果将根据需要按其知识点分布在各章节内容中。

5.1　PowerPoint 2010 概述及基本操作

本节学习要点：

◇ 掌握演示文稿的启动与退出方法。

◇ 掌握演示文稿工作窗口的基本组成及用途。

◇ 了解各种视图之间的区别及转换方式。

◇ 熟悉创建、保存和打开演示文稿等基本操作。

本节训练要点：

◇ 熟悉演示文稿的工作环境。

◇ 掌握设置演示文稿的各种基本视图（普通视图、幻灯片浏览视图、阅读视图、幻灯片放映视图和备注页视图）。

5.1.1 PowerPoint 2010 的启动与退出

1. PowerPoint 的启动

启动 PowerPoint 常用的方法有以下几种。

（1）单击"开始"菜单，单击"程序"中的 Microsoft Office 级联菜单中的 Microsoft PowerPoint 2010 菜单项。

（2）双击桌面上已有的 Microsoft PowerPoint 2010 的快捷方式图标。

（3）双击已经建立好的演示文稿。

启动 PowerPoint 2010 后，弹出如图 5-2 所示的启动界面。

图 5-2　PowerPoint 2010 启动界面

PowerPoint 窗口由标题栏、功能区、工作区、缩略图窗格、备注窗格和状态栏等几个部分组成。

1）标题栏

标题栏位于窗口的顶部。程序图标和快速访问工具栏位于标题栏左侧，控制按钮区位于右侧，如图 5-3 所示。

2）功能区

PowerPoint 2010 功能区可以帮助用户快速找到完成某任务所需的命令。包含以前在 PowerPoint 2003 及更早版本中的菜单栏和工具栏上的命令和菜单项。

功能区中包括"文件"、"开始"、"插入"、"设计"、"切换"、"动画"、"幻灯片放映"、"审阅"、"视图"和"加载项"等选项卡，PowerPoint 2010 默认的当前选项卡是"开始"选项卡。单击功能区右上角的按钮可以最小化或展开功能区，也可以使用 Ctrl＋Fl 键来进行该操作。

每个选项卡又由"组"构成，"组"是若干个相关命令的集合。某些组的右下角有一个向右下方的小箭头图标，该箭头称为扩展按钮，为该组提供了更多选项。单击这个按钮，将会弹出该组对应的任务窗格或对话框。

3）工作区

工作区是用来编辑演示文稿中当前幻灯片的区域。

4）"缩略图"窗格

"缩略图"窗格包括"幻灯片"和"大纲"两个选项卡。

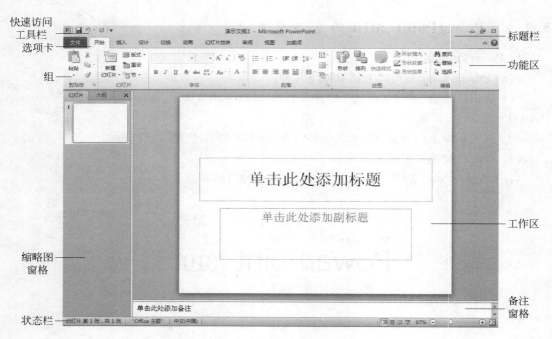

图 5-3　PowerPoint 2010 工作界面

（1）"幻灯片"选项卡

"幻灯片"选项卡方式下幻灯片以缩略图形式显示，单击某一个缩略图后该幻灯片即为当前幻灯片，可以在工作区对其进行编辑。该方式下便于幻灯片定位、复制、移动、删除等操作。右键单击"幻灯片"选项卡中的幻灯片，在弹出的快捷菜单中可对幻灯片进行相应的操作，如图 5-4(a)所示。

（2）"大纲"选项卡

"大纲"选项卡方式下显示演示文稿中每张幻灯片的编号、标题和主体中的文字，该方式下便于快速地查看幻灯片内容。右键单击"大纲"选项卡中的文本，在弹出的快捷菜单中可对幻灯片进行相应的操作，如图 5-4(b)所示。

5）"备注"窗格

演示文稿的备注页用于写入在幻灯片中没列出的其他重要内容，以便于演讲之前或讲演过程中查阅。单击"备注"窗格即可添加和修改备注信息。

6）状态栏

状态栏位于窗口的底端。在 PowerPoint 2010 运行的不同阶段，状态栏会显示不同的信息，其中包括幻灯片的编号和总数、"Office 主题"名称、拼写检查按钮和语言、视图切换按钮、幻灯片的缩放栏等。幻灯片缩放栏中显示当前幻灯片窗格的缩放比例，拖动滑块可以改变幻灯片缩放比例。

2. PowerPoint 的退出

PowerPoint 2010 可以同时打开若干个演示文稿。

（1）关闭单个演示文稿的方法。

① 单击控制按钮区的"关闭"按钮。

(a) "幻灯片"选项卡下快捷菜单   (b) "大纲"选项卡下快捷菜单

图 5-4 "缩略图"窗格

② 单击"文件"选项卡下的"关闭"命令。

③ 双击窗口标题栏左侧的"控制"按钮。

④ 单击窗口标题栏左侧"控制"图标或右击标题栏,单击菜单中的"关闭"命令。

⑤ 按快捷键 Alt＋F4。

(2) 退出 PowerPoint 2010 或同时关闭全部打开的演示文稿方法。

① 单击 PowerPoint 窗口"文件"选项卡下的"退出"命令。

② 右击任务栏中的 PowerPoint 2010 程序图标,从弹出的快捷菜单中选择"关闭所有窗口"命令。

5.1.2 PowerPoint 2010 的视图方式

PowerPoint 2010 提供的视图方式主要有普通视图、幻灯片浏览视图、阅读视图、幻灯片放映视图和备注页视图。利用"视图"选项卡下的演示文稿视图组可以进行切换,如图 5-5 所示。也可以利用状态栏上的"视图切换按钮"实现对演示文稿常用视图方式的快速切换。

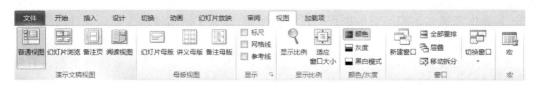

图 5-5 "视图"选项卡

1. 普通视图

这种视图方式是 PowerPoint 2010 默认的视图方式,编辑窗口中包括工作区、缩略图窗格和备注窗格。该视图方式方便对幻灯片的编辑。

2. 幻灯片浏览视图

在这种视图方式下,幻灯片缩小显示,可以查看演示文稿中的所有幻灯片缩略图,同时可以重新对幻灯片进行快速排序,还可以方便快捷地定位、移动、增加或删除某些幻灯片。在"显示比例"组中可以设置显示比例,达到合适的效果。在该视图方式下,双击某一幻灯片,即可在普通视图中打开此幻灯片进行编辑。

3. 阅读视图

在这种视图方式下,可以一页一页地浏览每张幻灯片,可以使用按钮方便地前后翻页。

4. 幻灯片放映视图

在这种视图方式下,幻灯片以全屏方式从第一张开始播放。

5. 备注页视图

在这种视图方式下,可以查看备注页,编辑设计备注的打印外观。

5.1.3 创建、保存及打开演示文稿

在 PowerPoint 中,最基本的工作单元是幻灯片。一个 PowerPoint 演示文稿由若干张幻灯片组成,幻灯片又由文本、图片、声音、表格等元素组成。

1. 基础知识部分

1) 演示文稿的创建

启动 PowerPoint 2010 时,PowerPoint 自动新建一个空白演示文稿,默认的文件名为"演示文稿 1"。PowerPoint 2010 可以创建多种演示文稿,包括"空白演示文稿"、"样本模板"、"主题"等。利用 PowerPoint 2010 中的内置模板或主题,或从 Office.com 下载的模板或主题即可创建新的演示文稿。

创建新演示文稿方法是单击"文件"选项卡下的"新建"命令,此时弹出创建新演示文稿的模板和主题,如图 5-6 所示。

(1) 创建空白演示文稿

单击"可用的模板和主题"窗格中的"空白演示文稿",单击右侧窗格中的"创建"按钮即可创建一个新的空白演示文稿。

(2) 根据模板和主题创建新演示文稿

在 PowerPoint 中,"主题"和"模板"是两个不同的概念,"主题"包括幻灯片的颜色、字体和图形等外观设计;"模板"除了包含版式、主题颜色、主题字体、主题效果、背景样式外,还包含内容。模板的扩展名为.potx,它包括一个或一组幻灯片的模式或设计图。在 Office.com 上提供了很多不同类型的模板可供下载使用,简化了对新演示文稿的设计过程。

① 根据"主题"创建新演示文稿。

在"可用的模板和主题"窗格中,单击"主题",如图 5-7 所示。选择合适的主题在右侧窗格中单击"创建"按钮即可。

② 根据"样本模板"创建新演示文稿。

在"可用的模板和主题"窗格中,单击"样本模板",如图 5-8 所示。选择合适的样本模板在右侧窗格中单击"创建"按钮即可。

图 5-6 新演示文稿的模板和主题

图 5-7 根据"主题"创建新演示文稿

演示文稿软件 *PowerPoint 2010*

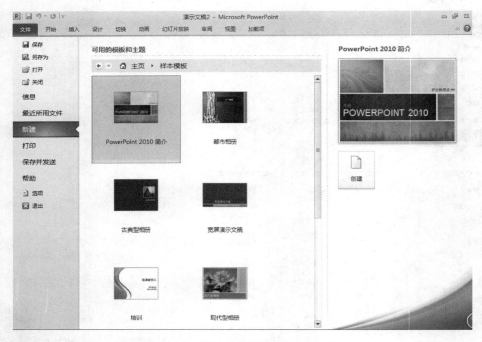

图 5-8　根据"样本模板"创建新演示文稿

　　根据"Office. com 模板"创建新演示文稿,根据"最近打开的模板"创建新演示文稿的方法与上述相同,不再赘述。

　　(3) 根据"现有内容新建"创建新演示文稿

　　在"可用的模板和主题"窗格中,单击"根据现有内容新建",打开"根据现有演示文稿新建"对话框,如图 5-9 所示。选择一个已经存在的幻灯片就会建立一个与之一样的演示文稿。

图 5-9　"根据现有演示文稿新建"对话框

2）演示文稿的保存和打开

保存演示文稿的方法与 Word 类似。可以直接使用标题栏左上角快速访问工具栏中的"保存"按钮，也可以使用 Ctrl＋S 键。新演示文稿的扩展名为.pptx。

打开操作方法与 Word 类似。

2．案例应用部分

创建演示文稿并进行保存。

（1）启动 PowerPoint 2010 进入演示文稿工作窗口，PowerPoint 自动新建一个空白演示文稿，如图 5-10 所示。

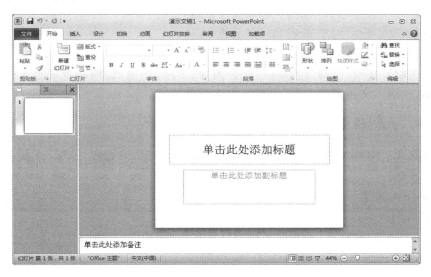

图 5-10　"标题幻灯片"版式

（2）单击"文件"选项卡下的"保存"，弹出"另存为"对话框，如图 5-11 所示。输入演示文稿的文件名"PowerPoint 2010 简要教程"，单击"保存"按钮。

图 5-11　"另存为"对话框

注意：案例制作过程中的某些操作方法并不唯一，可根据个人喜好进行相应操作。

5.2　演示文稿的编辑

本节学习要点：

◇ 了解文本框和占位符的用法以及文本框的属性设置。

◇ 掌握演示文稿中文本的输入、编辑及相关格式设置。

◇ 掌握演示文稿中图片、图形、页眉页脚、表格和图表的插入、编辑及格式设置。

◇ 掌握演示文稿中音频、视频的插入及播放设置。

◇ 掌握演示文稿中主题、母版和背景的设置。

本节训练要点：

熟练使用幻灯片设计、幻灯片版式，配合图片、图形、图表、音频和视频等多媒体信息美化演示文稿，使演示文稿形式多样、更具感染力。

5.2.1　幻灯片的基本操作

在普通视图和幻灯片浏览视图方式下，可以进行幻灯片的选定、添加、查找、复制、移动和删除等操作。

1. 基础知识部分

1）选定幻灯片

在对幻灯片进行操作之前，先要选定幻灯片。选定幻灯片常用的方法如下。

① 单击相应幻灯片缩略图或幻灯片编号，即可选定该幻灯片。

② 按住 Ctrl 键的同时单击相应幻灯片缩略图或幻灯片编号，可以选定多张幻灯片。

③ 单击欲选定的第一张幻灯片缩略图，按住 Shift 键的同时单击要选定的最后一张幻灯片缩略图，可以选定多张连续的幻灯片。

④ 按下 Ctrl＋A 键，可以选定全部幻灯片。

⑤ 若要放弃被选定的幻灯片，单击幻灯片以外的任何空白区域即可。

2）添加新幻灯片

可以根据需要添加不同版式的幻灯片。幻灯片版式包括幻灯片上显示的全部内容的格式设置、位置和占位符。占位符是版式中的容器，可容纳包括正文、项目符号列表和标题等的文本、SmartArt 图形、图像、表格、图表、音频、视频等内容。另外，版式还包括幻灯片的主题，如颜色、字体、效果和背景等。

（1）添加新幻灯片

添加新幻灯片的方法如下。

① 在普通视图方式下的幻灯片窗格中单击要插入幻灯片的位置，按 Enter 键，即可创建一个"标题与内容"幻灯片。

② 在普通视图方式下的幻灯片窗格中或幻灯片浏览视图下，选择所要插入幻灯片的位置单击右键，在快捷菜单中单击"新建幻灯片"，即可创建一个"标题与内容"幻灯片。

③ 打开"开始"选项卡，单击"幻灯片"组下的"新建幻灯片"按钮上半部分图标，即可在当前幻灯片的后面添加"标题与内容"幻灯片；若单击下半部分的文字则出现如图 5-12 所

示的幻灯片版式,单击某一个版式即可添加相应版式的幻灯片。

图 5-12　基于 Office 主题的幻灯片版式

（2）幻灯片版式修改

无论哪种版式的幻灯片都可以继续对其版式进行修改。修改幻灯片版式的操作步骤如下。

① 选定需要修改的幻灯片。

② 打开"开始"选项卡,单击"幻灯片"组下的"版式",弹出如图 5-13 所示的幻灯片版式。

③ 单击所需要的版式即可对当前幻灯片的版式进行修改。

3）查找幻灯片

常用查找幻灯片的方式如下。

（1）单击垂直滚动条下方的"下一张幻灯片"或"上一张幻灯片"按钮,可把上一张或下一张幻灯片作为当前幻灯片。

（2）按 PgDn 键或 PgUp 键可选定上一张或下一张幻灯片（或幻灯片编号）。

上、下拖曳垂直滚动条中的滑块,可快速定位到其他幻灯片。

4）复制与移动幻灯片

对幻灯片进行复制和移动的操作步骤如下。

（1）选定欲复制或移动的幻灯片。

（2）打开"开始"选项卡,单击"剪贴板"组下的"剪切"或"复制"按钮,也可以利用剪切（Ctrl＋X）或复制（Ctrl＋C）键,或单击右键,在快捷菜单中单击"剪切"或"复制"菜单项来进

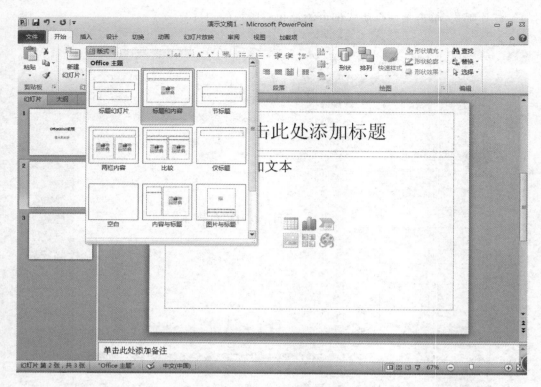

图 5-13　基于 Office 主题的幻灯片版式

行相应的操作。

（3）定位插入点。

（4）打开"开始"选项卡，单击"剪贴板"组下的"粘贴"按钮，或者按 Ctrl＋V 键，或者单击快捷菜单中"粘贴"菜单项来进行粘贴操作。

在普通视图方式下的幻灯片窗格内，或幻灯片浏览视图下，可以用拖动的方式快速实现幻灯片的移动，按住 Ctrl 键并拖动可以实现复制。

5）删除幻灯片

删除幻灯片的操作步骤如下。

（1）选定所需删除幻灯片。

（2）按 Del 键，或者单击右键，在快捷菜单中选择"删除"命令。

2. 案例应用部分

下面对案例演示文稿进行添加幻灯片和版式更改的操作。

（1）打开"开始"选项卡，单击"幻灯片"组下的"新建幻灯片"按钮上半部分的图标，在当前幻灯片的后面添加"标题与内容"幻灯片，如图 5-14 所示。用同样的方法再添加 5 张幻灯片。

（2）打开"视图"选项卡，单击"演示文稿视图"组下的"幻灯片浏览"，即可对所有幻灯片进行浏览，如图 5-15 所示。

（3）双击第三张幻灯片，切换至普通视图方式下对其进行编辑。打开"开始"选项卡，单击"幻灯片"组下的"版式"，单击"仅标题"，把版式修改为"仅标题"，如图 5-16 所示。

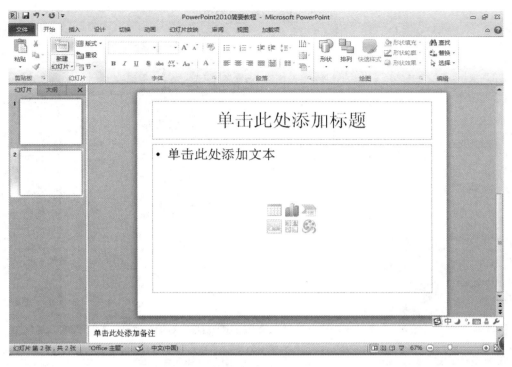

图 5-14 "标题幻灯片"版式

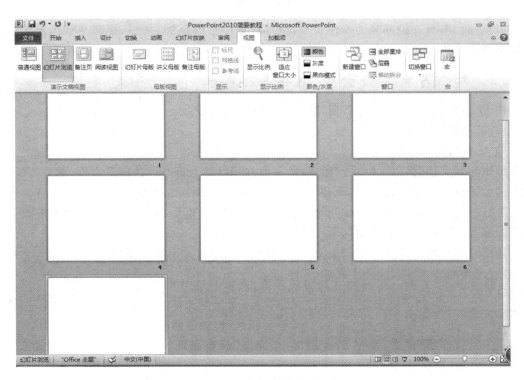

图 5-15 "幻灯片浏览"视图

图 5-16　基于 Office 主题的幻灯片版式

　　根据前面基础知识部分的操作要点,通过对幻灯片的添加、复制、移动等基本操作完成对案例演示文稿的内容的扩展及丰富。

5.2.2　幻灯片文本的输入、编辑及格式化

　　在 PowerPoint 中,通常在普通视图方式下编辑幻灯片。

1. 基础知识部分

1) 文本的输入

　　编辑演示文稿时,除了"空白"版式外,一般在幻灯片上都有一些虚线方框,称为占位符。单击占位符框内,即可输入文字或插入对象。如图 5-17 所示,在新建空白演示文稿中选定第一张标题幻灯片,单击"单击此处添加标题"占位符,可以添加主标题;单击"单击此处添加副标题"占位符,可以添加副标题。

　　若用户需要在占位符之外添加文本,或者在"空白"版式上需要添加文本,在输入文字之前,必须先添加文本框。操作步骤如下。

　　(1) 打开"插入"选项卡,单击"文本"组下的"文本框",单击向下箭头可以看到横排文本框和垂直文本框,如图 5-18 所示。选中所需的文本框类型。

　　(2) 在幻灯片上,拖曳鼠标添加文本框。

　　(3) 单击文本框,输入文本。

2) 文本的编辑

　　在 PowerPoint 中对文本进行删除、插入、复制、移动等操作与 Word 操作方法类似。

图 5-17　幻灯片的占位符

图 5-18　"插入"选项卡

注意：PowerPoint 中只有插入状态，不能通过 Insert 键从插入状态切换为改写状态。

3）文本的格式化

（1）设置文本字体格式

打开"开始"选项卡，利用"字体"组可以对中、西文字体的字体样式、大小、颜色、下划线、效果和字符间距等进行设置，设置字体格式的方式与 Word 2010 类似。

（2）设置段落格式

打开"开始"选项卡，利用"段落"组可以对项目符号和编号、降低或提升列表级别、文字方向、文本对齐、对齐文本和分栏等进行设置。单击扩展按钮弹出"段落"对话框，可以进行缩进和间距的设置，设置方式与 Word 2010 类似。

（3）设置文本框形状样式

PowerPoint 2010 中将占位符作为形状来处理，不管是什么类型的形状，都可以通过"绘图工具"下的"格式"选项卡中的"形状样式"组来处理。

① 设置线条或形状外观

打开"绘图工具"下的"格式"选项卡，单击"形状样式"组下的"其他"右下角的箭头，单击某一样式即可,如图 5-19 所示。

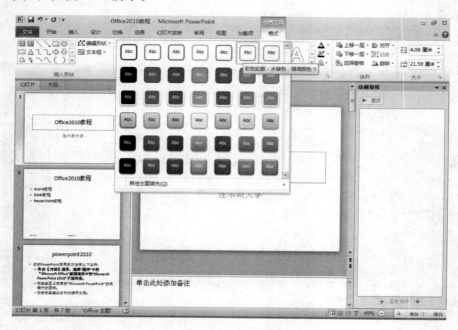

图 5-19　文本框形状样式"其他"

② 形状填充

打开"绘图工具"下的"格式"选项卡,单击"形状样式"组下的"形状填充",单击某一个填充颜色,再根据需要对渐变进行设置,如图 5-20 所示。

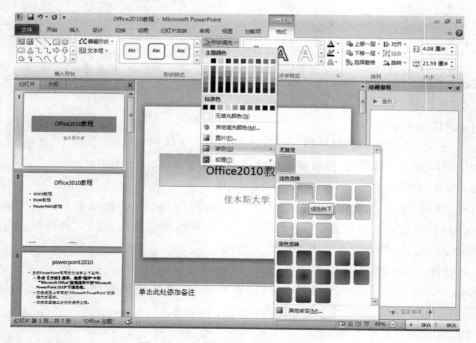

图 5-20　文本框形状样式"形状填充"

③ 形状轮廓

打开"绘图工具"下的"格式"选项卡，单击"形状样式"组下的"形状轮廓"，可以设置轮廓颜色及线条，如图 5-21 所示。

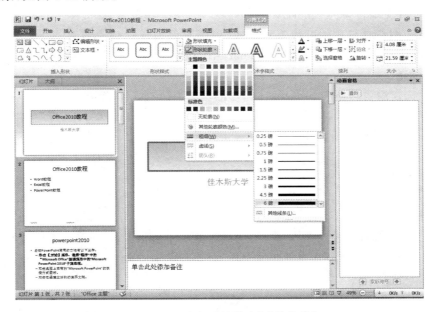

图 5-21　文本框形状样式"形状轮廓"

④ 形状效果

打开"绘图工具"下的"格式"选项卡，单击"形状样式"组下的"形状效果"，可以设置文本框效果，如图 5-22 所示。

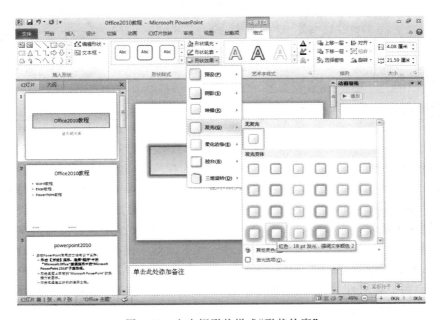

图 5-22　文本框形状样式"形状轮廓"

（4）将现有文本转换为艺术字

选定需要转换为艺术字的文本，打开"插入"选项卡，单击"文字"组下的"艺术字"，然后单击所需的艺术字即可。

（5）将现有文本转换为 SmartArt 图形

SmartArt 图形是信息的可视表示形式，以便有效地传达信息或观点。可以在 Excel、Outlook、PowerPoint 和 Word 中创建 SmartArt 图形。将现有文本转换为 SmartArt 图形的操作方法如下。

① 首先选定需要转换为 SmartArt 图形的文本占位符。

② 打开"开始"选项卡，单击"段落"组右下角的"转化为 SmartArt 图形"按钮，将鼠标放在某个 SmartArt 图形上预览效果，如图 5-23 所示。

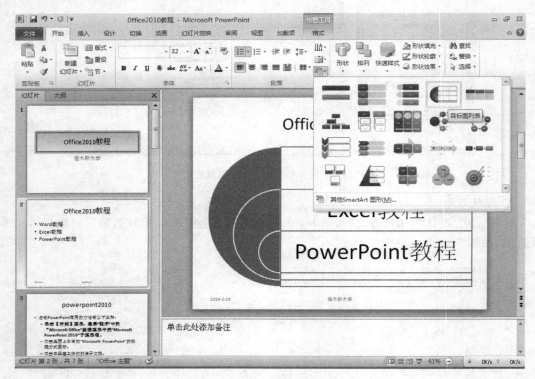

图 5-23　SmartArt 图形

③ 单击选择好的 SmartArt 图形后，文本转换为相应的 SmartArt 图形样式，此时出现"SmartArt 工具"|"设计"选项卡，可以对创建图形、布局、SmartArt 样式等进行设置，同时自动弹出"文本"窗格，可以对文字进行编辑，如图 5-24 所示。

2. 案例应用部分

继续对演示文稿进行编辑，对演示文稿进行文本的输入编辑，插入文本框，文本转化为 SmartArt 图形等操作。

（1）选定第 1 张幻灯片，单击"添加标题"占位符，输入标题"PowerPoint 2010 简要教程"，如图 5-25 所示。同样方法添加副标题内容为"计算机教研室"。

（2）选定第 2 张幻灯片，输入标题为"目录"，在文本处输入如图 5-26 所示的内容。

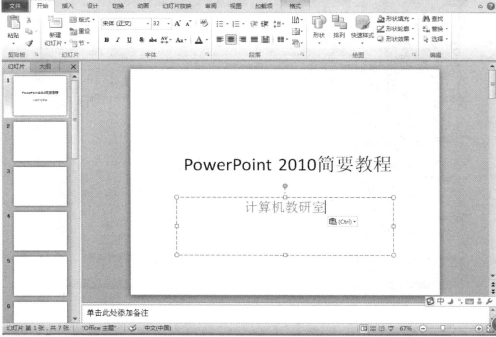

图 5-24 "SmartArt 工具" | "设计"选项卡

图 5-25 输入文本

演示文稿软件 *PowerPoint 2010*

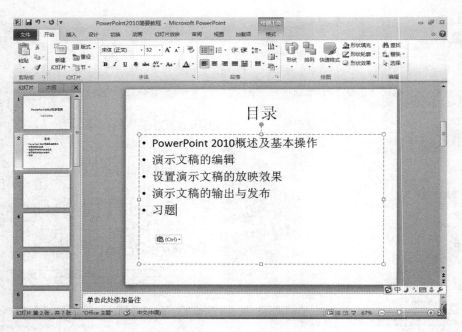

图 5-26　输入文本

（3）选定第 3 张幻灯片，输入标题"PowerPoint 2010 概述及基本操作"，如图 5-27 所示。

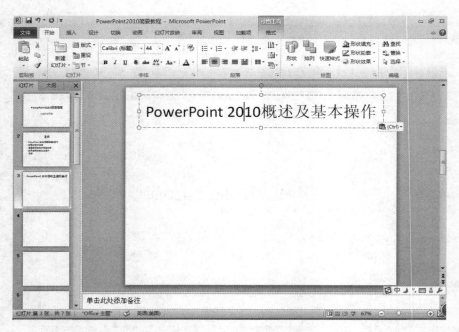

图 5-27　输入文本

（4）用同样方法将第 4～7 张幻灯片分别输入标题，依次为"演示文稿的编辑"，"设置演示文稿的放映效果"，"演示文稿的输出与发布"和"习题"。

（5）打开"视图"选项卡，单击"演示文稿视图"组下的"幻灯片浏览"，可对建立的幻灯片进行浏览，如图 5-28 所示。

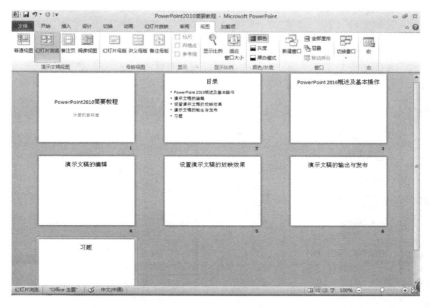

图 5-28 "幻灯片浏览"视图

（6）双击第 3 张幻灯片"PowerPoint 2010 概述及基本操作"，在普通视图方式下对其进行编辑。打开"插入"选项卡，单击"文本"组下的"文本框"，在幻灯片上拖曳鼠标添加一个横排文本框，输入文本"PowerPoint 2010 窗口的组成"，将其设置为 20 号粗体字，如图 5-29 所示。

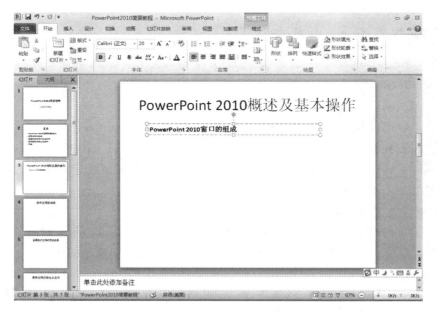

图 5-29 插入文本框

(7) 选定第 2 张幻灯片"目录",单击文本占位符内任意位置,打开"开始"选项卡,单击"段落"组右下角的"转化为 SmartArt 图形"按钮,选择"V 型列表"。

同时选定 5 个列表项,拖动鼠标改变大小至合适位置,如图 5-30 所示。

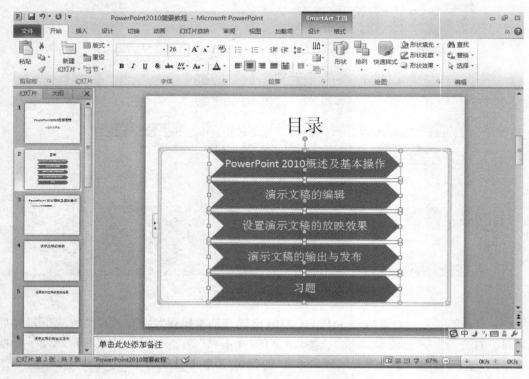

图 5-30　文本转化为 SmartArt 图形

5.2.3　插入艺术字、图片和图形

与 Word 相似,PowerPoint 也可以在幻灯片上插入艺术字、图片和图形等对象。

1. 基础知识部分

1) 插入艺术字

使用艺术字可以为文档添加特殊文字效果。

(1) 插入艺术字

打开"插入"选项卡,单击"文字"组下的"艺术字",然后选择所需艺术字样式,如图 5-31 所示。在幻灯片上插入艺术字后输入艺术字的文本。

(2) 设置文本艺术字样式

单击占位符内时,功能区会反色显示"绘图工具"下的"格式"选项卡。打开该选项卡,利用"艺术字样式"组可以为艺术字进行文本填充、文本轮廓和文字效果的设置。

① 文本填充。

打开"绘图工具"下的"格式"选项卡,单击"艺术字样式"组下的"文本填充",单击某一个填充方式即可,如图 5-32 所示。

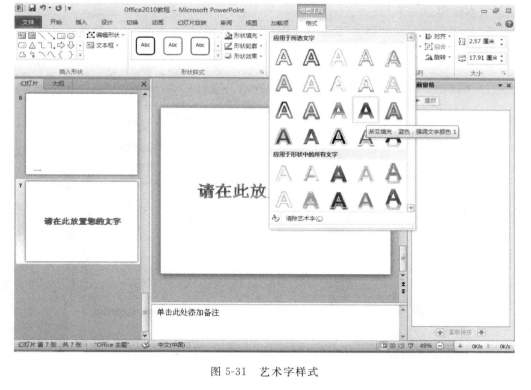

图 5-31　艺术字样式

图 5-32　艺术字"文本填充"样式

演示文稿软件 PowerPoint 2010

② 文本轮廓。

打开"绘图工具"下的"格式"选项卡,单击"艺术字样式"组下的"文本轮廓",可以设置轮廓颜色及线条,如图 5-33 所示。

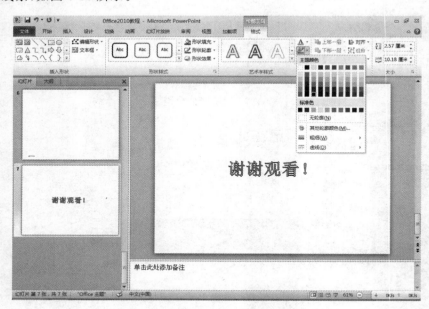

图 5-33　艺术字"文本轮廓"样式

③ 文字效果。

打开"绘图工具"下的"格式"选项卡,单击"艺术字样式"组下的"文字效果",可以设置文字效果,如图 5-34 所示。

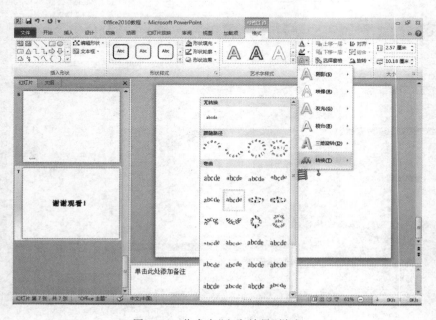

图 5-34　艺术字"文字效果"样式

单击"艺术字样式"组的扩展按钮,弹出"设置文本效果格式"对话框,如图 5-35 所示。可以对文本效果格式进行详细设置,包括文本填充、文本边框、轮廓样式、阴影、映像、边缘、三维效果和文本框的设置。

图 5-35 "设置文本效果格式"对话框

(3) 删除艺术字

① 删除艺术字样式。

删除文本的艺术字样式时文本会保留下来,转变为普通文本。方法是打开"绘图工具"下的"格式"选项卡,单击"艺术字样式"组下的"其他"按钮,然后单击"清除艺术字"。

② 删除艺术字。

选定要删除的艺术字,然后按 Del 键。

2) 插入图片

(1) 插入图片、剪贴画、屏幕截图

利用"插入"选项卡下的"图像"组可以插入图片、剪贴画和屏幕截图。操作方式与 Word 类似。

(2) 相册

相册是根据一组图片创建或编辑一个演示文稿,每张图片占用一张幻灯片。创建步骤如下。

① 打开"插入"选项卡,单击"图像"组下的"相册"按钮,单击"新建相册"命令,弹出如图 5-36 所示的"相册"对话框。

② 单击"文件/磁盘"按钮,弹出"插入新图片"对话框,可以选择插入一张或多张相片。

③ 单击"新建文本框",可以在相册中添加文字。根据需要通过相册版式对图片版式和主题进行设置。

④ 单击"创建"按钮,得到如图 5-37 所示的相册。然后对相册中的图片及文本进一步编辑。

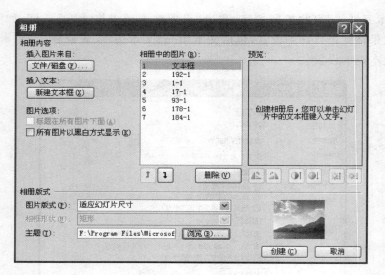

图 5-36 "相册"对话框

图 5-37 "幻灯片浏览"视图方式下的相册

3)插入图形

打开"插入"选项卡,利用"插图"组下的"形状"按钮和 SmartArt 按钮,分别插入形状和 SmartArt 图形。

2. 案例应用部分

继续对演示文稿进行编辑,对演示文稿进行艺术字设置,以及插入屏幕截图、形状和 SmartArt 图形等操作。

(1) 选定第 1 张幻灯片,选定标题文本的占位符,功能区会反色显示出"绘图工具"下的 "格式"选项卡。打开"格式"选项卡,单击"艺术字样式"组下的"其他"按钮,单击"填充-蓝 色,强调文字颜色 1,金属棱台,映像",如图 5-38 所示。

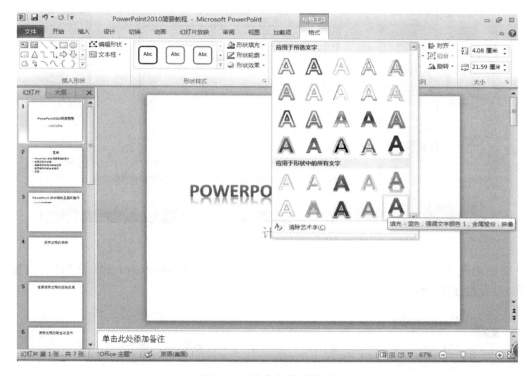

图 5-38　艺术字样式设置

(2) 单击"艺术字样式"组下的"文字效果",单击"棱台"下的"斜面",对艺术字进一步编 辑修改。

(3) 选定副标题,设定为 32 号宋体字,字体颜色为"深蓝,文字 2,淡色 40％"。

(4) 新建一个演示文稿,目的是为了插入一个演示文稿窗口的屏幕截图。打开"文件" 选项卡,单击"新建"命令,在"可用的模板和主题"窗格中单击"空白演示文稿",并在右侧窗 格中单击"创建"按钮即可创建一个新的空白演示文稿"演示文稿 1"。

(5) 切换"PowerPoint 2010 简要教程"演示文稿为当前窗口,并选定第 3 张幻灯片 "PowerPoint 2010 概述及基本操作"为当前幻灯片。

(6) 打开"插入"选项卡,单击"图像"组下的"屏幕截图",单击"演示文稿 1-Microsoft PowerPoint"。此时在第 3 张幻灯片中插入"演示文稿 1"的窗口截图,调整图片至合适大 小,如图 5-39 所示。插入截图完毕后即可关闭"演示文稿 1"的窗口。

(7) 打开"开始"选项卡,单击"绘图"组下的"形状",单击"标注"下的"巨型标注",在幻 灯片上拖动至合适大小,设置叠放次序为"置于顶层"。在建立好的标注上单击右键,在快捷

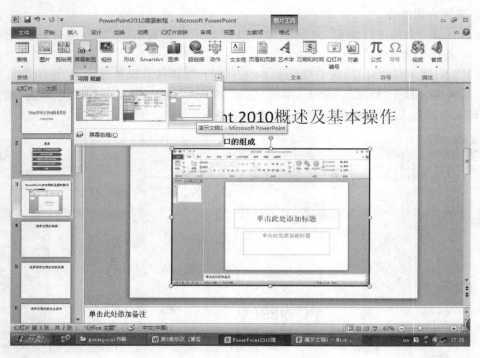

图 5-39　插入屏幕截图

菜单上单击填充色为"深蓝,文字 2,淡色 40%",输入文本"PowerPoint 2010 窗口",设置为白色 18 号粗体字,如图 5-40 所示。

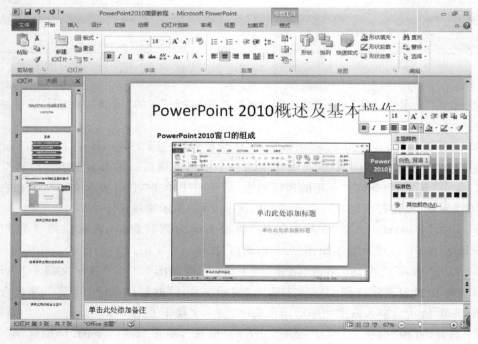

图 5-40　插入形状

（8）在第 3 张幻灯片后面插入一张空白幻灯片。

（9）编辑新添加的幻灯片。打开"插入"选项卡，单击"插图"组下的 SmartArt，弹出"选择 SmartArt 图形"对话框，单击"层次结构"，单击"圆形图片层次结构"，在幻灯片上建立如图 5-41 所示的层次结构图。

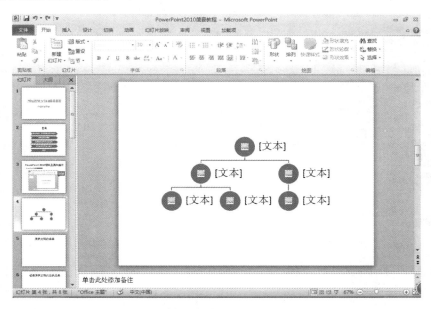

图 5-41　插入 SmartArt 图形

（10）单击圆形图片层次结构图左下角的文本，弹出"在此处输入文本"的对话框，右键单击对话框中第三行文本，在快捷菜单中单击"升级"命令，如图 5-42 所示。

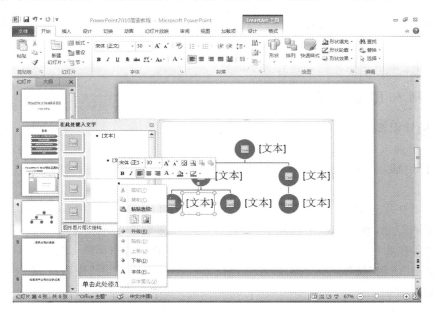

图 5-42　编辑结构图

同样方法把第三层次上的另外两个文本升级为第二层,此时第二层共有 5 项。

(11) 鼠标定位在"在此处输入文本"的对话框中最后一个文本上,按 Enter 键,在层次结构图的第二层就会增加一项,此时第二层共有 6 项,如图 5-43 所示。

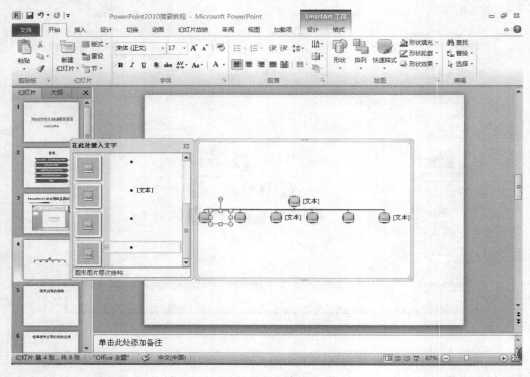

图 5-43　编辑结构图

(12) 然后在第一层文本中输入"PowerPoint 主界面",第二层各文本依次输入"标题栏"、"功能区"、"工作区"、"缩略图窗格"、"备注窗格"和"状态栏"。单击层次图拖动边框至合适大小,对文本框用鼠标拖动进行大小调整。

5.2.4　插入页眉和页脚

1. 基础知识部分

幻灯片中插入页眉/页脚的方法如下。

(1) 打开"插入"选项卡,单击"文本"组下的"页眉和页脚"按钮,弹出"页眉和页脚"对话框。

① 在"幻灯片"选项卡下设置幻灯片页脚,包括日期和时间、幻灯片编号、页脚内容和标题幻灯片是否显示,在预览区可以预览页脚的位置,如图 5-44(a)所示。

② 在"备注和讲义"选项卡下设置备注和讲义页面的页眉和页脚,如图 5-44(b)所示。

(2) 单击"应用"按钮对当前幻灯片进行设置;单击"全部应用"按钮对演示文稿的全部幻灯片进行设置。

注意在"普通视图"方式下对幻灯片的页脚进行编辑修改,"备注页"方式下对备注页和讲义的页眉及页脚进行编辑和修改。

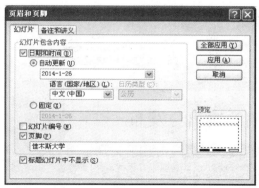

<table>
<tr><td>(a) "幻灯片"选项卡</td><td>(b) "备注和讲义"选项卡</td></tr>
</table>

图 5-44　"页眉和页脚"对话框

2. 案例应用部分

下面在案例演示文稿中对幻灯片插入页脚。

单击"插入"选项，单击"文本"组下的"页眉和页脚"按钮，弹出"页眉和页脚"对话框。在"幻灯片"选项卡中，单击"页脚"复选框，输入"计算机教研室"，单击"全部应用"按钮。

5.2.5　插入表格或图表

1. 基础知识部分

幻灯片中制作表格或图表的方式与 Word 相同。若把 Word 或 Excel 中已有的表格或表格的一部分、图表插入到幻灯片中，可以打开 Word 或 Excel，把文件中已经建好的表格或图标用复制粘贴的方法插入到幻灯片中，可以对表格的大小和位置、表格中的文本和单元格进行编辑和格式化。

注意：当决定是选用 Word 表格还是 Excel 工作表时，主要考虑的是处理数字还是文本。如果数字和计算多于文本，最好使用 Excel 工作表。如果文本多于数字，最好使用 Word 表格。

2. 案例应用部分

下面在案例演示文稿中插入一个表格。

（1）选定第 7 张幻灯片"演示文稿的输出与发布"，单击占位符中的预留区"插入表格"，在弹出的对话框中设置列数为 3，行数为 5。单击"确定"按钮，输入如图 5-45 所示的内容。

（2）调整表格大小，设置文本为 24 号字，第一行文字为白色，其他行黑色。

5.2.6　插入音频和视频

PowerPoint 提供了在幻灯片放映时播放音频和视频的功能，以此来增强幻灯片的演示效果。

1. 基础知识部分

1）插入音频

在 Powerpoint 2010 可以插入的音频包括文件中的音频、剪贴画音频和使用麦克风录制的音频。幻灯片放映过程中可以调节音量和播放进度。

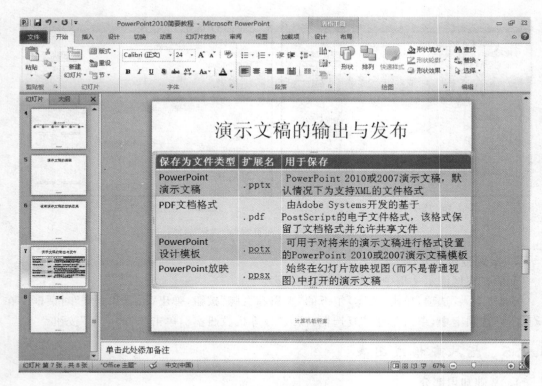

图 5-45　插入表格

（1）插入音频

选定欲插入音频的幻灯片，打开"插入"选项卡，单击"媒体"组下"音频"的向下箭头，弹出如图 5-46 所示的子菜单。

图 5-46　插入音频

① 单击"文件中的音频"命令，弹出"插入音频"对话框，选择音频文件，单击"插入"按钮即可插入一个音频文件。

② 单击"剪贴画音频"命令，打开"剪贴画"任务窗格，在该窗格中选择一个音频剪辑，单击该音频文件旁边的箭头，然后单击"插入"按钮即可插入一个剪贴画音频。

③ 若插入即时录制音频，单击"录制音频"按钮，弹出如图 5-47 所示的"录音"对话框。

单击红色圆形的"录制"按钮开始录音，单击蓝色长方形的"停止"按钮停止录音。录音结束后，单击蓝色三角形的"播放"按钮可以查看音频效果。单击对话框中的"确定"按钮即可将当前录制的音频插入到幻灯片中，单击"取消"按钮可以取消此次的音频插入。

图 5-47 "录音"对话框

（2）预览音频文件

当音频添加到一张幻灯片后，就会出现一个小喇叭的音频图标，鼠标指向声音图标时，出现如图 5-48 所示的"音频"工具栏。通过工具栏使用"播放/暂停"按钮预览音频文件，"静音/取消静音"按钮调整音量的大小。

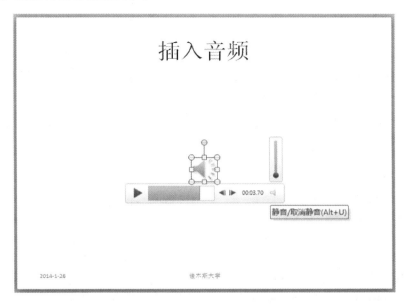

图 5-48 "音频"工具栏

（3）编辑音频图标外观

单击幻灯片上的声音图标时，功能区出现"音频工具"下的"格式"和"播放"两个选项卡，利用"格式"选项卡来设置声音图标的外观，如图 5-49 所示。

（4）编辑音频文件

利用"音频工具"下的"播放"选项卡来控制音频的播放，如图 5-50 所示。

① "预览"组可以播放预览音频文件。

② "书签"组可以在音频中添加书签，方便定位到音频中的某个位置。

③ "编辑"组可以对音频的长度进行裁剪。

④ "音频选项"组中的下拉框和复选框可以对音频的播放时间、次数和是否隐藏声音图标等进行设置。

2）插入视频

在 PowerPoint 2010 中可以插入的视频包括文件中的视频和剪贴画视频。

选定欲插入视频的幻灯片，打开"插入"选项卡，单击"媒体"组下的"视频"向下箭头，在

图 5-49 "音频工具"下的"格式"选项卡

图 5-50 "音频工具"的"播放"选项卡

弹出的子菜单中进行插入操作。

插入、预览及编辑文件中的视频方法与音频相应的操作方法相同。

2. 案例应用部分

下面为第 3 张幻灯片插入录音。

（1）选定第 3 张幻灯片"PowerPoint 2010 概述及基本操作"为当前幻灯片。

（2）打开"插入"选项卡，单击"媒体"组下的"音频"，单击"录制音频"按钮，弹出"录音"对话框。输入音频文件名"PowerPoint 2010 概述及基本操作"，单击红色圆形的"录制"按钮开始录音，录音的内容为 PowerPoint 2010 的简要概述。

（3）录音结束后，单击蓝色长方形的"停止"按钮停止录音。单击蓝色三角形的"播放"按钮查看音频效果。然后单击对话框中的"确定"按钮将当前录制的音频插入到幻灯片中。

（4）打开"音频工具"下的"播放"选项卡，单击"音频选项"组下的"开始"，选择"自动"，单击复选框"循环播放，直至停止"，如图 5-51 所示。

（5）打开"音频工具"下的"格式"选项卡，单击"调整"组下的"颜色"，单击"蓝色，强调文字颜色 1，深色"设置音频图标的外观，如图 5-52 所示。

图 5-51 音频播放设置

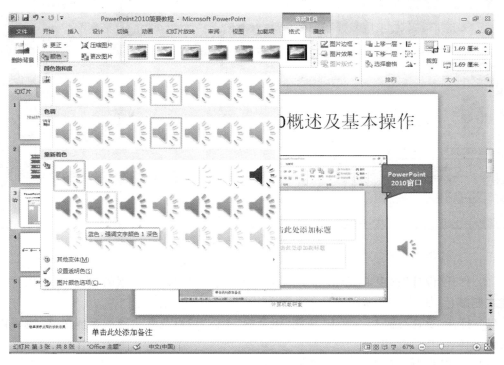

图 5-52 音频图标颜色设置

5.2.7 幻灯片版式的更改

通常要求一个演示文稿中所有幻灯片具有统一的外观,如背景图案、标题和正文字型等,为此 PowerPoint 提供了主题、母版和背景几种常用方法。

1. 基础知识部分

1) 使用演示文稿主题

在 PowerPoint 中,主题可以使演示文稿中所有幻灯片具有统一的颜色设置、总体布局等。主题是控制演示文稿统一外观最好、最快捷的一种手段。除了可以在开始创建文稿时使用主题外,也可在编辑过程中或文稿编辑完成后使用。

使用演示文稿主题的操作步骤如下。

(1) 打开"设计"选项卡,单击"主题"组下"其他"的向下箭头,如图 5-53 所示。右击一个主题,在快捷菜单中单击"应用于所有幻灯片"。

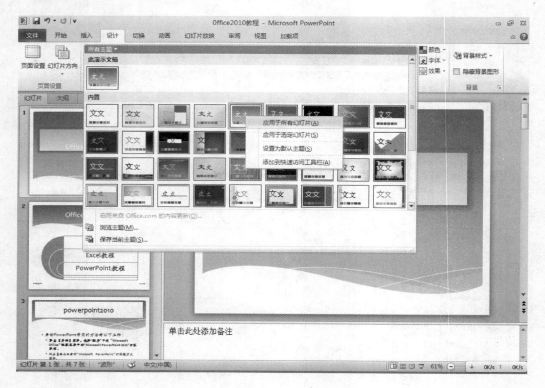

图 5-53 "主题"组

(2) 打开"设计"选项卡,单击"主题"组下的"颜色"可以改变主题的颜色,也可以重置或新建主题颜色,如图 5-54 所示。

(3) 打开"设计"选项卡,单击"主题"组下的"字体"可以改变主题的字体风格,也可以新建主体字体,如图 5-55 所示。

(4) 打开"设计"选项卡,单击"主题"组下的"效果"可以改变主题的效果,如图 5-56 所示。

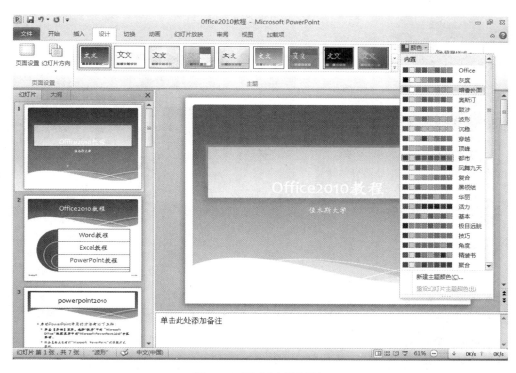

图 5-54　更改"主题"颜色

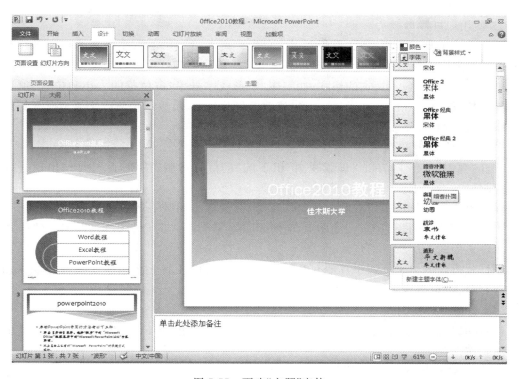

图 5-55　更改"主题"字体

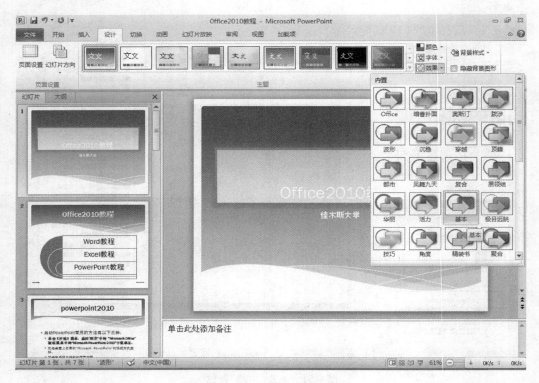

图 5-56　更改"主题"效果

2）使用幻灯片母版

母版分为幻灯片母版、备注母版和讲义母版。讲义母版用于更改讲义的打印设计和版式；备注母版用于控制备注页的版式和备注文字的格式。幻灯片母版用来设置演示文稿中所有幻灯片的样式，包括文本的格式，如字体、字形或字号等、占位符的大小和位置、项目符号和编号样式、背景和配色方案等。通过修改幻灯片母版，可以统一修改文稿中所有幻灯片的文本外观，达到风格一致的效果。

（1）设计幻灯片母版

打开"视图"选项卡，单击"母版视图"组下的"幻灯片母版"按钮，此时自动出现并打开"幻灯片母版"选项卡。

在左侧窗格中显示了所有版式的幻灯片母版，鼠标指向某一版式的母版就会有是否应用与本演示文稿中的相应提示，如图 5-57 所示。对某一版式的母版编辑后，相应的样式即会应用在该版式下的所有幻灯片。

幻灯片母版的编辑类似于其他一般幻灯片，用户可以在其上面添加或编辑文本、图形、边框等对象，也可以设置背景对象。

（2）退出母版视图

母版编辑完毕后，打开"幻灯片母版"选项卡，单击"关闭"组下的"关闭母版视图"退出母版视图状态。

3）使用幻灯片背景

打开"设计"选项卡，利用"背景"组可以统一幻灯片的背景。单击"背景样式"，单击某一

图 5-57　幻灯片母版

个背景即可。也可以单击"设置背景格式",在弹出的"设置背景格式"对话框中对背景的填充、图片更正、图片颜色和艺术效果进行相应的设置,如图 5-58 所示。

图 5-58　"设置背景格式"对话框

2. 案例应用部分

下面对案例演示文稿的主题及母版进行编辑修改。

（1）选定第 5 张幻灯片"演示文稿的编辑"，输入如图 5-59 所示的文本。

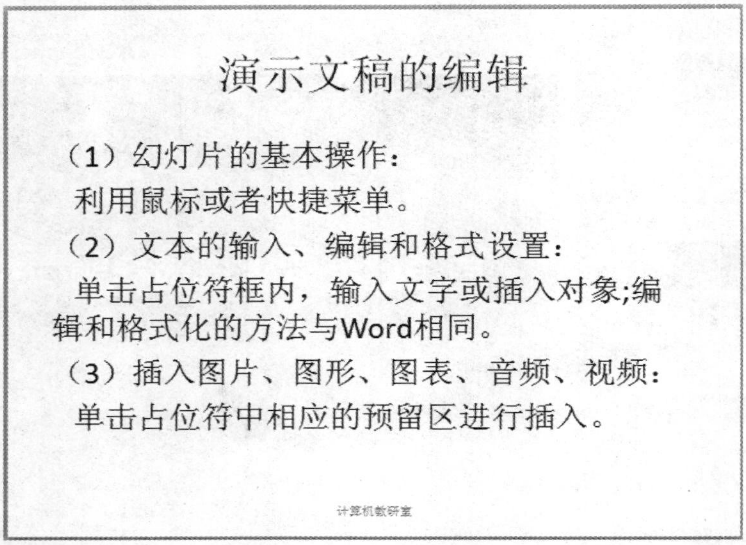

演示文稿的编辑

（1）幻灯片的基本操作：
利用鼠标或者快捷菜单。
（2）文本的输入、编辑和格式设置：
单击占位符框内，输入文字或插入对象;编
辑和格式化的方法与Word相同。
（3）插入图片、图形、图表、音频、视频：
单击占位符中相应的预留区进行插入。

计算机教研室

图 5-59　幻灯片"演示文稿的编辑"

（2）打开"设计"选项卡，单击"主题"组的向下箭头，右击"内置"下的"角度"主题后，在快捷菜单中单击"应用于所有幻灯片"命令，如图 5-60 所示。

图 5-60　设置幻灯片"主题"

（3）打开"视图"选项卡，单击"母版视图"组下的"幻灯片母版"按钮，选定左侧窗格中的"标题幻灯片版式：由幻灯片 1 使用"，对标题幻灯片版式的母版进行编辑，如图 5-61 所示。

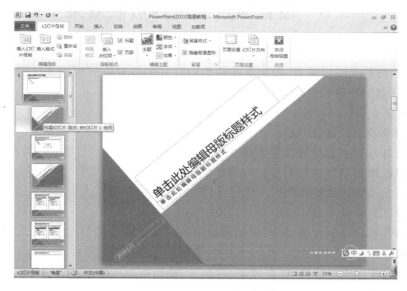

图 5-61　"幻灯片母版"视图

在工作区中右击母版标题占位符，在弹出的快捷菜单中设置标题文本为 36 号黑色黑体。同样方法设置副标题文本为 20 号黑色黑体，幻灯片页脚文本为 20 号黑色隶书。

（4）单击左窗格"标题和内容版式：由幻灯片 2,5-8 使用"，设置幻灯片母版标题为 32号字，微软雅黑，黑色；正文为 28 号字，隶书，黑色；页脚文本为 14 号字，隶书，白色。

（5）单击左窗格"仅标题版式：由幻灯片 3 使用"，设置幻灯片母版标题文本为 32 号微软雅黑，页脚文本设置为 14 号白色隶书。单击"背景"组下的"背景样式"，单击"样式 2"为该版式幻灯片母版的背景样式，如图 5-62 所示。

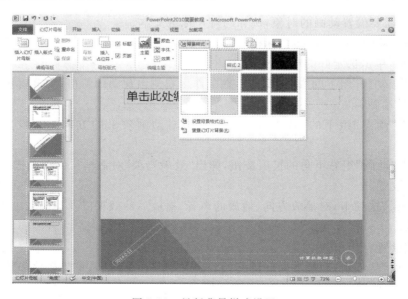

图 5-62　母版背景样式设置

(6) 单击"关闭"组下的"关闭母版版式"。

5.3　设置演示文稿的放映效果

在幻灯片制作中,可以利用动画效果控制幻灯片中的文本、声音、图像及其他对象的进入方式和顺序,目的是突出重点、增加趣味性。幻灯片的换片方式可以人工操作控制,自动控制,也可以自动循环放映方式等。

本节学习要点:

◇ 掌握动画效果的设置方法。

◇ 掌握幻灯片切换效果的设置方法。

◇ 掌握超链接和动作按钮的设计和编辑方法。

◇ 掌握演示文稿的放映操作。

◇ 熟悉幻灯片放映时显示/隐藏幻灯片的方法。

◇ 了解幻灯片放映时排练计时、录制旁白的方法及绘图笔的使用。

本节训练要点:

熟练使用幻灯片动画效果、切换效果、超链接、动作按钮等选项的设置,配合适当的放映方式突出主题,加强演示文稿的放映效果。

5.3.1　动画效果

PowerPoint 2010 中有 4 种不同类型的动画效果,即"进入"、"退出"、"强调"和"动作路径"。利用 PowerPoint 提供的动画功能,可以为幻灯片上的每个对象设置出现的顺序、方式及伴音。这种特殊的视觉和声效可以突出重点,控制播放的流程和提高演示的趣味性。

1. 基础知识部分

1) 设置幻灯片动画

设置幻灯片动画的步骤如下。

(1) 选中需要设置动画的对象,例如幻灯片标题文本。

(2) 打开"动画"选项卡,当鼠标指向"动画"组"其他"下的某一个动画时,即可预览该对象的动画效果,单击选定好的动画效果。

单击"高级动画"组下的"动画窗格",在工作区右侧出现动画窗格,由该窗格可以看到幻灯片中设置的动画。

(3) 单击"动画"组下的"效果选项"按钮,可对动画效果的方向进行设定,如图 5-63 所示。

(4) 单击"动画"组右下角的扩展按钮,弹出"效果选项"对话框。为动画进行详细设置。

① 效果设置。

打开"效果"选项卡,对播放方向、播放的声音、播放后的效果以及动画文本进行设置,如图 5-64 所示。

② 计时设置。

打开"计时"选项卡,对播放时间的开始、延迟、期间速度时间、重复播放和触发器等进行设置,如图 5-65 所示。

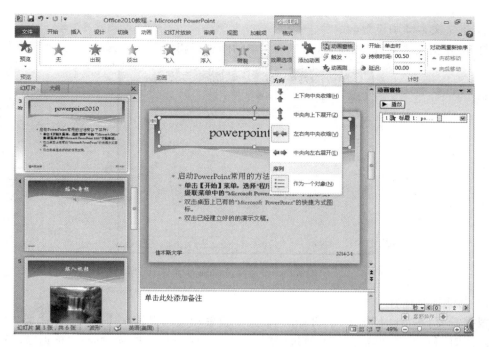

图 5-63　设置动画效果

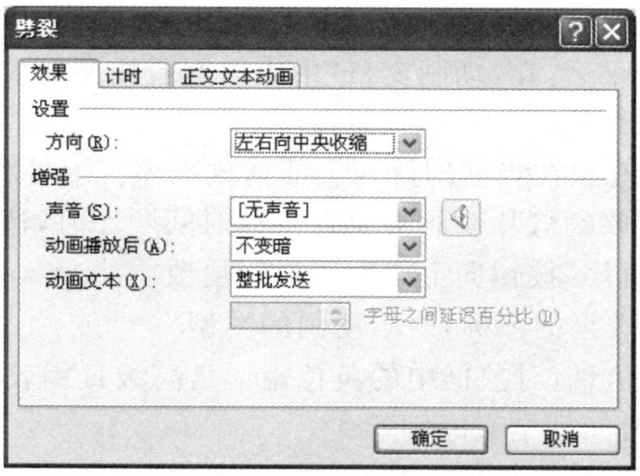

图 5-64　动画效果设置

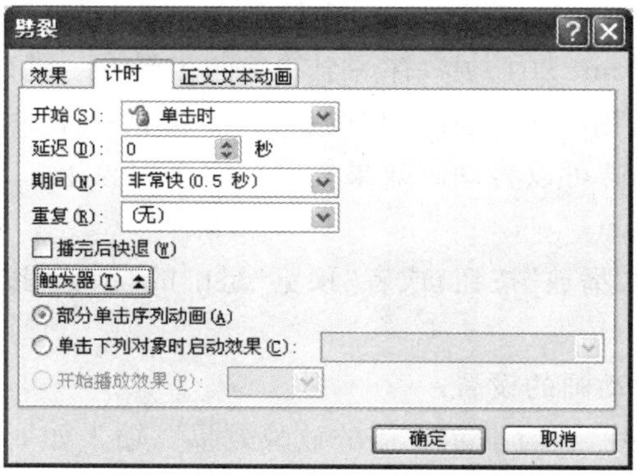

图 5-65　动画计时设置

演示文稿软件 *PowerPoint 2010*

③ 正文文本动画设置。

打开"正文文本动画"选项卡,对正文文本动画进行相应的设置,如图 5-66 所示。

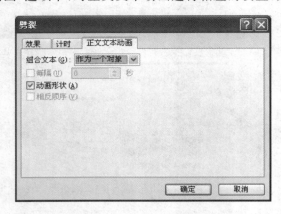

图 5-66　正文文本动画设置

2)动画计时设置

根据需要,在"计时"组下的"开始"列表框中设置动画的开始方式,包括"单击时"、"与上一动画同时"和"上一动画之后";通过"持续时间"设置动画的持续时间;"延迟"设置动画发生之前的延迟时间。

3)动画窗格

设置多个对象动画效果后,在"动画窗格"中可以查看按照播放顺序的动画列表。

列表框中列出当前幻灯片的所有动画对象。

(1)编号表示该动画对象在当前幻灯片上的播放次序。编号和设置对象动画效果的先后顺序一致。如果需要调整幻灯片动画对象发生的时间顺序时,选中需要改变的动画对象,单击动画窗格下端"重新排序"按钮向上或向下进行更改。

(2)编号后面是动画效果的图标,表示动画的类型。

(3)图标后面是对象信息,对象框中的黄色矩形是高级日程表,用鼠标拖动可以设置动画对象的开始时间、持续时间和结束时间等。

单击列表中某一动画对象右侧的下拉箭头,弹出如图 5-67 所示的菜单。可以对动画效果进行效果、计时和删除等设置。

4)动画刷

在 Microsoft PowerPoint 2010 中,有一个特殊的工具——动画刷。选定设置好动画效果的对象,单击"高级动画"组下的"动画刷"按钮,再单击某一个对象,即可将动画效果复制到该对象上。双击"动画刷"可以将动画效果复制到多个对象上。

5)预览动画

单击"动画"窗格中的"播放"按钮,或者"预览"组中的"预览"按钮即可预览动画。

2. 案例应用部分

对案例演示文稿进行动画的设置。

(1)单击第 6 张幻灯片"设置演示文稿的放映效果",输入如下文本:

动画效果

切换效果

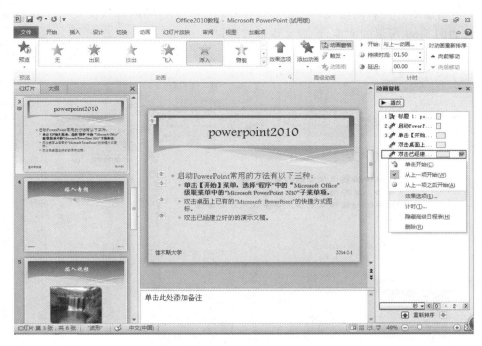

图 5-67　幻灯片动画窗格

（2）选定输入好的文本，打开"开始"选项卡，单击"段落"组下的"项目符号"，在弹出的菜单中单击"项目符号和编号"命令。在弹出的对话框中，单击项目符号为对号，颜色为浅蓝，单击"确定"按钮，如图 5-68 所示。

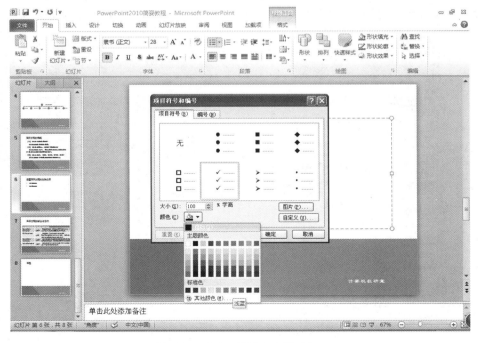

图 5-68　"项目符号和编号"设置

演示文稿软件 PowerPoint 2010

（3）在当前幻灯片后面插入一张新幻灯片，版式为"标题和内容"，输入标题"（1）动画效果"，输入如图5-69所示的文本，设置文本首行缩进2cm。

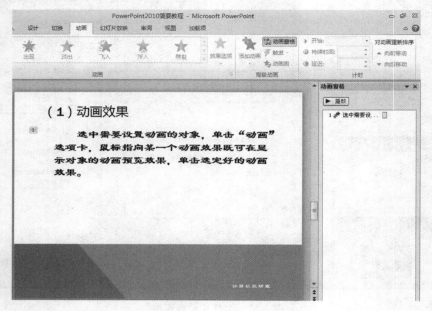

图 5-69 "（1）动画效果"幻灯片动画效果设置

单击输入好的文本，打开"动画"选项卡，单击"动画"组下的"飞入"，设置动画效果为飞入。单击"效果选项"中的"至左下部"设置飞入的方向。

（4）在当前幻灯片后面插入一张新幻灯片，版式为"标题和内容"，输入标题"（2）切换效果"，输入文本如图5-70所示。设置文本段前段后均为8磅，单倍行距，首行缩进2cm。

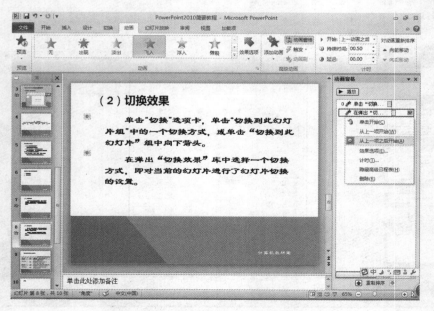

图 5-70 "（2）切换效果"幻灯片动画效果设置

设置第一段文本的动画效果为至左下部飞入,设置第二段文本的动画效果为至右下部飞入。

(5)单击"高级动画"组下的"动画窗格"打开"动画"窗格,单击"动画"窗格中的第一项右侧的向下箭头,在下拉列表中单击"从上一项开始",同样方法设置第二项为"从上一项之后开始"。

(6)单击最后一张幻灯片"习题",输入如图 5-71 所示的文本。设置题干部分及答案部分均为自底端飞入。在动画窗格中设置第 1 题的题干动画为"从上一项开始",第 1 题答案动画为"单击开始";第 2 题的题干动画为"从上一项之后开始",第 2 题答案动画为"单击开始"。

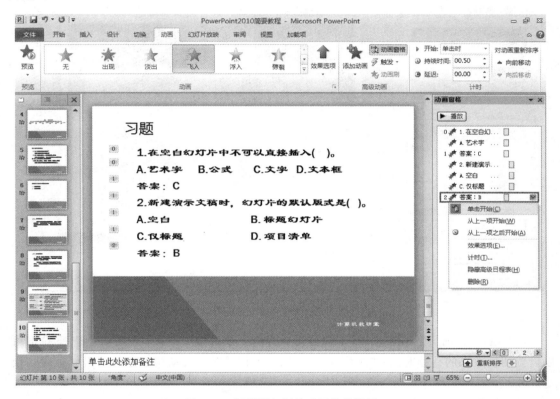

图 5-71 "习题"幻灯片动画效果设置

5.3.2 切换效果

切换效果是应用在换片过程中的特殊效果,它将决定以什么效果从一张幻灯片换到另一张幻灯片。

1. 基础知识部分

设置切换效果的操作步骤如下。

(1)切换至"普通视图"或"幻灯片浏览视图",选定欲设置切换效果的幻灯片,可以是一张也可以多张。

演示文稿软件 PowerPoint 2010

（2）打开"切换"选项卡，单击"切换到此幻灯片"组"其他"中的一个切换方式；或单击"其他"的向下箭头，在弹出的"切换效果"库中单击一个切换方式，即对当前的幻灯片进行了幻灯片切换的设置。

（3）单击"效果选项"按钮，在弹出的菜单中对所选切换方式进行更改，如图 5-72 所示。

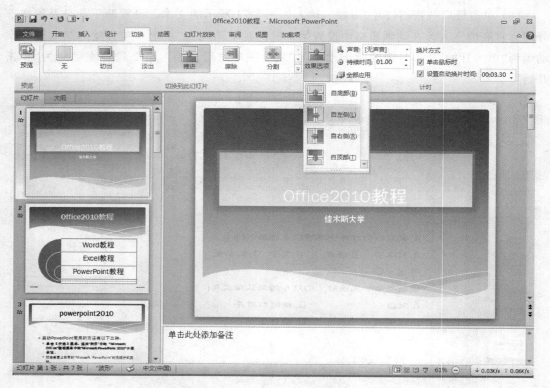

图 5-72　切换"效果选项"

（4）通过"计时"组下的"声音"下拉框可以为切换效果添加声音。"持续时间"下拉框可以设置切换效果的持续时间；"换片方式"可以设置根据时间自动切换还是单击鼠标时切换幻灯片。

（5）若对所有的幻灯片应用当前切换效果，则单击"全部应用"按钮。

2. 案例应用部分

对案例演示文稿进行切换效果的设置。

（1）打开"切换"选项卡，单击"切换到此幻灯片"组下"其他"的向下箭头，弹出"切换效果"库，单击"华丽型"中的"库"。

（2）单击"效果选项"按钮，在弹出的菜单中单击"自左侧"命令对所选切换效果进行更改，如图 5-73 所示。

（3）单击"计时"组中的"全部应用"。

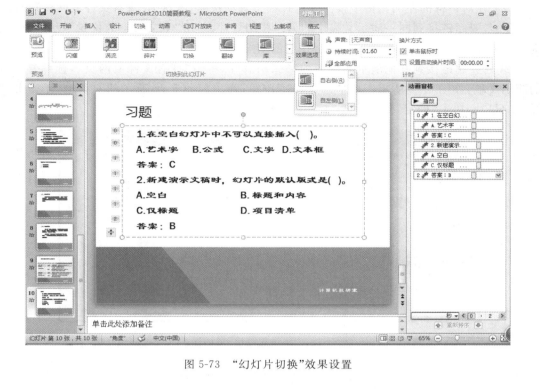

图 5-73 "幻灯片切换"效果设置

5.3.3 超链接

PowerPoint 中的超链接可以实现相应内容的跳转。可以超链接到同一演示文稿或其他演示文稿的某一张幻灯片，一个电子邮件地址、一个网页或文件。

1. 基础知识部分

1）创建超链接

（1）选定需要设置超链接的对象，打开"插入"选项卡，单击"链接组"下的"超链接"，弹出如图 5-74 所示的"插入超链接"对话框。

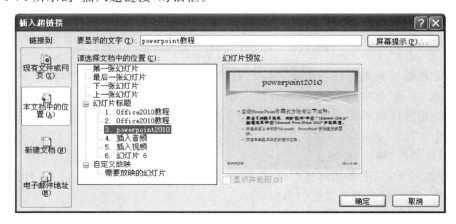

图 5-74 "插入超链接"对话框

（2）在对话框的左侧窗格中按需要选择一个选项按钮，默认为"现有文件或网页"按钮。

① 若要超链接到同一演示文稿中的另一张幻灯片，单击"本文档中的位置"，然后在"请选择文档中的位置"列表框中选择要链接到的幻灯片。

② 若要超链接到其他演示文稿中的某张幻灯片，单击"现有文件或网页"，选择要链接的演示文稿，如图 5-75 所示。再单击"书签"按钮，弹出如图 5-76 所示的对话框，单击要链接的幻灯片，单击"确定"按钮。

图 5-75 "编辑超链接"对话框

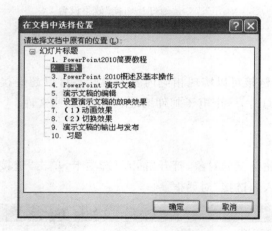

图 5-76 "在文档中选择位置"对话框

③ 若要超链接到电子邮件地址，单击"电子邮件地址"，在"电子邮件地址"中输入电子邮件地址，在"主题"框中，输入电子邮件的主题。

④ 若要超链接到网页或文件，单击"现有文件或网页"，找到并选择要链接到的页面，或者要链接的文件。

（3）最后单击"确定"按钮。

若要修改超链接，右击超链接对象，在快捷菜单中单击"编辑超链接"命令，打开"编辑超链接"对话框，即可对该超链接进行编辑。

2）利用动作设置创建超链接

选定需要设置超链接的对象，打开"插入"选项卡，单击"链接"组下的"动作"按钮，弹出

"动作设置"对话框，如图 5-77 所示。

图 5-77 "动作设置"对话框

对话框中包括两个选项卡，分别是"单击鼠标"和"鼠标移过"。

（1）"单击鼠标"选项卡

"单击鼠标"选项卡用于设置单击动作交互的超链接功能。

① 在"超链接到"下拉列表框中可以选择要跳转的目的地。

② 在"运行程序"选项中可以创建和计算机中其他程序相连的链接。

③ "播放声音"选项可设置单击某个对象时发出的声音。

（2）"鼠标移过"选项卡

"鼠标移过"选项卡适用于提示、播放声音或影片。采用鼠标移过的方式，可能会出现意外的跳转。

设置完毕单击"确定"按钮。

3）删除超链接

（1）删除对象的超链接

删除对象超链接的方法有以下几种。

① 选定超链接对象，单击"插入"选项卡"链接"组下的"超链接"，在弹出的"编辑超链接"对话框中单击"删除链接"按钮。

② 右击超链接对象，在弹出的快捷菜单中单击"编辑超链接"命令，打开"编辑超链接"对话框后单击"删除链接"按钮。

③ 右击超链接对象，在弹出的快捷菜单中单击"取消超链接"命令。

（2）删除利用动作设置创建的超链接

① 选定超链接对象，单击"插入"选项卡"链接"组下的"动作"，在弹出的"动作设置"对话框中选择"无动作"选项。

② 右击超链接对象，在弹出的快捷菜单中单击"编辑超链接"命令，打开"编辑超链接"对话框后单击"删除链接"按钮。

③ 右击超链接对象，在弹出的快捷菜单中单击"取消超链接"命令。

2. 案例应用部分

对案例演示文稿进行超链接操作。

（1）选定第 2 张幻灯片"目录"，选定文本"PowerPoint 2010 概述及基本操作"，打开"插入"选项卡，单击"链接组"下的"超链接"，弹出"插入超链接"对话框，在对话框的左侧窗格中单击"本文档中的位置"，单击"选择文档中位置"列表框中"3. PowerPoint 2010 概述及基本操作"，单击"确定"按钮，如图 5-78 所示。

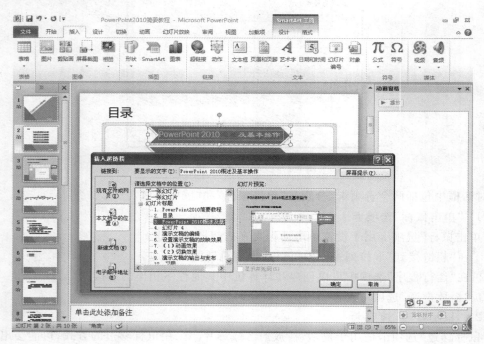

图 5-78　超链接设置

（2）同样方法设置"演示文稿的编辑"超链接到"5. 演示文稿的编辑"，"演示文稿的放映效果"超链接到"6. 设置演示文稿的放映效果"，"演示文稿的输出与发布"超链接到"9. 演示文稿的输出与发布"，"习题"超链接到"10. 习题"。

5.3.4　动作按钮和动作设置

动作按钮是指位于形状库中的内置按钮形状，添加到演示文稿中后，当鼠标单击或移过动作按钮时可以执行某一动作。

1. 基础知识部分

幻灯片中插入动作按钮的方法如下。

（1）选定欲插入动作按钮的幻灯片。

（2）打开"插入"选项卡，单击"插图"组下的"形状"，在弹出的形状库中找到"动作按钮"。动作按钮包括"下一张"、"上一张"、"第一张"和"最后一张"幻灯片以及用于播放视频或音频等的符号，如图 5-79 所示。选中后用鼠标在幻灯片上拖动即可建立一个动作按钮。

（3）创建一个动作按钮后，出现"动作设置"对话框，根据需要设置"单击鼠标"与"鼠标移过"动作即可，设置方法与利用动作设置创建超链接相同。

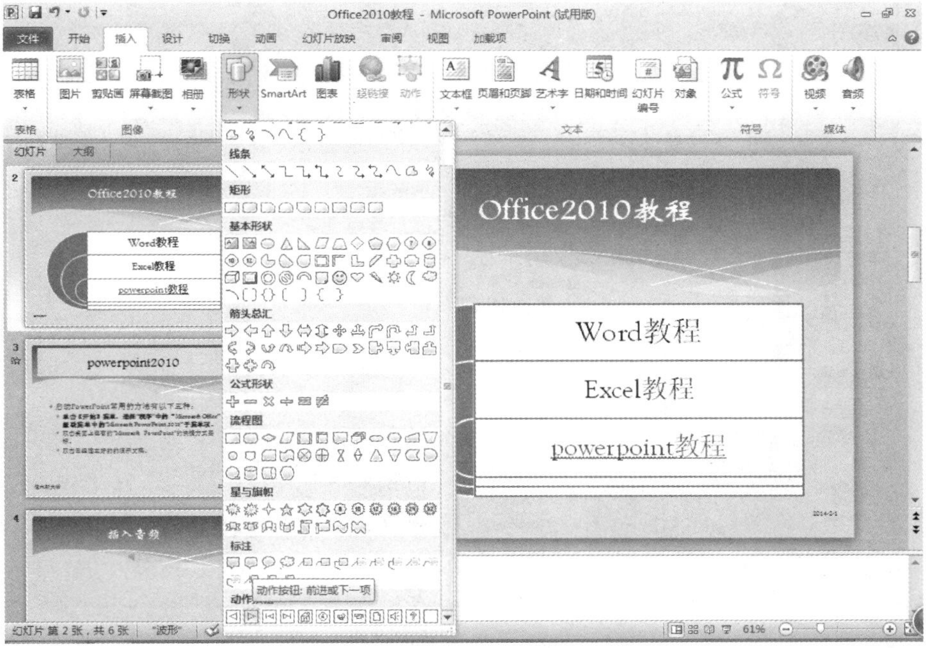

图 5-79　动作按钮

动作设置与动作按钮设置超链接的功能相同，区别在于动作设置的超链接是幻灯片中的一个对象，而动作按钮设置的超链接是形状库中已有的形状。

可以利用幻灯片母版进行"动作按钮"的创建和编辑，为演示文稿设置统一风格的动作按钮。

2. 案例应用部分

对案例演示文稿的幻灯片和母版进行动作按钮设置。

（1）选定第 6 张幻灯片"设置演示文稿的放映效果"，打开"插入"选项卡，单击"插图"组中的"形状"，在弹出的形状库中单击"下一张"按钮。在幻灯片文本"动画效果"后面的位置，用鼠标拖动建立一个动作按钮。在弹出的"动作设置"对话框中单击"超链接到"下拉列表框中的"幻灯片"，在弹出的"超链接到幻灯片"对话框中单击幻灯片标题列表框中的"7.（1）动画效果"，单击"确定"按钮返回到"动作设置"对话框，单击"确定"按钮。

（2）选定创建好的动作按钮，打开"绘图工具"下的"格式"选项卡，利用"形式样式"组进行形状和线条外观设置按钮样式，设置为"彩色轮廓-蓝-灰，强调颜色 6"。

（3）复制该动作按钮，粘贴至文本"切换效果"后面的位置。右击该按钮，在弹出的快捷菜单中单击"编辑超链接"，如图 5-80 所示。在弹出的"动作设置"对话框中设置超链接到"8.（2）切换效果"。

（4）选定第 7 张幻灯片"（1）动画效果"，插入动作按钮"文档"。右击动作按钮，在弹出的快捷菜单中单击"编辑文字"命令，如图 5-81 所示。输入文本内容为"返回"，设置文字为18 号浅蓝色隶书。设置该动作按钮超链接到"6. 设置演示文稿的放映效果"，播放声音为"单击"，形状样式为"彩色轮廓-蓝-灰，强调颜色 6"。

复制该动作按钮至第 8 张幻灯片"（2）切换效果"。

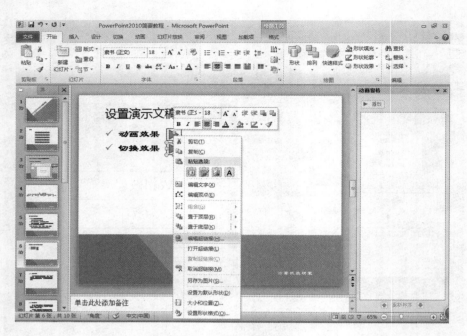

图 5-80 设置动作按钮

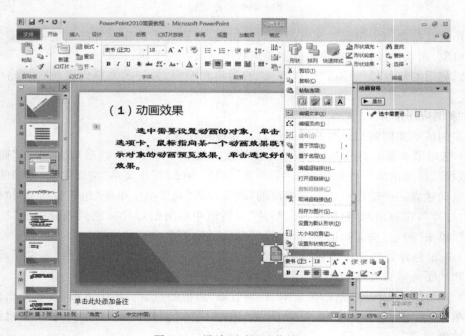

图 5-81 设计"文档"动作按钮

(5) 打开幻灯片母版,单击左窗格"标题和内容版式:由幻灯片 2,5-10 使用",在母版上插入动作按钮"文档",输入文本"目录",文字为 18 号浅蓝隶书,形式样式为"彩色轮廓-蓝-灰,强调颜色 6",设置动作按钮超链接到"2.目录"。

插入"结束"动作按钮,形式样式为"彩色轮廓-蓝-灰,强调颜色 6",超链接到"结束放映"。

（6）复制两个动作按钮至"仅标题版式：由幻灯片3使用"和"空白版式：由幻灯片4使用"的幻灯片母版。

（7）关闭幻灯片母版。调整第7页和第8页的"返回"按钮，使其与母版设计的按钮大小一致，放置于如图5-82所示的位置。

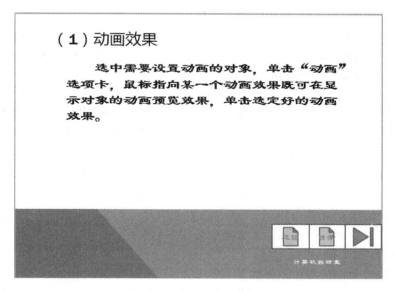

图 5-82　调整"返回"按钮

（8）利用"幻灯片浏览"视图方式进行浏览，如图5-83所示。

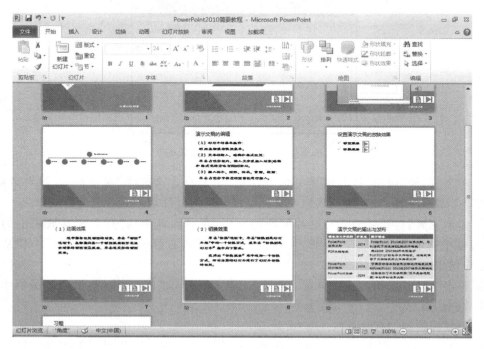

图 5-83　"幻灯片浏览"视图

5.3.5 演示文稿的放映

根据用户的需求,演示文稿可以采用不同的方式进行放映。

1. 基础知识部分

1) 幻灯片放映

(1) 简单放映

① 第一张幻灯片开始放映。

打开"幻灯片放映"选项卡,单击"开始放映幻灯片"组下的"从头开始"按钮,或者按 F5 键,即可从第一张幻灯片开始放映。

② 从当前幻灯片开始放映。

选定欲放映的起始幻灯片,打开"幻灯片放映"选项卡,单击"开始放映幻灯片"组下的"从当前幻灯片开始"按钮,或者按 Shift+ F5 键,即可实现从当前幻灯片开始放映。

在放映过程中,单击当前幻灯片或按 Enter 键、N 键、空格键、PgDn 键、→键或↓键,可以切换到下一张幻灯片;按 P 键、Back Space 键、PgUp 键、←键或↑键,可以切换到上一张幻灯片;按 Esc 键,可以中断幻灯片放映回到放映前的视图状态。

(2) 自定义幻灯片放映

自定义幻灯片放映可以选择演示文稿中的部分幻灯片,按一定的次序进行放映,以适应不同的放映场合。

自定义幻灯片放映的操作步骤如下。

① 打开"幻灯片放映"选项卡,单击"开始放映幻灯片"组下的"自定义幻灯片放映"按钮,单击"自定义放映"命令,弹出如图 5-84 所示的"自定义放映"对话框。

图 5-84 "自定义放映"对话框

② 单击"新建"按钮,弹出如图 5-85 所示的"定义自定义放映"对话框,在该对话框中,输入幻灯片放映名称,在左侧列表框中选择要播放的幻灯片加入到自定义放映中。

③ 添加完成后,若要修改幻灯片放映的次序,在对话框中的"在自定义放映中的幻灯片"列表框中选中要更改顺序的幻灯片,然后单击列表框右侧的"向上"、"向下"按钮来进行播放顺序的更改。

④ 单击"确定"按钮,返回"自定义放映"对话框。单击"放映"按钮,就会按照刚才设置的方式放映幻灯片。

2) 用鼠标控制幻灯片放映

在放映幻灯片过程中,可以利用正在播放的当前幻灯片左下角显示的控制按钮来控制

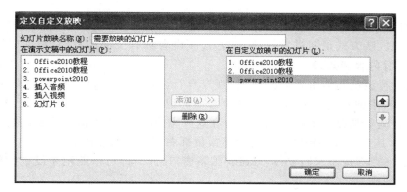

图 5-85 "定义自定义放映"对话框

播放。也可以在幻灯片上右击鼠标,在快捷菜单中进行播放控制,该菜单中常用选项的功能如下。

(1)"下一张"和"上一张"分别移到下一张或上一张幻灯片。

(2)"结束放映"是指结束幻灯片的放映。

(3)"定位至幻灯片"是以级联菜单方式显示出当前演示文稿的幻灯片清单,供用户查阅或选定当前要放映的幻灯片。

(4)"指针选项"会显示级联菜单。其中,"永远隐藏"是把鼠标指针隐藏起来;"箭头"使鼠标指针形状恢复为箭头形;"绘图笔"使鼠标指针变成笔形,以供用户在幻灯片上画图或标注,例如,为某个幻灯片对象加一个圆圈、画上一个箭头、加一些文字注解等。

(5)"屏幕"会显示一个级联菜单,用户可从中选择所需选项。

(6)"暂停"是指暂停幻灯片放映。

(7)"黑屏"是指用黑色屏幕的中断状态替代当前幻灯片。

(8)"擦除笔迹"可以清除已经画在幻灯片上的内容。

3)设置幻灯片放映方式

设置幻灯片放映方式的操作步骤如下。

(1)打开"幻灯片放映"选项卡,单击"设置"组下的"设置幻灯片放映"按钮,弹出如图 5-86 所示的"设置放映方式"对话框。

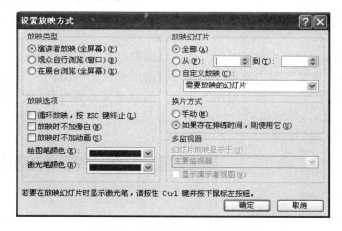

图 5-86 "设置放映方式"对话框

演示文稿软件 PowerPoint 2010

（2）在对话框中对放映类型、放映选项、放映幻灯片和换片方式等进行设置。

① 默认的放映方式是演讲者放映，该方式演讲者具有全部的权限，放映时可以保留幻灯片设置的所有内容和效果。

② 观众自行浏览与演讲者放映类似，观众自行浏览是以窗口的方式放映演示文稿，不具有演讲者放映中的一些功能，如用绘图笔添加标记等。

③ 在展台浏览是以全屏的方式放映。在这种方式下，除了单击某些超链接可以跳转到其他幻灯片外，其余的放映控制如单击鼠标或鼠标右键都不起作用。

（3）单击"确定"按钮返回 PowerPoint 编辑窗口，此时即可按照刚才设置的放映方式进行演示文稿的放映。

4）设置自动放映切片时间

如果想让幻灯片自动放映，可以通过设置幻灯片放映时间的方法来实现。

（1）设置自动换片时间

选定预设置换片时间的幻灯片，打开"切换"选项卡，单击"计时"组下的"设置自动换片时间"复选框，如图 5-87 所示，对当前幻灯片的换片时间进行设置。若单击"全部应用"按钮，则可以使演示文稿中的全部幻灯片具有统一的切片时间。

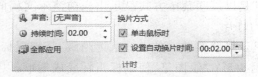

图 5-87　设置自动换片时间

若"单击鼠标时"复选框和其同时选中，则在放映时按照设置自动换片时间进行放映，在未达到换片时间时，单击鼠标也可以进行换片。

（2）排练和记录幻灯片计时

排练自动设置放映时间的操作方法是打开"幻灯片放映"选项卡，单击"设置"组下的"排练计时"按钮，此时启动全屏幻灯片放映。屏幕上出现如图 5-88 所示的"录制"对话框。当切换幻灯片时，会自动录制每张幻灯片放映的时间。

"录制"对话框中各对象的含义如下。

① 向右箭头表示"下一张"，单击切换至下一张幻灯片。

② 双竖线是"暂停"，表示暂时停止记录时间，若要在暂停之后重新开始记录时间，再次单击"暂停"按钮。

③ 第一个时间是"幻灯片放映时间"，表示当前幻灯片放映的时间。

④ 弯箭头表示"重复"，单击重新开始记录当前幻灯片的时间。

⑤ 第二个时间是"演示文稿总时间"，表示目前放映完毕的所有幻灯片播放的时间。

幻灯片放映结束时，弹出如图 5-89 所示的对话框，如果要保存这些计时以便将其用于自动运行放映，单击"是"按钮。

图 5-88　"录制"对话框

图 5-89　保存放映时间对话框

5）录制幻灯片演示

打开"幻灯片放映"选项卡,单击"设置"组下的"录制幻灯片演示"按钮,根据需要选择"从头开始录制"或"从当前幻灯片开始录制",弹出如图 5-90 所示的"录制幻灯片演示"对话框,单击"开始录制"按钮后录制开始。

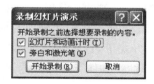

图 5-90　"录制幻灯片演示"对话框

6）隐藏幻灯片和取消隐藏

在 PowerPoint 中,允许将某些暂时不用的幻灯片隐藏起来,在幻灯片放映时这些幻灯片不参与放映。

（1）隐藏幻灯片

选定欲隐藏的幻灯片。打开"幻灯片放映"选项卡,单击"设置"组下的"隐藏幻灯片"按钮;或者在幻灯片窗格中,右键单击欲隐藏的幻灯片,在快捷菜单中单击"隐藏幻灯片"命令。

被隐藏的幻灯片编号上将出现一个斜杠,标志该幻灯片被隐藏,如图 5-91 所示。

图 5-91　隐藏幻灯片

（2）取消隐藏幻灯片

选定欲取消隐藏的幻灯片。打开"幻灯片放映"选项卡,单击"设置"组下的"取消隐藏幻灯片"按钮;或者在幻灯片窗格中,右键单击欲隐藏的幻灯片,在快捷菜单中单击"取消隐藏幻灯片"命令。

2. 案例应用部分

对案例演示文稿设置自动换片时间。

(1) 选定第 3 张幻灯片"PowerPoint 2010 概述及基本操作",打开"切换"选项卡,单击"计时"组下的"设置自动换片时间"复选框,设置自动换片时间为录音时间的 2 倍,即 5min20s,并设置切片方式为"单击鼠标时",在未达到换片时间时,单击鼠标也可换片。

(2) 切换至"幻灯片浏览"视图方式下,选定除第 3 张以外的所有幻灯片,设置自动换片时间为 10s,切片方式为"单击鼠标时"。如图 5-92 所示,可以在"幻灯片浏览"视图方式下看到每张幻灯片的自动切片时间。

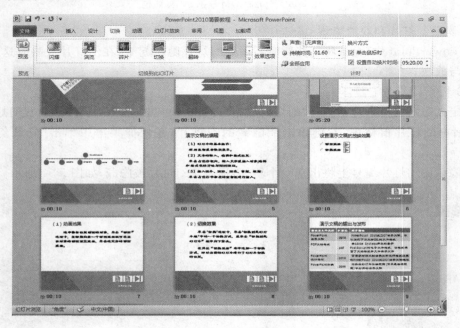

图 5-92 "幻灯片浏览"视图

5.4 演示文稿的输出与发布

本节学习要点:

◇ 掌握演示文稿的其他保存类型。

◇ 掌握演示文稿的打印设置操作(包括打印机设置、打印范围设置和打印内容设置)。

◇ 了解打包演示文稿(打包到文件夹、CD)的方法。

◇ 了解将演示文稿发布到幻灯片库的方法。

本节训练要点:

学会根据实际需要将设置好的演示文稿打印、打包或发布。

5.4.1 另存为其他类型文件

在 PowerPoint 2010 中,保存演示文稿时,默认文件为演示文稿文件,扩展名为.pptx。

还可以根据需要另存为其他类型文件，PowerPoint 2010 可以保存为 26 种文件类型。表 5-1 列出了常用的文件类型、扩展名和用途。

表 5-1　PowerPoint 2010 可保存的文件类型

保存为文件类型	扩展名	用于保存
PowerPoint 演示文稿	.pptx	PowerPoint 2010 或 2007 演示文稿，默认情况下为支持 XML 的文件格式
PowerPoint 97-2003 演示文稿	.ppt	可以在早期版本的 PowerPoint（从 97 到 2003）中打开的演示文稿
PDF 文档格式	.pdf	由 Adobe Systems 开发的基于 PostScript 的电子文件格式，该格式保留了文档格式并允许共享文件
XPS 文档格式	.xps	一种新的电子文件格式，用于以文档的最终格式交换文档
PowerPoint 设计模板	.potx	可用于对将来的演示文稿进行格式设置的 PowerPoint 2010 或 2007 演示文稿模板
PowerPoint 97-2003 设计模板	.pot	可以在早期版本的 PowerPoint（从 97 到 2003）中打开的模板
Office 主题	.thmx	包含颜色主题、字体主题和效果主题的定义的样式表
PowerPoint 放映	.ppsx	始终在幻灯片放映视图（而不是普通视图）中打开的演示文稿
Power Point 97-2003 放映	.pps	可以在早期版本的 PowerPoint（从 97 到 2003）中打开的幻灯片放映
PowerPoint 图片演示文稿	.pptx	其中每张幻灯片已转换为图片的 PowerPoint 2010 或 2007 演示文稿。将文件另存为 PowerPoint 图片演示文稿将减小文件大小，但是会丢失某些信息

　　将演示文稿保存为自动放映文件，无须演示者控制即可直接接进入幻灯片放映状态，其操作步骤如下。

　　(1) 单击"文件"选项卡下的"另存为"，弹出"另存为"对话框，如图 5-93 所示。

图 5-93　"另存为"对话框

演示文稿软件 PowerPoint 2010

（2）在对话框中选择"保存类型"下拉列表框中的"PowerPoint 放映"，单击"保存"按钮。

5.4.2 演示文稿的打印

演示文稿不仅可以放映，还可以打印成讲义。打印之前，应设计好被打印文稿的大小和打印方向，以获得良好的打印效果。

1. 黑白方式打印彩色幻灯片

大部分的演示文稿都设计成彩色，而打印的演示文稿以黑白居多。底纹填充和背景在屏幕上看起来很美观，但是打印出来的演示文稿可能会变得不易阅读。为了在打印之前先预览打印效果，PowerPoint 提供了黑白显示功能。在提供黑白显示的同时，系统也同时显示对应原稿的幻灯片缩图，设置方法如下。

（1）打开"视图"选项卡，单击"颜色/灰度"组下的"黑白"命令，打开如图 5-94 所示的"黑白模式"选项卡，在"更改所选对象"组下对该模式进行设置，即可看到黑白打印时幻灯片的灰度预览。

图 5-94 "黑白模式"选项卡

单击"关闭"组下的"返回颜色视图"按钮，则返回颜色视图状态。

（2）单击"文件"选项卡下的"打印"命令，弹出"打印"子菜单，进行打印的相关设置，操作方式类似 Word 中的打印设置，单击"打印"按钮进行打印。设置黑白方式打印也可以在"打印"子菜单下进行设置，如图 5-95 所示。

2. 打印页面设置

幻灯上的页面设置决定了幻灯片在屏幕和打印纸上的尺寸和放置方向。一般情况下，使用默认的页面设置。如要改变页面设置，操作步骤如下。

（1）打开演示文稿。

（2）打开"设计"选项卡，单击"页面设置"组下的"页面设置"命令，打开"页面设置"对话框，如图 5-96 所示。

（3）在"幻灯片大小"下拉列表框中单击想制作的幻灯片种类。如果单击"自定义"选项，可在"宽度"和"高度"框中输入值。

（4）若不想用 1 作为幻灯片的起始编号，在"幻灯片编号起始值"方框中输入数字。

（5）在"幻灯片"框下单击"纵向"或"横向"单选按钮，选择打印方向。

（6）在"备注页、讲义和大纲"框下单击"纵向"或"横向"单选按钮。即使幻灯片设置为横向，仍可以纵向打印备注页、讲义和大纲。

（7）单击"确定"按钮。

图 5-95 "打印"子菜单

图 5-96 "页面设置"对话框

3. 在 Word 中编辑或打印 PowerPoint 讲义

在 Microsoft PowerPoint 2010 中可以直接打印讲义,也可以使用 Word 处理和打印讲义。

打开欲打印的演示文稿中,执行下列操作。

(1)打开"文件"选项卡下的"保存并发送",单击"文件类型"下的"创建讲义",单击右窗格内的"创建讲义",弹出如图 5-97 所示的"发送到 Microsoft Word"对话框。

(2)在"发送到 Microsoft Word"对话框中,单击所需的页面布局,然后设置幻灯片添加到 Word 的方式。

① 若要在原始 PowerPoint 演示文稿中的内容更新时粘贴希望保持不变的内容,则单击"粘贴"单选按钮。

② 若要确保对原始 PowerPoint 演示文稿所做的所有更新都反映在 Word 文档中,则

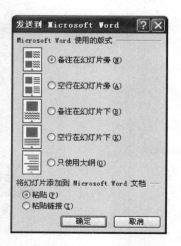

图 5-97 "发送到 Microsoft Word"对话框

单击"粘贴链接"单选按钮。

(3) 单击"确定"按钮后,演示文稿将作为 Word 文档在 Microsoft Word 窗口中打开,此时可以将其作为 Word 文档一样进行编辑、打印或保存。

5.4.3 演示文稿的打包

PowerPoint 提供了一个"打包"工具,它将播放器(系统默认为 pptview. exe)和演示文稿压缩后存放在一起,然后在演示的计算机上再将播放器和演示文稿一起解压缩,实现演示文稿在异地的计算机(不需安装 PowerPoint 软件)上播放。

PowerPoint 2010 中的 CD 打包,操作步骤如下。

(1) 打开要打包的演示文稿,CD 驱动器中插入 CD。

(2) 单击"文件"选项卡下的"保存并发送",在弹出的子菜单中单击"将演示文稿打包成CD"命令,然后在右窗格中单击"打包成 CD"。弹出"打包成 CD"对话框,如图 5-98(a)所示。

① 单击"添加"按钮,在"添加文件"对话框中选择要一起打包的文件。可以添加演示文稿,也可以添加其他相关的非 PowerPoint 文件。

② 在"要复制的文件"列表中按添加顺序列出所有添加的文件,若要更改顺序,在列表中选中文件,然后单击左侧的箭头按钮,即可在列表中向上或向下移动该演示文稿。

③ 若要从"要复制的文件"列表中删除演示文稿或文件,选择该演示文稿或文件,然后单击"删除"按钮。

(3) 单击"打包成 CD"对话框中的"选项"按钮,弹出"选项"对话框,如图 5-98(b)所示。设置相应的选项后单击"确定"按钮,返回到"打包成 CD"对话框。

① "链接的文件"复选框可以使包中包括与演示文稿相链接的文件,如图表、声音文件、电影剪辑和 Microsoft Office Excel 工作表等。

② 若演示文稿当前不包含嵌入字体,选中"嵌入的 TrueType 字体"复选框可在打包时包括这些字体;如果演示文稿中已包含嵌入字体,PowerPoint 会自动将演示文稿设置为包含嵌入字体。

③ "增强安全性和隐私保护"的设置,可以设置打开或编辑演示文稿所提供的密码。

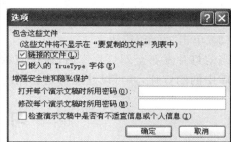

(a) "打包成CD"对话框   (b) "选项"对话框

图 5-98 "打包成 CD"及"选项"对话框

④ 若要检查演示文稿中是否存在隐藏数据和个人信息，选中"检查演示文稿中是否有不适宜信息或个人信息"复选框。

（4）若将演示文稿复制到网络或计算机上的本地磁盘驱动器，单击"复制到文件夹"按钮，输入文件夹名称和位置，然后单击"确定"按钮；若将演示文稿复制到 CD，则单击"复制到 CD"按钮。

5.4.4　发布幻灯片到幻灯片库

幻灯片库是一种特殊类型的库，利用幻灯片库里的幻灯片可以创建 PowerPoint 演示文稿。在创建幻灯片库后，可以将单张幻灯片或整个演示文稿文件发布到库中。当将整个演示文稿发布到幻灯片库中时，演示文稿中的幻灯片将在库中自动分离成单独的文件。

发布幻灯片的操作步骤如下。

（1）单击"文件"下的"保存并发送"，单击"发布幻灯片"后，再单击"发布幻灯片"按钮。弹出"发布幻灯片"对话框，如图 5-99 所示。

图 5-99 "发布幻灯片"对话框

演示文稿软件 PowerPoint 2010

（2）在"发布幻灯片"对话框中,选中要发布的幻灯片,如要全部选中,可单击"全选"按钮。选好后,单击"浏览"按钮,弹出"选择幻灯片库"对话框,从中选择要保存的库文件夹后,单击"选择"按钮后返回到"发布幻灯片"对话框。

（3）单击"发布"按钮。

当幻灯片发布至幻灯片库后,新建演示文稿时可以在"根据现有内容新建"中查看到幻灯片库中的幻灯片,并可以建立与之相同的幻灯片。

习　　题

一、选择题

1. PowerPoint 2010 演示文稿的默认扩展名是_____。
   A. doc　　　　　　B. ppt　　　　　　C. pptx　　　　　　D. xls

2. 新建一个演示文稿时第一张幻灯片的默认版式是_____。
   A. 项目清单　　　B. 两栏文本　　　C. 标题幻灯片　　　D. 空白

3. PowerPoint 2010 中的占位符是_____。
   A. 一个用来指定特定幻灯片位置的书签
   B. 一个待完成的空白幻灯片
   C. 在幻灯片上为各种对象指定的位置
   D. 在备注页视图中用来存放图片的位置

4. 在 PowerPoint 2010 中,复制幻灯片一般在_____。
   A. 幻灯片浏览视图下　　　　　　　　B. 幻灯片放映视图下
   C. 普通视图下　　　　　　　　　　　D. 备注页视图下

5. 在以下几种 PowerPoint 视图中,能够修改页眉和页脚位置的视图是_____。
   A. 幻灯片母版视图　　B. 大纲视图　　　C. 幻灯片浏览视图　D. 幻灯片视图

6. 在空白幻灯片中不可以直接插入_____。
   A. 艺术字　　　　　　B. 公式　　　　　C. 文字　　　　　　D. 文本框

7. 在 PowerPoint 2010 中,若为幻灯片中的对象设置"进入效果",应选择_____选项卡。
   A. 幻灯片放映　　　B. 动画　　　　　C. 自定义放映　　　D. 切换

8. PowerPoint 的大纲窗格中,不可以_____。
   A. 插入幻灯片　　　B. 删除幻灯片　　C. 移动幻灯片　　　D. 添加文本框

9. 在幻灯片放映时,用户可以利用绘图笔在幻灯片上写字或画画,这些内容_____。
   A. 自动保存在演示文稿中　　　　　　B. 不可以保存在演示文稿中
   C. 在本次演示中不可擦除　　　　　　D. 在本次演示中可以擦除

10. 在 PowerPoint 中,为了在切换幻灯片时添加声音,可以使用切换选项卡下的_____组来完成。
    A. 幻灯片放映　　　B. 工具　　　　　C. 计时　　　　　　D. 编辑

11. 在演示文稿中插入超链接时,所链接的目标不能是_____。
    A. 另一个演示文稿　　　　　　　　　B. 同一演示文稿的某一张幻灯片

C. 其他应用程序的文档　　　　　　　　D. 幻灯片中的某一个对象

12. 若要求文本出现在所有的幻灯片中,应将其加入到_____中。

    A. 幻灯片母版　　　B. 标题母版　　　C. 备注母版　　　D. 讲义母版

13. 在 PowerPoint 2010 中,下列说法正确的是_____。

    A. 在 PowerPoint 2010 中播放的影片文件,只能在播放完毕后才能停止

    B. 插入的视频文件在 PowerPoint 2010 幻灯片视图中不会显示图像

    C. 只能在播放幻灯片时,才能看到影片效果

    D. 在设置影片为"单击播放影片"属性后,放映时用鼠标单击会播放影片,再次单击则停止影片播放

14. 下面对幻灯片的打印描述中,正确的是_____。

    A. 必须从第一张幻灯片开始打印

    B. 不仅可以打印幻灯片,还可以打印讲义和大纲

    C. 必须打印所有幻灯片

    D. 幻灯片只能打印在纸上

15. 如果要在幻灯片放映过程中结束放映,以下操作中不能采取的是_____。

    A. 按 Alt＋F4 键

    B. 按 Pause 键

    C. 按 Esc 键

    D. 在幻灯片放映视图中单击鼠标右键,然后在快捷菜单中选择"结束放映"命令

二、填空题

1. 用 PowerPoint 创建的用于演示的文件称为_____。

2. PowerPoint 2010 提供的视图方式主要有普通视图、_____、_____和备注页视图。

3. 幻灯片模板的扩展名为_____。

4. PowerPoint 的一大特色就是可以使演示文稿的所有幻灯片具有一致的外观。控制幻灯片外观的方法主要有_____、_____和_____。

5. 单击幻灯片上的声音图标时,功能区出现"音频工具"下的选项卡为_____和_____。

6. 从第一张幻灯片开始放映的快捷键是_____,从当前幻灯片开始放映的快捷键是_____。

7. PowerPoint 2010 中有 4 种不同类型的动画效果,即_____、_____、_____和_____。

8. 保存为可以在早期版本的 PowerPoint(从 97 到 2003)中打开的演示文稿的扩展名是_____。

9. 将文本添加到幻灯片最简易的方式是直接将文本输入幻灯片的文本占位符中。要在占位符外的其他地方添加文字,可以在幻灯片中插入_____。

10. 可以看到幻灯片右下角隐藏标记的视图是_____。

第6章　网络技术基础

计算机网络是现代通信技术与计算机技术相结合的产物。计算机网络的应用已渗透到社会生活的各个方面,随着全球信息化进程的迅速发展,计算机网络已成为现代社会的基础设施。

本章学习要点:

◇ 网络的概念、功能、分类、拓扑结构。

◇ 网络体系结构和局域网技术。

◇ MAC 地址。

◇ Internet 的工作机制及协议。

◇ IP 地址和域名系统。

◇ 理解万维网概念。

◇ 使用 IE 浏览器。

6.1　计算机网络基础知识

本节学习要点:

◇ 掌握网络的概念、功能、分类。

◇ 掌握拓扑结构的定义及类型。

◇ 掌握网络体系结构的 OSI 参考模型。

◇ 了解局域网的硬件系统和软件系统。

◇ 掌握 MAC 地址的格式及作用。

6.1.1　网络的概念及功能

所谓计算机网络就是利用通信设备和线路将分布在不同地理位置的多个独立的计算机系统互连起来,在网络软件系统(包括网络通信协议、网络操作系统和网络应用软件等)控制下,连接在网络上的计算机之间可以实现相互通信和资源共享等。

计算机网络主要提供以下三个方面的功能。

1. 资源共享

资源包括计算机的软件、硬件和数据。网络中各地资源互相通用,网络上各用户不受地理位置的限制,在自己的位置上可以部分或全部使用网络上的资源,如大容量的硬盘、打印机、绘图仪、数据库等,因此极大地提高了资源的利用率。

2. 数据通信

计算机网络上的每台计算机都可进行信息交换。可以利用网络收发电子邮件、发布信息、电子商务、远程教育及远程医疗等。

3. 分布式处理

在网络操作系统的控制下,网络中的计算机可以协同工作,完成仅靠单机无法完成的大型任务,即一项复杂的任务可以划分成许多部分,由网络内各计算机分别完成有关部分,从而大大增强了整个系统的性能。

可见,计算机网络扩展了计算机系统的功能,增大了应用范围,提高了可靠性,提供了用户应用的方便性和灵活性,实现了综合数据传输,为社会提供了更广泛的应用服务。

6.1.2 网络的分类和拓扑结构

1. 网络的分类

用于计算机网络分类的标准很多,如拓扑结构,应用协议等。但是这些标准只能反映网络某方面的特征,最能反映网络技术本质特征的分类标准是按分布距离将网络分为局域网、城域网和广域网。

(1)局域网(LAN):又称局部网,一般在几十千米的范围内,以一个单位或一个部门的小范围为限(如一个学校、一个建筑物内),由这些单位或部门单独组建。这种网络组网便利,成本较低,传输效率高。

(2)城域网(MAN):又称远程网,是远距离、大范围的计算机网络。城域网一般覆盖一个城市或地区,地理范围在几十千米的范围内。

(3)广域网(WAN):广域网的覆盖范围很大,如可以是一个洲、一个国家,甚至全世界。广域网一般由多个部门或多个国家联合组建,能实现大范围内的资源共享。广域网普遍利用公用电信设施,如公用电话交换网、公用数字交换网、卫星和少数专用线路进行高速数据交换和信息共享。如我国的电话交换网(PSDN)、公用数字数据网(ChinaDDN)、公用分组交换数据网(ChinaPAC)等都是广域网。广域网利用网络互联设备将各种类型的广域网和局域网互联起来,形成网间网。广域网的出现,使计算机网络从局部到全国进而将全世界连成一片,这就是 Internet。

2. 网络的拓扑结构

网络的拓扑结构是指网络中计算机系统(包括通信线路和结点)的几何排列形状,即网络的物理连接形式。拓扑图给出网络服务器、工作站的网络配置和相互间的连接,它的结构主要有星状结构、环状结构、总线型结构、树状结构、网状结构等,如图 6-1 所示。

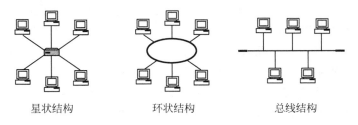

星状结构   环状结构   总线结构

图 6-1　常见的网络拓扑结构

1)总线结构

在总线结构中,所有的结点都通过相应的硬件接口连接到一根中心传输线(如同轴电缆或光缆)上,这根中心传输线被称为总线(Bus)。总线结构网络是一种共享通道的结构,总线上的任何一个结点都是平等的,当某个结点发出信息时,其他结点被抑制,但允许接收。

优点:结构简单,安装、扩充或删除结点容易,某个结点出现故障不会引起整个系统的崩溃,信道利用率高,资源共享能力强。适于构造宽带局域网。

缺点:通信传输线路发生故障会引起网络系统崩溃,网络上信息的延迟时间是不确定的,不适于实时通信。

2)环状结构

环状结构是一种闭合的总线结构。在环状结构中,所有的结点都通过中继器连接到一个封闭的环上,任意结点都要通过环路相互通信,一条环路只能进行单向通信,可设置两条环路实现双向通信,以便提高通信效率。

优点:网上的每一个结点都是平等的,容易实现高速和长距离通信,由于传输信息的时间是固定的,易于实时控制,被广泛应用在分布式处理中。

缺点:网络的吞吐能力差,由于通信线路是封闭的,扩充不方便,而且环路中任一结点发生故障时,整个系统就不能正常工作。

3)星状结构

在星状结构中,所有结点均通过独立的线路连接到中心结点上,中心结点是整个网络的主控计算机,各结点之间的通信都必须通过中心结点,是一种集中控制方式。

优点:安装容易,便于管理,某条线路或结点发生故障时不会影响网络的其他部分,数据在线路上传输时不会引起冲突。适用于分级的主从式网络,采用集中式控制。

缺点:通信线路总长较长,费用较高,对中心结点的可靠性要求高,一旦中心结点发生故障,将导致整个网络系统的崩溃。

4)树状结构

树状结构是从星状结构扩展而来的。在树状结构中,各结点按级分层连接,结点所处的层越高其可靠性要求就越高。与总线结构相比较,其主要区别就是总线结构没有"根",即中心结点。

优点:线路连接简单,容易扩充和进行故障隔离。适用于军事部门、政府部门等上、下界限相当严格的部门。

缺点:结构比较复杂,对根的依赖性太大。

5)网状结构

在网状结构,任一结点至少有两条通信线路与其他结点相连,因此各个结点都应具有选择传输线路和控制信息流的能力。

优点:可靠性高,当某一线路或结点出现故障时,不会影响整个网络的运行。

缺点:网络管理与路由控制软件比较复杂,通信线路长,硬件成本较高。

综上所述,网络的拓扑结构反映了网络各部分的结构关系和整体结构,影响着整个网络的设计、可靠性、功能和通信费用等重要指标,并与传输介质、介质访问控制方法等密切相关。

在实际的计算机网络中经常采用混合结构,混合结构是将多种拓扑结构的网络连接在一起而形成的。混合拓扑结构的网络兼备不同拓扑结构的优点。在局域网中,使用最多的是总线型、环状结构和星状结构。

6.1.3 网络体系结构

1. 网络体系结构的基本概念

计算机网络最基本的功能就是将分别独立的计算机系统互连起来,网络用户可以共享网络资源及互相通信。但在这些不同实体的计算机系统之间通信,有必要建立一个国际范围的网络体系结构标准,关于信息的传输顺序、信息格式和信息内容等做出约定,这一套规则与约定称为通信协议。国际标准化组织 ISO 于 1984 年 10 月 15 日年正式推荐了一个网络系统结构,叫作开放系统互连参考模型(Reference Model of Open System Interconnection,OSI/RM)。OSI 定义了各种计算机联网标准的框架结构,且得到了世界的公认。

因此,网络体系结构是指层和协议的集合,是对构成计算机网络的各个组成部分以及计算机网络本身所必须实现的功能的一组定义、规定和说明。其中"系统"是指计算机、外部设备、终端、传输设备、操作人员以及相应软件。"开放"是指按照参考模型建立的任意两系统之间的连接和操作。当一个系统能按 OSI 模式与另一个系统进行通信时,称该系统是开放系统。

2. OSI 开放式网络系统互连标准参考模型

一个 OSI 参考模型将整个网络通信的功能划分为 7 个层次,它们由低到高分别是物理层(PH)、数据链路层(DL)、网络层(N)、传输层(T)、会话层(S)、表示层(P)和应用层(A),如图 6-2 所示。

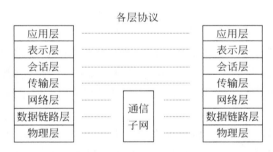

图 6-2 OSI 7 层参考模型

OSI 不是一个实际的物理模型,而是一个将通信协议规范化了的逻辑参考模型。OSI 根据网络系统的逻辑功能对每一层规定了功能、要求、技术特性等,但没有规定具体的实现方法。OSI 仅仅是一个标准,而不是特定的系统或协议。网络开发者可以根据这个标准开发网络系统;网络用户可以利用这个标准来考察网络系统。

3. OSI 各层的功能

物理层:利用物理传输介质为数据链路层提供物理连接,以透明地传送比特流。

数据链路层:在通信的实体之间建立数据链路连接,负责在相邻两个结点的链路上进行二进制数据流的传送,并进行差错检测和流量控制,保证无差错地传送。

网络层:解决多结点传送时的路由选择,保证信息能到达目的地。

传输层:向用户提供可靠的端点到端点(源主机到目的主机)的数据传输服务。

会话层:组织和同步两个通信系统的会话服务用户之间的对话,并管理数据的交换。

表示层:解决在两个通信系统中交换信息时,不同数据格式的编码之间的转换。

应用层：负责向用户提供各种网络应用服务,如文件传输、电子邮件、远程访问等。

6.1.4 局域网技术

1. 计算机局域网的特点

(1) 地理范围有限,通常分布在一座大楼或集中的建筑群内,范围一般只有几千米。

(2) 传输速率高,传输速率为 1~20Mb/s,光纤高速网可达 100Mb/s,1000Mb/s。

(3) 支持多种传输介质,如双绞线,同轴电缆或光缆等,可根据需要进行选用。

(4) 多采用分布式控制和广播式通信,传输质量好,误码率低,结点增删比较容易。

(5) 与远程网相比,拓扑结构规则,距离短,延时少,成本低和传输速率高。

2. 局域网硬件设备

局域网的主要硬件设备按其功能及在局域网中的作用可分为：服务器、工作站、网卡、集线器、网络传输介质和网络互连设备。

1) 服务器

服务器(Server)是局域网的核心设备,它运行网络操作系统,负责网络资源管理和向网络客户机提供服务。按其提供的服务分为三种基本类型：文件服务器、打印服务器和应用服务器。

2) 工作站

工作站(Work Station)是网络用户直接处理信息和事务的计算机。工作站既可单机使用,又可联网使用。

3) 网卡

网卡(Network Interface Card,NIC)也叫网络适配器,是连接计算机与网络的硬件设备。网卡插在计算机或服务器扩展槽中,通过网络传输线路(如双绞线、同轴电缆或光纤)与网络交换数据、共享资源。目前常用的是 10M 和 100M 的 PCI 网卡。

4) 集线器

集线器(Hub)是局域网中计算机和服务器的连接设备,是局域网的星状连接点,每个工作站是用双绞线连接到集线器上,由集线器对工作站进行集中管理。

5) 网络传输介质

网络传输介质是网络中传输数据、连接各网络站点的实体,如双绞线、同轴电缆、光纤,网络信息还可以利用无线电系统、微波无线系统和红外技术传输。双绞线是目前局域网最常用到的一种传输介质,一般用于星状网的布线连接。同轴电缆一般用于总线型网布线连接。光纤又叫光缆,主要是在要求传输距离较长的情况下用于主干网的连接。

6) 局域网互连设备

常用局域网互连设备有中继器、网桥、路由器以及网关等。

中继器(Repeater)：用于延伸同型局域网,在物理层连接两个网,在网络间传递信息,中继器在网络间传递信息起信号放大、整形和传输作用。当局域网物理距离超过了允许的范围时,可用中继器将该局域网的范围进行延伸。

网桥(Bridge)：指数据层连接两个局域网络段,网间通信从网桥传送,网内通信被网桥隔离。网络负载重而导致性能下降时,用网桥将其他分为两个网络段,可最大限度地缓解网络通信繁忙的程度,提高通信效率。

路由器（Router）：用于连接网络层、数据层、物理层执行不同协议的网络，协议的转换由路由器完成，从而消除了网络层协议之间的差别。路由器适合于连接复杂的大型网络。路由器的互连能力强，可以执行复杂的路由选择算法，处理的信息量比网桥多，但处理速度比网桥慢。

网关（Gateway）：用于连接网络层之上执行不同协议的子网，组成异构的互联网。网关能实现异构设备之间的通信，对不同的传输层、会话层、表示层、应用层协议进行翻译和变换。网关具有对不兼容的高层协议进行转换的功能。

3. 局域网的软件系统

组建局域网的基础是网络硬件，网络的使用和维护要依赖于网络软件，在局域网上使用的网络软件主要包括网络通信协议、网络操作系统、网络数据库管理系统和网络应用软件。

1）网络通信协议

局域网通信协议是局域网软件系统的基础，通常由网卡与相应驱动程序提供，用以支持局域网中各计算机之间的通信。

（1）NetBIOS 与 NetBEUI

NetBIOS 协议，即网络基本输入输出系统，最初由 IBM 提出。NetBEUI 即 NetBIOS 扩展用户接口，是微软在 IBM 的基础上更新的协议，其传输速度很快，是不可路由协议，用广播方式通信，无法跨越路由器到其他网段。NetBEUI 适用于只有几台计算机的小型局域网，其优点是在小型网络上的速度很高。

（2）NWLink 与 IPX/SPX

IPX/SPX（Internet Packet Exchange/Sequenced Packed Exchange）即互联网分组交换/顺序交换协议，它是 Novell NetWare 网络操作系统的核心。其中，IPX 负责为到另一台计算机的数据传输编制和选择路由，并将接收到的数据送到本地的网络通信进程中。SPX 位于 IPX 的上一层，在 IPX 的基础上，保证分组顺序接收，并检查数据的传送是否有错。现在，由于 Internet 的发展，人们更多的是安装 TCP/IP，为了节省资源，如果不是在 Novell 网络中，在不使用 IPX/SPX 协议时，应将其卸载。

（3）TCP/IP

TCP/IP 广泛应用于大型网络中，也是 UNIX 操作系统使用的协议。由于它是面向连接的协议，附加了一些容错功能，所以其传输速度不快，但它是可路由协议，可跨越路由器到其他网段，是远程通信时有效的协议。现在，TCP/IP 已经成为 Internet 的标准协议，又称 Internet 协议。

基于对三种协议的比较，用户应根据网络规模、操作系统、网段的划分，合理使用协议。若只有一个局域网，计算机数量小于 10 台，没有其他网段或远程客户机，可以只安装速度快的 NetBEUI，而不安装 TCP/IP。若有多个网段或远程客户机，则应使用可路由协议，既保证了速度，又减少了广播。

2）网络操作系统

在局域网硬件提供数据传输能力的基础上，为网络用户管理共享资源，提供网络服务功能的局域网系统软件被定义为局域网操作系统。网络操作系统是网络环境下用户与网络资源之间的接口，用以实现对网络的管理和控制。网络操作系统的水平决定着整个网络的水平,使所有网络用户都能方便、有效地利用计算机网络的功能和资源。

目前,世界上较流行的网络操作系统有:

Microsoft 公司的 Windows NT 或 Windows 2000 Server。

Novell 公司的 NetWare,曾经是市场主导产品。

IBM 公司的 LAN Server。

它们在技术、性能、功能方面各有所长,支持多种工作环境,支持多种网络协议,能够满足不同用户的需要,为局域网的广泛应用奠定了良好的基础。

局域网操作系统主要由服务器操作系统、网络服务软件、工作站软件及网络环境软件几部分组成。

(1) 服务器操作系统

服务器操作系统直接运行在服务器硬件上,以多任务并发形式高速运行,为网络提供了文件系统、存储管理和调度系统等。

(2) 网络服务软件

网络服务软件是运行在服务器操作系统之上的软件,它为网络用户提供了网络环境下的各种服务功能。

(3) 工作站软件

工作站软件运行在本地工作站上,它能把用户对工作站微机操作系统的请求转化成对服务器操作系统的请求,同时也接收和解释来自服务器的信息并把这些信息转换成本地工作站所能识别的格式。

(4) 网络环境软件

网络环境软件用来扩充局域网的功能,如进程通信管理软件等。

4. 网络数据库管理系统

网络数据库管理系统是一种可以将网上的各种形式的数据组织起来,科学、高效地进行存储、处理、传输和使用的系统软件,可把它看作网上的编程工具,如 Visual FoxPro、SQL Server、Oracle、Informix 等。

5. 网络应用软件

软件开发者根据网络用户的需要,用开发工具开发出来各种应用软件,例如,常见的在局域网环境中使用的 Office 办公套件、商品流转、银台收款软件等。

局域网应用软件是在局域网中运行的应用程序,它扩展了网络操作系统的功能。局域网中的每一种应用服务,都需要相应的网络应用程序。随着因特网的普及,网络应用软件已扩展为主要面向 Internet 的信息服务。

6.1.5 MAC 地址

网络上的每个主机都有一个物理地址,称为 MAC 地址。MAC 地址也叫硬件地址或链路地址,由网络设备制造商生产时写在硬件内部。

1. MAC 地址的格式

IP 地址与 MAC 地址在计算机里都是以二进制表示的,IPv4 中规定 IP 地址长度为 32b,MAC 地址的长度则是 48b(6B),通常表示为 12 个十六进制数,每两个十六进制数之间用冒号隔开,如 08:00:20:0A:8C:6D 就是一个 MAC 地址,其中前 6 位十六进制数 08:00:20

代表网络硬件制造商的编号,它由 IEEE(电气与电子工程师协会)分配,而后 3 位十六进制数 0A:8C:6D 代表该制造商所制造的某个网络产品(如网卡)的系列号。只要用户不去更改自己的 MAC 地址,那么用户的 MAC 地址在世界上是唯一的。

局域网中每个主机的网卡上的地址就是 MAC 地址。

2. MAC 地址的作用

MAC 地址与网络无关,即无论将带有这个地址的硬件(如网卡、集线器和路由器等)接入到网络的何处,都有相同的 MAC 地址,它由厂商写在网卡的 BIOS 里。IP 地址基于逻辑,比较灵活,不受硬件限制,也容易记忆。MAC 地址在一定程度上与硬件一致,基于物理,能够具体标识。这两种地址各有优点,使用时因条件而采取不同的地址。局域网采用了用 MAC 地址来标识具体用户的方法。MAC 地址只在局域网中有用,对于局域网以外的网络没有任何作用,所以需要路由器的 MAC 地址,以便将数据发送出局域网,发送到广域网中,在网络层级以上使用的是 IP 地址,数据链路层使用的是 MAC 地址。例如,IP 地址就如同一个职位,而 MAC 地址则好像是去应聘这个职位的人才,职位既可以让甲坐,也可以让乙坐。同样的道理,一个结点的 IP 地址对于网卡是不做要求的,基本上什么样的厂家都可以用,也就是说 IP 地址与 MAC 地址并不存在着绑定关系。

在局域网或是广域网中的计算机之间的通信,最终都表现为将数据包从某种形式的链路上的初始结点出发,从一个结点传递到另一个结点,最终传送到目的结点。数据包在这些结点之间的移动都是由 ARP(Address Resolution Protocol,地址解析协议)负责将 IP 地址映射到 MAC 地址上来完成的。其实人类社会和网络也是类似的,试想在人际关系网络中,甲要捎个口信给丁,就会通过乙和丙中转一下,最后由丙转告给丁。在网络中,这个口信就好比是一个网络中的一个数据包。数据包在传送过程中会不断询问相邻结点的 MAC 地址,这个过程就好比是人类社会的口信传送过程。

基于 MAC 地址的这种特点,具体实现方法:在交换机内部通过“表”的方式把 MAC 地址和 IP 地址一一对应,也就是所说的 IP、MAC 绑定。

在 Windows 系统中,输入“ipconfig/all”命令可以查看本机的 MAC 地址信息,如图 6-3 所示。

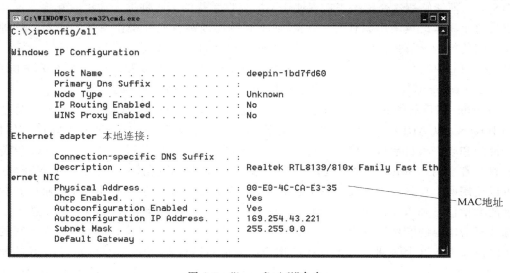

图 6-3 “ipconfig/all”命令

6.2　Internet 概述

本节学习要点：

◇ 了解 Internet 的发展概况、信息服务。

◇ 掌握 Internet 的工作机制、TCP/IP。

◇ 掌握 IP 地址和域名系统的命名规则。

◇ 了解连接 Internet 的方式。

◇ 掌握万维网、超文本、超链接、统一资源定位器的概念。

6.2.1　Internet 简介

1. 什么是 Internet

Internet 是全世界范围内成千上万台计算机组成的一个巨大的全球信息网络。要给 Internet 下一个准确的定义是比较困难的，其一是因为它的发展十分迅速，很难界定它的范围；其二是因为它的发展基本上是自由化的，外国人称 Internet 是一个没有警察、没有法律、没有国界，也没有领袖的网络空间。Internet 本身不是一种具体的物理网络，而是一种逻辑概念。实际上它是把世界各地已有的各种网络(包括计算机网络、数据通信网、公用电话交换网等)互联起来，组成一个世界范围的超级互联网。

通常人们把 Internet 称为国际互联网络，是一个国际性的网络集合。中国"全国科学技术名词审定委员会"于 1997 年 7 月将其译名确定为"因特网"。

2. Internet 发展概况

Internet 的前身是美国"国防部高级研究计划管理局"在 1969 年作为军用实验网络建立的 ARPAnet，建立的初期只有 4 台主机相连。当初的设计目的是：当网络中的一部分因为战争等特殊原因而受到破坏时，网络的其他部分仍能正常运行；同时也希望这个网络不要求同种计算机、同种操作系统(如 Macintosh 系统、MS-DOS、Microsoft Windows 及 UNIX 等)，即能够用这个网络来实现使用不同操作系统的不同种类计算机的互连。这样就可以使每个用户继续使用原有的计算机，而不必替换成运行同样操作系统的机器。这种网络模式与传统的计算机网络模式不一样，因此需要制订与其相适应的网络协议。1982 年，ARPAnet 和其他几个计算机网组合成 Internet 的主干网时，采用了"网络互联协议"(Internet Protocol，IP)。这也是国际互联网络为什么称为 Internet 的原因。

Internet 到目前的发展可以划分为三个阶段：1969—1984 年为研究实验阶段。这个时期的 Internet 以 ARPAnet 为主干网，进行网络的生存能力验证，并提供给美国科研机构、政府部门和政府项目承包商使用。1984—1992 年为实用发展阶段，这时的 Internet 以美国国家科学基金网 NSFnet 为主干网，继续采用基于 IP 的网络通信协议，用户通过 NSFnet 不但可以使用网上任意一台超级计算中心的设备，还可以同网上的任一用户进行通信和获取网上的大量信息和数据。由于这个阶段 Internet 实现了对全社会开放，Internet 进入了以资源共享为中心的实用服务阶段，得到了迅猛的发展。1992 年以后 Internet 进入了它的商业化阶段。进入这个时期后，Internet 的用户向全世界迅速发展，其数量以每月 15% 的速率递增，平均每 30min 就有一个新的网络连入 Internet。随着网上通信量的激增，Internet 不断采用新的网络技术来适应发展的需要,其主干网也从原来由政府部门资助转化为由计算机公司、商业性通信公司提供。

在 Internet 商业化的过程中,万维网(World Wide Web,WWW)的出现,使 Internet 的使用更简单、更方便,开创了 Internet 发展的新时期。1989 年,在瑞士日内瓦欧洲核子物理研究中心(CERN)工作的 Tim Berners-Lee 首先提出了 WWW 的概念。到 1990 年年末,第一个 WWW 软件研制成功。该软件能够让用户在 Internet 上查阅和传输超文本文档,通过超链接实现了 Internet 上的任意漫游。

1994 年 3 月,我国第一条因特网专线在中国科学院高能物理研究所正式接通。目前,我国已初步建成 4 个骨干广域网,即邮电部的中国公用计算机互联网 ChinaNet,国家教委的中国教育科研网 CERNET,中国科学院的中国科技网 CSTNET,中国国家公用经济信息通信网 ChinaGBN,这 4 个网均与 Internet 直接相连。

到目前为止,正式加入 Internet 的国家和地区已达一百六十多个,与 Internet 联网的主机近两千万台,上网人数超过了 1 亿。由于 Internet 上蕴含着巨大的商业利益,商业公司用户在网上迅速增长。许多国家也都把 Internet 作为国家信息基础设施进行大力发展,因此 Internet 的发展势头十分旺盛。今天的 Internet 已经远远不只是一个网络的含义,而是整个信息社会的缩影。它已经不再仅是计算机人员和军事部门进行科研的领域,在 Internet 上覆盖了社会生活的方方面面。

3. Internet 的信息服务

因特网提供的信息服务主要包括以下 4 个方面。

(1) 基本信息服务:主要提供信息的传输和远程访问服务,包括 E-mail 电子邮件、Telnet 远程登录和 FTP 文件传送。

(2) 专题信息组服务:主要提供用户间信息的交流服务,包括专题讨论组、Usenet 新闻组和 BBS 电子公告办系统。

(3) 信息浏览和查询服务:主要有基于超文本的万维网(World Wide Web,WWW 或 Web)、基于菜单的信息查询工具(Gopher)、用来查询 Internet 文档存放地点的文档查询(Archie)和基于关键词的文档检索工具(Wais)。

(4) 实时多媒体信息服务:主要提供多媒体信息的实时传输与通信,包括音频与视频点播、Internet 广播与电视、Internet 电话与视频会议等。

利用基本服务,可以将电子邮件转眼间就发送到世界各地,远程访问、管理和使用自己的服务器,下载和传送各种信息;利用信息组服务,可以与有共同兴趣爱好的朋友在网上讨论、求助和咨询;利用信息浏览服务,可以漫游世界名胜,购物,查询资料,阅读各种电子刊物、书籍,聆听最新的 MP3 音乐,下棋、打排、玩游戏,聊天,实时观看各种体育比赛等。除此之外,基于万维网的电子商务也是 Internet 引人注目的服务。虽然有些服务还不成熟,但已向人们展示出 Internet 美妙的应用前景。

6.2.2 Internet 的工作机制及协议

1. Internet 的工作机制

Internet 信息服务采用客户/服务器(Client/Server)模式。当用户使用 Internet 资源时,通常都有两个独立的程序在协同提供服务,这两个程序分别运行在不同的计算机上,提供资源的计算机称为服务器,使用资源的计算机则是客户机。在客户/服务器系统中,客户机和服务器是相对的,如果某台计算机既安装了客户程序又安装了服务程序,那么它可以访问其他计算机,也可以被访问,当它访问其他计算机时,是客户机,运行客户程序,当它被访问时,又成为服务器,运行服务程序。因此,客户机、服务器指的是软件,即客户程序和服务程序。当用户通过客户机上的客户程序向服务器上的服务程序发出某项操作请求时,服务程序完成操作,并返回结果或予以答复。

2. TCP/IP

我们已经知道 Internet 是建立在全球计算机网络之上的。这个网络中包含各种网络(如计算机网络、数据通信网、公用电话交换网等)、各种不同类型的计算机,从大型计算机到微型计算机,这些计算机所采用的操作系统各不一样,有 UNIX 系统、Windows 系统、DOS 系统等。对于这样一个"成分"复杂的巨大网络,必然需要一个统一的工具来对这些网络进行管理和维护,建立网络间的联系,这个工具就是 TCP/IP。TCP/IP 是 Internet 的标准协议,Internet 的通信协议包含一百多个相互关联的协议,由于 TCP 和 IP 是其中两个最关键的协议,因而把 Internet 协议组统称为 TCP/IP。

TCP/IP 是目前为止最成功的网络体系结构和协议规范,它为 Internet 提供了最基本的通信功能,也是 Internet 获得成功的最主要原因。

1) IP

IP(Internet Protocol)是网际协议,它定义了计算机通信应该遵循的规则及具体细节。包括分组数据报的组成、无连接数据报的传送、数据报的路由选择等。虽然 IP 软件可以实现计算机相互之间的通信,却无法保证数据的可靠传输。利用 TCP 软件可以保证数据的可靠传输。

2) TCP

TCP(Transmission Control Protocol)是传输控制协议,它主要解决三方面的问题:恢复数据报的顺序;丢弃重复的数据报;恢复丢失的数据报。TCP 在进行数据传输时是面向"连接"的,即在数据通信之前,通信的双方必须先建立连接,才能进行通信;在通信结束后,终止它们的连接。这是一种具有高可靠性的服务。

计算机网络通信协议采用层次结构。TCP/IP 的层次结构与国际标准化组织(ISO)公布的开放系统互连模型(OSI)7 层参考模型不同,它采用 4 层结构:应用层、传输层、网络层和接口层。

6.2.3 IP 地址和域名系统

1. IP 地址

Internet 是由不同物理网络互联而成,不同网络之间实现计算机的相互通信必须有相应的地址标识,这个地址标识称为 IP 地址。IP 地址是 Internet 上主机的一种数字标识,它标明了主机在网络中的位置。因此每个 IP 地址在全球是唯一的,而且格式统一。

根据 TCP/IP 标准,IP 地址由 4 个字节 32 位组成,由于二进制使用起来不方便,用户使用"点分十进制"方式表示,即由 4 个用小数点隔开的十进制数字域组成,其中每个数字域的取值范围为 0~255。

按照网络规模的大小,常用 IP 地址分为 A、B、C 三类:A 类第一字节表示网络号(取值范围 1～126),第二、三、四字节表示网络中的主机号,适用于大型网络;B 类第一、二字节表示网络号(第一个数字域取值范围 128～191),第三、四字节表示网络中的主机号,适用于中型网络;C 类第一、二、三字节表示网络号(第一数字域取值范围 192～223),第四字节表示网络中的主机号,适用于小型网络。

IP 地址由两部分组成,即网络标识(NetID)和主机标识(HostID)。网络标识用来区分 Internet 上互联的网络,主机标识用来区分同一网络中的不同计算机。

2. 域名

前面提到,IP 地址是一种数字型网络标识和主机标识。数字型标识对计算机网络系统来说自然是最有效的,但是对使用网络的人来说却有不便记忆的缺点。为此,人们又研究出了一种字符型标识,这就是域名。域名采用层次型命名结构,它与 Internet 的层次结构相对应。

一台主机域名结构为:主机名.机构名.网络名.最高层域名。

例如:bbs.pku.edu.cn 表示中国(cn)教育网(edu)北京大学(pku)的一台主机(bbs)。域名可以使用字母、数字和连字符,但必须以字母或数字开头和结尾。

最高层域名是国家代码或组织机构。由于 Internet 起源于美国,所以最高层域名在美国用于表示组织机构,美国之外的其他国家用于表示国别或地域,但也有少数例外。表 6-1 列出了部分最高层域名的代码及意义。IP 地址是由 NIC(网络信息中心)管理的,我国国家级域名(CN)由中国科学院计算机网络中心(NCFC)进行管理。目前 Internet 的网络信息中心一共有三个:INTERNIC 负责北美地区;APNIC 设在日本,负责亚太地区;RIPE-NIC 负责欧洲地区。第三级以下的域名由各个子网的 NIC 或具有域名管理功能的结点自己负责管理。

表 6-1　部分最高层域名的代码及含义

以国别区分的域名例子		以机构区分的域名的例子	
域名	含　义	域名	含　义
ca	加拿大(Canada)	com	商业机构
au	澳大利亚(Australia)	edu	教育机构
cn	中国(China)	int	国际组织
fr	法国(France)	gov	政府部门
jp	日本(Japan)	mil	军事机构
uk	英国(United Kingdom)	net	网络机构
us	美国(United States)	org	非赢利机构

关于域名应该注意以下几点。

(1) 域名在整个 Internet 中也必须是唯一的。当高级子域名相同时,低级子域名不允许重复。

(2) 大写字母和小写字母在域名上没有区别。尽管有人在域名中部分或全部使用大写字母,但是当用小写字母代替这些大写字母时没有造成任何问题。

(3) 一台计算机可以有多个域名(通常用于不同的目的),但是只能有一个 IP 地址。当一台主机从一处移到另一处时,若它前后属于不同的网络,那么其 IP 地址必须更换,但是可以保留原来的域名。

网络技术基础

(4) 主机的 IP 地址和主机的域名对通信协议来说具有相同的作用,从使用的角度看,两者没有任何区别。凡是可以使用 IP 地址的情况均可以用域名来代替,反之亦然。需要说明的是,当所使用的系统没有域名服务器时,只能使用 IP 地址,不能使用域名。

(5) 为主机确定域名时可以采用前面规定的任何合法字符,但为了便于记忆,应该尽可能使用有意义的符号。

(6) 有些国外文献也把 IP 地址称为 IP 号(IP Number),把域名称为 IP 地址(IP Address)。

(7) 从形式上看,一台主机的域名与 IP 地址之间好像存在某种对应关系,其实域名的每一部分与 IP 地址的每一部分是完全没有关系的。不能把域名 ncrc. stu. edu. cn 与 IP 地址 202.192.159.2 之间分别对应。

3. 域名系统和域名服务器

把域名对应地转换成 IP 地址的软件称为"域名系统"(Domain Name System,DNS)。它有两个主要功能:一方面定义了一套为机器取域名的规则;另一方面是把域名转换成 IP 地址。从功能上说,域名系统基本上相当于一本电话簿,已知一个姓名就可以查到一个电话号码。它与电话簿的区别是可以自动完成查找过程。域名系统具有双向查找的功能。DNS 是一个分布式数据库,它保存所有在 Internet 上注册的系统的域名和 IP 地址。

当用户发送数据和请求时,便在 DNS 服务器上启动了一个称为 Resolves 的软件,Resolves 负责去翻译域名,首先查看其本地 DNS 数据库,如果找不到,则通过连接外部高一层次的 DNS 服务器来进行,直到能获得正确的 IP 地址。

域名服务器(Domain Name Server)则是装有域名系统的主机。

6.2.4　连接到 Internet

要想使用 Internet 首先必须使自己的计算机通过某种方式与 Internet 进行连接。所谓与 Internet 连接实际上只要与已经在 Internet 上的某一主机进行连接就可以了,一旦完成了这种连接过程也就与整个 Internet 接通了。有许多专门的机构提供这种接入服务,它们被称为 Internet 服务供应商(ISP),ISP 是网上用户与 Internet 之间的桥梁。

连接 Internet 有多种方法,目前一般用户有两种常用的方式:拨号方式和局域网方式。

1. 拨号入网

这种方式是利用电话线拨号上网,能享受 Internet 所提供的各种服务功能,所需投资也比较合理,因此是普通家庭用户入网的一种常用选择。

拨号入网需要的条件是:

(1) 一条电话线(可以是分机线);

(2) 一个内置或外置的调制解调器(Modem);

(3) 由 ISP 提供的入网用户名、注册密码、拨号入网的电话号码;

(4) 拨号上网的通信软件;

(5) 浏览器。

当计算机已经具备以上拨号入网条件,开始第一次拨号上网之前,还需对 PC 进行以下三方面的设置。

（1）安装调制解调器（包括软、硬件）；

（2）在"控制面板"中，对"网络"项进行相应的设置（选择合适的网络适配器和协议）；

（3）在"我的电脑"中对"拨号网络"进行设置（包括 Modem 设置、拨号电话号码、服务器类型，TCP/IP 的域名系统（DNS）等）。

通常，在 ISP 处申请了上网账号之后，ISP 会提供一份详细的上网资料，告诉如何连接入网，限于篇幅，以上三项的具体安装和设置就不在这里作详细的讨论。

2. 局域网入网

这种方式入网时，用户计算机通过网卡，利用传输介质（如电缆、光缆等）连接到某个已与 Internet 相连的局域网上。由于局域网的种类和使用的软件系统不同，目前，主要有两种情况：共享地址和独立地址。

1）共享地址

在这种情况下，局域网上各工作站共享服务器的 IP 地址，局域网的服务器通过高速 Modem 和电话线，或通过专线与 Internet 上的主机相连，仅服务器需要一个 IP 地址，局域网上的工作站访问 Internet 时共享服务器的 IP 地址。Novell 网和 UNIX 系统等均可以实现这种连接。

2）独立地址

在这种情况下，局域网上每个工作站都有自己独立的 IP 地址，局域网的服务器与路由器相连，路由器通过传输介质（光缆或微波）与 Internet 上的主机相连，除服务器和路由器各需要一个 IP 地址外，局域网上的每个工作站均需要一个独立的 IP 地址。Windows NT/2000，UNIX 和 Linux 等操作系统均可以实现这种连接。

以上介绍了用户入网的两种常见方式，不论用户采用哪种入网方式，入网前都必须先选择一家 ISP，如学校的网络中心、城镇的电信局等，在 ISP 处申请并获得有关接入 Internet 的各种信息和资料。

3. Internet 接入技术

Internet 接入是指从公用网络到用户的这一段，又称接入网。将计算机连接到 Internet，不论是通过局域网连接或通过电话线和调制解调器连接，其所采用的接入技术主要有下面几种。

1）DDN 专线接入

DDN（Digital Data Network，数字数据网）是利用光纤或数字微波、通信卫星组成的数字传输通道和数字交叉复用结点组成的数据网络。DDN 可为用户提供各种速率的高质量数字专用电路和其他业务，满足用户多媒体通信和组建中高速计算机通信网的需求。DDN 可提供的最高速率为 150Mb/s。中国电信于 1992 年开展 DDN 业务，称为 ChinaDDN。

2）ISDN 接入

随着计算机技术的迅速发展，数据业务不断增多，电信部门在 20 世纪 80 年代提出了 ISDN（Integrated Services Digital Network，综合数字业务网）的概念，即把语音、数据和图像等通信综合在一个电信网内。在 ISDN 中，全部信息都以数字化的形式传输和处理。根据传输速率的不同，ISDN 分为窄带（N-ISDN）和宽带 ISDN（B-ISDN）两种。

N-ISDN 又称"一线通"，除了提供电话业务以外，还可以将数据、图形、图像等多种业务综合在一个网络中传输和处理，并且通过现有的电话线提供给用户。

3) 单线接入

单线接入是通过普通的电话线路和调制解调器接入 Internet,采用 PPP 上网,理论上可以达到 33.6～56kb/s 的传输速度。

随着 Internet 的普及和电信、有线电视的发展,人们还研制了两种更高速的接入设备。一种是利用双绞线的数字环路设备(DSL),其中 ADSL 发展最快,它的下行速率可达 10Mb/s。另一种设备是线缆调制解调器,利用有线电视的同轴电缆或光纤,最高速率可达 30Mb/s,但是速率会随着网络接入用户的增多而下降。

4) 光缆接入

光缆接入分为光纤接入技术(FTTB)和光纤同轴电缆接入技术(HFC)。光纤接入技术是指将光纤接到 Intranet 所在的建筑,而光纤同轴电缆接入技术是指用光纤接到 ISP,从 ISP 到用户端采用有线电视部门的同轴电缆。两者都可以提供宽带接入 Internet。

5) 无线接入

无线接入技术是指采用微波和短波的 Internet 接入技术。微波接入采用建立卫星地面接收站,租用通信卫星的信道和上级 ISP 通信,单路最高速度可以达到 27kb/s,可以多路复用,不受地域限制。

6.2.5　万维网简介

1. 万维网的概念

World Wide Web 简称 WWW 或 Web,中文的标准名称译为"万维网"。WWW 以超文本(Hypertext)方式提供世界范围的多媒体(Multimedia)信息服务:只要操纵计算机的鼠标器,用户就可以通过 Internet 从全世界任何地方调来所希望得到的文本、图像、影视和声音等信息。

Internet、超文本和多媒体这三个 20 世纪 90 年代的领先技术相结合,促使万维网诞生了。目前,万维网已经成为 Internet 上查询信息的最流行手段,Internet 的其他服务项目都湮没在了万维网的海洋里,以至于现在的人们在刚接触 Internet 时都以为万维网就是 Internet 了。

Internet 是一个网络的网络,或者说是一个全球范围的网间网。在 Internet 中,分布了无以计数的计算机,这其中多数是用于组织并展示信息资源,方便用户的获取。Web 服务器就是将本地的信息用超级文本组织,方便用户在 Internet 上搜索和浏览信息的计算机。因此,Web 或者说 World Wide Web,是由 Internet 中称为 Web 信息服务器的计算机组成的,它们由那些希望通过 Internet 发布信息的机构提供并管理。在 Web 世界里,每一个 Web 服务器除了提供自己独特的信息服务外,还可以用超链接指向其他的 Web 服务器。那些 Web 服务器又可以指向更多的 Web 服务器,这样一个全球范围的由 Web 服务器组成的 World Wide Web(万维网)就形成了。

万维网是以客户/服务器(Client/Server)的模式进行工作的,以超文本的方式向用户提供信息,这与传统的基于命令或基于菜单的 Internet 信息查询界面有着很大不同。万维网与 Internet 相结合后,使 Internet 如虎添翼,以崭新的面貌出现在世人面前。万维网使 Internet 向各行各业敞开大门。万维网在市场促销、客户服务、商业事务处理、医疗、教学、旅游、信息传播等领域的应用在近年来发展十分迅速。万维网将真正使 Internet 普及到千家万户。

2. 超文本和超链接

超文本（Hypertext）是一种人机界面友好的计算机文本显示技术，可以对文本中的有关词汇或句子建立链接，使其指向其他段落、文本或弹出注解。用户在读取超文本时，建立了链接的句子、词语甚至图片将以不同的方式显示，或者带有下划线、或加亮显示、或粗体显示、或以特别的颜色显示，来表明这些文字对应一个超链接（Hyperlink）。当鼠标移过这些文字时，鼠标会变成手形，单击超链接文字，可以转到相关的文件位置。通过链接，用户可以从一个网页跳向另一个网页，从一台万维网服务器跳向另一台服务器，从一个图像连向另一个图像，进行 Internet 的漫游。更形象的叫法是"冲浪"。

3. 超文本标记语言

Web 服务器在 Internet 上提供的超文本是用超文本标记语言（Hyper Text Markup Language，HTML）开发编制的。通过这种标记语言向普通 ASCII 文档中加入一些具有一定语法结构的特殊标记符，可以使生成的文档中包括图像、声音和动画等，从而成为超文本文档。实际上超文本文档本身是不含有上述多媒体数据的，而是仅含有指向这些多媒体数据的链接。通过超文本文档，用户只要简单地用鼠标单击操作，就能得到所要的文档，而不管该文档是何种类型（普通文档、图像或声音），也不用管它位于何处（本机上、本地 LAN 某台主机上或某国外主机上）。

由于 HTML 是一种易学的工作语言，且支持多国语种，用户掌握后很容易建立自己的万维网信息页，这也是万维网能迅速普及的一个重要原因。

现在有各种各样的符合 HTML 规范的超文本编辑器，除了 Windows 中自带的 FrontPage Express 程序外，还有许多专用的开发工具，比如 FrontPage、Dreamweaver 等。

4. 统一资源定位器

在 WWW 上，每一信息资源都有统一的且在网上唯一的地址，该地址被称为统一资源定位器（Uniform Resource Locator，URL）。它是 WWW 的统一资源定位标志。

对于用户而言，URL 是一种统一格式的 Internet 信息资源地址表达方法，它将 Internet 提供的各类服务统一编址，以便用户通过万维网客户程序进行查询。在格式上 URL 由三个基本部分组成：

信息服务类型://存放资源的主机域名/资源文件名

例如：http://www. tsinghua. edu. cn/top. html，其中 http 表示该信息服务类型是超文本信息，www. tsinghua. edu. cn 是清华大学的主机域名，top. html 是资源的文件名。

目前编入 URL 中的信息服务类型有以下几种。

http://——HTTP 服务器。是主要用于提供超文本信息服务的万维网服务器。

telnet://——Telnet 服务器。供用户远程登录使用的计算机。

ftp://——FTP 服务器。用于提供各种普通文件和二进制代码文件的服务器。

gopher://——Gopher 服务器。提供菜单方式界面访问 Internet 资源。

Wais://——Wais 服务器。提供广域信息服务。

News://——网络新闻 USENET 服务器。

注意：双斜线"//"表示跟在后面的字符串是网络上的计算机名称，即信息资源地址，以示与在单斜线"/"后面的文件名相区别。文件名包含路径，根据查询要求的不同，在给出

URL 时可以没有文件名。

5. 万维网中常见的基本概念或专用术语

(1) 浏览器(Browser)。浏览器诞生于 1990 年,最初只能浏览文本内容;现代的 Web 浏览器包容了因特网的大多数应用协议,可以显示文本、图形、图像、动画,以及播放音频与视频,并成为访问因特网各类信息服务的通用客户端程序。目前最流行的 Web 浏览器是微软公司的 IE 浏览器(Internet Explorer)。

(2) 网站(Web Site)。又称 Web 站点,是 Internet 中提供信息服务的机构,这些机构的计算机连接到 Internet 中,可以提供 WWW、FTP 等服务。

(3) Web 页(Web Page)。Web 页是指 Web 服务器上的一个个超文本文件,或者是它们在浏览器上的显示屏幕。Web 页中往往包含指向其他 Web 页面的超级链接。

(4) 主页(Home Page)。也叫首页,是用户在 Web 服务器上看到的第一个 Web 页,该 Web 页一般的名称为 default.htm 或 index.htm。首页中往往列出了网站的信息目录,或指向其他站点的超链接。

(5) HTTP。即超文本传输协议(Hyper Text Transfer Protocol)。万维网客户机与服务器通过 HTTP 建立连接和完成超文本在 Internet 上的正确传送。HTTP 是一种很简单的通信协议,它是基于这样的机制实现的:要通过网络查询的文本包含着可以进一步查询的链接。

(6) 端口(Ports)。端口是服务器使用的一个通道,可以使具有相同 IP 地址的服务器同时提供多种服务。例如,在 IP 地址为 202.194.7.66 的计算机上同时提供 WWW 服务和 FTP 服务,WWW 服务使用端口 80,FTP 服务使用端口 21 等。

(7) 下载(Download)。指通过 Internet 将文件从 FTP 服务器传输到本地计算机的过程。

(8) 上传(Upload)。指通过 Internet 将文件从本地计算机传输到 FTP 服务器的过程。

(9) 存储片(Cookie)。Cookie 是 Web 服务器传送到浏览器端的数据流,用于存储服务器端的数据以及运行的中间结果,以数据文件的形式存储在客户机的硬盘中。

(10) 网络寻呼(ICQ)。Internet 提供的一种新型服务,是一个新的通信程序,它支持在 Internet 上聊天、发送消息和文件等。

(11) 网络实名。网络实名是继 IP、域名之后的新一代网络访问技术,由北京 3721 公司研发成功。它采用一种符合中国人语言和记忆习惯的自然语言上网,无须记忆复杂的英文域名、网址及"www"、"com"、"net"等前后缀,用户只需在浏览器、搜索引擎或各地信息港中输入现实世界中企业、产品、商标等的中文名字,或者直接输入拼音、拼音缩写来代替网址,使更多的客户能方便地使用。同时,方便的拼音功能使网民爱用、经常使用实名,从而为企业带来更多客户。

(12) 通用网址。是中国互联网络信息中心所开发的一种新兴的网络名称访问技术,通过建立通用网址与网站地址 URL 的对应关系,实现浏览器访问的一种便捷方式。用户只需要使用自己所熟悉的语言告诉浏览器要去的通用网址即可。

网络实名和通用网址无须下载具体软件,只要到相应的 3721 和中国互联网络信息中心网站在线安装,重启 IE 即可。

6.2.6 国内 Internet 骨干网及 ISP

从 20 世纪 80 年代开始,Internet 在中国的发展速度很快。特别是进入 20 世纪 90 年代以后,中国电信和教育机构陆续建立了全国性的 Internet 骨干网络,同时也发展了一大批的提供 Internet 接入业务的 ISP(Internet Service Provider)。

1. 中国公用计算机互联网(ChinaNet)

ChinaNet 是由原邮电部主持建设和管理的,始建于 1995 年,是中国四大骨干网络中最大的一个,与其他三个网络有专线连接。ChinaNet 在全国的各大省会城市都有网络结点,它们构成 ChinaNet 的骨干网,接入网则由各省、自治区建设的网络节点构成。ChinaNet 在北京、上海和广州分别设有高速国际出口线路和 Internet 互连,它主要面向个人和商业用户,提供 Internet 接入服务。

2. 中国金桥信息网(ChinaGBN)

金桥信息网 ChinaGBN 是由中国吉通公司建设和管理的,国务院于 1993 年启动金桥工程,1996 年 9 月,金桥信息网 ChinaGBN 正式对社会提供服务。ChinaGBN 是一个覆盖全国的中速信息网,为国家金融、交通、旅游、气象、外贸、科学技术等各种信息业务系统提供服务。ChinaGBN 也是一个商用计算机网络,为个人和机构提供 Internet 接入服务,用户可以到当地的信息中心办理上网手续。

3. 中国教育科研互联网(CERnet)

中国教育科研互联网 CERnet 是由前国家教委于 1994 年主持建设的,主要由清华大学、北京大学、上海交通大学、西安交通大学、华中理工大学、电子科技大学、东南大学等 10 所大学承建。CERnet 目前已经连接了全国绝大多数的高等院校,部分中等院校和中学也建立了校园网,接入 CERnet。

CERnet 是一个公益性的网络,主要为教育和科研服务,不作为商业运营。用户可以通过校园网接入到 Internet。

4. 国家计算机与网络设施(NCFC)

NCFC(The National Computing and Networking Facility of China)是由世界银行贷款"重点学科发展项目"中的一个高技术信息基础设施项目。NCFC 网络分为两层:底层为中国科学院、北京大学、清华大学三个单位的校园网,高层为连接国内其他科研与教育单位的校园网及接入 Internet 的 NCFC 主干网。NCFC 首先完成了中国科学院网,1995 年完成了全国"百所联网"。所以国家计算机与网络设施现在也称为中国科技网(CSTNET)。

5. 其他接入 Internet 的网络

1)中国联通互联网(UNINET)

中国联通公用计算机互联网(UNINET)是经国务院批准,直接进行国际联网的经营性网络,其拨号接入号码为"165",面向全国公众提供互联网络服务。中国联通公用数据网在北京、上海、广州设立国际出入口,截止到 2001 年 2 月 28 日已开通全国 144 个城市的 165 接入服务(开通城市均支持漫游服务)。

2)中国网通宽带高速互联网(CNCnet)

中国网络通信有限公司承担建设和运营的中国网通宽带高速互联网 CNCnet,是在我国率先应用 IP/DWDM 技术建设的大型高速宽带网络。CNCnet 承载包括语音、数据、视频

网络技术基础

等在内的综合业务及增值服务，并实现各种业务网络的无缝连接。中国网通目前开展的主要业务有：国内、国际带宽批发业务、高速公众互联网接入业务、高速网络型数据中心及其主要服务、VPN（虚拟专网）、虚拟 ISP、IP 长途电话。

3）中国国际经济贸易互联网（CIETnet）

中国国际经济贸易互联网（CIETnet，简称中国经贸网），是我国唯一的面向全国经贸系统企、事业单位的专用互联网。负责组建运营 CIETnet 的中国国际电子商务中心（China International Electronic Commerce Center，CIECC），是中国计算机网络国际联网的互联单位。

4）中国移动互联网（CMNET）

2000 年 1 月，经国务院同意，信息产业部批准中国移动成为我国计算机互联网络国际互联单位。中国移动开始组建我国又一新的公用计算机互联网——"中国移动互联网"。"中国移动互联网"将高起点地建设成为全国性的、以带宽 IP 技术为核心的，可同时提供语音、图像、数据、多媒体等高品质信息服务的开放型电信网络。

5）中国长城网（CGWNET）

中国长城互联网 CGWNET 属公益性互联网络，目前正在建设中。已能连通全国 25 个城市，计划将要覆盖全国 180 多个城市。

6. Internet 服务供应商 ISP

ISP（Internet Service Provider，Internet 服务供应商）是专门提供 Internet 及相关服务的机构。ISP 基本上可以分成两类：一类仅向用户提供接入服务，另一类可以向用户提供全方位的服务，包括帮助用户入网、负责用户终端设备的集成、安装、培训、提供网上信息增值服务、从事数据库建设等。

虽然我国有 4 大骨干网，但是面向社会提供服务的 ISP 多属于 ChinaNet 和 ChinaGBN。各地的电信部门可以提供到 ChinaNet 的接入服务，各地的信息中心可以提供到 ChinaGBN 的接入服务。另外，还有许多各具特色的 ISP 提供不同的 Internet 接入服务。

6.3　IE 浏览器

Internet Explorer（IE）是一个非常优秀的浏览器软件，由于该软件操作简便，使用简单，易学易用，深受用户的喜爱。IE 软件的安装可以用含有 IE 软件的光盘直接安装，也可以通过 Internet 从微软公司的站点或其他提供下载服务的网站免费下载。当用户连接到因特网后，就可以启动 Internet Explorer 浏览器来浏览 Internet 上的资源了。

本节学习要点：

◇ 熟练使用 IE 浏览器。

◇ 熟练使用收藏夹、历史记录。

◇ 了解脱机浏览 Web 的方法。

◇ 能够保存和打印网页信息。

6.3.1　IE 的启动及窗口环境

1. 启动 IE

启动 IE 常用的方法有以下几种。

（1）从桌面双击 Internet Explorer 图标；

（2）单击"开始"菜单"程序"项中的 Internet Explorer；

（3）从任务栏上的"快速启动图标"处单击 Internet Explorer 图标。

2. IE 窗口的组成

窗口各组成部分如图 6-4 所示。

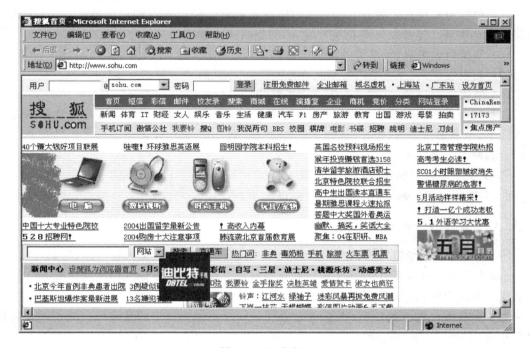

图 6-4　IE 主窗口

（1）Web 页标题栏。

（2）菜单栏：提供"文件"、"编辑"、"查看"、"收藏"、"工具"、"帮助"等 6 个菜单项。实现对 WWW 文档的保存、复制、设置属性等多方面的功能。

（3）工具栏：常用菜单命令的功能按钮。

（4）地址栏：显示当前页的标准化 URL 地址。要访问其他站点，即可按照 URL 格式输入该站点的网址，并按 Enter 键确认。

（5）工作区：显示 Web 页面内容。

（6）状态栏：显示当前操作的状态信息。

（7）链接：快速连接到相应站点。

在页面的传送过程中，有时可能会在某个环节发生错误，导致该页面显示不正确或下载过程发生中断；此时单击"刷新"按钮，再次向存放该页面的服务器发出请求，重新浏览该页面的内容。

6.3.2 使用 IE 浏览网页

通过浏览器访问网页时,通常使用以下几种方法。

(1) 在地址栏中输入 URL 地址并按回车键,IE 将加载指定的 Web 页。

(2) 浏览网页时,当鼠标指针移动到某一超链接点处,鼠标指针变成手指形,单击此链接,就可以从当前页跳转到链接所指向的 Web 页。

(3) 要返回以前的页,单击"后退"按钮。如果在倒退了几页后想要返回最后所在的页,单击"前进"按钮。

(4) 要返回起始页,单击"主页"按钮。

(5) 单击地址栏右边的向下小箭头,IE 将显示出已经输入过的地址列表,在其中选择所需的地址即可。这样就可避免重复输入,能提高操作效率。

(6) 使用搜索工具(见本节的搜索信息部分)。

(7) 利用收藏夹(见本节的收藏夹部分)。

(8) 使用历史记录(见本节的历史记录部分)。

假如网页包含大量的图形,则加载该网页会耗费大量的时间。如果对等待加载网页感到厌倦了,可以通过单击"停止"按钮来停止这一过程。IE 也允许重新加载一个已加载了部分内容的网页。具体操作步骤如下。

① 要停止加载当前页,单击"停止"按钮。

② 要重新加载当前页,单击"刷新"按钮。

6.3.3 在 Internet 上搜索信息

Internet 上的信息量巨大,它们分布在全球的任何地方,并且每天都有新的站点连接到 Internet 中。有资料表明,Internet 中的网页数量每时每刻都在以惊人的速度增长,因此,单靠记住一些常用的站点地址是不够的。

为了提高用户的查找效率,IE 内置了在 Internet 上搜索信息的搜索栏。除了内置的搜索栏外,在 Internet 上还有众多的专门帮助用户搜索信息的中文或英文搜索引擎。每一个搜索引擎都有自己的特点,用户可以根据查找信息的类型、是否中文、搜索引擎的特点等,选择使用的搜索引擎。

1. 使用 IE 搜索栏

搜索栏是 IE 为方便用户搜索信息而提供的,在 IE 的"标准按钮"工具栏上,单击"搜索"按钮,或者在"查看"菜单中,选择"浏览器栏",单击"搜索",在客户区左侧打开"搜索"窗口。

需要说明的是,如果用户不能浏览国外站点,"搜索"窗口显示"取消浏览",表明不能连接 IE 的内置搜索引擎。

用户可以选择搜索类别为"查找网页",在"查找包含下列内容的网页"下面的文本框中输入要查找的文字,单击"搜索"按钮。

搜索到的符合条件的站点会在窗口中显示,用户可以从列表中选择感兴趣的站点进行访问。

2. 使用搜索引擎

搜索引擎是一种在 Internet 的各种资源中浏览和检索信息的工具,这些网络资源包括

Web 页、FTP 文档、新闻组、E-mail 以及各种多媒体信息。

虽然不同的搜索引擎提供的功能和使用的技术不同,但是基本的工作原理相似。一般都是,搜索引擎利用一些专用程序对 Internet 上大量的资源进行索引,建立相应的索引数据库。当用户通过搜索引擎界面提交了查询信息的请求后,搜索引擎对用户的查询请求进行分析,然后在索引数据库中进行匹配,找出符合条件的信息,按照匹配程度的高低对结果排序,将排序后的结果以 Web 页的形式返给用户。

从搜索引擎的工作原理看,这种搜索不是实时搜索,因此结果可能包含过时的站点和信息,或者一些新的符合条件的站点没有被列出。

目前,搜索引擎查找信息的方式基本上分为分类查询和按关键字查询两类。大部分的搜索引擎同时提供上述两种查询,有的只提供关键字查询。

6.3.4　使用收藏夹

为了帮助用户记忆和管理网址,IE 专门为用户提供了"收藏夹"功能。收藏夹是一个文件夹,其中存放的文件都是用户喜爱的、经常访问的网站或网页的快捷方式。IE 专门在自己的菜单中提供了一项功能,用以显示收藏夹中的内容,方便用户选择其中的网址。

1. 在收藏夹中添加网址

当寻找到一个喜爱的网页时,可以把它添加到收藏列表中去。使用这一特点,只需在列表中做选择就可以访问任何喜爱的站点。添加网页到收藏夹的操作步骤如下。

(1) 进入要添加到收藏夹中的 Web 页。

(2) 单击"收藏"菜单。

(3) 选择"添加到收藏夹"命令,出现如图 6-5 所示对话框。

图 6-5　"添加到收藏夹"对话框 1

(4) 单击"创建到"按钮(可选),出现如图 6-6 所示对话框。

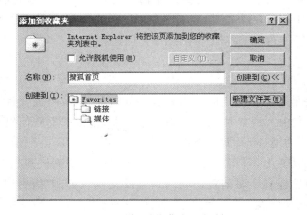

图 6-6　"添加到收藏夹"对话框 2

（5）选择网页要存放的文件夹。

（6）输入网页名称。

（7）单击"确定"按钮。

2. 整理收藏夹

随着用户的上网经历越来越丰富,用户的收藏会越来越多。如果将所有的收藏都直接放在收藏夹下,混合在一起,在收藏很多网页后,既显得凌乱,使用又极不方便。为了有效地管理用户的收藏,最好在收藏夹下建立一些子文件夹,将收藏分门别类,整理得井井有条。若一级分类还不够,用户还可进行二级分类。分类标准如何制定,取决于用户的个人喜好。具体操作步骤如下。

（1）选择"收藏"菜单中的"整理收藏夹"命令,弹出"整理收藏夹"对话框,如图 6-7 所示。

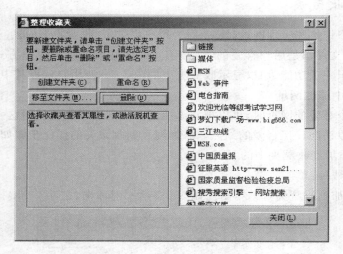

图 6-7 "整理收藏夹"对话框

（2）双击包含所要修改的链接的文件夹。

（3）要把一个链接移动到另一个文件夹,选择该链接,单击"移至文件夹"按钮。然后选择要把该链接移动到的文件夹,单击"确定"按钮。

（4）要为一个链接重命名,选择该链接,单击"重命名"按钮。然后输入一个新名字。

（5）要从收藏夹中删除一个链接,选择该链接,然后单击"删除"按钮。

（6）要创建一个新文件夹,单击工具栏中的"创建新文件夹"按钮。

6.3.5 使用历史记录

"历史记录"列表是用户在一定时间内曾经访问过的 Web 页或文件,它们被保存在本地硬盘的 History 文件夹中。用户可以通过"历史记录"列表来重新回顾曾经访问过的 Web 页。当忘记了 Web 页的地址,又需要查看该页时,浏览器的"历史记录"功能非常有用。

在"标准按钮"工具栏上,单击"历史"按钮,在客户区的左侧打开"历史"窗口。用户可以在"历史记录"窗口中选择某个时间曾访问的站点或文件。单击"历史记录"窗口中的"查看"按钮,可以选择历史记录列表的顺序为按日期、按站点、按访问次数或按今天的访问顺序。

6.3.6 设置 Internet Explorer

1. Internet 选项

当计算机安装了 IE 6.0 后,不管是拨号上网还是通过局域网上网的用户,都可以对浏览软件进行设置。打开 IE 6.0 的主窗口,选择菜单栏中的"工具"→"Internet 选项"命令,出现"Internet 选项"对话框,如图 6-8 所示。

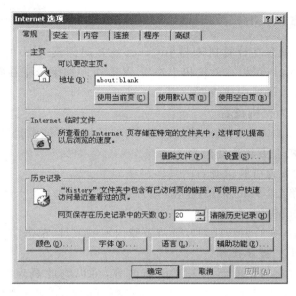

图 6-8 "Internet 选项"对话框

在"Internet 选项"对话框中:

(1)"常规"选项卡主要用于设置主页网址和历史记录保留天数。

(2)"安全"选项卡用于为 Web 的不同区域设置不同的安全级以保护计算机。

(3)"内容"选项卡用于设定分级审查、证书和个人信息。

(4)"连接"选项卡用于建立与 Internet 的连接。

(5)"程序"选项卡用于设定采用何种程序处理邮件、新闻和呼叫。

(6)"高级"选项卡用于自定义 Web 页的显示方式。

以上 6 个选项卡中,"常规"选项卡的参数设置是常用的。

2. 设置默认主页

在启动 IE 的同时,IE 将打开默认主页。Internet Explorer 允许用户对该默认主页进行自定义设置。下面将介绍如何设置用户自己的默认主页。

更改默认主页的步骤如下。

(1)打开要设置为默认主页的网页。

(2)单击菜单栏上的"查看"|"Internet 选项"命令,弹出如图 6-8 所示的"Internet 选项"对话框。

(3)在"主页"区域中,即可设置用户自己的个人主页。单击"使用当前页"按钮即可将当前访问的主页设置为默认的个人主页。如果要设置其他的主页为默认页,则可以直接在

网络技术基础

"地址"编辑框中输入要设置为默认个人主页的 URL 地址。

(4) 单击对话框上的"确定"按钮，完成默认主页的设置。此外，若想将 Internet Explorer 的起始页还原为 Internet Explorer 6.0 的默认设置，可单击"使用默认页"按钮。

注意：设置了默认主页后，在每次启动 Internet Explorer 时都将首先打开该主页。如果希望每次启动 Internet Explorer 时都不打开任何主页，则可在如图 6-8 所示的对话框的"主页"域中单击"使用空白页"按钮。

6.3.7 脱机浏览 Web

所谓"脱机浏览"，就是在计算机未与 Internet 连接时阅读 Web 页的内容。例如，在无法连接网络或 Internet 时，可以在便携机上查看 Web 页。如果希望在家里阅读 Web 页，但不想占用电话线，也可以设置脱机查看。

1. 将 Web 页设置为脱机查看

用户可以指定有多少需要脱机阅读的内容，例如只是一页或者是某一页及其所有链接，并且选择如何在计算机上更新这些内容。

将当前 Web 页设置为可脱机查看的具体步骤如下。

(1) 在菜单栏中单击"收藏"菜单，单击"添加到收藏夹"命令。

(2) 选中"允许脱机使用"复选框。

(3) 要指定此 Web 页的更新计划以及待下载内容的数量，单击"自定义"按钮。

接下来按照屏幕上的提示操作。

如果只想脱机查看 Web 页而不需要更新内容，可以将此页保存在计算机上。保存 Web 页的方法很多，可以只保存文字，也可以保存所有的图像和文字，使这一页和在 Web 上显示一模一样。

2. 脱机查看 Web 页

将收藏的 Web 页标记为可脱机查看后，即可按照如下步骤脱机查看这些 Web 页。

(1) 在从 Internet 断开连接之前，单击"工具"菜单，然后单击"同步"。

(2) 准备脱机工作时，单击"文件"菜单，然后单击"脱机工作"。

(3) 在收藏夹列表中，选择要查看的项目。

注意：如果选择脱机工作，那么 Internet Explorer 将始终以脱机方式启动，直到再次单击"脱机工作"命令，清除复选标记。

6.3.8 保存和打印网页信息

除了在屏幕上浏览 Web 页外，用户还可以对 Web 页的内容进行保存，或者保存 Web 页中的文字、图片、背景等内容。若用户对 Web 页感兴趣，也可以通过 IE 中的"文件"菜单下的"打印"命令将 Web 页打印输出，打印输出的页面除了 Web 页的内容外，往往还输出 Web 页的 URL 名称，这对于记忆页面很有帮助。

1. 在计算机上保存 Web 页

当用户对正在浏览的 Web 页感兴趣，需要保存的时候，可以按照下面的步骤操作。

(1) 在"文件"菜单上，单击"另存为"命令，打开"保存 Web 页"对话框，如图 6-9 所示。

(2) 选择准备用于保存 Web 页的文件夹。

图 6-9 "保存 Web 页"对话框

(3) 在"文件名"文本框中,使用默认的 Web 页名称或输入新的名称。

(4) 在"保存类型"下拉列表框中,选择文件类型。

可以将 Web 页保存为 4 种不同的类型,分别如下。

(1)"Web 页,全部":该类型可以保存显示该 Web 页时所需的全部文件,包括图像、框架和样式表。该选项将按原始格式保存所有文件。

(2)"Web 电子邮件档案":该类型可以把显示该 Web 页所需的全部信息保存在一个 MIME 编码的文件中。该选项将保存当前 Web 页的可视信息。

(3)"Web 页,仅 HTML":该选项保存 Web 页信息,但它不保存图像、声音或其他文件。

(4)"文本文件":该类型只保存当前 Web 页的文本,在"保存类型"列表中应该选择"文本文件"。该选项将以纯文本格式保存 Web 页信息。

若选择"Web 页,全部"和"Web 电子邮件档案",可脱机查看所有的 Web 页,而不用将 Web 页添加到收藏夹列表并标记为可脱机查看。当选择"Web 页,全部"时,只有当前页才被保存。

如果要保存网页上的部分文本,可以先用鼠标拖动选中所要保存的文字信息,再选择"编辑"菜单中的"复制"命令。接着启动一个文字处理程序,如"记事本"或 Word,在其中选择"编辑"菜单中的"粘贴"命令,将在 IE 中选中的文字复制到文字处理程序中,最后将内容存盘即可。

2. 保存 Web 页中的图片

用户在浏览 Web 页时,如果需要把一些图形或图片保存下来,可以右击要保存的项目,弹出快捷菜单,如图 6-10 所示。

根据图片是否对应一个超链接,弹出的快捷菜单不完全相同,如图 6-10 所示为带有超链接的图片对应的快捷菜单。

在"快捷菜单"中选择"图片另存为"菜单命令,将打开"另存为"对话框,可以选择保存文件的文件夹等选项,完成将图片保存到计算机中的操作。

如果要保存页面背景图像,单击右键,在快捷菜单中选择"背景另存为"命令,然后在对话框中给出要保存的背景图像的文件名。

图 6-10 图片快捷菜单

3. 打印 Web 页

用户可以将正在浏览的 Web 页输出到打印机。在"文件"菜单中选择"打印"命令,打开"打印"对话框,IE 中打印操作和其他的程序类似。

需要特别注意的是,屏幕上显示的 Web 页并不一定对应一个 HTML 或 ASP 文件,有的 Web 页对应了多个文件,即帧页(Frame Page)。Frame 页又称"框架",是指在屏幕上同时显示多个 HTML 或 ASP 文件,每个文件对应屏幕上的一个区域,这个区域通常称为"帧",包含"帧"的 Web 页称为"帧页"。

如果要打印的 Web 页是一个帧页,需要在"打印"对话框中选择"选项"选项卡。在"打印框架"区域中,单击"按屏幕布局打印"单选按钮,则打印输出的内容和屏幕显示相同;单击"仅打印选定框架"按钮则只打印选定的框架,即用户在浏览 Web 页时鼠标所在的帧;单击"逐个打印所有框架"按钮则顺序打印每一个框架,但是和屏幕布局不同。

6.4 电 子 邮 件

本节学习要点:
- ◇ 理解电子邮件有关的协议与标准。
- ◇ 熟练收发电子邮件。

6.4.1 电子邮件概述

电子邮件(E-mail)是 Internet 服务中使用最早、使用人数最多的一种。Internet 的 E-mail 系统与传统的邮件传递系统相比不但省时、省钱,而且用户能确定邮件是否为收件人收到。这种方便、快捷、节省的信息传递服务为人们的生活带来了深刻的影响,是现代人最常用的通信方式之一,同时也是电子商务中的重要部分。

1. 与电子邮件有关的协议与标准

1) 基本的电子邮件协议

基本的电子邮件协议包括 POP3 邮局协议和 SMTP 简单邮件传送协议,它们都是 TCP/IP 协议集的应用协议之一。

(1) POP3(Post Office Protocol):这是服务器端 POP3 电子邮件服务程序与客户机端电子邮件客户程序共同遵守和使用的协议,它允许用户通过任何一台计算机登录联入 Internet,下载所注册 POP3 电子邮件服务器自己邮箱中的电子邮件,并根据系统参数设置自动保留或删除其中的邮件。

(2) SMTP(Simple Mail Transfer Protocol):这是服务器端 SMTP 电子邮件服务程序与客户机端电子邮件客户程序共同遵守和使用的协议之一,是用于发送电子邮件的 Internet 应用协议。此协议只支持 7 位 ASCII 编码文件的发送,在发送方,要发送汉字、图形等 8 位编码的二进制文件,必须先进行 8 位到 7 位的代码转换;在接收方,则需进行逆转换。

2) 其他与电子邮件有关的协议与标准

除了基本的 POP3 和 SMTP 外,随着人们对电子邮件发送内容越来越高的要求,电子邮件服务程序和电子邮件客户程序也开始支持越来越多的新协议和新标准,如 MIME、

S/MIME、IMAP-4、LDAP 和 HTML 等。限于篇幅,这里不作详细介绍。

2. 电子邮件服务器及对应的服务程序

目前比较流行的电子邮件服务器有两种:POP3 邮局协议服务器(用于接收电子邮件)和 SMTP 简单邮件传送协议服务器(用于发送电子邮件)。

(1) POP3 服务器主要用于存放用户所接收到的电子邮件,用户必须登记注册才能使用该服务器;

(2) SMTP 服务器主要负责发送用户的电子邮件,是供 Internet 全体用户公用的,用户无须登记注册就可使用该服务器。

以上两种服务器既可各自独立,也可以合二为一。

6.4.2 收发电子邮件

使用 E-mail 有专门的软件,如 Eudora、Foxmail 等,在 IE 中包含一个优秀的管理电子邮件和新闻组的应用程序 Outlook Express 系统,Outlook Express 是一个基于 POP3 协议的邮件用户代理程序。下面详细介绍 Outlook Express 系统的使用,Outlook Express 窗口如图 6-11 所示。

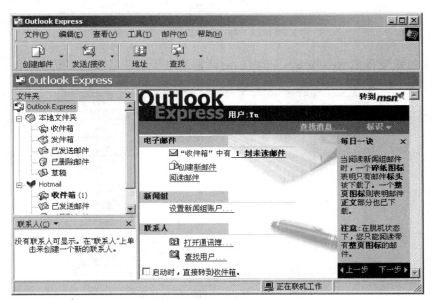

图 6-11　Outlook Express 窗口

1. 设置电子邮件账号

在使用 Outlook Express 之前,用户需要从其 Internet 服务提供者(ISP)处获得一些信息,这些信息是:

(1) Internet 服务提供者的 POP3 服务器域名。

(2) Internet 服务提供者的 SMTP 服务器域名。

(3) 用户自己的电子邮件地址。

(4) 接收邮件的用户账号和口令。

第一次使用 Outlook Express 时,如果还没有创建电子邮件账号,Outlook Express 会自动弹出"Internet 连接向导"对话框,如图 6-12 所示,提示用户创建一个账号,用户只需按照连接向导的提示,在每一步相应的域中输入发件人的姓名、电子邮件地址、邮件接收服务器的类型、接收(POP3)和发送(SMTP)邮件的服务器域名、登录的账号和密码等参数(这些参数用户可在 ISP 处获得),就可完成一个新的电子邮件账号的创建。

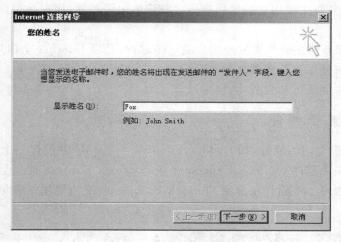

图 6-12　Internet 连接向导

已建立的账号将显示在如图 6-13 所示对话框的电子邮件账号列表框中。

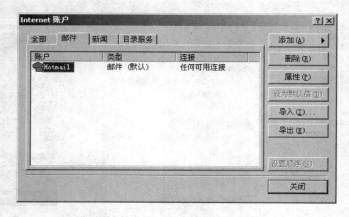

图 6-13　"Internet 账户"对话框

由于目前在 Internet 上申请一个免费的电子邮件账号非常方便,大多数用户除了使用 ISP 提供的电子邮件账号外,还可能使用其他的免费电子邮件账号,可以利用电子邮件账号管理工具来创建多账号用户。操作步骤如下。

(1) 选择 Outlook Express 窗口菜单栏的"工具"|"账号"命令,弹出"Internet 账号"对话框,如图 6-13 所示。

(2) 单击"Internet 账号"对话框中的"邮件"标签,在该选项卡中显示了已创建的所有电子邮件账号。

(3) 单击"添加"按钮,在弹出的下拉列表框中选择"邮件"命令,弹出"Internet 连接向导"对话框,如图 6-12 所示,重复上面介绍的方法可以建立多个账号。

2. 设置电子邮件账号的属性

虽然 Outlook Express 支持多个电子邮件账号,但默认的电子邮件账号是唯一的。当用户编辑一个新邮件时,使用的发件人信息就是默认的电子邮件账号中所设置的信息。要将某个账号设置为默认的电子邮件账号,只需在图 6-13 对话框中,单击要设置为默认值的账号,再单击"设置为默认值"按钮就可以了。在图 6-12 对话框中,还可以查看并修改已创建的电子邮件账号属性,选择要查看或修改属性的电子邮件账号,单击"属性"按钮,弹出如图 6-14 所示的电子邮件账号属性对话框。在电子邮件账号属性对话框中,有 4 个标签,用户可根据需要重新输入新的信息来修改电子邮件账号的属性,这里不再赘述。

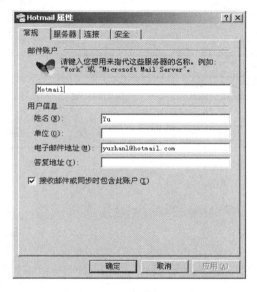

图 6-14 电子邮件账号属性

3. 建立和发送电子邮件

1) 电子邮件地址

Internet 上电子邮件地址有统一的格式:用户名@主机域名。其中,"@"符号前面部分就是用户向 ISP 注册时所获得的登录账号,"@"符号后面部分是电子邮件地址所注册的邮件服务器的主机域名,"@"符号用来隔开用户名和主机域名。例如:zili@stu.edu.cn,表示汕头大学校园网邮件服务器(stu.edu.cn)上的用户 zili 的电子邮件地址。

注意:使用电子邮件地址时,用户名要区分大小写,而主机域名不区分大小写。

2) 创建和发送电子邮件

如果用户有多个电子邮件要发送,应先脱机创建、编辑它们。所谓脱机是指不连接到 Internet。当用户要创建大量的电子邮件时,脱机操作能节省联机费用。用户脱机完成邮件的创建、编辑后,这些邮件被保存在 Outlook Express 的发件箱文件夹中。用户准备发送所有邮件时,连接到 Internet,并单击工具栏上的"发送和接收"按钮,就能够把发件箱文件夹中的邮件发送出去。如果只希望发送邮件而不接收邮件,可以单击菜单命令"工具"|"发送"。

网络技术基础

Outlook Express 提供的邮件编辑功能,不但可以让用户编写最常用的文本方式的电子邮件,还允许用户编写支持 HTML 格式的邮件,这就使用户可以非常方便地设计出一份美观的电子邮件。

(1) 撰写新邮件的步骤如下。

① 启动 Outlook Express。

② 打开"文件"菜单并选择"新建"菜单中的"邮件"或单击工具栏上的"新邮件"按钮,弹出如图 6-15 所示的新邮件撰写窗口。

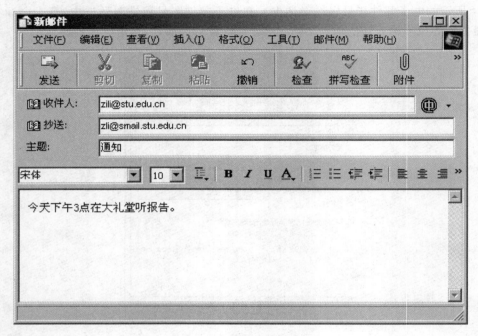

图 6-15　撰写新邮件

③ 在"收件人"文本框中输入收件人的地址。可以输入多个收件人的地址,中间用分号隔开,例如"zili@stu. edu. cn; xyhu@smmailserv. stu. edu. cn; lizilz@21cn. com"。

④ (可选)在"抄送"文本框中输入接收邮件复制者地址。

⑤ 在"主题"文本框中填上本邮件的主题。

⑥ 单击邮件文本编辑区,输入邮件正文。

注意:如果需要,用户能在邮件中插入附件、链接或图片等。

为了发送邮件,首先必须要连接到 Internet,然后单击"新邮件"窗口工具栏中的"发送"按钮。如果由于地址无效而不能正确地投递邮件,则用户会从 ISP 的邮件服务器程序接收到退回的邮件。因此,当用户发送邮件后,应检查其收件箱文件夹,查看有没有退回的邮件,从而判断所发送的邮件是否到达了目的地。

很多 Web 页都包含用于接收用户反馈信息的电子邮件地址的链接。当用户单击其链接时,IE 自动显示 Outlook Express 的"新邮件"窗口,因此用户能输入其邮件(Web 页自动地将收件人的地址插入"收件人"文本框中)。当用户完成创建邮件时,可以按上面的步骤将邮件发送给 Web 页的页主。

（2）为电子邮件添加附件。用户能使用电子邮件通过 Internet 发送各种类型的文件，如电子表格、声音文件或包括图形图像的文件。

当然，接收者主机必须安装有支持所收到邮件附件类型的相应软件，否则将无法打开所收到邮件的附件。例如，如果发送者在电子邮件中发送了一个 Lotus 1-2-3 电子表格的附件，则其接收者主机必须安装有 Lotus 1-2-3 软件才能查看和使用文件中的信息。

在电子邮件中插入其他文件的操作步骤如下。

① 在如图 6-15 所示的"新邮件"窗口中，选择菜单栏上的"插入"|"文件附件"命令，出现"插入附件"对话框；或单击工具栏上的"附件"。

② 在"插入附件"对话框中，选定要插入的文件夹和文件，单击"附加"按钮。

③（可选）重复步骤①和步骤②，逐个附加其他文件到邮件中。图 6-16 显示了带有三种不同类型附件的邮件。

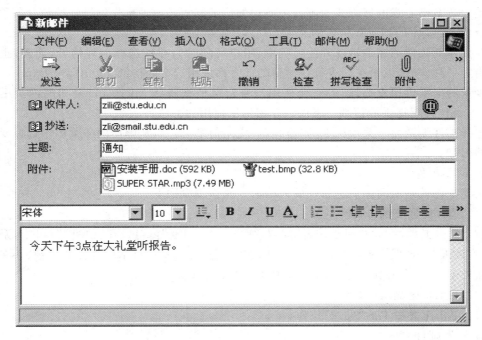

图 6-16　带有附件的新邮件

由于受电子邮件账号的空间限制以及传输速率等因素的影响，用户在发送附件时，通常应遵循一个原则，即尽量保证所添加的附件已经使用压缩软件压缩过，如果经压缩后的附件仍然很大（邮件正文和附件的总容量不能超过 1MB），则应该进行分文件压缩，并采取多次发送邮件方式，以便收件人能顺利收到该邮件。

（3）在电子邮件中插入超级链接。在电子邮件中插入超级链接步骤如下。

① 在邮件正文中选定要创建超级链接的文本或图形对象；

② 选择菜单命令"插入"|"超级链接"；

③ 在"超级链接"对话框中，选择"类型"列表框中要使用的链接类型；

④ 在 URL 文本框中输入要创建超级链接的地址；

⑤ 单击对话框中的"确定"按钮。

（4）在电子邮件中插入图片。在电子邮件中插入图片的步骤如下。

① 单击邮件正文中要放置图片的位置；

② 选择菜单命令"插入"|"图片"；

③ 在"图片"对话框中单击"浏览"按钮，从弹出的对话框中选择要插入的图片所在的文件夹和图片的文件名；

④ 在"替换文字"文本框中输入当用户的鼠标指针移动到该图片时所显示的文字内容；

⑤ 设置完图片的其他内容后，单击对话框中的"确定"按钮。

注意：如果要发送的图片太大，必须将该图片压缩后再以附件的方式发送，否则收件人会因为所发送的邮件太大而邮件账号的空间太小或传输速率限制而无法接收。

3）使用信纸装饰邮件

编写电子邮件除了应编排好正文内容的格式外，选择一个好的信纸作为电子邮件的背景也是表达自己心意的好方式。邮件中使用的信纸其实是一种事先编排好的包含各种文本格式及背景图像的 HTML 格式的文本。

在创建新邮件或在编辑邮件的过程中，用户可随时为邮件选择一种信纸，此外，也可以直接指定一种信纸，以便在创建每一封新邮件时都使用选定的信纸。Outlook Express 只提供了少量的信纸供用户选择，但它允许用户自定义信纸或从 Microsoft 公司的网页中下载由 Microsoft 公司提供的信纸。下面只介绍信纸使用的方法。

选择邮件编辑窗口菜单栏上的"格式"|"应用信纸"命令，从弹出的子菜单中选择要使用信纸的名称。

4）回复邮件

回复邮件就是给向你发送邮件的人回信。操作步骤如下。

（1）选择要回复的邮件。

（2）单击工具栏上的"回复作者"按钮，弹出一个"回复"窗口。在"回复"窗口中，系统自动在"收件人"文本框中列出原发件人地址，在"主题"文本框中显示原邮件的主题，并在该主题前面加上"Re："，在邮件正文编辑区中列出原邮件正文。

（3）在编辑区输入回复信息。

（4）单击工具栏上的"发送"按钮。

5）转发邮件

转发邮件就是将收到的邮件转发给其他人。其操作方法如下。

（1）选择要转发的邮件；

（2）单击工具栏上的"转发"按钮，弹出一个"转发"窗口。在"转发"窗口中，系统自动在"主题"文本框中显示要转发的邮件主题，并在该主题前面加上"Fw："；

（3）在"收件人"文本框中输入收件人地址，必要的话可在邮件正文编辑区对要转发的邮件进行编辑或添加信息；

（4）单击工具栏上的"发送"按钮。

4. 阅读邮件

用户收到的邮件系统默认放在收件箱文件夹中。一般的邮件都是以两种方式来包含邮件的内容：一种是只有正文内容，这些内容在预览窗中就能浏览到；另一种是包含附件的邮件，要查看邮件中附件的内容必须打开该附件或将附件保存到磁盘后再打开。

当邮件中的内容太多,在预览窗中查看不方便时,可在单独的窗口中查看邮件,只要在邮件列表中双击该邮件即可。

如果在浏览邮件正文内容时,邮件的内容出现乱码,表明该邮件使用了与当前计算机使用的语言不同的代码,只要计算机上安装了支持该语言的字符集,就可以为邮件直接指定要使用的语言代码。方法是:选择邮件窗口菜单栏上的"查看"|"语言"命令,在弹出的子菜单中单击要使用的语言名称。

5. 管理邮件

1)标记邮件

标记邮件的作用主要是在邮件列表中将一些比较重要的邮件标记出来。当邮件列表中有一些比较重要的邮件,或需要回复目前又没有时间时,就可为该邮件打上标记,以区别于其他邮件。为邮件打上标记的方法是:在邮件列表框中单击要加上标记记号的邮件左侧的标记列就可以了,这时,该邮件的标记列将显示一个已被标记的符号(一面小旗帜),要清除邮件标记,只要再次单击该标记符号就可以了。

2)对邮件进行排序

要更改邮件列表框中邮件的排列顺序,可选择 Outlook Express 窗口中菜单栏的"查看"|"排序方式"命令,在弹出的子菜单中选择相应的排序项即可。

3)删除邮件

在 Outlook Express 中删除邮件的操作步骤如下。

(1)从邮件列表框中选择要删除的邮件。

(2)单击工具栏上的"删除"按钮或按 Del 键,则相应的邮件将被移动到"已删除邮件"文件夹中,要彻底删除该邮件,必须继续执行下面步骤。

① 单击"已删除邮件"文件夹。

② 从邮件列表框中选择要彻底从计算机中删除的邮件,单击工具栏上的"删除"按钮或按 Del 键。

③ 在弹出的对话框中单击"是"按钮。

4)移动邮件

在 Outlook Express 窗口中,左边的文件夹窗格中除了默认的文件夹(如收件箱、发件箱、草稿等)外,用户还可以创建自己的文件夹。这样就可以将"收件箱"中的邮件分门别类移动到自己创建的文件夹中。创建新文件夹的方法与在 Windows 的资源管理器中创建新文件夹类似,移动或复制邮件的方法也与在资源管理器中移动或复制文件的方法类似,这里不再赘述。

5)保存邮件

Outlook Express 中所有的邮件都可以保存到磁盘上,文件格式为".eml"。已保存到磁盘上的".eml"邮件不能直接在 Outlook Express 中打开,如果要打开这些文件,应在资源管理器中双击要打开的邮件;把邮件保存到磁盘上的方法是:在邮件列表框中选择要保存的邮件,选择菜单命令"文件"|"另存为"。如果只希望保存邮件中的背景图案为信纸,则应选择菜单命令"文件"|"另存为信纸"。

网络技术基础

6.5　网　页　制　作

在 Internet 上网站(网页)异彩纷呈,如何使网站(网页)受到用户欢迎,一个关键因素就是设计出较好的网页。

本节学习要点:

◇ 了解网站和网页的概念。

◇ 了解 FrontPage 软件。

◇ 了解运用 FrontPage 创建网站和网页。

6.5.1　网站与网页

网站是指存放在网络服务器上的完整信息的集合体,其中可以有一个或多个网页。这些网页按照一定的组织结构,通过超链接等方式连接在一起,形成一个整体,描述一组完整的信息。在建立网站时,首先要明确网站的设计目标,了解网站的性质、特点、内容,然后收集素材、规划和实现。

网页是用户可以直接浏览的信息页面。制作网页可以使用网页设计语言 HTML 或网页制作工具。早期直接使用 HTML 来制作网页,随后出现了 FrontPage、Dreamweaver 等一系列具有"所见即所得"功能的网页制作工具,用户可以轻松地制作精美的网页。若用户需要制作交互式或某些特殊的页面,可使用 JavaScript、ASP、CGI、PHP 等工具来完成网页设计(这些工具一般需要开发人员具有一定的编程基础),使用 Photoshop、Flash、COOL 3D 等网页美化工具对网页进行美化。

6.5.2　FrontPage 2003 简介

HTML 格式的文件是 Internet 上可以用 Web 浏览器查看的网页文件,但 HTML 语法复杂,直接用 HTML 来写网页是比较麻烦的,而网页制作工具,如前面所述的 FrontPage 能够提供简单的界面和命令,让用户无须了解 HTML 的语法规则,就可以制作出比较复杂的网页。

FrontPage 是 Microsoft 公司专门为制作 Web 页面而开发的工具。FrontPage 2003 是 Office 2003 的组件之一,其用户界面与 Word 相似,为使用者带来了方便,即使用户不懂 HTML,也能制作出专业效果的网页。

FrontPage 2003 的界面可分成菜单栏、工具栏、任务窗格、主编辑窗口、网页视图按钮等,如图 6-17 所示。

(1) 菜单栏:为用户提供各种编辑网页和管理网页的命令项。

(2) 工具栏:为用户提供常用的编辑网页和管理网页的命令按钮。

(3) 任务窗格:位于窗口的右侧,提供了"开始工作"、"新建"、"帮助"、"搜索结果"等 17 种任务窗格,使用户可以方便地创建和编辑网页和网站。

(4) 主编辑窗口:是用户的工作区(视图区),在不同的视图方式下,工作区显示的内容不同。

(5) 网页视图按钮:从左到右依次为设计视图、拆分视图、代码视图、预览视图。

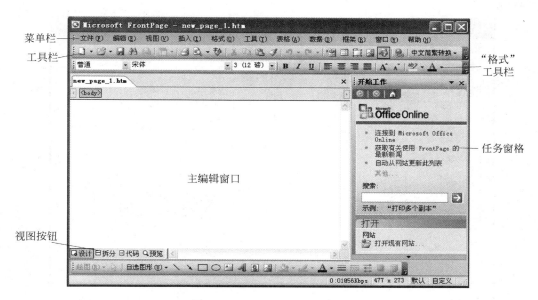

图 6-17　FrontPage 2003 窗口

① 设计视图：可以采用类似 Word 一样的"所见即所得"方式设计并编辑网页。

② 拆分视图：拆分主编辑窗口，使代码视图和设计视图同屏显示。

③ 代码视图：可以查看网页的 HTML 代码和使用 HTML 进行网页设计。

④ 预览视图：可以显示与网页在 Web 浏览器中的外观相近似的视图，便于修改正在编辑的网页。

6.5.3　创建网站和网页

1. 创建网站

创建网站指在本地计算机中设计一个网站或网页。制作好的网站上传到指定的 Web 服务器后，即可在互联网上浏览。创建网站的操作步骤如下。

（1）选择"文件"菜单中的"新建"命令或在任务窗格中选择"新建"选项，在右侧任务窗格中会显示"新建"任务窗格的内容。

（2）在"新建"任务窗格中选择"新建网站"区域中的任意一项，可以打开如图 6-18 所示的"网站模板"对话框。

（3）在"网站模板"对话框中选择一个模板，单击"确定"按钮就完成了网站的创建，这时工作界面会切换到网站的"文件夹"视图，如图 6-19 所示。

（4）在"文件夹"视图中，可以直接双击"网站模板"所提供的网页文件编辑所创建的网站中的网页。

对于一个已经建立的网站，单击"文件"菜单中的"打开网站"命令可以打开该网站。

2. 创建网页

通常在启动 FrontPage 2003 时，会自动创建一个新的空白页面，并默认其名称为"New page1.htm"。另外，单击"常用"工具栏中的"新建"按钮、任务窗格中的"空白网页"选项和利用 Ctrl＋N 键也可以新建一个空白网页。

网络技术基础

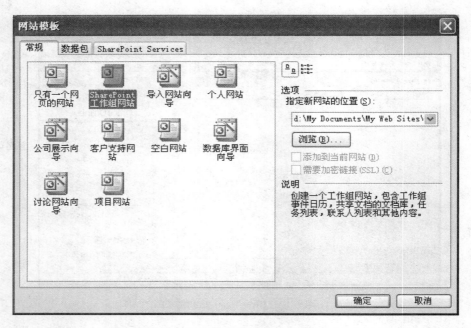

图 6-18 "网站模板"对话框

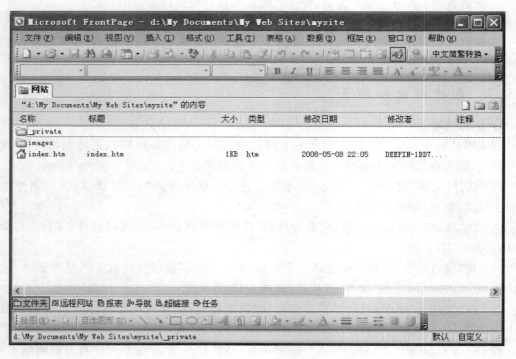

图 6-19 网站文件夹视图

另外,用户可以利用"新建"任务窗格列表中的"根据现有网页…"和"其他网页模板"选项提供的网页模板,建立具有一定样式的网页和框架网页。

网页的打开和保存与前面介绍的 Office 组件的打开办法相同。

3．网页的编辑与修饰

（1）常规编辑。

网页中通常包含标题、文本、图片、表格、超链接、声音、视频、动画等元素，而这些元素的编辑界面与 Word 2003 非常相似，保持了 Office 2003 的一致性，本节不作介绍。

（2）插入 Web 组件。

在网页视图下，单击要插入 Web 组件的位置，再单击"插入"菜单中的"Web 组件"命令，弹出"插入 Web 组件"对话框，如图 6-20 所示。

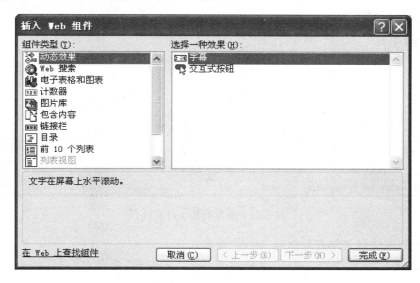

图 6-20   "插入 Web 组件"对话框

① 滚动字幕。

在图 6-20 中，在"组件类型"列表框中选择"动态效果"选项，在"选择一种效果"列表框中选择"字幕"选项，单击"完成"按钮后，在弹出的对话框中可以添加滚动字幕，设置字幕的移动方向、移动速度、表现方式、对齐方式、大小、重复方式以及背景颜色等。

② 交互式按钮。

在"组件类型"列表框中选择"动态效果"选项，在"选择一种效果"列表框中选择"交互式按钮"选项，单击"完成"按钮后，在弹出的对话框中可以输入按钮的文本内容、链接指向、效果、背景颜色、宽度和高度及字体颜色等。

③ 计数器。

在"组件类型"列表框中选择"计数器"选项，在"选择计数器样式"列表框中选择样式，单击"完成"按钮即可。

④ 表单。

表单是用来收集站点访问者信息的域集。站点的访问者填表单的方式是输入文本、选中单选按钮与复选框，以及从下拉菜单中选择选项。通常在填好表单之后，站点访问者便送出所输入的数据。如常见的登记表和调查表等信息就可以利用表单完成。

下面以一个专业性别调查表为例介绍如何创建一个表单。

在网页视图下，首先单击要建立表单的位置，其次：

◇ 单击"插入"菜单中的"表单"级联菜单中的"表单"命令,显示如图 6-21 所示的编辑窗口。

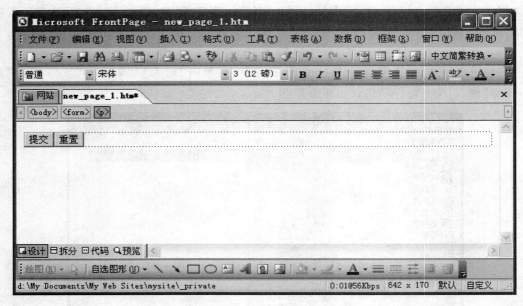

图 6-21　表单初始编辑窗口

◇ 将光标定位到表单起始区域,输入"姓名:"。

◇ 单击"插入"菜单中的"表单"级联菜单中的"文本框"命令,然后将插入点定位到下一行。

◇ 输入"性别:"。单击"插入"菜单的"表单"级联菜单中的"选项按钮"命令。在该选项按钮后输入"男",双击该选项按钮,在弹出的如图 6-22 所示的对话框中的"组名称"文本框中输入"性别",在"值"文本框中输入"男",单击"确定"按钮。重复此操作,完成性别为女的设置。在返回的如图 6-21 所示的编辑窗口中将插入点定位到下一行。

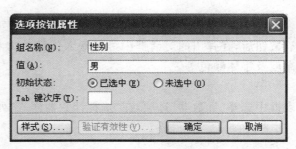

图 6-22　单选按钮属性设置

◇ 输入"专业:"。单击"插入"菜单中的"表单"级联菜单中的"下拉框"命令,双击该下拉框,在弹出的对话框的"名称"文本框中输入"专业",然后添加相应专业并单击"确定"按钮即可,如图 6-23 所示。

◇ 表单设计完成,保存当前页面,如图 6-24 所示。

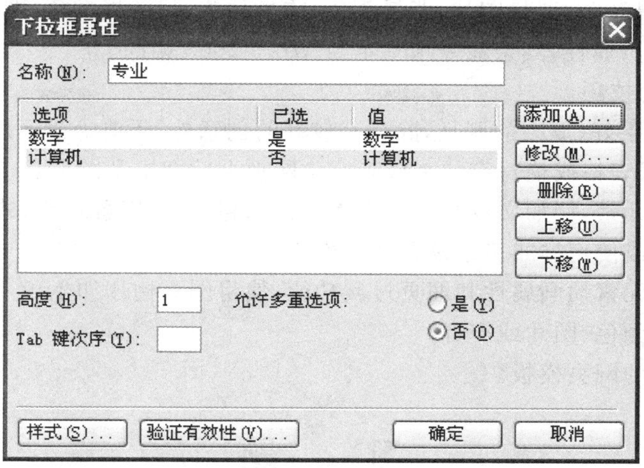

图 6-23 下拉框属性设置

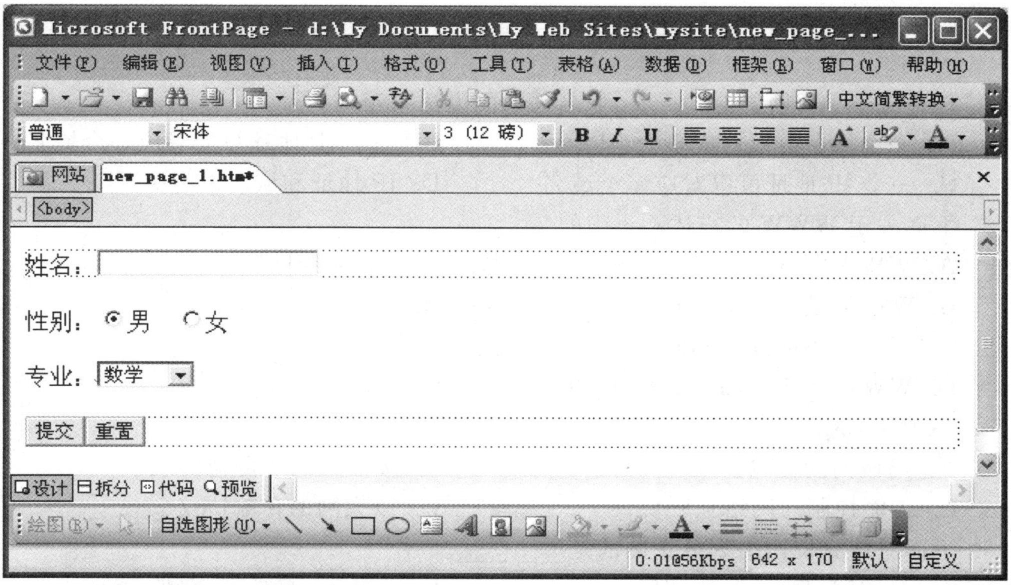

图 6-24 创建表单实例

　　另外,用户还可以利用"表单网页向导"来创建表单。在"新建"任务窗格中的"新建网页"栏中,选择"其他网页模板"命令,在弹出的"网页模板"窗口的"常规"选项卡中,双击"表单网页向导"命令,然后按向导提示完成表单的创建。

　　⑤ 框架。

　　框架是把网页视窗分成几个部分,每个部分都是独立的网页,其设计方法与单独网页相同。用户可以很容易利用 FrontPage 2003 创建一个具有框架的网页。

　　在"新建"任务窗格中的"新建网页"栏中,选择"其他网页模板"命令,在弹出的"网页模板"窗口的"框架网页"选项卡中,双击选定的框架模板类型即可。

　　(3)用户可以利用"格式"菜单中的命令项对网页进行修饰,其中"属性"命令项,可以设

网络技术基础

置网页的标题、背景音乐、背景图片、背景颜色、前景颜色、超链接颜色、网页边距、样式、设计阶段控件脚本等网页属性,其余命令项基本与 Word 2003 相同。

4. 网页设计的技巧

要设计一个效果好、复杂的网页,除具有较好的创意外,还要恰当运用以下技术和手段。

(1) 使用框架、表格或绝对定位来精确定位网页上的文本和图形。

(2) 添加网页元素,例如文本、图形、表格、表单、超链接、字幕、交互式按钮、计数器等。

(3) 应用样式或使用样式表来设置文本格式。

(4) 设置网页元素动画属性和网页过渡功能,使得网页栩栩如生。

(5) 设置背景颜色、图片或声音。

(6) 创建自己的网页模板。

习　　题

一、选择题

1. OSI 开放式网络系统互连标准的参考模型由_____层组成。

    A. 5　　　　　　　　B. 6　　　　　　　　C. 7　　　　　　　　D. 8

2. 以下关于 IP 地址和 Internet 域名关系的说法中正确的是_____。

    A. 一个域名可以对应多个 IP 地址　　　　B. 一个 IP 地址只能对应一个域名

    C. 一个 IP 地址可以对应多个域名　　　　D. IP 地址和域名没有关系

3. 下面关于 WWW 的描述不正确的是_____。

    A. WWW 是 World Wide Web 的缩写,通常称为"万维网"

    B. WWW 是 Internet 上最流行的信息检索系统

    C. WWW 不能提供不同类型的信息检索

    D. WWW 是 Internet 上发展最快的应用

4. TCP/IP 的含义是_____。

    A. 局域网的传输协议　　　　　　　　　B. 拨号入网的传输协议

    C. 传输控制与网络互联协议　　　　　　D. 以太网的传输协议

5. 下面对计算机网络划分正确的是_____。

    A. 局域网、星状网、高速网　　　　　　B. 星状网、基带网、宽带网

    C. 环状网、卫星网、以太网　　　　　　D. 环状网、星状网、总线型网

6. 中国教育科研计算机网是_____。

    A. ChinaNet　　　　B. CERNET　　　　C. GBNET　　　　D. UNINET

7. 最先出现的计算机网络是_____。

    A. ChinaNet　　　　B. Ethernet　　　　C. ARPAnet　　　　D. Internet

8. Internet 的通信协议是_____。

    A. X. 25　　　　　　B. CSMA/CD　　　　C. TCP/IP　　　　D. CSMA

9. 属于网络操作系统的是_____。

    A. Windows 2000　　B. Java　　　　　　C. Netscape　　　　D. IE

10. _____是指对网络提供某种服务的服务器发起攻击,可造成该网络的拒绝服务

与网络工作不正常。

      A. 碎片攻击   B. 服务攻击   C. 漏洞攻击   D. 非服务攻击

二、填空题

1. FTP 服务提供两台计算机之间的连接,实现文件的上传和下载功能,但若使用浏览器连接到一个 FTP 服务器时,只能实现_____功能。

2. 因特网中 URL 的中文意思是_____。

3. 如果要把当前网页中的某个图片单独保存,可以在图片上单击鼠标_____键,在弹出的快捷菜单中选择_____项,就可以把图片保存到磁盘中。

4. 通过 IE 浏览器浏览网页时,可以利用_____中所保存的信息快速访问已浏览过的网页。

5. HTML 文件必须由特定的程序进行翻译和执行才能显示,这种编译器就是_____。

6. 将明文变换成密文的过程称为_____,将密文经过逆变换恢复成明文的过程称为_____。

7. 网络防火墙主要包括_____与_____两个部分。

8. 在网络环境中,计算机病毒具有如下 4 大特点:_____、_____、_____、_____。

第7章　多媒体技术基础

本章学习要点:
◇ 媒体在计算机中的两种含义、多媒体的基本要素及主要特征。
◇ 多媒体的关键技术。
◇ 多媒体计算机的系统组成。
◇ 数字音频、视频的特征、技术指标和文件格式。
◇ 数字图形与图像的基本属性、文件格式。
◇ 动画的原理、制作和文件格式。

7.1　多媒体技术概要

本节学习要点:
◇ 熟悉媒体在计算机中的两种含义。
◇ 掌握多媒体的概念、基本要素及主要特征。
◇ 了解多媒体的关键技术以及多媒体计算机的系统组成。

7.1.1　多媒体概念

多媒体(Multimedia)简单地说是指文本(Text)、图形(Graphics)、图像(Image)、声音(Sound)、动画(Animation)、视频(Video)等多种媒体的统称。多媒体技术的定义目前有多种解释,可根据多媒体技术的环境特征来给出一个综合的描述,其意义可归纳为:计算机综合处理多种媒体信息,包括文本、图形、图像、声音、动画以及视频等,在各种媒体信息间按某种方式建立逻辑连接,集成为具有交互能力的信息演示系统。

多媒体技术涉及许多学科,如图像处理技术、声音处理技术、视频处理技术以及三维动画技术等,它是一门跨学科的综合性技术。多媒体技术用计算机把各种不同的电子媒体集成并控制起来,这些媒体包括计算机屏幕显示、视频光盘 CD-ROM、语言和声音的合成以及计算机动画等,且使整个系统具有交互性,因此多媒体技术又可看成一种界面技术,它使得人机界面更为形象、生动、友好。

多媒体技术以计算机为核心,计算机技术的发展为多媒体技术的应用奠定了坚实的基础。国外有的专家把个人计算机(PC)、图形用户界面(GUI)和多媒体(Multimedia)称为近年来计算机发展的三大里程碑。

多媒体技术中主要的概念如下。

1. 媒体

媒体(Medium)在计算机领域中主要有两种含义:一是指用以存储信息的实体,如磁带、磁盘、光盘、光磁盘、半导体存储器等;二是指用以承载信息的载体,如数字、文字、声音、图形、图像、动画等。在计算机领域,媒体一般分为感觉媒体、表示媒体、表现媒体、存储媒体和传输媒体 5 类。

(1) 感觉媒体是指能直接作用于人的感官让人产生感觉的媒体。这类媒体包括人类的语言、文字、音乐、自然界的其他声音、静止或活动的图像、图形和动画等。

(2) 表示媒体是用于传输感觉媒体的手段。其内容上指的是对感觉媒体的各种编码,包括语言编码、文本编码和图像编码等。

(3) 表现媒体是指感觉媒体和计算机中间界面,即感觉媒体传输的电信号和感觉媒体中间的转换所用媒体。表现媒体又分为输入表现媒体和输出表现媒体。输入表现媒体如键盘、鼠标、光笔、数字化仪、扫描仪、麦克风、摄像机等;输出表现媒体如显示器、打印机、扬声器、投影仪等。

(4) 存储媒体是指用于存储表现媒体的介质,包括内存、硬盘、磁带和光盘等。

(5) 传输媒体是指将表现媒体从一处传送到另一处的物理载体,包括导线、电缆、电磁波等。

2. 多媒体的几个基本元素

(1) 文本:是指以 ASCII 码存储的文件,是最常见的一种媒体形式。

(2) 图形:是指由计算机绘制的各种几何图形。

(3) 图像:是指由摄像机或图形扫描仪等输入设备获取的实际场景的静止画面。

(4) 动画:是指借助计算机生成一系列可供动态实习演播的连续图像。

(5) 音频:是指数字化的声音,它可以是解说、背景音乐及各种声响。音频可分为音乐音频和话音音频。

(6) 视频:是指由摄像机等输入设备获取的活动画面。由摄像机得到的视频图像是一种模拟视频图像。模拟视频图像输入计算机需经过模数(A/D)转换后,才能进行编辑和存储。

多媒体具有多样化、交互性、集成性和实时性的特征。

7.1.2 多媒体的关键技术

多媒体的关键技术主要包括数据压缩与解压缩、媒体同步、多媒体网络、超媒体等。其中以视频和音频数据的压缩与解压缩技术最为重要。

视频和音频信号的数据量大,同时要求传输速度要高,目前的微机还不能完全满足要求,因此,对多媒体数据必须进行实时的压缩与解压缩。

数据压缩技术又称为数据编码技术,有关它的研究已有 50 年的历史。目前对多媒体信息的数据的编码技术主要有以下几种。

1. JPEG 标准

JPEG(Joint Photographic Experts Group,联合摄像专家组)是 1986 年制定的主要针对静止图像的第一个图像压缩国际标准。该标准制定了有损和无损两种压缩编码方案,JPEG 对单色和彩色图像的压缩比通常分别为 10∶1 和 15∶1,常用于 CD-ROM、彩色图像传真和图文管理。许多 Web 浏览器都将 JPEG 图像作为一种标准文件格式以供欣赏。

2. MPEG 标准

MPEG(Moving Picture Experts Group,运动图形专家组)是国际标准化组织和国际电工委员会组成的一个专家组,现在已成为有关技术标准的代名词。MPEG 是压缩全动画视频的一种标准方法,压缩运动图像。它包括三部分:MPEG-Video、MPEG-Audio、MPEG-System(也可用数字编号代替 MPEG 后面对应的单词)。MPEG 平均压缩比为 50∶1,常用于多媒体 CD-ROM、硬盘、局域网、有线电视(Cable-TV)信息压缩。

3. H. 216 标准(又称为 P(64)标准)

这是国际电报电话咨询委员会 CCITT 为可视电话和电视会议制定的标准,是关于视像和声音双向传输的标准。

近五十年来,已经产生了各种不同用途的压缩算法、压缩手段和实现这些算法的大规模集成电路和计算机软件。人们还在不断地研究更为有效的算法。

7.1.3 多媒体计算机系统组成

多媒体计算机具有能捕获、存储、处理和展示包括文字、图形、声音、动画和活动影像等多种类型信息的能力。完整的多媒体计算机系统由多媒体硬件系统和多媒体软件两大部分组成。

1. 多媒体计算机硬件系统

多媒体计算机硬件系统主要包括以下几部分。

(1) 多媒体主机,支持多媒体指令的 CPU;

(2) 多媒体输入设备,如录像机、摄像机、CD-ROM、话筒等;

(3) 多媒体输出设备,如喇叭耳机、录像带、激光盘等;

(4) 多媒体接口卡,如音频卡、视频卡、图形压缩卡、网络通信卡等;

(5) 多媒体操纵控制设备,如触摸式显示屏、鼠标、操纵杆、键盘等。

多媒体计算机硬件系统的组成如图 7-1 所示。

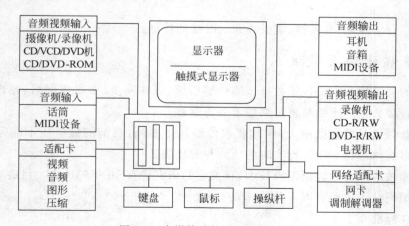

图 7-1 多媒体计算机的硬件系统

2. 多媒体计算机软件系统

多媒体计算机软件系统主要包括以下几部分。

（1）支持多媒体的操作系统；

（2）多媒体数据库管理系统；

（3）多媒体压缩与解压缩软件；

（4）多媒体通信软件。

3. 多媒体个人计算机

能够处理多媒体信息的个人计算机称为多媒体个人计算机（Multimedia Personal Computer，MPC）。目前市场上的主流 PC 都是 MPC，而且配置已经远远地超过了国际 MPC 标准。

MPC 中声卡、CD-ROM 驱动器是必须配置的，其他可根据需要选配。下面介绍 MPC 所涉及的主要硬件技术。

1）声音卡的配置

声音卡又称音频卡或声卡，是 MPC 必选配件，它是计算机进行声音处理的适配器。其作用是从话筒中捕获声音，经过模/数转换器对声音模拟信号以固定的时间进行采样变成数字化信息，经转换后的数字信息便可存储到计算机中。在重放声音时，再把这些数字信息送到声音卡数/模转换器中，以同样的采样频率还原为模拟信号，经放大后作为音频输出。有了声音卡，计算机便具有了听、说、唱的功能。

声音卡有三个基本功能：一是音乐合成发音功能；二是混音器（Mixer）功能和数字声音效果处理器（DSP）功能；三是模拟声音信号的输入和输出功能。

2）视频卡的配置

图像处理已成为多媒体计算机的热门技术。图像的获取一般可通过两种方法：一种是利用专门的图形、图像处理软件创作所需要的图形；另一种是利用扫描仪或数字照相机把照片、艺术作品或实景输入计算机。然而，上述方法只能采集静止画面，要想捕获动态画面，就要借助于电视设备了。视频卡的作用就是为多媒体 PC 和电视机、录像机或摄像机提供一个接口，用来捕获动态图像，进行实时压缩生成数字视频信号，可以存储，进行各种特技处理，像一般数据一样进行传输。

视频卡是多媒体计算机中处理活动图像的适配器。视频卡是一种统称，并不是必需的，高档视频捕获卡价格昂贵，主要供专业人员使用。在视频卡中，根据功能和所处理的影像源及目标的不同，又可分成许多种类，有视频叠加卡、视频捕获卡、电视编码卡、电视选台卡、压缩/解压卡等。

7.2   声音媒体简介

本节学习要点：

◇ 熟悉音频数字化的优点。

◇ 了解数字音频的技术指标和文件格式。

7.2.1   音频信息

1. 音频的数字化

在多媒体系统中，声音是指人耳能识别的音频信息。根据声波的特征，可把音频信息分类为规则音频和不规则声音。其中规则音频又可以分为语音、音乐和音效。规则音频是一种连续变化的模拟信号,可用一条连续的曲线来表示,称为声波。声波又可以分解为正弦波的叠加。不规则声音一般指不携带信息的噪声。

计算机内采用二进制数表示各种信息,所以计算机内的音频必须是数字形式的,因此必须把模拟音频信号转换成有限个数字表示的离散序列,即实现音频数字化。在这一处理技术中,涉及音频的抽样、量化和编码。

音频数字化的最大好处是资料传输与保存的不易失真。记录的资料只要数字大小不改变,记录的资料内容就不会改变。因此在一般的情况下无论复制多少次,传输多么远,资料的内容都是相同的,不会产生失真。

2. 数字音频的技术指标

1)采样频率

采样频率是指 1s 内采样的次数。根据奈奎斯特(Harry Nyquist)采样理论:如果对某一模拟信号进行采样,则采样后可还原的最高信号频率只有采样频率的一半。

2)量化位数

量化位数是对模拟音频信号的幅度轴进行数字化,它决定了模拟信号数字化以后的动态范围。由于计算机按字节运算,一般的量化位数为 8 位和 16 位。量化位越高,信号的动态范围越大,数字化后的音频信号就越可能接近原始信号,但所需要的存储空间也越大。

3)声道数

有单声道和双声道之分。双声道又称为立体声,在硬件中要占两条线路,音质、音色好,但立体声数字化后所占空间比单声道多一倍。

7.2.2 数字音频文件格式

数字音频是将真实的数字信号保存起来,播放时通过声卡将信号恢复成悦耳的声音。绝大多数声音文件采用了不同的音频压缩算法,在基本保持声音质量不变的情况下尽可能获得更小的文件。

1. Wave 文件(. WAV)

Wave 格式是 Microsoft 公司开发的一种声音文件格式,它符合 RIFF(Resource Interchange File Format)文件规范,用于保存 Windows 平台的音频信息资源,被 Windows 平台及其应用程序所广泛支持。Wave 格式支持多种音频位数、采样频率和声道,但其文件尺寸较大,多用于存储简短的声音片断。

2. AIFF 文件(. AIF/. AIFF)

AIFF(Audio Interchange File Format,音频交换文件格式)是苹果计算机公司开发的一种声音文件格式,被 Macintosh 平台及其应用程序所支持。

3. Audio 文件(. AU)

Audio 文件是 Sun Microsystems 公司推出的一种经过压缩的数字声音格式,是 Internet 中常用的声音文件格式。

4. Sound 文件(. SND)

Sound 文件是 NeXT Computer 公司推出的数字声音文件格式,支持压缩。

5. Voice 文件(. VOC)

Voice 文件是 Creative Labs（创新公司）开发的声音文件格式，多用于保存 Creative Sound Blaster（创新声霸）系列声卡所采集的声音数据，被 Windows 平台和 DOS 平台所支持。

6. MPEG 音频文件(. MP1/. MP2/. MP3)

MPEG 标准中的音频部分，即 MPEG 音频层（MPEG Audio Layer）。MPEG 音频文件的压缩是一种有损压缩，根据压缩质量和编码复杂程度的不同可分为三层（MPEG Audio Layer 1/2/3），分别对应 MP1、MP2 和 MP3 这三种声音文件。MPEG 音频编码具有很高的压缩率，MP1 和 MP2 的压缩率分别为 4∶1 和 6∶1～8∶1，而 MP3 的压缩率则高达 10∶1～12∶1，目前使用最多的是 MP3 文件格式。

7.2.3 MIDI 音乐

MIDI（Musical Instrument Digital Interface，乐器数字接口）是数字音乐/电子合成乐器的统一国际标准，它是一种电子乐器之间以及电子乐器与计算机之间的统一交流协议。MIDI 定义了计算机音乐程序、合成器及其他电子设备交换音乐信号的方式，可用于为不同乐器创建数字声音，可以模拟大提琴、小提琴、钢琴等常见乐器。可以从广义上将 MIDI 理解为电子合成器、计算机音乐的统称，包括协议、设备等相关的含义。

MIDI 接口在硬件上是一个带 MIDI 接口的卡，在技术上是一个世界通用的合成器标准。标准中规定击键、离键、变音、音量、触后等大量内容的具体代码。这种 MIDI 接口，可以把计算机和其他具有 MIDI 接口的乐器、音响设备、灯控设备、录放音采样器等一切演艺器材连为一个大系统。在系统中的每种 MIDI 乐器和 MIDI 设备上，一般都有两个接口：MIDI OUT 和 MIDI IN，有的还有第三个接口，即 MIDI THRU。各种设备必须用专用的 MIDI 电缆才能将它们正确连接起来。系统连接好后，就可以通过计算机的总控制，实现一个人演奏一个大型乐队并操作控制全部舞台声光电效果了。这时音乐家们就可以通过 MIDI 键盘，进行计算机音乐的创作了。

由于 MIDI 中不仅存储了各种常规乐器的发音，还存储了大量存在于自然界中的风雨雷电、山呼海啸的声音和动物叫声，甚至存储了连自然界中都不存在的宇宙之声，这就大大丰富了音乐的表现形式，使计算机音乐可以进入传统音乐所不能进入的境界。

MIDI 文件是一种音乐演奏指令序列，相当于乐谱，可以利用声音输出设备或与计算机相连的电子乐器进行演奏，由于不包含声音数据，其文件非常小巧。目前的许多游戏软件和娱乐软件中经常可以发现很多以 MID、RMI 为扩展名的音乐文件，这些就是在计算机上最为常用的 MIDI 格式。

7.3 图形图像基础

本节学习要点：

◇ 掌握图形与图像的基本属性。

◇ 了解图形与图像的数字化原理。

◇ 了解图形与图像的文件格式。

多媒体技术基础

一般来说,图像所表现的显示内容是自然界的真实景物,或利用计算机技术逼真地绘制出的带有光照、阴影等特性的自然界景物,而图形实际上是对图像的抽象,组成图形的画面元素主要是点、线、面或简单立体图形等,与自然界景物的真实感相差很大。

7.3.1　图形与图像的基本属性

(1) 分辨率。分辨率是一个统称,有显示分辨率、图像分辨率、打印分辨率和扫描分辨率等。

(2) 颜色深度。颜色深度是指图像中每个像素的颜色(或亮度)信息所占的二进制数位数,记作位/像素(bits per pixel,b/p)。

(3) 文件的大小。图形与图像文件的大小(也称数据量)是指在磁盘上存储整幅图像所有点的字节数(Bytes),反映了图像所需数据存储空间的大小。

(4) 真彩色、伪彩色与直接色。

真彩色是指在组成一幅彩色图像的每个像素值中,有 R、G、B 三个基色分量,每个基色分量直接决定显示设备的基色强度,这样产生的彩色称为真彩色。

伪彩色图像是每个像素的颜色不是由每个基色分量的数值直接决定,而是把像素值当作彩色查找表(Color-Look-Up Table,CLUT)的表项入口地址,去查找一个显示图像时使用的 R、G、B 强度值,用查找出的 R、G、B 强度值产生的彩色称为伪彩色。

直接色(Direct Color)是把像素值的 R、G、B 分量作为单独的索引值,通过相应的彩色变换表找出 R、G、B 各自的基色强度,用这个强度值产生的彩色称为直接色。

7.3.2　图形与图像的数字化

计算机存储和处理的图形与图像信息都是数字化的。因此,无论以什么方式获取图形与图像信息,最终都要转换为由一系列二进制数代码表示的离散数据的集合,这个集合即所谓的数字图像信息,也就是说图形与图像的获取过程就是图形与图像的数字化过程。

数字化图像可以分为位图和矢量图两种基本类型,如图 7-2 所示。

图 7-2　黑白位图及矢量图

位图(Bit-Mapped Graphics)是由许多的像素组合而成的平面点阵图。其中每个像素的颜色、亮度和属性是用一组二进制像素值来表示的。

矢量图(Vector Graphic)是用一系列计算机指令集合的形式来描述或处理一幅图的,描述的对象包括一幅图中所包含的各图元的位置、颜色、大小、形状、轮廓和其他一些特性,也可以用更为复杂的形式表示图像中的曲面、光照、阴影、材质等效果。

7.3.3 图形与图像文件的格式

1. BMP 格式

BMP 是英文 Bitmap(位图)的简写,它是 Windows 操作系统中的标准图像文件格式。这种格式的特点是包含的图像信息较丰富,几乎不进行压缩,占用磁盘空间大。最典型的应用程序就是 Windows 的画笔。

2. GIF 格式

GIF 是 Graphics Interchange Format(图形交换格式)的缩写。这种格式是用来交换图片的。此类格式是一种经过压缩的 8 位图像的文件,文件存储量很小,所以在网络上得到广泛的应用,传输速度比其他格式的图像文件快得多。但 GIF 格式不能存储超过 256 色的图像。

3. JPEG 格式

JPEG 是由联合照片专家组(Joint Photographic Experts Group)开发的,其文件扩展名为 .jpg 或 .jpeg,它在获取极高的压缩率的同时,能得到较好的图像质量。JPEG 文件的应用非常广泛,特别是在网络和光盘读物上。目前大多数 Web 页面上都可以见到这种格式的文件,其原因就是 JPEG 格式的文件尺寸较小,下载速度快,有可能以较短的下载时间提供大量美观的图像。

4. JPEG2000 格式

JPEG2000 同样是由 JPEG 组织负责制定的。与 JPEG 相比,其压缩率提高约 30% 左右。JPEG2000 同时支持有损和无损压缩,因此它适合保存重要图片。JPEG2000 还能实现渐进传输,即先传输图像的轮廓,然后逐步传输数据,不断提高图像质量,让图像由朦胧到清晰显示。

5. TIFF 格式

TIFF(Tag Image File Format)是 Mac 中广泛使用的图像格式,它由 Aldus 和微软联合开发,最初是出于跨平台存储扫描图像的需要而设计的。它的特点是图像格式复杂、存储信息多,非常有利于原稿的复制。

6. PSD 格式

这是著名的 Adobe 公司的图像处理软件 Photoshop 的自建标准文件格式。PSD 其实是 Photoshop 进行平面设计的一张"草稿图",它里面包含各种图层、通道、遮罩等多种设计的样稿,以便于下次打开文件时可以修改上一次的设计。由于 Photoshop 越来越被广泛地应用,这种格式也逐步流行起来。

7. PNG 格式

PNG(Portable Network Graphics)是一种新兴的网络图像格式,汲取了 GIF 和 JPG 二者的优点,存储形式丰富,兼有 GIF 和 JPG 的色彩模式,能把图像文件压缩到极限以利于网络传输,但又能保留所有与图像品质有关的信息,并且只需下载 1/64 的图像信息就可以显示出低分辨率的预览图像。PNG 支持透明图像的制作,这样可让图像和网页背景很和谐地融合在一起。Macromedia 公司的 Fireworks 软件的默认格式就是 PNG。

8. SVG 格式

SVG(Scalable Vector Graphics)可以算是目前最火热的图像文件格式了,从它的英文

319

名称可以体现出它是可缩放的矢量图形,严格来说应该是一种开放标准的矢量图形语言,可设计激动人心的、高分辨率的 Web 图形页面。用户可以直接用代码来描绘图像,可以用任何文字处理工具打开 SVG 图像,通过改变部分代码来使图像具有交互功能,并可以随时插入到 HTML 中通过浏览器来观看。它提供了目前网络流行格式 GIF 和 JPEG 无法具备的优势:可以任意放大图形显示,但绝不会以牺牲图像质量为代价;平均来讲,SVG 文件比 JPEG 和 GIF 格式的文件要小很多,因而下载也很快。

9. PCX 格式

PCX 格式是 ZSOFT 公司在开发图像处理软件 Paintbrush 时开发的一种格式,存储格式从 1 位到 24 位,这是一种经过压缩的格式,占用磁盘空间较少。由于该格式出现的时间较长,并且具有压缩及全彩色的能力,所以现在仍比较流行。

10. DXF 格式

DXF(Autodesk Drawing Exchange Format)是 AutoCAD 中的矢量文件格式,它以 ASCII 码方式存储文件,在表现图形的大小方面十分精确。

11. WMF 格式

WMF(Windows Metafile Format)是 Windows 中常见的一种图元文件格式,属于矢量文件格式。它具有文件短小、图案造型化的特点,整个图形常由各个独立的组成部分拼接而成,其图形往往较粗糙。

12. TGA 格式

TGA(Tagged Graphics)文件是由美国 Truevision 公司为其显示卡开发的一种图像文件格式,已被国际上的图形、图像工业所接受。TGA 的结构比较简单,属于一种图形、图像数据的通用格式,在多媒体领域有着很大影响,是计算机生成图像向电视转换的一种首选格式。

7.4 视频信息基础

本节学习要点:
◇ 熟悉视频的含义。
◇ 了解常用视频的文件格式。
◇ 了解流媒体信息的概念、关键技术和文件格式。

7.4.1 视频的含义

视频一词译自英文单词 Video。我们看到的电影、电视、DVD、VCD 等都属于视频的范畴。视频是活动的图像。正如像素是一幅数字图像的最小单元一样,一幅幅数字图像组成了视频,图像是视频的最小和最基本的单元。视频是由一系列图像组成的,在电视中把每幅图像称为一帧(Frame),在电影中每幅图像称为一格。

与静止图像不同,视频是活动的图像。当以一定的速率将一幅幅画面投射到屏幕上时,由于人眼的视觉暂留效应,我们的视觉就会产生动态画面的感觉,这就是电影和电视的由来。对于人眼来说,若每秒播放 24 格(电影的播放速率)、25 帧(PAL 制电视的播放速率)或 30 帧(NTSC 制电视的播放速率)就会产生平滑和连续的画面效果。

7.4.2　常用视频文件格式

目前有多种视频压缩编码方法,下面就目前比较流行的一些视频格式作一介绍。

1. AVI 格式(. AVI)

AVI(Audio Video Interleaved,音频视频交错)是 Microsoft 公司开发的一种符合 RIFF 文件规范的数字音频与视频文件格式,原先用于 Microsoft Video for Windows(VFW)环境,现在已被 Windows 95/98、OS/2 等多数操作系统直接支持。AVI 文件目前主要应用在多媒体光盘上,用来保存电影、电视等各种影像信息,有时也出现在 Internet 上,供用户下载、欣赏新影片的精彩片断。

2. MPEG 格式(. MPEG/. MPG/. DAT)

MPEG 文件格式是运动图像压缩算法的国际标准,它采用有损压缩方法减少运动图像中的冗余信息,同时保证每秒 30 帧的图像动态刷新率,已被几乎所有的计算机平台共同支持。MPEG 标准包括 MPEG 视频、MPEG 音频和 MPEG 系统(视频、音频同步)三个部分,前文介绍的 MP3 音频文件就是 MPEG 音频的一个典型应用,而 Video CD(VCD)、Super VCD(SVCD)、DVD(Digital Versatile Disk)则是全面采用 MPEG 技术所产生出来的新型消费类电子产品。

3. DIVX 格式

DIVX 视频编码技术可以说是一种对 DVD 造成威胁的新生视频压缩格式,它由 Microsoft MPEG4 V3 修改而来,使用 MPEG4 压缩算法。同时它也可以说是为了打破 ASF 的种种协定而发展出来的。而使用这种据说是美国禁止出口的编码技术 MPEG4 压缩一部 DVD 只需要两张 CDROM。这样就意味着不需要额外购买 DVD 光驱也可以得到和它差不多的视频质量。而且播放这种编码,对机器的要求也不高。所以 DIVX 技术有很大的发展空间。

4. QuickTime 格式(. MOV/. QT)

QuickTime 是 Apple 计算机公司开发的一种音频、视频文件格式,用于保存音频和视频信息,具有先进的视频和音频功能,被包括 Apple Mac OS、Microsoft Windows 95/98/NT 在内的所有主流计算机平台支持。QuickTime 文件格式支持 25 位彩色,支持 RLE、JPEG 等领先的集成压缩技术,提供一百五十多种视频效果,并提供了两百多种 MIDI 兼容音响和设备的声音装置。

5. ASF 格式

ASF 是 Advanced Streaming Format 的缩写,是 Microsoft 发展出来的一种可以直接在网上观看视频节目的文件压缩格式。由于它使用了 MPEG4 的压缩算法,所以压缩率和图像的质量都很不错。

6. WMV 格式

一种独立于编码方式的在 Internet 上实时传播多媒体的技术标准,Microsoft 公司希望用其取代 QuickTime 之类的技术标准以及 WAV、AVI 之类的文件扩展名。WMV 的主要优点包括:本地或网络回放、可扩充的媒体类型、部件下载、可伸缩的媒体类型、流的优先级化、多语言支持、环境独立性、丰富的流间关系以及扩展性等。

多媒体技术基础

7. nAVI 格式

nAVI 是 newAVI 的缩写,是一个名为 ShadowRealm 的组织发展起来的一种新视频格式。它是由 Microsoft ASF 压缩算法修改而来的,改善了原始的 ASF 格式的一些不足,让 nAVI 可以拥有更高的帧率(Frame Rate)。概括来说,nAVI 就是一种去掉视频流特性的改良型 ASF 格式,也可以被视为是非网络版本的 ASF。

7.4.3 流媒体信息

1. 流媒体概述

流媒体是从英语 Streaming Media 翻译过来的,所谓流媒体是指采用流式传输的方式在 Internet/Intranet 播放的媒体格式,如音频、视频或多媒体文件。流媒体在播放前并不下载整个文件,只将开始部分内容存入内存,在计算机中对数据包进行缓存并使媒体数据正确地输出。流媒体的数据流随时传送随时播放,只是在开始时有些延迟。

显然,流媒体实现的关键技术就是流式传输,流式传输是指通过网络传送媒体(如视频、音频)的技术总称,主要指将整个音频和视频及三维媒体等多媒体文件经过特定的压缩方式解析成一个个压缩包,由视频服务器向用户计算机顺序或实时传送。用户不必等到整个文件全部下载完毕,而是只需经过几秒或几十秒的启动延时即可在用户的计算机上利用解压设备对压缩的 A/V、3D 等多媒体文件解压后进行播放和观看。此时多媒体文件的剩余部分将在后台的服务器内继续下载。与单纯的下载方式相比,这种对多媒体文件边下载边播入的流式传输方式不仅使启动延时大幅度地缩短,而且对系统缓存容量的需求也大大降低,极大地减少了用户等待的时间。

随着 Internet 的飞速发展,流媒体(Streaming Media)技术的应用也越来越广泛。流媒体除了在互联网上被广泛应用之外,还在手机这种移动通信设备上被使用。手机流媒体(Streaming Media)是继短信之后,手机平台内容开发的又一次进步。手机流媒体主要提供信息、娱乐、通信、监控和定位 5 大项服务内容。也可以高速率在线观看电视、电影、新闻以及各种娱乐、体育节目,还可以进行 VOD/AOD 视频点播,从而使用户与手机媒体进行互动。在国外,流媒体已经被称为第五媒体,从日、韩、欧美以及中国目前手机流媒体的应用来看,手机流媒体不仅覆盖了人们对于娱乐、信息的需求,更多地覆盖了与人们日常生活关联密切的各个层面。

2. 流媒体文件格式

1) 微软高级流格式 ASF(. ASF/. WMA/. WMV)

ASF 是 Advanced Streaming Format 的简称,由微软公司开发。ASF 格式用于播放网上全动态影像。微软将 ASF 定义为同步媒体的统一容器文件格式。音频、视频、图像以及控制命令脚本等多媒体信息通过这种格式,以网络数据包的形式传输,实现流式多媒体内容发布。

WMA 的全称是 Windows Media Audio,它是微软公司用 ASF 格式开发的与 MP3 格式齐名的一种新的音频格式。由于 WMA 在压缩比和音质方面都超过了 MP3,更是远胜于 RA(Real Audio),即使在较低的采样频率下也能产生较好的音质,再加上 WMA 有微软的 Windows Media Player 作其强大的后盾,所以一经推出就赢得一片喝彩。

WMV 的全称是 Windows Media Video,是微软公司用 ASF 格式开发的一种新的视频格式。

2）QuickTime 格式

QuickTime(MOV)是 Apple(苹果)公司创立的一种视频格式,在很长的一段时间里,它都是只在苹果公司的 MAC 计算机上存在。后来才发展到支持 Windows 平台的,它无论是在本地播放还是作为视频流格式在网上传播,都是一种优良的视频编码格式。

3）RealMedia 文件格式(.RA/.RM/.RAM)

RealNetworks 公司的 RealMedia 包括 RealAudio、RealVideo 和 RealFlash 三类文件。RealMedia 格式由一开始就是定位在视频流应用方面的,也可以说是视频流技术的始创者。它可以在用 56K Modem 拨号上网的条件下实现不间断的视频播放。

随着网络技术的蓬勃发展,这种新型的流式视频文件格式已经很有替代传统视频格式的气势。RealMedia 是目前 Internet 上最流行的跨平台的客户/服务器结构多媒体应用标准,其采用音频/视频流和同步回放技术实现了网上全带宽的多媒体回放。

实现流格式传输一般都需要专用服务器和播放器,用来接收流媒体。因此,使用者必须事先安装播放软件才行,网络上就有提供多媒体播放软件,主要有：Windows Media (Microsoft)、Real Player(RealNetworks)、QuickTime(Apple)。

7.5　计算机动画

本节学习要点:
◇ 熟悉计算机动画的原理。
◇ 了解计算机动画制作方法和应该注意的主要问题。
◇ 了解动画的文件格式。

7.5.1　计算机动画原理

动画是通过连续播放一系列画面,给视觉造成连续变化的图画。它的基本原理与电影、电视一样,都是视觉原理。医学已证明,人类具有"视觉暂留"的特性,就是说人的眼睛看到一幅画或一个物体后,在 1/24s 内不会消失。利用这一原理,在一幅画还没有消失前播放出下一幅画,就会给人造成一种流畅的视觉变化效果,如图 7-3 所示。因此,电影采用了每秒24 幅画面的速度拍摄播放,电视采用了每秒 25 幅(PAL 制)或 30 幅(NSTC 制)画面的速度拍摄播放。如果以每秒低于 24 幅画面的速度拍摄播放,就会出现停顿现象。

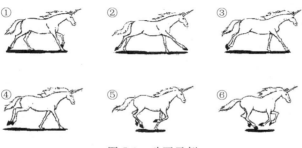

图 7-3　动画示例

多媒体技术基础

动画的分类没有一定之规。从制作技术和手段看,动画可分为以手工绘制为主的传统动画和以计算机为主的计算机动画。按动作的表现形式来区分,动画大致分为接近自然动作的"完善动画"(动画电视)和采用简化、夸张的"局限动画"(幻灯片动画)。如果从空间的视觉效果上看,又可分为平面动画和三维动画。从播放效果上看,还可以分为顺序动画(连续动作)和交互式动画(反复动作)。从每秒放的幅数来讲,还有全动画(每秒24幅)(迪斯尼动画)和半动画(少于24幅)(三流动画)之分,国内的动画公司为了节省资金往往用半动画作电视片。

计算机动画(Computer Animation)是动态图形与图像时基媒体的一种形式,它是利用计算机二维和三维图形处理技术,并借助于动画编程软件直接生成或对一系列人工图形进行一种动态处理后生成的可供实时演播的连续画面。

计算机动画具有以下特点。

(1) 动画的前后帧之间在内容上有很强的相关性,因而其内容具有时间延续性。

(2) 动画具有时基媒体的实时性,亦即画面内容是时间的函数。

(3) 无论是实时变换生成并演播的动画,还是三维真实感动画,由于计算数据量太大,必须采用合适的压缩方法才能按正常时间播放。

(4) 对计算机性能有更高的要求,要求信息处理速度、显示速度、数据读取速度都要达到实时性的要求。

7.5.2 二维计算机动画制作

一般来说,按计算机软件在动画制作中的作用分类,计算机动画有计算机辅助动画和造型动画两种。计算机辅助动画属二维动画,其主要用途是辅助动画师制作传统动画,而造型动画则属于三维动画。计算机的使用,大大简化了动画制作的工作程序,提高了效率。这主要表现在以下几方面。

1. 关键帧(原画)的产生

关键帧以及背景画面,可以用摄像机、扫描仪、数字化仪实现数字化输入,也可以用相应软件直接绘制。动画软件都会提供各种工具,方便绘图。这大大改进了传统动画画面的制作过程,可以随时存储、检索、修改和删除任意画面。传统动画制作中的角色设计及原画创作等几个步骤,一步就完成了。

2. 中间画面的生成

利用计算机对两幅关键帧进行插值计算,自动生成中间画面,这是计算机辅助动画的主要优点之一。这不仅精确、流畅,而且将动画制作人员从烦琐的劳动中解放出来。

3. 分层制作合成

传统动画的一帧画面,是由多层透明胶片上的图画叠加合成的,这是保证质量、提高效率的一种方法,但制作中需要精确对位,而且受透光率的影响,透明胶片最多不超过4张。在动画软件中,也同样使用了分层的方法,但对位非常简单,层数从理论上说没有限制,对层的各种控制,如移动、旋转等,也非常容易。

4. 着色

动画着色是非常重要的一个环节。计算机动画辅助着色可以解除乏味、昂贵的手工着色。用计算机描线着色界线准确、不需晾干、不会窜色、改变方便,而且不因层数多少而影响颜色,速度快,更不需要为前后色彩的变化而头疼。动画软件一般都会提供许多绘画颜料效果,如喷笔、调色板等,这也是很接近传统的绘画技术。

5. 预演

在生成和制作特技效果之前,可以直接在计算机屏幕上演示一下草图或原画,检查动画过程中的动画和时限以便及时发现问题并进行修改。

6. 库图的使用

计算机动画中的各种角色造型以及它们的动画过程,都可以存在图库中反复使用,而且修改也十分方便。在动画中套用动画,就可以使用图库来完成。

7.5.3 动画制作应注意的问题

动画所表现的内容,是以客观世界的物体为基础的,但它又有自己的特点,决不是简单的模拟。在动画制作过程中,需要注意以下问题。

1. 速度的处理

动画中的处理是指动画物体变化的快慢,这里的变化,含义广泛,既可以是位移,也可以是变形,还可以是颜色的改变。显然,在变化程度一定的情况下,所占用时间越长,速度就越慢;时间越短,速度就越快。在动画中这就体现为帧数的多少。同样,对于加速和减速运动来说,分段调整所用帧数,就可以模拟出速度的变化。

2. 循环动画

许多物体的变化,都可以分解为连续重复而有规律的变化。因此在动画制作中,可以多制作几幅画面,然后像走马灯一样重复循环使用,长时间播放,这就是循环动画。

循环动画由几幅画面构成,要根据动作的循环规律确定。但是,只有三张以上的画面才能产生循环变化效果,两幅画面只能起到晃动的效果。在循环动画中有一种特殊情况,就是反向循环。比如鞠躬的过程,可以只制作弯腰动作的画面,因为用相反的循序播放这些画面就是抬起的动作。掌握循环动画制作方法,可以减轻工作量,大大提高工作效率。因此在动画制作中,要养成使用循环动画的习惯。

3. 夸张与拟人

夸张与拟人,是动画制作中常用的艺术手法。许多优秀的作品,无不在这方面有所建树。因此,发挥想象力,赋予非生命以生命,化抽象为形象,把人们的幻想与现实紧密交织在一起,创造出强烈、奇妙和出人意料的视觉形象,才能引起用户的共鸣、认可。实际上,这也是动画艺术区别于其他影视艺术的重要特征。

7.5.4 动画文件格式

1. GIF 文件(.GIF)

GIF 是图形交换格式(Graphics Interchange Format)的英文缩写,是由 CompuServe 公司于 20 世纪 80 年代推出的一种高压缩比的彩色图像文件格式。最初,GIF 只是用来存储单幅静止图像,称为 GIF87a,后来,又进一步发展成为 GIF89a,可以同时存储若干幅静止图像并进而形成连续的动画,目前 Internet 上大量采用的彩色动画文件多为这种格式的 GIF 文件。

2. Flic 文件（.FLI/.FLC）

Flic 文件是 Autodesk 公司在其出品的 2D/3D 动画制作软件 Autodesk Animator/ Animator Pro/3D Studio 中采用的彩色动画文件格式，其中，FLI 是最初的基于 320×200 分辨率的动画文件格式，而 FLC 则是 FLI 的进一步扩展，采用了更高效的数据压缩技术，其分辨率也不再局限于 320×200。

GIF 和 Flic 文件，通常用来表示由计算机生成的动画序列，其图像相对而言比较简单，因此可以得到比较高的无损压缩率，文件尺寸也不大。然而，对于来自外部世界的真实而复杂的影像信息而言，无损压缩便显得无能为力，而且，即使采用了高效的有损压缩算法，影像文件的尺寸也仍然相当庞大。

习　题

一、选择题

1. 音频是指数字化的声音，包括_____。
   A. 数字、字母和图形　　　　　　　　B. 数字、字母、符号和汉字
   C. 语音、歌曲和音乐　　　　　　　　D. 数字、字母和语音

2. 以下_____图像格式压缩比最大。
   A. JPG　　　　　　B. BMP　　　　　　C. TIF　　　　　　D. PSD

3. 数字音频采样和量化过程所用的主要硬件是_____。
   A. 数字编码器
   B. 数字解码器
   C. 模拟到数字的转换器（a/d 转换器）
   D. 数字到模拟的转换器（d/a 转换器）

4. 下列要素中_____不属于声音的三要素。
   A. 音调　　　　　　B. 音色　　　　　　C. 音律　　　　　　D. 音强

5. 关于图像和图形，下列哪个说法是不正确的_____。
   A. 图像的最大优点是容易进行移动、缩放、旋转和扭曲等变换
   B. 图形是用计算机绘制的画面，也称矢量图
   C. 图形文件中只记录生成的算法和图上的某特征点，数据量较小
   D. 图像都是由一些排成行列的像素组成的，通常称为位图或点阵图

6. 关于图像数字化，以下说法错误的是_____。
   A. 数字化的图像不能直接观看，必须借助播放设备及软件才能观看
   B. 数字化的图像不会失真
   C. 数字图像传输非常方便
   D. 图像数字化就是将图像用 0、1 编码的形式来表示

7. 以下关于视频文件格式的说法错误的是_____。
   A. MOV 文件不是视频文件
   B. MPEG 文件格式是运动图像压缩算法的国际标准格式
   C. AVI 文件是 Microsoft 公司开发的一种数字音频与视频文件格式

D. RM 文件 RealNetworks 公司开发的流式视频文件

8. 要将录音带上的模拟信号节目存入计算机,使用的设备是_____。

    A. 显卡   B. 声卡   C. 网卡   D. 光驱

二、填空题

1. 媒体是指表示和传播_____的载体。

2. 多媒体的关键技术主要包括数据压缩与解压缩、媒体同步、多媒体网络、超媒体等。其中以_____最为重要。

第8章 软件工程基础

本章学习要点：

◇ 软件、软件危机、软件工程的定义。
◇ 软件生命周期及各个阶段基本任务。
◇ 数据流图、数据字典。
◇ 软件设计基本原理和与软件设计有关的概念。
◇ 程序流程图、N-S图的使用。
◇ 软件测试目的，白盒测试、黑盒测试。

8.1 软件工程基本概念

本节学习要点：

◇ 掌握软件的定义及其特点，软件危机、软件工程定义。
◇ 熟练掌握软件生命周期的各个阶段。
◇ 掌握软件工程的原则。
◇ 了解软件工程的目标与原则。

8.1.1 软件定义与软件特点

计算机软件(Software)是计算机系统中一个重要的组成部分，它与硬件相互依存，互不可缺，是包括程序、数据及相关文档的完整集合。其中，程序是软件开发人员根据用户需求开发的、用程序设计语言描述的、适合计算机执行的指令(语句)序列。数据是使程序能正常操纵信息的数据结构。文档是与程序开发、维护和使用有关的图文资料。可见软件由两部分组成：一是机器可执行的程序和数据；二是机器不可执行的，与软件开发、运行、维护、使用等有关的文档。

国标(GB)中对计算机软件的定义为：与计算机系统的操作有关的计算机程序、规程、规则，以及可能有的文件、文档及数据。

软件在开发、生产、维护和使用等方面都有自己的特点，与计算机硬件相比存在显著的不同，它具有如下的几个特点。

(1) 软件是一种逻辑实体，而不是物理实体，具有抽象性。硬件是物理实体，是具体的。而软件则与其他工程对象有着明显的差异。人们可以把它记录在纸上或存储介质上，但却无法看到软件本身的形态，软件运行时它的许多特性才能体现，要了解它的功能、性能等特性必须通过观察、分析、思考、判断才能实现。

(2) 软件没有明显的制作过程，这一点使它的生产与硬件不同。一旦研制开发成功，可以大量复制同一内容的副本。所以对软件的质量控制,必须着重在软件开发方面下功夫。

(3) 软件在运行、使用期间不存在磨损、老化问题。硬件在长期用之后会存在性能的下降等许多问题,而软件不会随时间的推移产生这样的磨损和老化,当然为了适应硬件、环境以及需求的变化,软件也要进行修改,而这些修改又会不可避免地引入错误,导致软件失效率升高,从而使得软件退化。

(4) 软件的移植问题。软件的开发、运行对计算机系统具有依赖性,同一软件可能只适用于一类机器,它会受到硬件型号、基础系统等的限制。

(5) 软件复杂性高,成本昂贵。软件是人类有史以来生产的复杂度最高的工业产品。它涉及面广,一个软件的开发不仅需要计算机的知识,还需要很多其他领域的专门知识。软件开发需要投入大量、高强度的脑力劳动,成本高,风险大。

(6) 软件开发涉及诸多的社会因素。软件开发不仅涉及计算机领域和其他行业的技术问题,而且要考虑许多的社会因素。比如软件用户的机构设置、体制问题及管理方式,甚至涉及人们的观念和心理,软件知识产权及法律等问题。

软件有很多种,可以根据不同的依据对它进行分类。软件按功能可以分为:应用软件、系统软件、支撑软件(或工具软件)。应用软件是为解决具体应用而开发的软件。例如,事务处理软件,工程与科学计算软件,实时处理软件,嵌入式软件,人工智能软件等应用性质不同的各种软件。系统软件是计算机管理自身资源,提高计算机使用效率并为计算机用户提供各种服务的软件。如操作系统,编译程序,汇编程序,网络软件,数据库管理系统等。支撑软件是介于系统软件和应用软件之间,协助用户开发软件的工具性软件,包括辅助和支持开发和维护应用软件的工具软件,如需求分析工具软件,设计工具软件,编码工具软件,测试工具软件,维护工具软件等,也包括辅助管理人员控制开发进程和项目管理的工具软件,如计划进度管理工具软件、过程控制工具软件、质量管理及配置管理工具软件等。

8.1.2 软件危机与软件工程

1. 软件危机的含义

软件工程是较新的一个概念,它和软件危机有着密切的联系。

"软件危机"这个词频繁出现是在 20 世纪 60 年代末以后。所谓软件危机是泛指在计算机软件的开发和维护过程中所遇到的一系列严重问题。实际上,绝大多数软件都不同程度地存在上述问题。

随着计算机技术的发展和应用领域的扩大,计算机硬件性能/价格比和质量稳步提高,软件规模越来越大,复杂程度不断增加,软件成本逐年上升,质量没有可靠的保证,软件已成为计算机科学发展的"瓶颈"。

具体地说,在软件开发和维护过程中,软件危机主要表现在以下方面。

(1) 无法很好地满足软件需求的增长。用户常常对系统的功能和使用情况不满意。

(2) 无法很好地控制软件开发的成本和进度。开发成本超出预算,同时也经常发生开发周期大大超过规定日期的情况,造成用户的不满。

(3) 难以很好地保证软件的质量。

(4) 软件不可维护或维护程度非常低。

(5) 软件的成本不断提高,造成软件用户和开发者都难以接受。

(6) 硬件的发展和应用需求的增长都很快,软件开发生产率的提高无法与之适应。

总之,可以将软件危机归结为成本、质量、生产率等问题。

2. 软件危机的产生原因

可以从宏观和微观两方面来分析带来软件危机的原因,从宏观方面来看,是由于软件日益深入社会生活的各个层面,对软件需求的增长速度大大超过了技术进步所能带来的软件生产率的提高。而就每一项具体的工程任务来看,许多困难来源于软件工程所面临的任务和其他工程之间的差异以及软件和其他工业产品的不同。

软件开发和维护过程中存在这些严重的问题与多种因素有关,首先这与软件本身的特点有关,例如,软件开发过程的进展的衡量和质量的评价都是很主要的,但是这在软件运行前都难以做到,因此管理和控制软件开发过程相当困难:在软件运行过程中,软件维护意味着改正或修改原来的设计;另外,软件的显著特点是规模庞大,复杂度超线性增长,在开发大型软件时,要保证高质量,极端复杂困难,不仅涉及技术问题(如分析方法、设计方法、版本控制),更重要的是必须有严格而科学的管理。再者它还与软件开发和维护方法不正确有关,这是主要原因。与软件开发和维护有关的许多错误认识和做法的形成,可以归因于在计算机系统发展的早期阶段软件开发的个体化特点。错误的认识和做法主要表现为忽视软件需求分析的重要性,认为软件开发就是写程序并设法使之运行,轻视软件维护等。

3. 软件危机的消除——软件工程

软件工程是在消除软件危机的过程中出现的,为了解决软件危机,在认真研究解决软件危机的方法的过程中,认识到软件工程是使计算机软件走向工程科学的途径,逐步形成了软件工程的概念,开辟了工程学的新兴领域——软件工程学。软件工程就是试图用工程、科学和数学的原理与方法研制、维护计算机软件的有关技术及管理方法。

软件工程一直以来都缺乏一个统一的定义。

(1) 关于软件工程的定义,国标(GB)中指出,软件工程是应用于计算机软件的定义、开发和维护的一整套方法、工具、文档、实践标准和工序。

(2) Barry Boehm:运用现代科学技术知识来设计并构造计算机程序及为开发、运行和维护这些程序所必需的相关文件资料。

(3) IEEE 在软件工程术语汇编中的定义:软件工程是将系统化的、规范的、可度量的方法应用于软件的开发、运行和维护的过程,即将工程化应用于软件中。

(4) Fritz Bauer 在 NATO 会议上给出的定义:软件工程是建立并使用完善的工程化原则,以较经济的手段获得能在实际机器上有效运行的可靠软件的一系列方法。

目前比较认可的一种定义认为:软件工程是研究和应用如何以系统性的、规范化的、可定量的过程化方法去开发和维护软件,以及如何把经过时间考验而证明正确的管理技术和当前能够得到的最好的技术方法结合起来。

(5)《计算机科学技术百科全书》中的定义:软件工程是应用计算机科学、数学及管理科学等原理,开发软件的工程。软件工程借鉴传统工程的原则、方法,以提高质量、降低成本。其中,计算机科学、数学用于构建模型与算法,工程科学用于制定规范、设计范型(Paradigm)、评估成本及确定权衡,管理科学用于计划、资源、质量、成本等管理。

这些主要思想都是强调在软件开发过程中需要应用工程化原则。

软件工程包括三个要素,即方法、工具和过程。方法是完成软件工程项目的技术手段;

工具支持软件的开发、管理、文档生成；过程支持软件开发的各个环节的控制、管理。

软件工程的进步在近几十年软件产业迅速发展的过程中起到了重要作用。从根本上来说，其目的是研究软件的开发技术。软件工程就是改变原来的小作坊式的开发模式，采用工业化的开发方法来进行软件开发。但是，几十年的软件开发和软件发展的实践证明，软件开发既不同于其他工业工程，也不同于科学研究。软件不是自然界的有形物体，它作为人类智慧的产物有其本身的特点，所以软件工程的方法、概念、目标等都在发展，有的与最初的想法有了一定的差距。但是认识和学习过去和现在的发展演变，真正掌握软件开发技术的成就，并为进一步发展软件开发技术，以适应时代对软件的更高期望是有极大意义的。

软件工程的核心思想是引入工程的思想与概念，在软件开发的过程中，按照一个工程产品的处理模式来处理软件产品。把需求计划、可行性研究、工程审核、质量监督等工程化的概念引入到软件生产当中，以期达到工程项目的三个基本要素：进度、经费和质量的目标。同时，软件工程也注重研究不同于其他工业产品生产的一些独特特性，并针对软件的特点提出了许多有别于一般工业工程技术的一些技术方法。代表性的有结构化的方法、面向对象方法和软件开发模型及软件开发过程等。

软件开发有其自身特别的特点，软件庞大的维护费用远比软件开发费用要高，因而从经济学的角度来考虑，开发软件不能只考虑开发期间的费用，而且应考虑软件生命周期内的全部费用，特别是维护费用。因此，软件生命周期的概念就变得特别重要。在考虑软件费用时，不仅要降低开发成本，更要降低整个软件生命周期的总成本。

8.1.3　软件工程过程与软件生命周期

1. 软件工程过程

ISO 9000 定义：软件工程过程(Software Engineering Process)是把输入转化为输出的一组彼此相关的资源和活动。

定义支持了软件工程过程的两方面内涵。

其一，软件工程过程是指为获得软件产品，在软件工具支持下由软件工程师完成的一系列软件工程活动。基于这个方面，软件工程过程通常包含如下 4 种基本活动。

(1) P(Plan)——软件规格说明。规定软件的功能及其运行时的限制。

(2) D(Do)——软件开发。产生满足规格说明的软件。

(3) C(Check)——软件确认。确认软件能够满足客户提出的要求。

(4) A(Action)——软件演进。为满足客户的变更要求，软件必须在使用的过程中演进。

事实上，软件工程过程是一个软件开发机构针对某类软件产品为自己规定的工作步骤，它应当是科学的、合理的，否则必将影响软件产品的质量。

通常把用户的要求转变成软件产品的过程也叫作软件开发过程。此过程包括对用户的要求进行分析，解释成软件需求，把需求变换成设计，把设计用代码来实现并进行代码测试，有些软件还需要进行代码安装和交付运行。

其二，从软件开发的观点看，它就是使用适当的资源(包括人员、硬软件工具、时间等)，为开发软件进行的一组开发活动，在过程结束时将输入(用户要求)转化为输出(软件产品)。

所以，软件工程的过程是将软件工程的方法和工具综合起来，以达到合理、及时地进行计算机软件开发的目的。软件工程过程应确定方法使用的顺序、要求交付的文档资料、为保证质量和适应变化所需要的管理、软件开发各个阶段完成的任务。

2. 软件生命周期

通常,将软件产品从提出、实现、使用维护到停止使用退役的过程称为软件生命周期(Software Life Cycle)。也就是说,软件产品从考虑其概念开始,到该软件产品不能适应功能和环境而停止使用为止的整个时期都属于软件生命周期。一般包括可行性研究与需求分析、设计、实现、测试、交付使用以及维护等活动,如图 8-1 所示。这些活动可以有重复,执行时也可以有迭代。

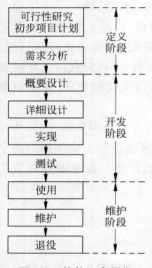

图 8-1　软件生命周期

还可以将软件生命周期划分为如图 8-1 所示的软件定义、软件开发及软件运行维护三个阶段。如图 8-1 所示的软件生命周期的主要活动阶段如下。

(1) 可行性研究与计划制定。这个阶段的任务是确定待开发软件系统的开发国标和总体要求,依据它的功能、性能、可靠性等,给出多种可能方案,制定完成开发任务的实施计划。

(2) 需求分析。这个阶段的任务仍然不是具体地解决客户的问题,而是准确地回答"目标系统必须做什么"这个问题。编写软件规格说明书及初步的用户手册,提交评审。

(3) 软件设计。系统设计人员和程序设计人员应该在反复理解软件需求的基础上,给出软件的结构、模块的划分、功能的分配以及处理流程。在系统比较复杂的情况下,设计阶段可分解成概要设计阶段和详细设计阶段。概要设计又称为初步设计、逻辑设计、高层设计或总体设计。详细设计阶段的任务就是把解法具体化,也就是回答"应该怎样具体地实现这个系统"这个关键问题。软件设计阶段要编写概要设计说明书、详细设计说明书和测试计划初稿,提交评审。

(4) 软件实现。写出正确的容易理解、容易维护的程序模块。即编写源程序的代码,编写各种面向用户的文档如用户手册、操作手册等,编写单元测试计划。

(5) 软件测试。在设计测试用例的基础上,检验软件的各个组成部分。编写测试分析报告。

(6) 运行和维护。将已交付的软件投入运行,通过各种必要的维护活动使系统持久地满足用户的需要,根据新提出的需求和系统的实际情况进行必要而且可能的扩充和删改。

8.1.4　软件工程的目标与原则

1. 软件工程的目标

软件工程的目标是,在给定成本、进度的前提下,开发出具有有效性、可靠性、可理解性、可维护性、可重用性、可适应性、可移植性、可追踪性和可互操作性且满足用户需求的产品。

软件工程需要达到的基本目标应是:付出较低的开发成本;达到要求的软件功能;取得较好的软件性能;开发的软件易于移植;需要较低的维护费用;能按时完成开发,及时交付使用。

基于软件工程的目标,软件工程的理论和技术性研究的内容主要包括:软件开发技术和软件工程管理。

1)软件开发技术

软件开发技术包括:软件开发方法学、开发过程、开发工具和软件工程环境,其主体内容是软件开发方法学。软件开发方法学是要使软件的开发能够进入规范化和工程化的阶段,从而克服早期的手工方法生产中的随意性和非规范性做法,这就要求根据不同的软件类型,按不同的观点和原则,对软件开发中应遵循的策略、原则、步骤和必须产生的文档资料都做出规定。

2)软件工程管理

软件工程管理包括:软件管理学、软件工程经济学、软件心理学等内容。

软件工程管理要求按照预先制定的计划、进度和预算执行,从而实现预期的经济效益和社会效益,它是软件按工程化生产时的重要环节。事实上,有很多软件开发项目的失败,是由于软件管理上的问题造成的,并不是由于软件开发技术方面的问题造成的。因此人们对软件项目管理重要性的认识有待提高。软件管理学包括人员组织、进度安排、质量保证、配置管理、项目计划等。

软件工程经济学是研究软件开发中成本的估算、成本效益分析的方法和技术,用经济学的基本原理来研究软件工程开发中的经济效益问题。

软件心理学是软件工程领域具有挑战性的一个全新的研究视角,它是从个体心理、人类行为、组织行为和企业文化等角度来研究软件管理和软件工程的。

2. 软件工程的原则

软件工程的基本原则是为了达到上述的软件工程目标,在软件开发过程中,必须遵循的一些基本原则。这些基本原则包括抽象、信息隐蔽、模块化、局部化、确定性、一致性、完备性和可验证性,它们对于所有的软件项目都适应。

(1)抽象。抽象是忽略事物非本质的细节,抽取事物最基本的特性和行为。采用分层次抽象,自顶向下,逐层细化的办法控制软件开发过程的复杂性。

(2)信息隐蔽。为了使模块接口尽量简单,消除复杂性,可以采用封装技术,将各个程序模块的实现细节隐藏起来。

(3)模块化。模块是程序中相对独立的成分,以一个独立的编程单位存在。程序模块化的过程中要注意相应的要求。首先,模块应有良好的接口定义;其次,模块的大小要注意控制,不能太大或太小,如果模块过大会增加模块内部的复杂性,对模块的理解和修改都造成困难,对模块的调试和重用造成影响。模块太小又会使得整个系统表示过于复杂,给控制系统的复杂性造成不利影响。

(4)局部化。耦合性和内聚性是两个要重点注意的事项。为了更好地控制复杂性,在具体软件开发的过程中,要保证模块间具有松散的耦合关系,模块内部有较强的内聚性。

(5)确定性。为了减少和消除人与人的交互过程中产生误解和遗漏,以保证整个开发工作的协调一致,软件开发过程中要保证所有概念的表达应是确定的、无歧义且规范的。

(6)一致性。包括程序、数据和文档的整个软件系统的各模块应使用已知的概念、符号和术语;程序内外部接口应保持一致,系统规格说明与系统行为应保持一致。

(7)完备性。软件系统不丢失任何重要成分,完全实现系统所需的功能。

（8）可验证性。开发大型软件系统需要对系统自顶向下，逐层分解。系统分解应遵循容易检查、测评、评审的原则，以确保系统的正确性。

8.1.5 软件开发工具与软件开发环境

软件开发工具和环境的保证是现代软件工程方法之所以得以实施的重要的保证，软件在开发效率、工程质量等多方面得到改善都得益于此。软件工程鼓励研制和采用各种先进的软件开发方法、工具和环境。工具和环境的使用进一步提高了软件的开发效率、维护效率和软件质量。

1. 软件开发工具

早期的软件开发中人们在程序的编制和调试上花费了很多的精力和时间，而在更重要的软件的需求和设计上投入的精力和时间反而不足，除了一般的程序设计语言外，尚缺少其他工具的支持，从而导致编程的工作量大，软件开发的质量和进度难以保证。软件开发工具的完善和发展将促进软件开发方法的进步和完善，促进软件开发的高速度和高质量。软件开发工具根据在不同软件开发生命周期中起到的作用可以分为：软件建模工具、软件实施工具、模拟运行平台、软件测试工具、软件开发支撑工具等。

2. 软件开发环境

软件开发环境或称软件工程环境是一些软件工具集合，它全面支持软件开发全过程。具体地说，软件开发环境是按照一定的方法或模式组合起来的软件开发工具，它支持软件生命周期内的各个阶段和各项任务的完成。

计算机辅助软件工程（Computer Aided Software Engineering，CASE）是当前软件开发环境中富有特色的研究工作和发展方向。CASE将各种软件工具、开发机器和一个存放开发过程信息的中心数据库组合起来，形成软件工程环境。CASE的成功产品将最大限度地降低软件开发的技术难度并使软件开发的质量得到保证。

8.2 结构化分析方法

本节学习要点：

◇ 掌握需求分析方法。

◇ 了解结构化分析的常用工具。

软件开发方法包括分析方法、设计方法和程序设计方法，它是软件开发过程所遵循的方法和步骤。软件开发方法的目的在于有效地得到一些工作产品，即程序和文档，并且满足质量要求。

结构化方法的发展经过三十多年的历程，目前已经成为系统、成熟的软件开发方法之一。结构化方法包括已经形成了配套的结构化分析方法、结构化设计方法和结构化编程方法，其核心和基础是结构化程序设计理论。

8.2.1 需求分析与需求分析方法

1. 需求分析

软件需求是指用户对目标软件系统的期望，具体体现在功能、行为、性能、设计约束等多个方面。需求分析的任务是发现需求、求精、建模和定义需求的过程。需求分析将创建所需的数据模型、功能模型和控制模型。

1）需求分析的定义

1997年，IEEE软件工程标准词汇表对需求分析定义如下。

（1）用户解决问题或达到目标所需的条件或权能；

（2）系统或系统部件要满足合同、标准、规范或其他正式规定文档所需具有的条件或权能；

（3）一种反映（1）或（2）所描述的条件或权能的文档说明。

由需求分析的定义可知，需求分析的内容包括：提炼、分析和仔细审查已收集到的需求；确保所有利益相关者都明白其含义并找出其中的错误、遗漏或其他不足的地方；从用户最初的非形式化需求到满足用户对软件产品的要求的映射；对用户意图不断进行提示和判断。

2）需求分析阶段的工作

需求分析阶段的工作，可以概括为以下4个方面。

（1）需求获取。这一步骤完成开发过程中需求的确定，确定如何组织需求的收集、分析、细化并核实的步骤，并将它编写成文档。为了对分析人员的工作给予帮助，对重要的步骤要给予一定指导，这样做也可以使收集需求活动的安排和进度计划更容易进行。需求获取的目的是确定对目标系统的各方面需求。

需求获取涉及的关键问题有：对问题空间的理解；人与人之间的通信；不断变化的需求。

需求获取是在同用户的交流过程中不断收集、积累用户的各种信息，并且通过认真理解用户的各项要求，澄清那些模糊的需求，排除不合理的，从而较全面地提炼系统的功能性与非功能性需求。一般功能性与非功能性需求包括系统功能、物理环境、用户界面、用户因素、资源、安全性、质量保证及其他约束。

（2）需求分析。绘制关联图、创建开发原型、分析可行性、确定需求优先级、为需求建立模型、编写数据字典、应用质量功能调配。

（3）编写需求规格说明书。需求规格说明书作为需求分析的阶段成果，可以为用户、分析人员和设计人员之间的交流提供方便，可以直接支持国标软件系统的确认，又可以作为控制软件开发进程的依据。

（4）需求评审。这一过程要审查需求文档、依据需求编写测试用例、编写用户手册、确定合格的标准，验证需求文档的一致性、可行性、完整性和有效性。

2. 需求分析方法

常见的需求分析方法有以下几个。

（1）结构化分析方法。主要包括：面向数据流的结构化分析方法（Structured Analysis，SA），面向数据结构的Jackson方法（Jackson System Development Method，JSD），面向数据结构的结构化数据系统开发方法（Data Structured System Development Method，DSSD）。

（2）面向对象的分析方法（Object-Oriented Analysis Method，OOA）。

从需求分析建立的模型的特性来分，需求分析方法又分为静态分析方法和动态分析方法。

8.2.2 结构化分析方法

1. 关于结构化分析方法

结构化分析方法是 20 世纪 70 年代中期倡导的分析方法,它是基于功能分解的分析方法,是结构化程序设计理论具体运用的体现,它是在软件需求分析阶段进行应用的,其目的是帮助弄清用户对软件的需求。

对于面向数据流的结构化分析方法,按照 DeMarco 的定义,"结构化分析就是使用数据流图(DFD)、数据字典(DD)、结构化英语、判定表和判定树等工具,来建立一种新的、称为结构化规格说明的目标文档。"

结构化分析方法的实质是着眼于数据流,自顶向下,逐层分解,建立系统的处理流程,以数据流图和数据字典为主要工具,建立系统的逻辑模型。

结构化分析的步骤如下。

(1) 通过对用户的调查,获得当前系统的具体模型,这一过程要以软件的需求为线索;

(2) 抽象出当前系统的逻辑模型,具体任务是去掉具体模型中的非本质因素;

(3) 根据计算机的特点分析当前系统与目标系统的差别,建立目标系统的逻辑模型;

(4) 完善目标系统并补充细节,写出目标系统的软件需求规格说明;

(5) 评审直到确认完全符合用户对软件的需求。

2. 结构化分析的常用工具

1) 数据流图

数据流图(Data Flow Diagram,DFD)是描绘信息流和数据从输入移动到输出的过程中所经受的变换的一种图形化技术。

数据流图中的主要图形元素与说明如下。

加工(转换)。输入数据经加工变换产生输出。

数据流。沿箭头方向传送数据的通道,一般在旁边标注数据流名。

存储文件(数据源)。表示处理过程中存放各种数据的文件。

源。表示系统和环境的接口,属系统之外的实体。

一般通过对实际系统的了解和分析后,使用数据流图为系统建立逻辑模型。建立数据流图的步骤如下(见图 8-2~图 8-4)。

第 1 步 由外向里:先画系统的输入输出,然后画系统的内部。

第 2 步 自顶向下:顺序完成顶层、中间层、底层数据流图。

第 3 步 逐层分解。

数据流图的建立从顶层开始,顶层的数据流图形式如图 8-2 所示。顶层数据流图应该包含所有相关外部实体,以及外部实体与软件中间的数据流,其作用主要是描述软件的作用范围,对总体功能、输入、输出进行抽象描述,并反映软件和系统、环境的关系。

对复杂系统的表达应采用控制复杂度策略,需要按照问题的层次结构逐步分解细化,使用分层的数据流图表达这种结构关系。

为保证构造的数据流图表达完整、准确、规范,应遵循以下数据流图的构造规则和注意事项。

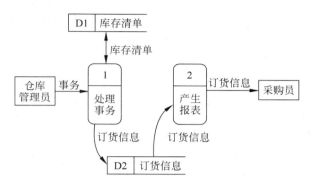

图 8-2 订货系统的基本系统模型

图 8-3 订货系统的功能级数据流图

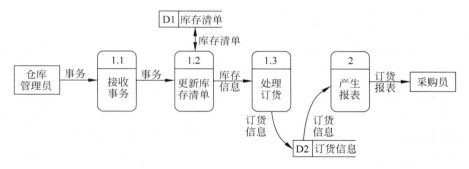

图 8-4 把处理事务的功能进一步分解后的数据流图

（1）对加工处理建立唯一、层次性的编号，且每个加工处理通常要求既有输入又有输出。

（2）数据存储之间不应该有数据流。

（3）数据流图的一致性。它包括数据守恒和数据存储文件的使用，即某个处理用以产生输出的数据没有输入，即出现遗漏；另一种是一个处理的某些输入并没有在处理中使用以产生输出；数据存储（文件）应被数据流图中的处理读和写，而不是仅读不写或仅写不读。

（4）父图、子图关系与平衡规则。相邻两层 DFD 之间具有父、子关系，子图代表了父图中某个加工的详细描述，父图表示了子图间的接口。子图个数不大于父图中的处理个数。所有子图的输入、输出数据流和父图中相应处理的输入、输出数据流必须一致。

例如，画一个供货系统的数据流图可采用以下步骤。

（1）从问题描述中提取数据流图的 4 种成分。

（2）接下来考虑处理。

（3）最后，考虑数据流和数据存储。

2）数据字典

数据字典（Data Dictionary，DD）是结构化分析方法的核心。数据字典是为了描述在结构化分析过程中定义的对象的内容，而使用的一种半形式化的工具。数据字典是所有与系统相关的数据元素的有组织的列表，并且包含对这些数据元素的精确、严格的定义，从而使得用户和系统分析员双方对输入、输出、存储的成分甚至中间计算结果有共同的理解。

通常数据字典包含的信息有：名称、别名、何处使用/如何使用、内容描述、补充信息等。例如，对加工的描述应包括：加工名、反映该加工层次的加工编号、加工逻辑及功能简述、输入/输出数据流等。

在数据字典的编制过程中，常使用定义式方式描述数据结构。表 8-1 给出了常用的定义式符号。

表 8-1　数据字典定义式方式中出现的符号

符　　号	含　　义
＝	表示"等于"，"定义为"，"由什么构成"
[… | …]	表示"或"，即选择括号中用"|"号分隔的各项中的某一项
＋	表示"与"，"和"
n{　}m	表示"重复"，即括号中的项要重复若干次，n，m 是重复次数的上下限
（…）	表示"可选"，即括号中的项可以没有
＊　＊	表示"注释"
‥	连接符

3）判定树

判定树是以判定条件和结论为基础的，所以要想使用判定树进行描述，首先应先从问题定义的文字描述中分清哪些是判定的条件，哪些是判定的结论，根据描述材料中的连接词找出判定条件之间的从属关系、并列关系、选择关系，再以此为依据构造判定树。

例如，某货物托运管理系统中，计算行李费的算法，可以使用类似分段函数的形式来描述这些约束和处理。对这种约束条件的描述，如果使用自然语言，表达易出现不准确和不清晰。如果使用如图 8-5 所示的判定树来描述，则简洁清晰。

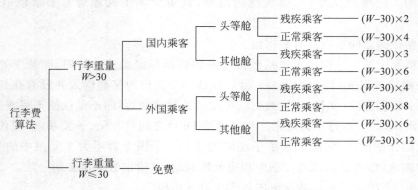

图 8-5　用判定树表示计算行李费的算法

4）判定表

判定表与判定树相似，当数据流图中的加工要依赖于多个逻辑条件的取值，即完成该加工的一组动作是由于某一组条件取值的组合而引发的，使用判定表描述比较适宜。

判定表由 4 部分组成，如图 8-6 所示，其中标识为①的左上部称为基本条件项，列出了各种可能的条件。标识为②的右上部称为条件项,它列出了各种可能的条件组合。标识为③的左下部称为基本动作项,它列出了所有的操作。标识为④的右下部称为动作项,它列出在对应的条件组合下所选的操作。

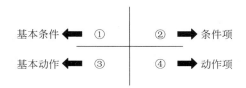

图 8-6 判定表组成

图 8-7 为"计算行李费"判定表,其中"√"表示满足对应条件项时执行的操作。

	1	2	3	4	5	6	7	8	9
国内乘客		T	T	T	T	F	F	F	F
头等舱		T	F	T	F	T	F	T	F
残疾乘客		F	F	T	T	F	F	T	T
行李重 $W \leqslant 30$	T	F	F	F	F	F	F	F	F
免费	×								
$(W-30) \times 2$				×					
$(W-30) \times 3$					×				
$(W-30) \times 4$		×						×	×
$(W-30) \times 6$			×						
$(W-30) \times 8$						×			
$(W-30) \times 12$							×		

图 8-7 "计算行李费"判定表

软件需求规格说明书(Software Requirement Specification,SRS)是需求分析阶段的最后成果,是软件开发中的重要文档之一。

1. 软件需求规格说明书的作用

软件需求规格说明书的作用如下。

(1) 为用户、开发人员进行理解和交流提供方便。

(2) 反映出用户问题的结构,可以作为软件开发工作的基础和依据。

(3) 作为确认测试和验收的依据。

2. 软件需求规格说明书的内容

软件需求规格说明书是作为需求分析的一部分而制定的可交付文档。该说明把在软件计划中确定的软件范围加以展开,制定出完整的信息描述、详细的功能说明、恰当的检验标准以及其他与要求有关的数据。

软件需求规格说明书所包括的内容和书写框架如下。

一、概述

二、数据描述

◇ 数据流图

◇ 数据字典

◇ 系统接口说明

◇ 内部接口

三、功能描述

◇ 功能

◇ 处理说明

◇ 设计的限制

四、性能描述

◇ 性能参数

◇ 测试种类

◇ 预期的软件响应

◇ 应考虑的特殊问题

五、参考文献目录

六、附录

其中,概述是从系统的角度描述软件的目标和任务。

数据描述是对软件系统所必须解决的问题作出的详细说明。

功能描述中描述了为解决用户问题所需要的每一项功能的过程细节。对每一项功能要给出处理说明和在设计时需要考虑的限制条件。

在性能描述中说明系统应达到的性能和应该满足的限制条件,检测的方法和标准,预期的软件响应和可能需要考虑的特殊问题。

参考文献目录中应包括与该软件有关的全部参考文献,其中包括前期的其他文档、技术参考资料、产品目录手册以及标准等。

附录部分包括一些补充资料。如列表数据、算法的详细说明、框图、图表和其他材料。

3. 软件需求规格说明书的特点

软件需求规格说明书是确保软件质量的有力措施,衡量软件需求规格说明书质量好坏的标准,标准的优先级及标准的内涵如下。

(1) 正确性。体现待开发系统的真实要求。

(2) 无歧义性。对每一个需求只有一种解释,其陈述具有唯一性。

(3) 完整性。包括全部有意义的需求,功能的、性能的、设计的、约束的,属性或外部接口等方面的需求。

(4) 可验证性。描述的每一个需求都是可以验证的,即存在有限代价的有效过程验证确认。

(5) 一致性。各个需求的描述不矛盾。

(6) 可理解性。需求说明书必须简明易懂,尽量少包含计算机的概念和术语,以便用户和软件人员都能接受它。

(7) 可修改性。SRS 的结构风格在需求有必要改变时是易于实现的。

(8) 可追踪性。每一个需求的来源、流向是清晰的,当产生和改变文件编制时,可以方便地引证每一个需求。

软件需求规格说明书是一份在软件生命周期中至关重要的文件,它在开发早期就为尚未诞生的软件系统建立了一个可见的逻辑模型,它可以保证开发工作的顺利进行,因而应及时地建立并保证它的质量。

作为设计的基础和验收的依据,软件需求规格说明书应该是精确而无二义性的,需求说明书越精确,则以后出现错误、混淆、反复的可能性越小。用户能看懂需求说明书,并且发现和指出其中的错误是保证软件系统质量的关键,因而需求说明书必须简明易懂,尽量少包含计算机的概念和术语,以使用户和软件人员双方都能接受它。

8.3 结构化设计方法

本节学习要点:

◇ 掌握软件设计的基本原理。

◇ 掌握模块独立性的标准。

◇ 了解概要设计的任务。

◇ 掌握数据流类型。

◇ 掌握程序流程图、N-S 图的使用。

8.3.1 软件设计的基本概念

1. 软件设计的基础

软件设计是一个把软件需求转换为软件表示的过程,它是软件工程的重要阶段。软件设计的基本目标是用比较抽象概括的方式确定目标系统如何完成预定的任务,即软件设计是确定系统的物理模型。

软件设计的重要性和地位概括为以下几点。

(1) 软件开发阶段(设计、编码、测试)在软件项目开发总成本中占据较大的比例,是在软件开发中形成质量的关键阶段;

(2) 软件设计是开发阶段最重要的步骤,是将需求准确地转化为完整的软件产品或系统的唯一途径;

(3) 软件设计做出的决策是至关重要的,它将最终影响软件实现的成败;

(4) 设计是软件工程和软件维护的基础。

从技术观点来看,软件设计包括软件结构设计、数据设计、接口设计、过程设计。其中,结构设计是定义软件系统各主要部件之间的关系;数据设计是将分析时创建的模型转化为数据结构的定义;接口设计是描述软件内部、软件和协作系统之间以及软件与人之间如何通信;过程设计则是把系统结构部件转换成软件的过程性描述。

从工程管理角度来看,软件设计分为两步完成:概要设计和详细设计。概要设计的主要任务是,通过仔细分析软件规格说明,适当地对软件进行功能分解,从而把软件划分为模块,并且设计出完成预定功能的模块结构。详细设计阶段详细地设计每个模块,确定完成每个模块功能所需要的算法和数据结构。

软件设计的一般过程是:软件设计是一个迭代的过程;先进行高层次的结构设计;后进行低层次的过程设计;穿插进行数据设计和接口设计。

2. 软件设计的基本原理

软件设计遵循软件工程的基本目标和原则,建立了适用于在软件设计中应该遵循的基本原理和与软件设计有关的概念。

1) 抽象

人类在认识复杂现象的过程中使用的最强有力的思维工具是抽象。人们在实践中认识到,在现实世界中一定事物、状态或过程之间总存在着某些相似的方面(共性)。把这些相似的方面集中和概括起来,暂时忽略它们之间的差异,这就是抽象。

软件设计中考虑模块化解决方案时,可以定出多个抽象级别。抽象的层次从概要设计到详细设计逐步降低。在软件概要设计中的模块分层也是由抽象到具体逐步分析和构造出来的。

2) 模块化

模块是由边界元素限定的相邻的程序元素(例如,数据说明,可执行的语句)的序列,而且有一个总体标识符来代表它。

模块化就是把程序划分成独立命名且可独立访问的模块,每个模块完成一个子功能,把这些模块集成起来构成一个整体,可以完成指定的功能满足用户的需求。它采用自顶向下逐层分解的方法。

模块化使软件容易测试和调试,因而有助于提高软件的可靠性。同时它降低了复杂度,可以减少开发工作量并降低开发成本和提高软件生产率。但是过多地划分模块会增加模块之间接口的工作量,所以划分模块的层次和数量应该避免过多或过少。

3) 信息隐蔽

信息隐蔽原理指出:应该这样设计和确定模块,使得一个模块内包含的信息(过程和数据)对于不需要这些信息的模块来说,是不能访问的。

4) 模块独立性

"模块独立"概念是模块化、抽象、逐步求精和信息隐藏等概念的直接结果,也是完成有效的模块设计的基本标准。

模块独立性是指,每个模块只完成系统要求的独立的子功能,并且与其他模块的联系最少且接口简单。

模块的独立程度是评价设计好坏的重要度量标准。模块的独立程度可以由两个定性标准来度量,这两个标准分别称为内聚和耦合。

(1) 内聚性:内聚标志一个模块内各个元素彼此结合的紧密程度,它是信息隐蔽和局部化概念的自然扩展。简单地说,理想内聚的模块只做一件事情。

内聚有如下的种类,它们之间的内聚性由弱至强排列如下。

① 偶然内聚:指一个模块内的各处理元素之间没有任何联系。

② 逻辑内聚:指模块内执行几个逻辑上相关的功能,通过参数确定该模块完成哪一个功能。

③ 时间内聚:把需要同时或顺序执行的动作组合在一起形成的模块为时间内聚模块。比如初始化模块,它顺序为变量置初值。

④ 过程内聚:如果一个模块内的处理元素是相关的,而且必须以特定次序执行则称为过程内聚。

⑤ 通信内聚：指模块内所有处理功能都通过使用公用数据而发生关系。这种内聚也具有过程内聚的特点。

⑥ 顺序内聚：指一个模块中各个处理元素和同一个功能密切相关，而且这些处理必须顺序执行。通常前一个处理元素的输出就是下一个处理元素的输入。

⑦ 功能内聚：指模块内所有元素共同完成一个功能，缺一不可，模块已不可再分。这是最强的内聚。

内聚性是信息隐蔽和局部化概念的自然扩展。一个模块的内聚性越强则该模块的模块独立性越强。作为软件结构设计的设计原则，要求每一个模块的内部都具有很强的内聚性，它的各个组成部分彼此都密切相关。

(2) 耦合性：耦合是对一个软件结构内不同模块之间互连程度的度量。耦合强弱取决于模块间接口的复杂程度，进入或访问一个模块的方式，以及通过接口的数据。

耦合可以分为下列几种，它们之间的耦合度由高到低排列如下。

① 内容耦合：如一个模块直接访问另一模块的内容，则这两个模块称为内容耦合。

② 公共耦合：若一组模块都访问同一全局数据结构，则它们之间的耦合称为公共耦合。

③ 外部耦合：一组模块都访问同一全局简单变量（而不是同一全局数据结构），且不通过参数表传递该全局变量的信息，则称为外部耦合。

④ 控制耦合：若一模块明显地把开关量、名字等信息送入另一模块，控制另一模块的功能，则为控制耦合。

⑤ 标记耦合：若两个以上的模块都需要其余某一数据结构的子结构时，不使用其余全局变量的方式而是用记录传递的方式，即两模块间通过数据结构交换信息，这样的耦合称为标记耦合。

⑥ 数据耦合：若一个模块访问另一个模块，被访问模块的输入和输出都是数据项参数，即两模块间通过数据参数交换信息，则这两个模块为数据耦合。

⑦ 非直接耦合：若两个模块没有直接关系，它们之间的联系完全是通过主模块的控制和调用来实现的，则称这两个模块为非直接耦合。非直接耦合独立性最强。

模块间的耦合程度强烈影响系统的可理解性、可测试性、可靠性和可维护性。一个模块与其他模块的耦合性越强则该模块的模块独立性越弱。原则上讲，模块化设计总是希望模块之间的耦合表现为非直接耦合方式。

耦合性与内聚性是模块独立性的两个定性标准，耦合与内聚是相互关联的。在程序结构中，各模块的内聚性越强，则耦合性越弱。一般较优秀的软件设计，应尽量做到高内聚，低耦合，即减弱模块之间的耦合性和提高模块内的内聚性，有利于提高模块的独立性。

3. 结构化设计方法

结构化设计就是采用最佳的可能方法设计系统的各个组成部分以及各成分之间的内部联系的技术。也就是说，结构化设计是这样一个过程，它决定用哪些方法把哪些部分联系起来，才能解决好某个具体有清楚定义的问题。

结构化设计方法的基本思想是将软件设计成由相对独立、单一功能的模块组成的结构。下面重点以面向数据流的结构化方法为例讨论结构化设计方法。

8.3.2 概要设计

1. 概要设计的任务

软件概要设计的基本任务如下。

1) 设计软件系统结构

为了实现目标系统,最终必须设计出组成这个系统的所有程序和数据库(文件),对于程序,则首先进行结构设计,划分为模块以及模块的层次结构。划分的具体过程如下。

(1) 采用某种设计方法,将一个复杂的系统按功能划分成模块。

(2) 确定每个模块的功能。

(3) 确定模块之间的调用关系。

(4) 确定模块之间的接口,即模块之间传递的信息。

(5) 评价模块结构的质量。

2) 数据结构及数据库设计

对于大型数据处理的软件系统,除了控制结构的模块设计外,数据结构与数据库设计也是很重要的。在需求分析阶段,已通过数据字典对数据的组成、操作约束、数据之间的关系等方面进行了描述,确定了数据的结构特性,在概要设计阶段要加以细化,详细设计阶段则规定具体的实现细节。在概要设计阶段,宜使用抽象的数据类型。数据设计是实现需求定义和规格说明过程中提出的数据对象的逻辑表示。数据设计的具体任务是:确定输入、输出文件的详细数据结构;结合算法设计,确定算法所必需的逻辑数据结构及其操作;确定对逻辑数据结构所必需的那些操作的程序模块,限制和确定各个数据设计决策的影响范围;需要与操作系统或调度程序接口所必需的控制表进行数据交换时,确定其详细的数据结构和使用规则;数据的保护性设计:防卫性、一致性、冗余性设计。

数据设计中应注意掌握以下设计原则。

(1) 用于功能和行为的系统分析原则也应用于数据。

(2) 应该标识所有的数据结构以及其上的操作。

(3) 应当建立数据字典,并用于数据设计和程序设计。

(4) 低层的设计决策应该推迟到设计过程的后期。

(5) 只有那些需要直接使用数据结构、内部数据的模块才能看到该数据的表示。

(6) 应该开发一个由有用的数据结构和应用于其上的操作组成的库。

(7) 软件设计和程序设计语言应该支持抽象数据类型的规格说明和实现。

3) 编写概要设计文档

(1) 概要设计说明书。

(2) 数据库设计说明书,主要给出所使用的 DBMS 简介、数据库的概念模型、逻辑设计、结果。

(3) 用户手册,对需求分析阶段编写的用户手册进行补充。

(4) 修订测试计划,对测试策略、方法、步骤提出明确要求。

4) 概要设计文档评审

对设计部分是否完整地实现了需求中规定的功能、性能等要求,设计方案的可行性,关键的处理及内外部接口定义正确性、有效性,各部分之间的一致性等都一一进行评审。

常用的软件结构设计工具是结构图(Structure Chart,SC),也称程序结构图。使用结构图描述软件系统的层次和分块结构关系,它反映了整个系统的功能实现以及模块与模块之间的联系与通信,是未来程序中的控制层次体系。

结构图是描述软件结构的图形工具。结构图的基本图符如图 8-8 所示。

模块用一个矩形表示,矩形内注明模块的功能和名字;箭头表示模块间的调用关系。在结构图中还可以用带注释的箭头表示模块调用过程中来回传递的信息。如果希望进一步标明传递的信息是数据还是控制信息,则可用带实心圆的箭头表示传递的是控制信息,用带空心圆的箭头表示传递的是数据。

根据结构化设计思想,结构图构成的基本形式如图 8-9 所示。

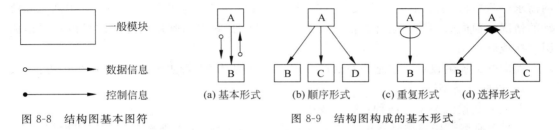

图 8-8　结构图基本图符　　　　　图 8-9　结构图构成的基本形式

经常使用的结构图有 4 种模块类型:传入模块,传出模块,变换模块和协调模块。其表示形式和含义如图 8-10 所示。

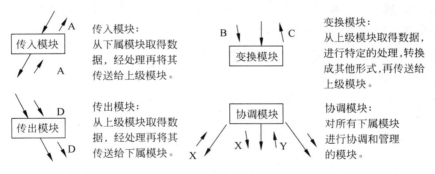

图 8-10　传入、传出模块、变换模块和协调模块的表示形式和含义

下面通过图 8-11 进一步了解程序结构图的有关术语。

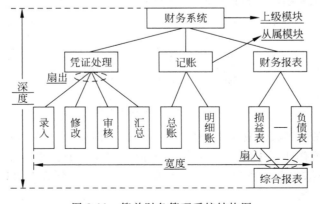

图 8-11　简单财务管理系统结构图

深度：表示控制的层数。

上级模块、从属模块：上、下两层模块 a 和 b，且有 a 调用 b，则 a 是上级模块，b 是从属模块。

宽度：整体控制跨度(最大模块数的层)的表示。

扇入：调用一个给定模块的模块个数。

扇出：一个模块直接调用的其他模块数。

原子模块：树中位于叶子结点的模块。

2. 面向数据流的设计方法

面向数据流的设计方法的目标是给出设计软件结构的一个系统化的途径。在软件工程的需求分析阶段，信息流是一个关键考虑因素，通常用数据流图描绘信息在系统中加工和流动的情况。面向数据流的设计方法定义了一些不同的"映射"，利用这些映射可以把数据流图变换成软件结构。

面向数据流的设计方法把信息流映射成软件结构，信息流的类型决定了映射的方法。

1) 数据流类型

典型的数据流类型有两种：变换型和事务型。

(1) 变换型。变换型是指信息通过输入通道进入系统，并由外部形式变换成内部形式，进入系统的信息在变换中心进行加工处理，处理后的信息再沿输出通路变换成外部形式离开软件系统。变换型数据处理问题的工作过程大致分为三步，即取得数据、变换数据和输出数据，如图 8-12 所示。相应于取得数据、变换数据、输出数据的过程，变换型系统结构图由输入、中心变换和输出等三部分组成，如图 8-13 所示。

图 8-12 变换型数据流结构

图 8-13 变换型数据流结构的组成

变换型数据流图映射的结构图如图 8-14 所示。

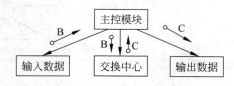

图 8-14 变换型数据流系统结构图

(2) 事务型。在很多软件应用中，存在某种作业数据流，它可以引发一个或多个处理，这些处理能够完成该作业要求的功能，这种数据流就叫作事务。事务型数据流的特点是它接受一项事务后，根据该事务处理的特点和性质，选择分派一个适当的处理单元(事务处理中心),然后给出结果。这类数据流归为特殊的一类,称为事务型数据流,如图 8-15 所示。在一个事务型数据流中,事务中心接收数据,分析每个事务以确定它的类型,根据事务类型选取一条活动通路。

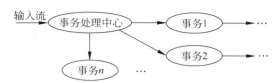

图 8-15　事务型数据流结构

事务型数据流图映射的结构图如图 8-16 所示。

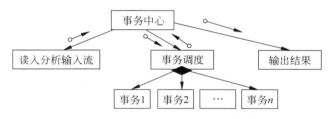

图 8-16　事务型数据流系统结构图

在事务型数据流系统结构图中,事务中心模块按所接受的事务类型,选择某一事务处理模块执行,各事务处理模块并列。每个事务处理模块可能要调用若干个操作模块,而操作模块又可能调用若干个细节模块。

2) 面向数据流设计方法的实施要点与设计过程

面向数据流的结构设计过程和步骤如下。

第 1 步:分析、确认数据流图的类型,区分是事务型还是变换型。

第 2 步:说明数据流的边界。

第 3 步:把数据流图映射为程序结构。对于事务流区分事务中心和数据接收通路,将它映射成事务结构。对于变换流,区分输出和输入分支,并将其映射成变换结构。

第 4 步:根据设计准则对产生的结构进行细化和求精。

下面分别讨论变换型和事务型数据流图转换成程序结构图的实施步骤。

(1) 变换型

变换分析是一系列设计步骤的总称,经过这些步骤把具有变换流特点的数据流图按预先确定的模式映射成软件结构,其步骤如下。

第 1 步:确定数据流图是否具有变换特性。当遇到的信息流具有明显的事务特性时,建议采用事务分析方法进行设计,而其他的情况都采用变换流来处理。一般地说,一个系统中所有的信息流都可以按变换流来处理。在这时应该观察在整个数据流图中哪种属性占优势,先确定数据流的全局特性。此外,还应把具有全局特性的不同特点的局部区域孤立出来,根据这些子数据流的特点做部分的处理。

第 2 步:确定输入流和输出流的边界,把输入、变换和输出划分出来,将变换中心独立出来。

第 3 步:进行第一级分解,将变换型映射成软件结构,其中输入数据处理模块协调对所有输入数据的接收；变换中心控制模块管理对内部形式的数据的所有操作；输出数据处理控制模块协调输出信息的产生过程。

第4步：按上述步骤如出现事务流也可按事务流的映射方式对各个子流进行逐级分解，直至分解到基本功能。

第5步：对每个模块写一个简要说明，具体说明该模块的接口描述、模块内部的信息、过程陈述、包括的主要判定点及任务等。

第6步：利用软件结构的设计原则对软件结构进一步转化。

（2）事务型

将事务型映射成结构图，又称为事务分析。其步骤如下。

事务分析的设计步骤和变换分析的设计步骤大部分相同或类似，主要差别仅在于由数据流图到软件结构的映射方法不同。它是将事务中心映射成为软件结构中发送分支的调度模块，将接收通路映射成软件结构的接收分支。对于一个大系统，常常把变换分析和事务分析应用到同一个数据流图的不同部分，由此得到的子结构形成"构件"，可以利用它们构造完整的软件结构。

3. 设计的准则

为了更好地进行设计和对软件结构图进行优化，可以借鉴以下的设计准则，这些设计准则都经过了大量软件设计的实践证明。

（1）提高模块独立性。对软件结构应着眼于改善模块的独立性，依据降低耦合提高内聚的原则，通过把一些模块取消或合并来修改程序结构，形成具有独立功能特征的模块。

（2）模块规模适中。经验表明，当模块增大时，模块的可理解性迅速下降。但是当对大的模块分解时，不应降低模块的独立性。因为当对一个大的模块分解时，有可能会增加模块间的依赖。

（3）深度、宽度、扇出和扇入适当。如果深度过大，则意味着系统中有的控制模块过于简单，需调整。宽度过大的情况出现则意味着系统的控制过于集中。而扇出过大则意味着模块复杂度太高，需要控制和协调的下级模块太多了，这种情况的处理方法是要增加中间层次。扇出太小时的处理方法是把下级模块进一步分解成若干个子功能模块，也可以将它合并到上级模块中去。扇入越大则共享该模块的上级模块数目越多。

一般而言，好的软件设计结构通常顶层高扇出，中间扇出较少，底层高扇入。

（4）使模块的作用域在该模块的控制域内。模块的作用域指的是模块内一个判定的作用范围，而一个判定的作用域是指受这个判定影响的所有模块。模块的控制域是指这个模块本身以及所有直接或间接从属于它的模块的集合。在一个设计得很好的系统中，所有受某个判定影响的模块最好局限于做出判定的那个模块本身及它的直属下级模块，至少应该从属于做出判定的那个模块。如果某个软件结构不满足这一条件，可采用如下方法进行修改：将判定点上移，也可以将那些在作用范围内但是不在控制范围内的模块移到控制范围以内。

（5）应减少模块的接口和界面的复杂性。模块的接口复杂是软件容易发生错误的一个主要原因。应该仔细设计模块接口，使得信息传递简单并且和模块的功能一致。

（6）设计成单入口、单出口的模块。

（7）设计功能可预测的模块。如果一个模块可以当作一个"黑盒"，也就是不考虑模块的内部结构和处理过程,则这个模块的功能就是可以预测的。

8.3.3 详细设计

详细设计的任务,是为软件结构图中的每一个模块确定实现算法和局部数据结构,用某种选定的表达工具表示算法和数据结构的细节。对所使用的表达工具的基本要求是要具有描述过程细节的能力,而且能够在编程过程中直接翻译成程序设计语言的源程序为程序员提供便利,其他不需做严格的限制,设计人员可以根据需要自由选择。下面将针对过程设计进行讨论。

在过程设计阶段,要给出适当的算法描述,也就是要对每个模块规定的功能以及算法的设计,确定模块内部的详细执行过程,包括局部数据组织、控制流、每一步具体处理要求和各种实现细节等。其目的是确定应该怎样来具体实现所要求的系统。

常见的过程设计工具有以下几种。

(1) 图形工具:程序流程图,N-S,PAD,HIPO。

(2) 表格工具:判定表。

(3) 语言工具:PDL(伪码)。

下面讨论其中几种主要的工具。

1. 程序流程图

程序流程图又称为程序框图,它是历史最悠久使用最广泛的描述过程设计的方法。程序流程图表达直观、清晰、易于学习掌握,且独立于任何一种程序设计语言。

构成程序流程图的最基本图符及含义如图 8-17 所示。

在结构化程序设计的原则下,可以用如图 8-18 所示的 5 种控制结构描述程序流程图构成的任何程序。

图 8-18 所示的程序流程图构成的 5 种控制结构的含义如下。

图 8-17　程序流程图的
基本图符

(1) 顺序型:这种结构依次排列几个连续的加工步骤。

(2) 选择型:在两个加工中选择一个,具体选项由某个逻辑判断式的取值来决定。

(3) 先判断重复型:先判断循环控制条件是否成立,成立则执行循环体语句。

(4) 后判断重复型:重复执行某些特定的加工,直到控制条件成立。

(5) 多分支选择型:列举多种加工情况,根据控制变量的取值,选择执行其中之一。

把程序流程图的 5 种基本控制结构相互组合或嵌套,可以构成任何复杂的程序流程图。

例如,下面是学生成绩管理的问题,要求将 50 名学生中成绩在 80 分以上同学的学号和成绩打印出来。

该问题程序的程序流程图描述见图 8-19。

程序流程图的优势是简单易学,但也有不足之处,例如程序流程图不易表示数据结构,程序流程图书写时不受任何约束,可以随意应用转移控制,难以阅读,也难以修改,会使程序不符合结构化设计的要求,从而使算法的可靠性和可维护性难以保证。

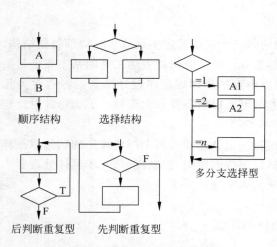

图 8-18 程序流程图构成的控制结构

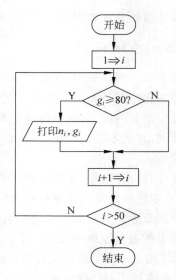

图 8-19 程序流程图示例

2. N-S 图

既然用基本结构的顺序组合可以表示任何复杂的算法结构,那么基本结构之间的流程线就属多余的了。

1973 年,美国学者 I. Nassi 和 B. Shneiderman 提出了一种新的流程图形式。在这种流程图中,完全去掉了带箭头的流程线。全部算法写在一个矩形框内,在该框内还可以包含其他的从属于它的框,或者说,由一些基本的框组成一个大的框。

N-S 图的基本图符及表示的 5 种基本控制结构如图 8-20 所示。

例如,上述问题,将 50 名学生中成绩高于 80 分的学号和成绩打印出来,程序的 N-S 图描述如图 8-21 所示。

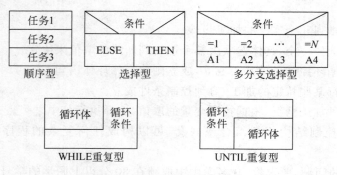

图 8-20 N-S 图符与控制结构

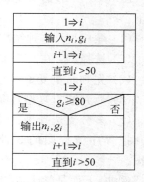

图 8-21 N-S 图示例

N-S 图具有以下特征。

(1) 每个构件具有明确的功能域;

(2) 控制转移必须遵守结构化设计要求;

(3) 易于确定局部数据和(或)全局数据的作用域;

(4) 易于表达嵌套关系和模块的层次结构。

3. PAD

PAD 是 Problem Analysis Diagram(问题分析图)的缩写,自 1973 年由日本日立公司发明以后,已得到一定程度的推广。它用二维树状结构的图来表示程序的控制流,将这种图翻译成程序代码比较容易。它是继程序流程图和方框图之后,提出的又一种主要用于描述软件详细设计的图形表示工具。

PAD 的基本图符及表示的 5 种基本控制结构如图 8-22 所示。

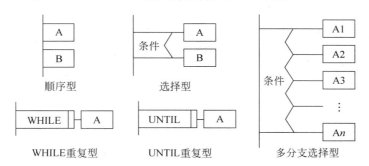

图 8-22　PAD 图符与控制结构

例如,上述问题程序的 PAD 描述如图 8-23 所示。

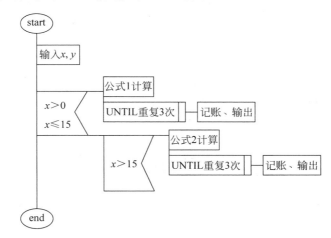

图 8-23　PAD 示例

PAD 具有以下特征。

(1) 结构清晰,结构化程度高。

(2) 可读性好。

(3) 最左端的纵线是程序主干线,对应程序的第一层结构;每增加一层 PAD 向右扩展一条纵线,故程序的纵线数等于程序层次数。

(4) 程序的执行次序是自上而下、自左向右依次执行,执行的起始点在 PAD 最左主干线上端结点,终止位置在最左主干线。

4. PDL

过程设计语言(Procedure Design Language,PDL)也称为结构化的英语和伪码,它是一种混合语言,相对较为灵活,书写时采用英语的词汇和结构化程序设计语言的语法,与编程语言的书写方式较为类似。

用 PDL 表示的基本控制结构的常用词汇如下。

顺序:

条件:IF/THEN/ELSE/ENDIF

循环:DO WHILE/ENDDO

循环:REPEAT UNTIL/ENDREPEAT

分支:CASE_OF/WHEN/SELECT/WHEN/SELECT/ENDCASE

例如,上述问题程序的描述如下,它是类似 C 语言的 PDL。

```
/* 计算运费 */
    Count();
    {    输入 x; 输入 y;
    if (0<x≤15) 条件 1 {公式 1 计算; call sub; }
        else if (x>15){公式 2 计算; call sub; }
    }
    sub ();
    {   for(i = 1,3,i ++ )do{记账; 输出; }
    }
```

PDL 可以由编程语言转换得到,也可以是专门为过程描述而设计的,但应具备以下特征。

(1) 有为结构化构成元素、数据说明和模块化特征提供的关键词语法;

(2) 处理部分的描述采用自然语言语法;

(3) 可以说明简单和复杂的数据结构;

(4) 支持各种接口描述的子程序定义和调用技术。

8.4　软　件　测　试

本节学习要点:

◇ 掌握软件测试的目的。

◇ 了解白盒测试与黑盒测试。

◇ 掌握软件测试的步骤。

从计算机产生到现在,计算机软、硬件技术都有了较快的发展,计算机在越来越广泛的应用领域中应用,各领域的应用对软件的功能要求越来越高,现在的软件变得越来越复杂。确保软件的质量并保证软件的高度可靠性就成了一个重要的问题。无疑,通过对软件产品进行必要的测试是非常重要的一个环节。软件测试也是在软件投入运行前对软件需求、设计、编码的最后审核。

软件测试的投入包括人员和资金,具有很高的组织管理和技术难度,各方面的投入都很巨大,通常其工作量、成本占软件开发总工作量、总成本的 40% 以上。

软件测试是保证软件质量的重要手段,其主要过程涵盖了整个软件生命期的过程,包括需求定义阶段的需求测试、编码阶段的单元测试、集成测试以及后期的确认测试、系统测试,验证软件是否合格、能否交付用户使用等。

8.4.1 软件测试的目的

1983 年,IEEE 将软件测试定义为:使用人工或自动手段来运行或测定某个系统的过程,其目的在于检验它是否满足规定的需求或是弄清预期结果与实际结果之间的差别。

它是帮助识别开发完成(中间或最终的版本)的计算机软件(整体或部分)的正确度(Correctness)、完全度(Completeness)和质量(Quality)的软件过程;是 SQA(Software Quality Assurance)的重要子域。

G. Myers 给出了关于测试的一些规则,这些规则也可以看作是测试的目标。

(1) 测试是为了发现程序中的错误而执行程序的过程;

(2) 好的测试方案是极可能发现迄今为止尚未发现的错误的测试方案;

(3) 成功的测试是发现了至今为止尚未发现的错误的测试。

Myers 的观点告诉人们测试要以查找错误为中心,而不是为了演示软件的正确功能。

8.4.2 软件测试的准则

由于软件测试很重要,要做好软件测试,设计出有效的测试方案和好的测试用例,软件测试人员需要充分理解和运用软件测试的一些基本准则。

1. 所有测试都应追溯到需求

软件测试的目的不是证明软件的正确性,而是发现错误,而导致程序无法满足用户需求的错误是最严重的错误。

2. 严格执行测试计划,排除测试的随意性

软件测试应当制定明确的测试计划并按照计划执行。测试计划应包括:所测软件的功能、输入和输出、测试内容、各项测试的目的和进度安排、测试资料、测试工具、测试用例的选择、资源要求、测试的控制方式和过程等。

3. 充分注意测试中的群集现象

在软件开发过程中,程序中已发现的错误数越多,程序中存在错误的概率就越大。由于上述现象的存在,为了提高测试效率,测试人员应该集中对付那些错误群集的程序。

4. 程序员应避免检查自己的程序

从心理学角度讲,程序人员或设计方在测试自己的程序时,要采取客观的态度是程度不同地存在障碍的,所以为了达到好的测试效果,应该由独立的第三方来构造测试。

5. 穷举测试不可能

所谓穷举测试是指把程序所有可能的执行路径都进行检查的测试。但是,在实际测试过程中不可能穷尽每一种组合,因为即使规模较小的程序,它的路径排列数也是非常大的。这种现象说明,测试不能证明程序中没有错误,而只能证明程序中有错误。

6. 妥善保存测试计划、测试用例、出错统计和最终分析报告,为维护提供方便

8.4.3 软件测试技术与方法综述

软件测试的方法和技术是多种多样的。对于软件测试方法和技术,可以从不同的角度加以分类。

（1）按照测试过程中是否需要执行被测软件，可以分为静态测试和动态测试方法。

（2）按照功能划分可以分为白盒测试和黑盒测试方法。

（3）按软件开发过程的阶段划分有单元测试、集成测试、确认测试、验收测试、系统测试。

1. 静态测试与动态测试

1）静态测试

静态方法就是仅通过分析或检查源程序的语法、结构、过程、接口等来检查程序的正确性，而不对被测程序本身进行运行。静态方法是通过程序静态特性的分析来找出欠缺和可疑之处，例如不匹配的参数、不适当的循环嵌套和分支嵌套、不允许的递归、未使用过的变量、空指针的引用和可疑的计算等。静态测试结果可用于进一步的查错，并为测试用例选取提供指导。

静态测试包括代码检查、静态结构分析、代码质量度量等。静态测试第一种方式是由人工进行，充分发挥人的逻辑思维优势，使用人工测试能够有效地发现 $30\%\sim70\%$ 的逻辑设计和编码错误。第二种方式是借助软件工具自动进行。

代码检查包括代码的逻辑表达的正确性，代码结构的合理性等方面，它主要检查代码和设计的一致性。这项工作可以发现违背程序编写标准的问题，程序中不安全、不明确和模糊的部分，找出程序中不可移植部分、违背程序编程风格的问题，包括变量检查、命名和类型审查、程序逻辑审查、程序语法检查和程序结构检查等内容。代码检查包括代码审查、代码走查、桌面检查、静态分析等具体方式。

（1）代码审查：小组集体阅读、讨论检查代码。

（2）代码走查：小组成员通过用"脑"研究、执行程序来检查代码。

（3）桌面检查：由程序员自己检查自己编写的程序。程序员在程序通过编译之后，进行单元测试之前，对源代码进行分析、检验并补充相关文档，目的是发现程序的错误。

（4）静态分析：对代码的机械性、程式化的特性分析方法，包括控制流分析、数据流分析、接口分析、表达式分析。

2）动态测试

静态测试主要是通过人工方式来进行，在测试过程中不对软件进行运行。动态方法则是要通过对被测程序的运行，检查运行结果与预期结果的差异，并分析运行效率和健壮性等性能，这种方法由三部分组成：构造测试实例、执行程序、分析程序的输出结果。动态测试过程中要根据软件开发各阶段的规格说明和程序的内部结构而精心设计一批测试用例（即输入数据及其预期的输出结果）。

设计高效、合理的测试用例是动态测试的关键。测试用例（Test Case）是为测试设计的数据。测试用例由测试输入数据和与之对应的预期输出结果两部分组成。测试用例的格式为：

【（输入值集），（输出值集）】

根据动态测试在软件开发过程中所处的阶段和作用，动态测试可分为如下几个步骤。

（1）单元测试

单元测试是对软件中的基本组成单位进行测试，其目的是检验软件基本组成单位的正确性。在公司的质量控制体系中，单元测试由产品组在软件提交测试部前完成。

（2）集成测试

集成测试是在软件系统集成过程中所进行的测试，其主要目的是检查软件单位之间的接口是否正确。在实际工作中，把集成测试分为若干次的组装测试和确认测试。

组装测试，是单元测试的延伸，除对软件基本组成单位的测试外，还需增加对相互联系模块之间接口的测试。如三维算量软件中，构件布置和构件工程量计算是软件不同的组成单位，但构件工程量计算的数据直接来源于构件布置，两者单独进行单元测试，可能都很正常，但构件布置的数据是否能够正常传递给工程量计算，则必须通过组装测试的检验。

确认测试，是对组装测试结果的检验，主要目的是尽可能地排除单元测试、组装测试中发现的错误。

（3）系统测试

系统测试是对已经集成好的软件系统进行彻底的测试，以验证软件系统的正确性和性能等满足其规约所指定的要求。系统测试应该按照测试计划进行，其输入、输出和其他动态运行行为应该与软件规约进行对比，同时测试软件的强壮性和易用性。如果软件规约（即软件的设计说明书、软件需求说明书等文档）不完备，系统测试更多的是依赖测试人员的工作经验和判断，这样的测试是不充分的。

（4）验收测试

这是软件在投入使用之前的最后测试。是购买者对软件的试用过程。在公司实际工作中，通常是采用请客户试用或发布 Beta 版软件来实现。

（5）回归测试

即软件维护阶段，其目的是对验收测试结果进行验证和修改。在实际应用中，对客户意见的处理就是回归测试的一种体现。

2. 白盒测试方法与测试用例设计

白盒测试也称结构测试或逻辑驱动测试，它是按照程序内部的结构测试程序，通过测试来检测产品内部动作是否按照设计规格说明书的规定正常进行，检验程序中的每条通路是否都能按预定要求正确工作。

这一方法是把测试对象看作一个打开的盒子，测试人员依据程序内部逻辑结构相关信息，设计或选择测试用例，对程序所有逻辑路径进行测试，通过在不同点检查程序的状态，确定实际的状态是否与预期的状态一致。所以，白盒测试是在程序内部进行，主要用于完成软件内部操作的验证。

白盒测试的基本原则是：保证所测模块中每一独立路径至少执行一次；保证所测模块所有判断的每一分支至少执行一次；保证所测模块每一循环都在边界条件和一般条件下至少各执行一次；验证所有内部数据结构的有效性。

按照白盒测试的基本原则，"白盒"法是穷举路径测试。在使用这一方案时，测试者必须检查程序的内部结构，从检查程序的逻辑着手，得出测试数据。贯穿程序的独立路径数是天文数字，但即使每条路径都测试了仍然可能有错误。第一，穷举路径测试决不能查出程序是否违反了设计规范，即程序本身是个错误的程序；第二，穷举路径测试不可能查出程序中因遗漏路径而出错；第三，穷举路径测试可能发现不了一些与数据相关的错误。

白盒测试的测试方法有代码检查法、静态结构分析法、静态质量度量法、逻辑覆盖法、基本路径测试法、域测试、符号测试、Z 路径覆盖、程序变异等，下面讨论逻辑覆盖、基本路径

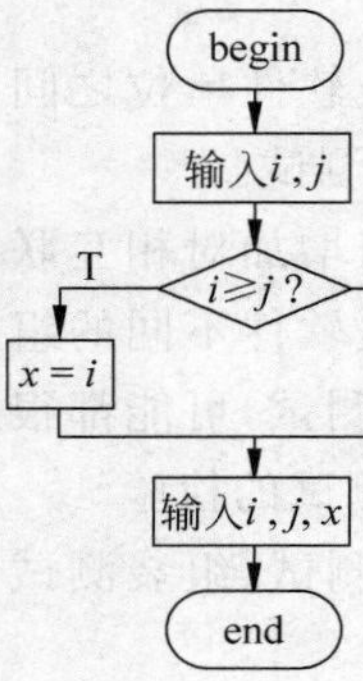

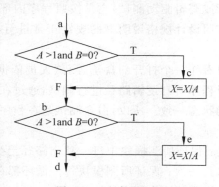

图 8-24 程序流程图

测试。

1) 逻辑覆盖测试

逻辑覆盖是泛指一系列以程序内部的逻辑结构为基础的测试用例设计技术。通常所指的程序中的逻辑表示有判断、分支、条件等几种表示方式。

(1) 语句覆盖

为了暴露程序中的错误,程序中的每条语句至少应该执行一次。因此语句覆盖(Statement Coverage)的含义是:选择足够多的测试数据,使被测程序中每条语句至少执行一次。语句覆盖是很弱的逻辑覆盖。

【例 8-1】 设有程序流程图表示的程序如图 8-24 所示。

按照语句覆盖的测试要求,对图 8-24 的程序设计如下测试用例 1 和测试用例 2。

测试用例 1:

输入 (i,j)	输出 (i,j,x)
(10,10)	(10,10,10)

测试用例 2:

输入 (i,j)	输出 (i,j,x)
(10,15)	(10,15,15)

语句覆盖是逻辑覆盖中基本的覆盖,对单元测试来说尤其如此。但是语句覆盖往往没有关注判断中的条件有可能隐含的错误。

(2) 路径覆盖

执行足够的测试用例,使程序中所有可能的路径都至少经历一次。

【例 8-2】 设有程序流程图表示的程序如图 8-25 所示。

图 8-25 程序流程图

对图 8-25 的程序设计如表 8-2 所示的一组测试用例,就可以覆盖该程序的全部 4 条路径:ace,abd,abe,acd。

表 8-2 例 8-2 测试用例

测试用例	通过路径	测试用例	通过路径
【$(A=2,B=0,X=3)$,(输出略)】	(ace)	【$(A=2,B=1,X=1)$,(输出略)】	(abe)
【$(A=1,B=0,X=1)$,(输出略)】	(abd)	【$(A=3,B=0,X=1)$,(输出略)】	(acd)

（3）判定覆盖

比语句覆盖稍强的覆盖标准是判定覆盖（Decision Coverage）。判定覆盖的含义是：设计足够的测试用例，使得程序中的每个判定至少都获得一次"真值"或"假值"，或者说使得程序中的每一个取"真"分支和取"假"分支至少经历一次，因此判定覆盖又称为分支覆盖。

根据判定覆盖的要求，对如图 8-26 所示的程序，如果其中包含条件 $i \geqslant j$ 的判断为真值（即为"T"）和为假值（即为"F"）的程序执行路径至少经历一次，仍然可以使用例 8-1 的测试用例 1 和测试用例 2。

程序每个判断中若存在多个联立条件，仅保证判断的真假值往往会导致某些单个条件的错误不能被发现。例如，某判断是"$x<3$ 或 $y>8$"，其中只要一个条件取值为真，无论另一个条件是否错误，判断的结果都为真。这说明，仅有判断覆盖还无法保证能查出在判断的条件中的错误，需要更强的逻辑覆盖。

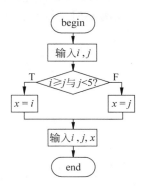

（4）条件覆盖

在设计程序中，一个判定语句是由多个条件组合而成的复合判定。为了更彻底地实现逻辑覆盖，可以采用条件覆盖（Condition Coverage）的标准。条件覆盖的含义是：构造一组测试用例，使得每一判定语句中每个逻辑条件的可能值至少满足一次。

【例 8-3】 设有程序流程图表示的程序如图 8-26 所示。

按照条件覆盖的测试要求，对图 8-26 的程序判断框中的条件 $i \geqslant j$ 和条件 $j<5$ 设计如下测试用例 1 和测试用例 2，就能保证该条件取真值和取假值的情况至少执行一次。

图 8-26　程序流程图

测试用例 1：

输入	输出
(i,j)	(i,j,x)
$(3,2)$	$(3,2,3)$

测试用例 2：

输入	输出
(i,j)	(i,j,x)
$(5,10)$	$(5,10,10)$

条件覆盖的优势是可以深入到判断中的每个条件，但是也存在不足之处，它可能会忽略全面的判断覆盖的要求。有必要考虑判断-条件覆盖。

（5）判断-条件覆盖

设计足够的测试用例，使判断中每个条件的所有可能取值至少执行一次，同时每个判断的所有可能取值分支至少执行一次。

【例 8-4】 设有程序流程图表示的程序如图 8-27 所示。

按照判断-条件覆盖的测试要求，对图 8-27 程序的两个判断框的每个取值分支至少经历一次，同时两个判断框中的三个条件的所有可能取值至少执行一次，设计如下测试用例 1、测试用例 2 和测试用例 3，就能保证满足判断-条件覆盖。

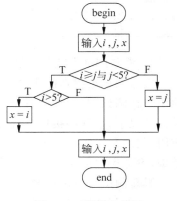

图 8-27　程序流程图

测试用例 1：　　　　测试用例 2：

软件工程基础

输入 (i,j,x)	输出 (i,j,x)
$(3,2,0)$	$(3,2,0)$

输入 (i,j)	输出 (i,j,x)
$(6,4,0)$	$(6,4,6)$

测试用例3:

输入 (i,j)	输出 (i,j,x)
$(5,10,0)$	$(5,10,10)$

判断-条件覆盖也有缺陷,对质量要求高的软件单元,可根据情况提出多重条件组合覆盖以及其他更高的覆盖要求。

2)基本路径测试

基本路径测试法是在程序控制流图的基础上,通过分析控制构造的环路复杂性,导出基本可执行路径集合,从而导出一组测试用例对每一条独立执行路径进行测试。

【例8-5】 设有程序流程图表示的程序如图8-28所示。

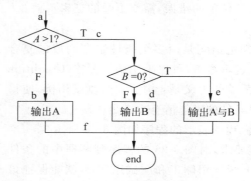

图8-28　程序流程图

对图8-28的程序流程图确定程序的环路复杂度,方法是:

$$环路复杂度＝程序流程图中的判断框个数＋1$$

则环路复杂度的值即为要设计测试用例的基本路径数,如图8-28所示的程序环路复杂度为3,设计如表8-3所示的一组测试用例,覆盖的基本路径是:abf,acef,acdf。

表8-3　例8-5测试用例

测 试 用 例	通 过 路 径
【$(A=-2,B=0)$,(输出略)】	(abf)
【$(A=5,B=0)$,(输出略)】	(acef)
【$(A=5,B=5)$,(输出略)】	(acdf)

3. 黑盒测试方法与测试用例设计

黑盒测试也称功能测试或数据驱动测试,它是通过测试来检测每个功能是否都能正常使用。在测试中,把程序看作一个不能打开的黑盒子,在完全不考虑程序内部结构和内部特性的情况下,在程序接口进行测试,它只检查程序功能是否按照需求规格说明书的规定正常使用,程序是否能适当地接收输入数据而产生正确的输出信息。黑盒测试着眼于程序外部结构,不考虑内部逻辑结构,主要针对软件界面和软件功能进行测试。

黑盒测试是以用户的角度,从输入数据与输出数据的对应关系出发进行测试的。很明显,如果外部特性本身有问题或规格说明的规定有误,用黑盒测试方法是发现不了的。

黑盒测试主要诊断功能不对或遗漏、界面错误、数据结构或外部数据库访问错误、性能错误、初始化和终止条件错。

黑盒测试方法主要有等价类划分法、边界值分析法、错误推测法、因果图等，主要用于软件确认测试。

1）等价类划分法

等价类划分法是一种典型的黑盒测试方法。它是将程序的所有可能的输入数据划分成若干部分（及若干等价类），然后从每个等价类中选取数据作为测试用例。等价类是指某个输入域的子集合。在该子集合中，各个输入数据对于揭露程序中的错误都是等效的，并合理地假定：测试某等价类的代表值就等于对这一类其他值的测试。因此，可以把全部输入数据合理划分为若干等价类，在每一个等价类中取一个数据作为测试的输入条件，就可以用少量代表性的测试数据，取得较好的测试结果。等价类划分可有两种不同的情况：有效等价类和无效等价类。

使用等价类划分法设计测试方案，首先需要划分输入集合的等价类。等价类包括以下两种。

（1）有效等价类：用于检验程序中符合规定的功能、性能，它是合理、有意义的输入数据构成的集合。

（2）无效等价类：用于检验程序中不符合规定的功能、性能，它是不合理、无意义的输入数据构成的集合。

为了确定输入数据的有效等价类和无效等价类，需要去研究程序的功能说明。

等价类划分法实施步骤分为以下两步。

第 1 步：划分等价类。

第 2 步：根据等价类选取相应的测试用例。

【例 8-6】 程序实现输入三个边长（设为 a,b,c），判断能否构成三角形。对该程序考虑等价类划分法。

满足测试三角形构成条件程序的等价类划分如表 8-4 所示。

表 8-4 例 8-6 等价类划分

输入条件	有效等价类	无效等价类
① 边长 a,b,c 限制	$a>0$ 或 $b>0$ 或 $c>0$	$a\leqslant0$ 或 $b\leqslant0$ 或 $c\leqslant0$
② 边长关系限制	$a+b>c$ 或 $b+c>a$ 或 $a+c>b$	$a+b\leqslant c$ 或 $b+c\leqslant a$ 或 $a+c\leqslant b$

根据表 8-4 划分的等价类，可以设计以下的测试用例。

对满足输入条件①和②的有效等价类设计的测试用例：

【$(a=6,b=8,c=10)$，（符合三角形构成条件）】

对满足输入条件①的无效等价类设计的测试用例：

【$(a=-6,b=8,c=10)$，（无效输入）】

对满足输入条件②的无效等价类设计的测试用例：

【$(a=6,b=8,c=16)$，（无效输入）】

下面给出 6 条确定等价类的原则。

（1）在输入条件规定了取值范围或值的个数的情况下，则可以确立一个有效等价类和两个无效等价类。

(2) 在输入条件规定了输入值的集合或者规定了"必须如何"的条件的情况下,可确立一个有效等价类和一个无效等价类。

(3) 在输入条件是一个布尔量的情况下,可确定一个有效等价类和一个无效等价类。

(4) 在规定了输入数据的一组值(假定 n 个),并且程序要对每一个输入值分别处理的情况下,可确立 n 个有效等价类和一个无效等价类。

(5) 在规定了输入数据必须遵守的规则的情况下,可确立一个有效等价类(符合规则)和若干个无效等价类(从不同角度违反规则)。

(6) 在确知已划分的等价类中各元素在程序处理中的方式不同的情况下,则应再将该等价类进一步地划分为更小的等价类。

2) 边界值分析法

边界值分析是选择等价类边界的测试用例。边界值分析法不仅重视输入条件边界,而且也必须考虑输出域边界。它是对等价类划分方法的补充。

经验表明,程序错误最容易出现在输入或输出范围的边界处,而不是在输入范围的内部。因此针对各种边界情况设计测试用例,可以更有利于发现错误。

使用边界值分析方法设计测试用例,确定边界情况应:考虑选取正好等于,刚刚大于或刚刚小于边界的值作为测试数据,这样发现程序中错误的概率较大。

基于边界值分析方法选择测试用例的原则如下。

(1) 如果输入条件规定了值的范围,则应取刚达到这个范围的边界的值,以及刚刚超越这个范围边界的值作为测试输入数据。

(2) 如果输入条件规定了值的个数,则用最大个数,最小个数,比最小个数少 1,比最大个数多 1 的数作为测试数据。

(3) 根据规格说明的每个输出条件,使用前面的原则(1)。

(4) 根据规格说明的每个输出条件,应用前面的原则(2)。

(5) 如果程序的规格说明给出的输入域或输出域是有序集合,则应选取集合的第一个元素和最后一个元素作为测试用例。

(6) 如果程序中使用了一个内部数据结构,则应当选择这个内部数据结构的边界上的值作为测试用例。

(7) 分析规格说明,找出其他可能的边界条件。

例如,对例 8-6 中的判断三角形构成的程序,如果在等价类划分法中加入边界值分析的思想,即选取该等价类的边界值,则会使等价类划分法更有效。考虑等价类划分法加入边界值分析的例 8-6 的测试用例可以设计如下。

对满足输入条件①的无效等价类设计的测试用例:

【$(a=0,b=8,c=10)$,(无效输入)】,

或【$(a=6,b=0,c=10)$,(无效输入)】,

或【$(a=6,b=8,c=0)$,(无效输入)】。

对满足输入条件②的无效等价类设计的测试用例:

【$(a=6,b=8,c=14)$,(无效输入)】,

或【$(a=18,b=8,c=10)$,(无效输入)】,

或【$(a=6,b=16,c=10)$,(无效输入)】。

一般多用边界值分析法来补充等价类划分方法。

3）错误推测法

测试人员可以推测程序中可能存在的各种错误，这一点可以凭经验和直觉来做到，以此为基础就可以有针对性地编写检查这些错误的例子，这就是错误推测法。

错误推测法的基本想法是：列举出程序中所有可能有的错误和容易发生错误的特殊情况，根据它们选择测试用例。错误推测法针对性强，可以直接切入可能的错误，直接定位，是一种非常实用、有效的方法。但是它需要丰富的经验和专业知识。

错误推测法的实施步骤一般是，对被测软件首先列出所有可能有的错误和易错情况表，然后基于该表设计测试用例。

例如，一般程序中输入为"0"或输出为"0"的情形是易错情况，测试者可以设计输入值为 0 的测试情况，以及使输出强迫为 0 的测试情况。

例如，要测试一个排序子程序，特别需要检查的情况是：输入表为空；输入表只含有一个元素；输入表的所有元素的值都相同；输入表已经排过序。这些情况都是在程序设计时可能忽略的特殊情况。

在测试过程中，综合使用各种方法来确定合适的测试方案，应该考虑在测试成本和测试效果之间的一个合理折中。因为不管是使用白盒测试方法还是使用黑盒测试方法，还是其他测试方法，针对一种方法设计的测试用例，仅对于该类型的错误较为有效，对其他类型的错误则相对效果不好。所以没有一种用例设计方法能适应全部的测试方案，而是各有所长。

8.4.4　软件测试的实施

软件测试是保证软件质量的重要手段，软件测试是一个过程，其测试流程是该过程规定的程序，目的是使软件测试工作系统化。

软件测试过程一般按 4 个步骤进行，即单元测试、集成测试、验收测试（确认测试）和系统测试。通过这些步骤的实施来验证软件是否合格，能否交付用户使用。

1. 单元测试

单元测试是对软件设计的最小单位——模块（程序单元）进行正确性检验的测试。单元测试的目的是发现各模块内部可能存在的各种错误。

在单元测试时，测试者需要依据详细设计说明书和源程序清单，了解该模块的 I/O 条件和模块的逻辑结构，主要采用白盒测试的测试用例，辅之以黑盒测试的测试用例，使之对任何合理的输入和不合理的输入，都能鉴别和响应。

单元测试主要针对模块的下列 5 个基本特性进行。

（1）模块接口测试。在单元测试的开始，应对通过被测模块的数据流进行测试。例如，检查模块的输入参数和输出参数、全局量、文件属性与操作等都属于模块接口测试的内容。

（2）局部数据结构测试。例如，不正确或不一致的数据类型说明、使用尚未赋值或尚未初始化的变量、错误的初始值或错误的默认值、变量名拼写错或书写错、不一致的数据类型、全局数据对模块的影响等。

（3）重要的执行路径的检查。

（4）出错处理测试。检查模块的错误处理功能。

（5）影响以上各点及其他相关点的边界条件测试。

单元测试是针对某个模块,这样的模块通常并不是一个独立的程序,因此模块自己不能运行,而要靠辅助其他模块调用或驱动。同时,模块自身也会作为驱动模块去调用其他模块,也就是说,单元测试要考虑它和外界的联系,必须在一定的环境下进行,这些环境可以是真实的也可以是模拟的。模拟环境是单元测试常用的。

所谓模拟环境就是在单元测试中,为被测模块设计和搭建驱动模块和桩模块,具体作法是用一些辅助模块去模拟与被测模块相联系的其他模块,如图 8-29 所示。

图 8-29　单元测试的测试环境

其中,驱动(Driver)模块相当于被测模块的主程序。它接收测试数据,并传给被测模块,输出实际测试结果。桩(Stub)模块通常用于代替被测模块调用的其他模块,仅做少量的数据操作,是一个模拟子程序,不必将子模块的所有功能带入。

2. 集成测试

通常,在单元测试的基础上,需要将所有模块按照设计要求组装成为系统。集成测试是测试和组装软件的过程。它是把模块在按照设计要求组装起来的同时进行测试,主要目的是发现与接口有关的错误。集成测试的依据是概要设计说明书。

集成测试所涉及的内容包括:软件单元的接口测试、全局数据结构测试、边界条件和非法输入的测试等。

集成测试时将模块组装成程序通常采用两种方式:非增量方式组装与增量方式组装。

非增量方式也称为一次性组装方式。将测试好的每一个软件单元一次组装在一起再进行整体测试。

增量方式是将已经测试好的模块逐步组装成较大系统,在组装过程中边连接边测试,以发现连接过程中产生的问题。最后通过增殖,逐步组装到所要求的软件系统。

增量方式包括自顶向下、自底向上、自顶向下与自底向上相结合的混合增量方法。

1) 自顶向下的增量方式

自顶向下的增量方式将模块按系统程序结构,沿控制层次自顶向下进行组装。自顶向下的增殖方式在测试过程中较早地验证了主要的控制和判断点。选用按深度方向组装的方式,可以首先实现和验证一个完整的软件功能。

自顶向下集成的过程与步骤如下。

(1) 主控模块作为测试驱动器。直接附属于主控模块的各模块全都用桩模块代替。

(2) 按照一定的组装次序,每次用一个真模块取代一个附属的桩模块。

(3) 当装入每个真模块时都要进行测试。

(4) 做完每一组测试后再用一个真模块代替另一个桩模块。

(5) 可以进行回归测试(即重新再做过去做过的全部或部分测试),以便确定没有新的错误发生。

【例 8-7】　对如图 8-30(a)所示程序结构进行自顶向下的增量方式组装测试。

自顶向下的增量方式的组装过程如图 8-30(b)～图 8-30(f)所示。

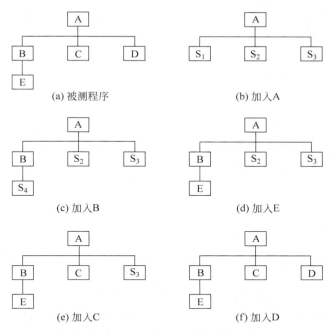

图 8-30　自顶向下的增量测试

2）自底向上的增量方式

这种集成的方式是从程序模块结构的最底层的模块开始集成和测试。因为模块是自底向上进行组装，对于一个给定层次的模块，它的子模块（包括子模块的所有下属模块）已经组装并测试完成，所以不再需要桩模块。在模块的测试过程中需要从子模块得到的信息可以直接运行子模块得到。自顶向下增殖的方式和自底向上增殖的方式各有优缺点。

自底向上集成的过程与步骤如下。

（1）低层的模块组成簇，以执行某个特定的软件子功能。

（2）编写一个驱动模块作为测试的控制程序，和被测试的簇连在一起，负责安排测试用例的输入及输出。

（3）对簇进行测试。

（4）拆去各个小簇的驱动模块，把几个小簇合并成大簇，再重复做（2）～（4）步。这样在软件结构上逐步向上组装。

【例 8-8】　对如图 8-31(a)所示程序结构进行自底向上的增量方式的组装测试。

自底向上的增量方式的组装过程如图 8-31(b)～图 8-31(d)所示。

3）混合增量方式

自顶向下增量的方式和自底向上增量的方式各有优缺点，一种方式的优点是另一种方式的缺点。

自顶向下测试的主要优点是能较早显示出整个程序的轮廓，主要缺点是，当测试上层模块时使用桩模块较多，很难模拟出真实模块的全部功能，使部分测试内容被迫推迟，直至换

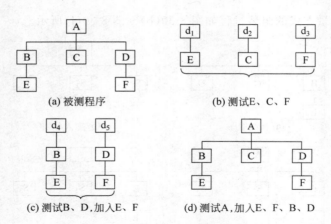

图 8-31　自底向上的增量测试

上真实模块后再补充测试。

自底向上测试从下层模块开始,设计测试用例比较容易,但是在测试的早期不能显示出程序的轮廓。

针对自顶向下、自底向上方法各自的优点和不足,人们提出了自顶向下和自底向上相结合、从两头向中间逼近的混合式组装方法,被形象地称为"三明治"方法。这种方式,结合考虑软件总体结构的良好设计原则,在程序结构的高层使用自顶向下方式,在程序结构的低层使用自底向上方式。

3. 确认测试

需求规格说明中确定了各种需求,确认测试的任务就是验证软件的功能和性能及其他特性是否满足了这些需要,以及软件配置是否完全、正确。

确认测试的实施首先运用黑盒测试方法,对软件进行有效性测试,即验证被测软件是否满足需求规格说明确认的标准。复审的目的在于保证软件配置齐全、分类有序,以及软件配置所有成分的完备性、一致性、准确性和可操作性,并且包括软件维护所必需的细节。

4. 系统测试

系统测试是在实际运行(使用)环境下对计算机系统进行一系列的集成测试和确认测试,测试过程中是将通过测试确认的软件看成是整个基于计算机系统的一个元素,与计算机硬件、外设、支持软件、数据和人员等其他系统元素组合在一起进行测试。由此可知,系统测试必须在目标环境下运行,其功用在于评估系统环境下软件的性能,发现和捕捉软件中潜在的错误。

系统测试的目的是在真实的系统工作环境下检验软件是否能与系统正确连接,发现软件与系统需求不一致的地方。

系统测试的具体实施一般包括:功能测试、性能测试、操作测试、配置测试、外部接口测试、安全性测试等。

8.5　程序的调试

本节学习要点：
◇　了解程序调试的任务。
◇　了解程序调试的基本步骤与原则。
◇　了解程序调试方法。

8.5.1　基本概念

前面讨论了对程序的测试工作，而进行了成功的测试之后的下一步骤是程序调试（通常称为 Debug，即排错）。程序调试与软件测试不同，它的任务是诊断和改正程序中的错误，这一步骤中要尽可能多地发现软件中的错误。先要发现软件的错误，然后借助于一定的调试工具去执行找出软件错误的具体位置。软件测试贯穿整个软件生命期，调试主要在开发阶段。

由程序调试的概念可以发现，程序调试活动分为两个组成部分，首先是根据错误的迹象确定程序中错误的确切性质、原因和位置。其次，对程序进行修改，从而达到排错的目的。

1. 程序调试的基本步骤

1）错误定位

错误定位是要研究有关部分的程序，确定程序中的出错位置，找出错误的内在原因，这要以错误的外部表现形式为入手点。确定错误位置占据了软件调试绝大部分的工作量。

从技术角度来看，错误的特征和查找错误的难度在于以下几方面。

（1）现象与原因所处的位置可能相距很远。就是说，现象可能出现在程序的一个部位，而原因可能在离此很远的另一个位置。高耦合的程序结构中这种情况更为明显。

（2）当纠正其他错误时，这一错误所表现出的现象可能会消失或暂时性消失，但并未实际排除。

（3）现象可能并不是由错误引起的（如舍入误差）。

（4）现象可能是由于一些人为错误引起的，这种错误不容易被发现。

（5）错误现象可能有时出现有时不出现。

（6）现象是由于难于再现的输入状态（例如实时应用中输入顺序不确定）引起。

（7）现象可能是周期出现的。如在软件、硬件结合的嵌入式系统中常常遇到。

2）修改设计和代码，以排除错误

排错是软件开发过程中一项艰苦的工作，这也决定了调试工作具有很强的技术性和很强的技巧性。外部表现与内在原因之间常常没有明显的联系，而软件工程人员在分析测试结果的时候常常会发现，软件运行失效或出现问题时，往往只是潜在错误的外部表现。因此可以说，调试是通过现象找出原因的一个思维分析的过程。要想通过现象找出真正的原因，排除潜在的错误，是一件很复杂的事情。

3）进行回归测试，防止引进新的错误

因为修改程序可能带来新的错误，应重复进行暴露这个错误的原始测试或某些有关测试，以确认该错误是否被排除、是否引进了新的错误。如果所做的修正无效，则撤销这次改动,重复上述过程,直到找到一个有效的解决办法为止。

2. 程序调试的原则

在软件调试方面要遵循一些原则,其中一部分原则与心理学有很大的关系。调试活动包括对程序中错误的定性、定位和排错两部分,因而调试原则也可从以下两个方面考虑。

1) 确定错误的性质和位置时的注意事项

(1) 分析思考与错误征兆有关的信息。

(2) 避开死胡同。当调试过程中出现难以解决的问题时,最好的办法是暂时放一放,不去钻牛角尖,把问题留在以后适当的时间再去考虑,也可以和其他人探讨这个问题,以新的解决思路去解决它。

(3) 只把调试工具当作辅助手段来使用。调试工具只能给我们提供的是一种无规律的调试方法,它不能代替我们去思考,只能把它当作工具看待,让它提供帮助。

(4) 避免用试探法,最多只能把它当作最后手段。试探法是一种碰运气的动作,它存在很大的盲目性,成功机率不大,而且还常常会产生新的错误,增加问题的复杂性。

2) 修改错误的原则

(1) 在出现错误的地方,很可能还有别的错误。在修改一个错误时,同时要注意和此错误相关的代码,观察其他错误是否也在同一位置或者在其附近出现。这是因为,错误存在群集现象,当在某一程序段发现有错误时,很可能别的错误也在该程序段中存在。

(2) 修改错误的一个常见失误是只修改了这个错误的征兆或这个错误的表现,而没有修改错误本身。如果提出的修改不能解释与这个错误有关的全部现象,那就表明只修改了错误的一部分。

(3) 注意修正一个错误的同时有可能会引入新的错误。修改过程中不但要注意修改可能错误的,同时还要注意有些表面上看起来没有错误的修改也可能会引进新的错误,为解决问题造成麻烦。所以每次修改了错误之后,必须进行回归测试作为验证。

(4) 修改错误的过程将迫使人们暂时回到程序设计阶段。一般来讲,在错误修正的过程中可以采用程序设计阶段所使用的所有方法。其实,修改错误本身也是程序设计的一种形式。

(5) 修改源代码程序,不要改变目标代码。

8.5.2 软件调试方法

推断程序内部的错误位置及原因是调试的关键。软件调试类似于软件测试,按照是否需要跟踪和执行程序,可以把软件调试分为静态调试和动态调试。软件测试中讨论的静态分析方法同样适用静态调试。静态调试主要指通过人的思维来分析源程序代码和排错,是主要的调试手段,而动态调试是辅助静态调试的。主要的调试方法可以采用以下几个。

1. 强行排错法

强行排错法是目前使用较多的调试方法,作为传统的调试方法,它的效率较低。其过程可概括为:设置断点、程序暂停、观察程序状态、继续运行程序。涉及的调试技术主要是设置断点和监视表达式。例如:

(1) 通过内存全部打印来排错。

(2) 在程序特定部位设置打印语句——即断点法。输出存储器内容,就是在程序执行到某一行的时候,计算机自动停止运行,并保留这时各变量的状态,方便检查、校对。

（3）自动调试工具。很多语言环境都提供这种工具，例如，打印出语句执行的追踪信息、追踪子程序调用，以及指定变量的变化情况。通过自动调试工具可以设置断点，当程序执行到某个特定的语句或某个特定的变量值改变时，使程序暂停，这时程序员可以通过终端查看程序此时的状态。

应用上述技术之前，首先要仔细分析错误的征兆，推测出错位置及错误性质，然后再去选择一种适当的排错方法来检验推测的正确性。

2. 回溯法

回溯法采用这样的思想和流程：发现了错误之后，先对错误症状进行分析，找到"症状"的初始位置。然后，从初始位置开始，查找错误根源或确定错误产生的范围，查找时采用沿程序的控制流程，逆向跟踪源程序代码的方法。这种方法比较适合于对小规模程序进行排错。

回溯法对于小程序效果较好，往往能确定错误所在程序中的一小段代码，一般只要仔细分析这段代码就可以确定出错的准确位置。但随着源代码行数的增加，潜在的回溯路径数目很多，回溯会变得很困难，而且实现这种回溯的开销大。

3. 原因排除法

原因排除法是通过演绎和归纳，以及二分法来实现的。

演绎法是一种从一般原理或前提出发，经过排除和精化的过程来推导出结论的思考方法。演绎法排错是测试人员首先设想及枚举出所有可能出错的原因作为假设，枚举的依据是已有的测试用例。然后再用原始测试数据或新的测试，从中把不可能正确的假设排除掉。最后，再对余下的假设进行测试数据验证来确定出错的原因。

归纳法是一种从特殊推断出一般的系统化思考方法。其基本思想是从一些线索（错误征兆或与错误发生有关的数据）着手，通过分析寻找到潜在的原因，从而找出错误。

二分法实现的基本思想是，如果能够确定程序中每个变量在几个关键点的正确值，那么可以在程序中的某点附近使用定值语句（如赋值语句、输入语句等）把这些变量的正确值给出来，然后执行程序察看输出情况。如果输出结果是正确的，那么程序的前半部分有错误；反之，程序的后半部分有错误。对错误原因所在的部分重复使用这种方法，直到将出错范围缩小到容易诊断的程度为止。

可以使用调试工具来辅助完成上面的每一种方法。例如，可以使用带调试功能的编译器、动态调试器、自动测试用例生成器以及交叉引用工具等。

有一个实际问题需要引起注意，我们调试的成果是排错，采用"补丁程序"是为了修改程序中错误经常采用的一种方式，从目前程序设计发展的状况看，对大规模的程序的修改和质量保证，这不失为一种较好的方法，但是这种方法的采用却往往会引起整个程序质量的下降。

习　　题

一、选择题

1. 在软件生命周期中，能准确地确定软件系统必须做什么和必须具备哪些功能的阶段是_____。

    A. 概要设计　　　　　B. 详细设计　　　　　C. 可行性分析　　　　D. 需求分析

2. 下面不属于软件工程的三个要素的是_____。

    A. 工具　　　　　　　B. 过程　　　　　　　C. 方法　　　　　　　D. 环境

3. 检查软件产品是否符合需求定义的过程称为_____。

    A. 确认测试　　　　　B. 集成测试　　　　　C. 验证测试　　　　　D. 验收测试

4. 数据流图用于抽象描述一个软件的逻辑模型,数据流图由一些特定的图符构成。下列图符名标识的图符不属于数据流图合法图符的是_____。

    A. 控制流　　　　　　B. 加工　　　　　　　C. 数据存储　　　　　D. 源程序

5. 下面不属于软件设计原则的是_____。

    A. 抽象　　　　　　　B. 模块化　　　　　　C. 自底向上　　　　　D. 信息隐蔽

6. 程序流程图(PFD)中的箭头代表的是_____。

    A. 数据流　　　　　　B. 控制流　　　　　　C. 调用关系　　　　　D. 组成关系

7. 下列工具中为需求分析常用工具的是_____。

    A. PAD　　　　　　　B. PFD　　　　　　　C. N-S　　　　　　　D. DFD

8. 在结构化方法中,软件功能分解属于下列软件开发中的阶段是_____。

    A. 详细设计　　　　　B. 需求分析　　　　　C. 总体设计　　　　　D. 编程调试

9. 软件调试的目的是_____。

    A. 发现错误　　　　　　　　　　　　　　　B. 改正错误

    C. 改善软件的性能　　　　　　　　　　　　D. 挖掘软件的潜能

10. 软件需求分析阶段的工作,可以分为 4 个方面:需求获取,需求分析,编写需求规格说明书,以及_____。

    A. 阶段性报告　　　　B. 需求评审　　　　　C. 总结　　　　　　　D. 都不正确

二、填空题

1. 软件是程序、数据和_____的集合。

2. Jackson 方法是一种面向_____的结构化方法。

3. 软件工程研究的内容主要包括:_____技术和软件工程管理。

4. 数据流图的类型有_____和事务型。

5. 软件开发环境是全面支持软件开发全过程的_____集合。

第9章 信息安全技术

信息技术在迅猛发展的同时，也面临着更加严峻的安全问题，如信息泄露、网络攻击和计算机病毒等。本章介绍了信息系统中的主要安全问题及相关的安全技术：加密技术、认证、访问控制、入侵检测及数字签名等，并重点介绍了计算机病毒的原理及防范措施和黑客攻击手段与防范。

本章学习要点：
◇ 信息安全的基本概念。
◇ 网络安全技术。
◇ 计算机病毒的概念、特性、分类、症状及预防、清除。
◇ 防火墙的概念。

9.1　信　息　安　全

本节学习要点：
◇ 掌握信息安全的基本概念。
◇ 掌握信息安全的任务和目标。

9.1.1　信息与信息技术

信息是知识的来源，可以被感知、识别、存储、复制和处理。随着现代社会中信息化程度的不断提高，信息已经成为一种重要的社会资源——信息资源。信息资源在政治、经济、科技、生活等各个领域中都占有举足轻重的地位。这里的信息是指具有价值的一种资产，包括知识、数据、专利和消息等。

信息技术是指获取、存储、处理、传输信息的手段和方法。现代社会中，信息的存储、处理等工作往往借助于工具来完成，如计算机。而信息的传递要依赖于通信技术。因此，计算机技术和通信技术相结合是信息技术的特点。

9.1.2　信息安全

迅猛发展的信息技术在不断提高获取、存储、处理和传输信息资源能力的同时，也使信息资源面临着更加严峻的安全问题，因此，信息安全越来越受到关注。信息安全的任务是保证信息功能的实现。保护信息安全的主要目标是机密性、完整性、可用性、可控性及可审查性。

信息系统包括信息处理系统、信息传输系统和信息存储系统等，因此信息系统的安全要综合考虑这些系统的安全性。

计算机系统作为一种主要的信息处理系统,其安全性直接影响到整个信息系统的安全。计算机系统是由软件、硬件及数据资源等组成的。计算机系统安全就是指保护计算机软件、硬件和数据资源不被更改、破坏及泄漏,包括物理安全和逻辑安全。物理安全就是保障计算机系统的硬件安全,具体包括计算机设备、网络设备、存储设备等的安全保护和管理。逻辑安全涉及信息的完整性、机密性和可用性。

目前,网络技术和通信技术的不断发展使得信息可以使用通信网络来进行传输。在信息传输过程中如何保证信息能正确传输并防止信息泄漏、篡改与冒用成为信息传输系统的主要安全任务。

数据库系统是常用的信息存储系统。目前,数据库面临的安全威胁主要有:数据库文件安全、未授权用户窃取、修改数据库内容、授权用户的误操作等。因此,为了维护数据库安全,除了提高硬件设备的安全性、提高管理制度的安全、定期进行数据备份之外,还必须采用一些常用技术,如访问控制技术、加密技术等保证数据的机密性、完整性及一致性。数据库的完整性包括三个方面:数据项完整性、结构完整性及语义完整性。数据项完整性与系统的安全是密切相关的,保证数据项的完整性主要是通过防止非法对数据库进行插入、删除、修改等操作,还要防止意外事故对数据库的影响。结构完整性就是保持数据库属性之间的依赖关系,可以通过关系完整性规则进行约束。语义完整性就是保证数据语义上的正确性,可以通过域完整性规则进行约束。

9.2 计算机网络安全

本节学习要点:
◇ 了解网络安全技术。
◇ 了解 Windows 的安全机制。

9.2.1 网络安全问题

随着网络技术的不断发展,越来越多的工作、生活等任务要依赖互联网来完成。为了实现各种网络功能,互联网中采用了互联能力强、支持多种协议的 TCP/IP。由于在设计 TCP/IP 时只考虑到如何实现各种网络功能而没有考虑到安全问题,因此,在开放的互联网中存在许多安全隐患。

首先是网络中的各种数据,包括用户名、密码等重要信息都是采用明文的形式传输,因此,很难保证数据在传输时不被泄漏和篡改。其次,网络结点是采用很容易修改的 IP 地址作为唯一标识,很容易受到地址欺骗等攻击。此外,TCP 序列号的可预测性、ICMP (Internet Control Messages Protocol,互联网控制消息协议)的重定向漏洞等特性都使得现有网络协议在使用时存在很多安全问题。

网络中协议的不安全性为网络攻击者提供了方便。黑客攻击往往是利用系统的安全缺陷或安全漏洞进行的。网络黑客往往通过端口扫描、网络窃听、拒绝服务、TCP/IP 劫持等方法进行攻击。

9.2.2 网络安全技术

计算机网络是计算机技术和通信技术相结合的产物。因此,对于计算机网络的安全性既要考虑计算机的安全性,也要考虑到计算机网络化之后面临的更加复杂的安全问题。

(1) 网络安全的主要目标是保证网络中信息的机密性、可用性、完整性、可控性及可审查性。

(2) 机密性是指信息不会泄漏给未授权的用户,确保信息只被授权用户存取。

(3) 可用性是指系统中的各种资源对授权用户必须是可用的。

(4) 完整性是指信息在存储、传输的过程中不会被未授权的用户破坏、篡改。

(5) 可控性是指对信息的访问及传播具有控制能力,对授权范围内的信息流向可以控制,必须对检测到的入侵现象保存足够的信息并做出有效的反应,来避免系统受到更大的损失。

(6) 可审查性是指提供记录网络安全问题的信息。

网络中信息安全面临的威胁来自很多方面:既包括自然威胁,也包括通信传输威胁、存储攻击威胁以及计算机系统软、硬件缺陷而带来的威胁等。对抗自然威胁主要是增强信息系统的物理安全。而通信传输威胁、存储攻击威胁来自于对信息的非法攻击,包括主动攻击与被动攻击。主动攻击是通过伪造、篡改或中断等方法改变原始消息来进行攻击的。对抗主动攻击的常用技术有:认证、访问控制与入侵检测等。被动攻击是通过窃取的方法,如在网上截获消息等方法,非法获得信息。被动攻击通常不改变消息而很难检测到,因此往往采用加密技术来对抗被动攻击,保护信息安全。

1. 加密技术

加密技术是信息安全的核心技术,可以有效地提高数据存储、传输、处理过程中的安全性。信息加密是保证信息机密性的重要方法,被广泛用于信息加密传输、数字签名等方面。

数据加密的基本过程就是对文件或数据(明文)按某种变换函数进行处理,使其成为不可读的代码(密文)。如果要恢复原来的文件或数据(明文),必须使用相应的密钥进行解密才可以。加密/解密过程中采用的变换函数即为加密算法。密钥作为加密算法的输入参数而参与加密的过程。根据加密和解密使用的密钥是否相同,可以将加密技术分为对称加密技术和非对称加密技术。常用对称加密算法有 DES(Data Encryption Standard)、IDEA(International Data Encryption Algorithm)、AES(Advanced Encryption Standard)等。常用非对称加密算法有 Diffie-Hellman、RSA(以发明者 Rivest、Shamir 和 Adleman 命名)、ECC(Elliptic Curves Cryptography)等。

2. 认证

认证是系统的用户在进入系统或访问不同保护级别的系统资源时,系统确认该用户是否真实、合法和唯一的手段。认证技术是信息安全的重要组成部分,是对访问系统的用户进行访问控制的前提。目前,被应用在认证的技术主要有:用户名/口令技术、令牌、生物信息等。

用户名/口令技术是最早出现的认证技术之一。根据使用口令的不同,可分为静态口令认证技术及动态口令认证技术。静态口令认证技术中每个用户都有一个用户 ID 和口令。用户访问时,系统通过用户的用户 ID 和口令验证用户的合法性。静态口令认证技术比较简单,但安全性较低,存在很多安全隐患。动态口令认证技术中采用了随机变化的口令进行认证。在这种技术中,客户端将口令变换后生成动态口令并发送到服务器端进行认证。动态口令的生成方法中比较典型的是基于挑战/应答的动态口令。在这种技术中,使用单向散列函数作为动态口令生成算法,服务器在接收到客户端发出的登录请求后,发送一个随机数给客户端,并由客户端使用随机数和口令,利用单向散列函数生成动态密码。这种认证方式相对安全,但是没有得到客户端的广泛支持。

认证令牌是一种加强的认证技术,可以提高认证的安全性。

生物信息在认证技术中的应用是指采用各种生物信息,如指纹、眼膜等作为认证信息,需要相关的生物信息采集设备来配合实现。

目前,在 Web 环境下使用的是基于用户名/口令的认证。在 Web 环境中,有三种常用的客户端和服务器的认证技术:HTTP 基本认证(HTTP Basic Authentication)、HTTP 摘要认证(Form Digest Authentication)和 SSL(Secure Sockets Layer)。

3. 访问控制

访问控制是对进入系统进行的控制,其作用是对需要访问系统及数据的用户进行识别,并对系统中发生的操作根据一定的安全策略来进行限制。访问控制是信息系统安全的重要组成部分,是实现数据机密性和完整性机制的主要手段。访问控制要判断用户是否有权限使用、修改某些资源,并要防止非授权用户非法使用未授权的资源。访问控制必须建立在认证的基础上,是保护系统安全的主要措施之一。

访问控制是通过对访问者的信息进行检查来限制或禁止访问者使用资源的技术,广泛应用于操作系统、数据库及 Web 等各个层面。访问控制分为高层访问控制和低层访问控制。高层访问控制是通过对用户口令、用户权限的检查和对比实现身份检查和权限确认来进行的。低层访问控制是通过对通信协议中的某些特征信息的识别、判断,来禁止或允许用户访问的措施。访问控制技术的实现有几种方法:用户权限控制、程序权限控制、文件属性控制及留痕技术等。

访问控制系统一般包括主体、客体及安全访问策略。主体通常指用户或用户的某一请求。客体是被主体请求的资源,如数据、程序等。而安全访问策略是一套有效确定主体对客体访问权限的规则。

传统的访问控制机制有:自主访问控制(Discretionary Access Control,DAC)和强制访问控制(Mandatory Access Control,MAC)两种。自主访问控制中资源的拥有者可以完全控制该对象,包括自主决定资源的访问权限。自主访问控制的优势在于其控制资源权限的弹性机制。但是,自主访问控制无法控制信息的流向、不易控制权限传递,因此很难实现统一的全局访问控制。强制访问控制通过强制用户遵守已经设定访问权限的政策来实现。在强制访问控制中可以保证数据的保密性及数据的完整性,但是过于侧重对资源的绝对控制,从而使得很难对系统授权等方面做进一步的管理。

传统的访问控制中直接绑定了主体与客体,因此授权工作困难,无法满足日益复杂的应用需求。而在传统访问控制机制上发展起来的基于角色的访问控制(Role-Based Access Control,RBAC)技术可以有效地减少授权管理的复杂性并提供了实现安全策略的环境,克服了传统访问控制的不足,目前已经得到了广泛的应用。

4．入侵检测

任何企图危害系统及资源的活动称为入侵。由于认证、访问控制等机制不能完全地杜绝入侵行为，在黑客成功地突破了前面几道安全屏障后，必须有一种技术能尽可能及时地发现入侵行为，它就是入侵检测（Intrusion Detection）。入侵检测是通过从计算机网络或计算机系统中的若干关键点收集信息并对其进行分析，从中发现是否有违反安全策略的行为和遭到袭击的迹象的一种安全技术。通过软件、硬件组合成进行入侵检测的系统就是入侵检测系统（Intrusion Detection System）。入侵检测作为保护系统安全的屏障，应该尽早发现入侵行为并及时报告以减少或避免对系统的危害。

根据检测数据来源的不同可以将入侵检测系统分为基于主机的入侵检测系统、基于网络的入侵检测系统、混合分布式入侵检测系统。

基于主机的入侵检测系统通过对主机事件日志、审计记录及系统状态等进行监控以便及时发现入侵行为。基于主机的入侵检测系统能检测到渗透到网络内部的入侵活动及已授权人员的误用操作，并能及时响应、阻止入侵活动。但其缺点是与操作系统平台相关、难以检测针对网络资源的攻击，一般只能检测该主机上发生的入侵。

基于网络的入侵检测系统通过监控网络中的通信数据包来检测入侵行为。基于网络的入侵检测系统往往用于检测系统应用层以下的底层攻击事件，与被检测系统的平台无关。

但其缺点是无法检测网络内部攻击及内部合法用户的误操作。

混合分布式入侵检测系统综合了以上两种入侵检测系统的结构特点，既可以发现网络中的攻击信息，也可以从系统日志中发现异常情况。混合分布式入侵检测系统采用分布式结构，由多个部件组成。

5．安全审计

信息系统安全审计主要是指对与安全有关的活动及相关信息进行识别、记录、存储和分析；审计的记录用于检查网络上发生了哪些与安全有关的活动，谁（哪个用户）对这个活动负责。其主要功能包括：安全审计自动响应、安全审计数据生成、安全审计分析、安全审计浏览、安全审计事件存储和安全审计事件选择等。

安全审计作为对防火墙系统和入侵检测系统的有效补充，是一种重要的事后监督机制。安全审计系统处在入侵检测系统之后，可以检测出某些入侵检测系统无法检测到的入侵行为并进行记录，以便于对记录进行再现以达到取证的目的。此外，还可以用来提取一些未知的或者未被发现的入侵行为模式等。

安全审计能够记录系统运行过程中的各类事件、帮助发现非法行为并保留证据。审计策略的制定对系统的安全性具有重要影响。安全审计系统是一个完整的安全体系结构中必不可少的环节，是保证系统安全的最后一道屏障。

6．数字签名

签名的目的是标识签名人及其本人对文件内容的认可。在电子商务及电子政务等活动中普遍采用的电子签名技术是数字签名技术。因此，目前电子签名中提到的签名，一般指的就是数字签名。数字签名是如何实现的呢？简单地说，就是通过某种密码运算生成一系列符号及代码来代替书写或印章进行签名。通过数字签名可以验证传输的文档是否被篡改，能保证文档的完整性、真实性。

7. 数字证书

数字证书的作用类似于日常生活中的身份证,是用于证明网络中合法身份的。数字证书是证书授权(Certificate Authority)中心发行的,在网上可以用对方的数字证书识别其身份。数字证书是一个经证书授权中心数字签名的、包含公开密钥拥有者信息及公开密钥的文件。最简单的数字证书包含一个公开密钥、名称以及证书授权中心的数字签名。

9.2.3 网络安全的保护手段

1. 技术保护手段

网络信息系统遭到攻击和侵入,与其自身的安全技术不过关有很大的关系。特别是我国网络安全信息系统建设还处在初级阶段,安全系统有其自身的不完备性及脆弱性,给不法分子造成可乘之机。网络信息系统的设立以高科技为媒介,这使得信息环境的治理工作面临着更加严峻的挑战,只有采取比网络入侵者更加先进的技术手段,才能清除这些同样是高科技的产物。每个时代,高科技总有正义和邪恶的两面,二者之间的斗争永远不会结束。例如,为了维护网络安全,软件商们做出了很大的努力,生产出各种杀毒软件、反黑客程序和其他信息安全产品:防火墙产品、用户认证产品、信息密存与备份产品、攻击检测产品等,来维护网络信息的完整性、保密性、可用性和可控性。

2. 法律保护手段

为了用政策法律手段规范信息行为,打击信息侵权和信息犯罪,维护网络安全,各国已纷纷制定了法律政策。1973年,瑞士通过了世界上第一部保护计算机的法律;美国目前已有47个州制定了有关计算机法规,联邦政府也颁布了《伪造存取手段及计算机诈骗与滥用法》和《联邦计算机安全法》,国会还组建了一支由警察和特工人员组成的打击计算机犯罪的特别组织。1987年,日本在刑法中增订了惩罚计算机犯罪的若干条款,并规定了刑罚措施。此外,英、法、德、加等国也先后颁布了有关计算机犯罪的法规。1992年,国际经济合作与发展组织发表了关于信息系统的安全指南,各国遵循这一指南进行国内信息系统安全工作的调整。我国于1997年3月通过的新刑法首次规定了计算机犯罪。同年5月,国务院公布了经过修订的《中华人民共和国计算机信息网络国际管理暂行规定》。这些法律法规的出台,为打击计算机犯罪提供了法律依据。

3. 管理保护手段

从管理措施上下工夫确保网络安全也显得格外重要。在这一点上,主要指加强计算机及系统本身的安全管理,如机房、终端、网络控制室等重要场所的安全保卫,对重要区域或高度机密的部门应引进电子门锁、自动监视系统、自动报警系统等设备。对工作人员进行识别验证,保证只有授权的人员才能访问计算机系统和数据。常用的方法是设置口令和密码。系统操作人员、管理人员、稽查人员分别设置,相互制约,避免身兼数职的管理人员权限过大。另外,还须注意意外事故和自然灾害的防范,如火灾,意外攻击、水灾等。

4. 伦理道德保护手段

道德是人类生活中所特有的,由经济关系所决定的,以善恶标准评价的,依靠人们的内心信念、传统习惯和社会舆论所维系的一类社会现象,并以其特有的方式,广泛反映和干预社会经济关系和其他社会关系。伦理是人们在各项活动中应遵守的行为规范,它通过人的内心信念、自尊心、责任感、良心等精神因素进行道德判断与行为选择,从而自觉维护社会道德。

伦理道德是人们以自身的评价标准而形成的规范体系。它不由任何机关制定,也不具有强制力,而受到内心准则、传统习惯和社会舆论的作用,它存在于每个信息人的内心世界。因而伦理道德对网络安全的保护力量来自于信息人的内在驱动力,是自觉的、主动的,随时随刻的,这种保护作用具有广泛性和稳定性的特点。

在伦理道德的范畴里,外在的强制力已微不足道,它强调自觉、自律,而无须外界的他律,这种发自内心地对网络安全的尊重比外界强制力保护网络安全无疑具有更深刻的现实性。正因为伦理道德能够在个体的内心世界里建立以"真、善、美"为准则的内在价值取向体系,能够从自我意识的层次追求平等和正义,因而其在保护网络安全的领域能够起到技术、法律和管理等保护手段所起不到的作用。

网络打破了传统的区域性,使个人的不道德行为对社会产生的影响空前增大。技术的进步给了人们以更大的信息支配能力,也要求人们更严格地控制自己的行为。要建立一个洁净的互联网,需要的不仅是技术、法律和管理上的不断完备,还需要网络中的每个信息人的自律和自重,用个人的良心和个人的价值准则来约束自己的行为。

5. 4 种保护手段分析

技术、法律、管理三种保护手段分别通过技术超越、政策法规、管理机制对网络安全进行保护,具有强制性,可称为硬保护。伦理道德保护手段则通过信息人的内心准则对网络安全进行保护,具有自觉性,称为软保护。硬保护以强硬的技术、法律制裁和行政管理措施为后盾,对网络安全起到最有效的保护,其保护作用居主导地位;软保护则是以信息人的内心信念、传统习惯与社会舆论来维系,是一种发自内心深处的自觉保护,不是一种制度化的外在调节机制,其保护作用范围广、层次深,是对网络安全的最根本保护。

9.2.4 Windows 的安全机制

Windows 操作系统提供了认证机制、安全审核、内存保护及访问控制等安全机制。

1. 认证机制

Windows 中的认证机制有两种:产生一个本地会话的交互式认证和产生一个网络会话的非交互式认证。

进行交互式认证时,登录处理程序 winlogon 调用 GINA 模块负责获取用户名、口令等信息并提交给本地安全授权机构(LSA)处理。本地安全授权机构与安全数据库及身份验证软件包交互信息,并且处理用户的认证请求。

进行非交互式认证时,服务器和客户端的数据交换要使用通信协议。因此,将组件 SSPI(Security Support Provider Interface)置于通信协议和安全协议之间,使其在不同协议中抽象出相同接口,并屏蔽具体的实现细节。组件 SSP(Security Support Providers)以模块的形式嵌入到 SSPI 中,实现具体的认证协议。

Windows 的账户策略中提供了密码策略、账户锁定策略和 Kerberos 策略的安全设置。密码策略提供了如下 5 种:"密码必须符合复杂性要求"、"密码长度最小值"、"密码最长存留期"、"密码最短存留期"和"密码长度最小值"。账户锁定策略可以设置在指定的时间内一个用户账户允许的登录尝试次数,以及登录失败后该账户的锁定时间。

2. 安全审核机制

安全审核机制将某些类型的安全事件（如登录事件等）记录到计算机上的安全日志中，从而帮助发现和跟踪可疑事件。审核策略、用户权限指派和安全选项三项安全设置都包括在本地策略中。

3. 内存保护机制

内存保护机制监控已安装的程序，帮助确定这些程序是否正在安全地使用系统内存。这一机制是通过硬件和软件实施的 DEP（Data Execution Prevention，数据执行保护）技术实现的。

4. 访问控制机制

Windows 的访问控制功能可用于对特定用户、计算机或用户组的访问权限进行限制。在使用 NTFS（New Technology File System）的驱动器上，利用 Windows 中的访问控制列表，可以对访问系统的用户进行限制。

9.3　计算机病毒及防范

本节学习要点：
◇ 熟练掌握计算机病毒的概念及特性。
◇ 掌握计算机病毒的分类。
◇ 了解计算机病毒发作症状。
◇ 掌握病毒的预防和清除。
◇ 了解计算机病毒的现状和原理。

随着计算机的普及，几乎所有的计算机用户都已知道"计算机病毒"这一名词。有些人谈"毒"色变，因害怕染上病毒以至于连一些正常的信息交换都不敢做。其实病毒并不可怕，只要了解它的特点和原理就可以很好地防治它。下面就介绍一些有关病毒的基本常识。

9.3.1　计算机病毒的概念

什么叫作"病毒"呢？首先，它与生物学上的"病毒"不同，它不是天然存在的，而是某些人利用计算机软、硬件所固有的脆弱性而编制的具有特殊功能的程序。由于它与生物医学上的"病毒"同样有传染和破坏的特性，因此这一名词是由生物医学上的"病毒"概念引申而来。从广义上定义，凡能够引起计算机故障、破坏计算机数据的程序统称为计算机病毒。依据此定义，诸如逻辑炸弹、蠕虫等均可称为计算机病毒。在国内，专家和研究者对计算机病毒也做过不尽相同的定义，但一直没有公认的明确定义。直至 1994 年 2 月 18 日，我国正式颁布实施了《中华人民共和国计算机信息系统安全保护条例》，在《条例》第二十八条中明确指出："计算机病毒，是指编制或者在计算机程序中插入的破坏计算机功能或者毁坏数据，影响计算机使用，并能自我复制的一组计算机指令或者程序代码。"此定义具有法律性和权威性。

9.3.2　计算机病毒的产生

自从 1946 年第一台冯·诺依曼型计算机 ENIAC 面世以来，计算机已被应用到人类社会的各个领域。然而,1988 年发生在美国的"蠕虫病毒"事件,给计算机技术的发展罩上了一层阴影。蠕虫病毒是美国 CORNELL 大学的研究生莫里斯编写的。虽然并无恶意,但在当时,"蠕虫"在 Internet 上大肆传染,使得数千台联网的计算机停止运行,并造成巨额损失,成为一时的舆论焦点。在国内,最初引起人们注意的病毒是 20 世纪 80 年代末出现的"黑色星期五"、"米病毒"、"小球病毒"等。因当时软件种类不多,用户之间的软件交流较为频繁,而且反病毒软件并不普及,因此造成病毒的广泛流行。后来出现的 Word 宏病毒及 Windows 98 下的 CIH 病毒,使人们对病毒的认识更加深了一步。

计算机病毒的发展经历了 DOS 引导阶段、DOS 可执行阶段、伴随和批次型阶段、幽灵和多形阶段、生成器和变体机阶段、网络和蠕虫阶段、视窗阶段、宏病毒阶段、互联网阶段、Java 和邮件炸弹阶段等。

病毒是如何产生的呢? 其过程可分为:程序设计,传播,潜伏,触发,运行,实行攻击。究其产生的原因不外乎以下几种。

1. 开个玩笑或恶作剧

某些爱好计算机并对计算机技术精通的人士为了炫耀自己的高超技术和智慧,凭借对软硬件的深入了解,编制这些特殊的程序。这些程序通过载体传播出去后,在一定条件下被触发,如显示动画、播放一段音乐或提一些智力问答题目等,其目的无非是自我表现一下。这类病毒一般都是良性的,不会有破坏操作。

2. 产生于个别人的报复心理

每个人都处于社会环境中,但总有一些人对社会不满而心怀不轨。如果这种情况发生在一个编程高手身上,那么他有可能会编制一些危险的程序。

3. 用于版权保护

计算机发展初期,由于在法律上对于软件版权保护还没有像今天这样完善,很多商业软件被非法复制,有些开发商为了保护自己的利益制作了一些特殊程序,附在产品中。如巴基斯坦病毒,其制作者就是为了追踪那些非法复制他们产品的用户。用于这种目的的病毒目前已不多见。

4. 用于特殊目的

某些组织或个人为达到特殊目的,对政府机构、单位的特殊系统进行宣传或破坏,如用于军事目的。

9.3.3 病毒的特性

1. 传染性

计算机病毒随着正常程序的执行而繁殖,随着数据或程序代码的传送而传播。因此,它可以迅速地在程序之间、计算机之间、计算机网络之间传播。

2. 隐蔽性

病毒程序一般很短小,在发作之前人们很难发现它的存在。

3. 触发性

计算机病毒一般都有一个触发条件,具备了触发条件后病毒便发作。

4. 潜伏性

病毒可以长期隐藏在文件中,而不表现出任何症状。只有在特定的触发条件下,病毒才开始发作。

5. 破坏性

病毒发作时会对计算机系统的工作状态或系统资源产生不同程度的破坏。

概括地说，计算机病毒是人为设计的具有自我复制能力的特制程序，有很强的传染性、广泛的寄生性、一定的隐蔽性、特定的触发性、很大的破坏性。此外，病毒还具有未经授权而执行、不可预见性、变种性及针对性等特性。

9.3.4　病毒的分类

计算机病毒分类方法很多，通常使用以下三种分类方法。

1. 按造成危害的程度分类

（1）无害型：除了感染后减少磁盘的可用空间外，对系统没有其他影响。

（2）无危险型：这类病毒仅仅是减少内存、显示图像、发出声音及同类音响。

（3）危险型：这类病毒在发作时计算机系统会造成严重的错误。

（4）非常危险型：这类病毒删除程序、破坏数据、对硬盘格式化甚至毁坏机器。

2. 按病毒的感染方式和病毒算法分类

（1）引导型病毒：主要是感染硬盘的引导扇区或主引导扇区，在用户对硬盘进行读写动作时进行感染活动。

（2）可执行文件病毒：它主要是感染可执行文件。被感染的可执行文件在执行的同时，病毒被加载并向其他正常的可执行文件传染。像特洛伊木马、CIH 等病毒都属此列。

（3）混合型病毒：以上两种病毒的混合。

（4）宏病毒（Macro Virus）：是利用高级语言——宏语言编制的病毒，与前两种病毒存在很大的区别。宏病毒充分利用宏命令强大的系统调用功能，实现某些涉及系统底层操作的破坏。如"台湾一号"、"美丽杀手"、"C 盘杀手"都属于宏病毒范围。

（5）Internet 语言病毒：随着 Internet 的发展，某些不良用心之徒利用 Java、VB 和 ActiveX 的特性来撰写病毒。这些病毒会通过带毒网页在世界范围内迅速传播。

3. 按连接方式分类

分为源码型病毒、入侵型病毒、操作系统型病毒、外壳型病毒等。

9.3.5　病毒发作症状

从目前发现的病毒来看，计算机病毒的主要症状有以下几种。

（1）计算机动作比平常迟钝，程序载入时间比平常长。当系统刚开始启动或一个应用程序被载入时，有些病毒将执行它们的动作，因此会花更多时间来载入程序。

（2）硬盘的指示灯无缘无故地亮了。虽然没有存取磁盘，但磁盘驱动器指示灯却亮了，计算机这时就可能受到病毒传染了。

（3）系统存储容量忽然大量减少。有些病毒会消耗存储容量，曾经执行过的程序，再次执行时，突然没有足够的空间可以利用，表示病毒可能存在用户的计算机中了。

（4）磁盘可利用的空间突然减少。这个信息警告用户病毒可能开始复制了。

（5）可执行文件的长度增加了。正常情况下，这些程序应该维持固定的大小，但有些病毒会增加程序的长度。

（6）坏磁道增加。有些病毒会将某些磁盘区域标注为坏磁道，而将自己隐藏其中，于是往往杀毒软件也无法检查病毒的存在。

（7）死机现象增多或系统异常动作。

（8）文档奇怪地消失，文档内容被加入一些奇怪的资料，文档名称、扩展名、日期或属性被更改过。

病毒破坏行为的激烈程度取决于病毒作者的主观愿望和它所具有的技术能量。数以万计、不断发展扩张的病毒，其破坏行为千奇百怪，不可能穷举其破坏行为，难以做全面的描述。根据现有的病毒资料可以把病毒的破坏目标和攻击部位归纳如下：攻击系统数据区、攻击文件、攻击内存、干扰系统运行、攻击磁盘、扰乱屏幕显示、干扰键盘、喇叭鸣叫、攻击CMOS、干扰打印机等。

9.3.6　病毒的预防和清除

病毒在计算机之间传播的途径主要有两种：一种是通过存储媒体载入计算机，比如硬盘、盗版光盘、网络等；另一种是在网络通信过程中，通过不同计算机之间的信息交换，造成病毒传播。随着 Internet 的快速发展，Internet 已经成了计算机病毒传播的主要渠道。所以为了保证计算机运行的安全有效，在使用计算机的过程中要特别注意对病毒传染的预防，如发现计算机工作异常，要及时进行病毒检测和杀毒处理。建议用户采取以下措施。

（1）要重点保护好系统盘，不要写入用户的文件。

（2）尽量不使用外来 U 盘，必须使用时要进行病毒检测。

（3）安装对病毒进行实时检测的软件，发现病毒及时报告，以便用户做出正确的处理。

（4）使用网络下载的软件，应先确认其不带病毒，可用防病毒软件检查。

（5）对重要的软件和数据定时备份，以便在发生病毒感染而遭破坏时，可以恢复系统。

（6）定期对计算机进行检测，及时清除（杀掉）隐蔽的病毒。

一般的用户可利用反病毒软件来清除病毒。反病毒软件具有对特定种类的病毒进行检测的功能。利用反病毒软件清除病毒时，一般不会因清除病毒而破坏系统中的正常数据。

除了向软件商购买杀病毒软件外，随着 Internet 的普及，许多的查杀病毒软件的发布、版本的更新均可以通过 Internet 进行，在 Internet 上一般可以获得查杀病毒软件的免费试用版或演示版。在计算机的使用过程中，常常遇到感染计算机病毒的情况。那么，计算机病毒到底是什么？又是怎样被感染的呢？从本质上讲，计算机病毒就是人为编写的一段程序代码或是指令集合，这段代码或指令集合能够通过复制自身而不断传播，并在发作时影响计算机功能或破坏数据。

9.3.7　几种常见的病毒

随着计算机技术的不断发展，流行的计算机病毒也在不断变化。下面介绍目前较为流行的宏病毒、木马病毒和蠕虫病毒。

宏病毒是寄存在 Microsoft Office 文档或模板的宏中的病毒。在打开感染了宏病毒的文档时，宏病毒程序被激活并传播到计算机上。宏病毒发作时影响对文档的各种操作，如打开、保存、关闭等。

木马病毒其实是一个后门程序，往往隐藏在软件、程序中，如免费下载的软件、电子邮件附件中的更新程序等。木马病毒会窃取各种信息,如窃取网上银行的账号、密码、用户 QQ 号码等。

蠕虫病毒是危害网络安全的一种恶性病毒,常见的有:红色代码、冲击波、震荡波等。蠕虫病毒是通过扫描网络中计算机漏洞,并感染存在该漏洞的计算机来传播的。蠕虫病毒具有极强的破坏性,可以在一分钟内感染网络中所有存在该漏洞的计算机。蠕虫病毒除了具有传染性、破坏性及隐蔽性等一些计算机病毒的共性之外,还具有与黑客技术相结合、不利用文件寄生、对网络造成拒绝服务等特征。

9.3.8 计算机病毒的现状

近年来,计算机病毒对安全的影响日益突出。从总体上看,计算机病毒呈现如下几个特点。

1. 计算机病毒的数量急剧增加

第一个被传播开来的计算机病毒是 1986 年在巴基斯坦出现的 Brain 病毒,随后出现了此病毒的一些变种。到 1991 年,全球计算机病毒数量还不足五百种。到了 1997 年,计算机病毒的数量达到了八千多种。到目前为止,计算机病毒已经接近十万种,并继续以每年将近八千种的数量激增。例如,2006 年年底肆虐的熊猫烧香病毒在短时间内迅速感染了上百万的用户,而且此病毒的变种数已达五十多个,著名的变种有金猪报喜等(在 2007 年年初熊猫烧香病毒案已经告破)。

2. 计算机病毒的传播途径更多、速度更快

早期的计算机病毒主要通过软盘和硬盘传播,因而传播速度较慢。随着计算机技术的发展,计算机病毒的传播增加了光盘、网络、Internet、电子邮件等途径,传播速度也快得多。例如,冲击波病毒高峰时平均每小时感染计算机多达 2500 台。早期的计算机病毒要传播到全球,往往需要几年的时间。如今,有的计算机病毒短短几个小时、甚至是几十分钟就可以传播到全球。

3. 计算机病毒更有针对性

从新病毒的研究中可以发现,越来越多的病毒针对的是近年内特别是一年内发现的安全漏洞。例如,微软公司宣布发现 Windows 操作系统新漏洞后仅 26 天,针对此漏洞的冲击波病毒就大规模爆发。

9.3.9 计算机病毒的原理

计算机病毒就是人为编写的一段程序代码或是指令集合,必须存在于一定的存储介质上。如果计算机病毒只是存在于外部存储介质如硬盘、光盘、U 盘、磁带中,是不具有传染和破坏能力的。因为此时病毒没有被系统执行,即处于静止的状态。而当计算机病毒被加载到内存中后就处于活动状态,此时病毒如果获得系统控制权就可以破坏系统或是传播病毒。对于正在运行的病毒只有被杀毒软件杀除或手工方法干预才能失效。

计算机病毒为了更好地潜伏下去,往往附着在其他程序或文件之中。被附着的其他程序或文件如引导程序、可执行文件、文本文件及数据文件等。然而,计算机病毒感染其他程序或文件并不是天衣无缝的,而是要通过修改或者替代原程序或文件的一部分代码才能够隐藏下来。因此,检查是否被病毒感染就是检查有没有被病毒更改过的痕迹。

9.4 网络黑客及防范

本节学习要点：

◇ 了解网络黑客的概念和攻击方法。

◇ 了解黑客的防范。

9.4.1 网络黑客攻击方法

1. 什么是网络黑客

黑客(Hacker)是指采用各种手段获得进入计算机的口令，闯入系统后为所欲为的人，他们会频繁光顾各种计算机系统，截取数据、窃取情报、篡改文件，甚至扰乱和破坏系统。黑客程序是指一类专门用于通过网络对远程的计算机设备进行攻击，进而控制、盗取、破坏信息的软件程序，它不是病毒，但可任意传播病毒。互联网的发达，也直接催生了黑客活动。黑客发展至今，已不再是单纯为研究新科技，或对抗牟取暴利的狭义英雄，除有受不住金钱诱惑而入侵计算机盗取资料出售或勒索赚钱外，还有怀着政治动机的行为。

一般认为，黑客起源于 20 世纪 50 年代麻省理工学院的实验室中，他们精力充沛，热衷于解决难题。20 世纪 60—70 年代，"黑客"一词极富褒义，用于指代那些智力超群，对计算机全身心投入，对计算机的最大潜力进行智力上的自由探索，为计算机技术的发展做出了巨大贡献的人。正是这些黑客，倡导了一场个人计算机革命，倡导了现行的计算机开放式体系结构，打破了以往计算机技术只掌握在少数人手里的局面，开创了个人计算机的先河。从事黑客活动的经历，成为后来许多计算机业巨子简历上不可或缺的一部分。例如，苹果公司创始人之一乔布斯就是一个典型的例子。

到了 20 世纪 80—90 年代，计算机越来越重要，大型数据库也越来越多，同时，信息越来越集中在少数人的手里。这样一场新时期的"圈地运动"引起了黑客们的极大反感。黑客认为，信息应共享而不应被少数人所垄断，于是将注意力转移到涉及各种机密的信息数据库上。而这时，计算机化空间已私有化，成为个人拥有的财产，社会不能再对黑客行为放任不管，而必须采取行动，利用法律等手段来进行控制。黑客活动受到了空前的打击。

2. 网络黑客攻击方法

许多上网的用户对网络安全可能抱着无所谓的态度，认为最多不过是被"黑客"盗用账号，他们往往会认为"安全"只是针对那些大中型企事业单位的，而且黑客与自己无冤无仇，为何要攻击自己呢？其实，在一无法纪二无制度的虚拟网络世界中，现实生活中所有的阴险和卑鄙都表现得一览无余，在这样的信息时代里，几乎每个人都面临着安全威胁，都有必要对网络安全有所了解，并能够处理一些安全方面的问题，那些平时不注意安全的人，往往在受到安全方面的攻击，付出惨重的代价时才会后悔不已。

为了把损失降低到最低限度，一定要有安全观念，并掌握一定的安全防范措施，坚决让黑客无任何机会可乘。下面就来研究一下那些黑客是如何找到计算机中的安全漏洞的，只有了解了他们的攻击手段，才能采取准确的对策对付这些黑客。

1) 获取口令

这又有三种方法：一是通过网络监听非法得到用户口令，这类方法有一定的局限性，但危害性极大,监听者往往能够获得其所在网段的所有用户账号和口令,对局域网安全威胁巨大;二是在知道用户的账号后,利用一些专门软件强行破解用户口令,这种方法不受网段限制,但黑客要有足够的耐心和时间;三是在获得一个服务器上的用户口令文件后,用暴力破解程序破解用户口令,该方法的使用前提是黑客获得口令的 Shadow 文件。此方法在所有方法中危害最大,因为它不需要像第二种方法那样一遍又一遍地尝试登录服务器,而是在本地将加密后的口令与 Shadow 文件中的口令相比较就能非常容易地破获用户密码,尤其对那些口令安全系数极低的用户,更是在短短的一两分钟内,甚至几十秒内就可以将其破解。

2) 放置特洛伊木马程序

特洛伊木马程序可以直接侵入用户的计算机并进行破坏,它常被伪装成工具程序或者游戏等诱使用户打开带有特洛伊木马程序的邮件附件或从网上直接下载,一旦用户打开了这些邮件的附件或者执行了这些程序之后,它们就会留在自己的计算机中,并在自己的计算机系统中隐藏一个可以在 Windows 启动时悄悄执行的程序。当连接到因特网上时,这个程序就会通知黑客,来报告 IP 地址以及预先设定的端口。黑客在收到这些信息后,再利用这个潜伏在其中的程序,就可以任意地修改计算机的参数设定、复制文件、窥视整个硬盘中的内容等,从而达到控制计算机的目的。

3) WWW 的欺骗技术

在网上用户可以利用 IE 等浏览器进行各种各样的 Web 站点的访问,如阅读新闻组、咨询产品价格、订阅报纸、电子商务等。然而一般的用户恐怕不会想到有这些问题存在:正在访问的网页已经被黑客篡改过,网页上的信息是虚假的! 例如,黑客将用户要浏览的网页的 URL 改写为指向黑客自己的服务器,当用户浏览目标网页的时候,实际上是向黑客服务器发出请求,那么黑客就可以达到欺骗的目的了。

4) 电子邮件攻击

电子邮件攻击主要表现为两种方式:一是电子邮件轰炸和电子邮件"滚雪球",也就是通常所说的邮件炸弹,指的是用伪造的 IP 地址和电子邮件地址向同一信箱发送数以千计、万计甚至无穷多次的内容相同的垃圾邮件,致使受害人邮箱被"炸",严重者可能会给电子邮件服务器操作系统带来危险,甚至瘫痪;二是电子邮件欺骗,攻击者佯称自己为系统管理员(邮件地址和系统管理员完全相同),给用户发送邮件要求用户修改口令(口令可能为指定字符串)或在貌似正常的附件中加载病毒或其他木马程序(某些单位的网络管理员有定期给用户免费发送防火墙升级程序的义务,这为黑客成功地利用该方法提供了可乘之机),这类欺骗只要用户提高警惕,一般危害性不是太大。

5) 通过一个结点来攻击其他结点

黑客在突破一台主机后,往往以此主机作为根据地,攻击其他主机(以隐蔽其入侵路径,避免留下蛛丝马迹)。他们可以使用网络监听方法,尝试攻破同一网络内的其他主机;也可以通过 IP 欺骗和主机信任关系,攻击其他主机。这类攻击很狡猾,但由于某些技术很难掌握,如 IP 欺骗,因此较少被黑客使用。

6) 网络监听

网络监听是主机的一种工作模式,在这种模式下,主机可以接收到本网段在同一条物理通道上传输的所有信息,而不管这些信息的发送方和接收方是谁。此时,如果两台主机进行通信的信息没有加密,只要使用某些网络监听工具就可以轻而易举地截取包括口令和账号在内的信息资料。虽然网络监听获得的用户账号和口令具有一定的局限性,但监听者往往能够获得其所在网段的所有用户账号及口令。

7) 寻找系统漏洞

许多系统都有这样那样的安全漏洞(Bugs),其中某些是操作系统或应用软件本身具有的,如 Sendmail 漏洞,Windows 中的共享目录密码验证漏洞和 IE 漏洞等,这些漏洞在补丁未被开发出来之前一般很难防御黑客的破坏,除非将网线拔掉;还有一些漏洞是由于系统管理员配置错误引起的,如在网络文件系统中,将目录和文件以可写的方式调出,将未加 Shadow 的用户密码文件以明码方式存放在某一目录下,这都会给黑客带来可乘之机,应及时加以修正。

8) 利用账号进行攻击

有的黑客会利用操作系统提供的默认账户和密码进行攻击,例如,许多 UNIX 主机都有 FTP 和 Guest 等默认账户(其密码和账户名同名),有的甚至没有口令。黑客用 UNIX 操作系统提供的命令如 Finger 和 Ruser 等收集信息,不断提高自己的攻击能力。这类攻击只要系统管理员提高警惕,将系统提供的默认账户关掉或提醒无口令用户增加口令一般都能克服。

9) 偷取特权

利用各种特洛伊木马程序、后门程序和黑客自己编写的导致缓冲区溢出的程序进行攻击,前者可使黑客非法获得对用户机器的完全控制权,后者可使黑客获得超级用户的权限,从而拥有对整个网络的绝对控制权。这种攻击手段,一旦奏效,危害性极大。

3. 防范措施

(1) 经常做 Telnet、FTP 等需要传送口令的重要机密信息应用的主机应该单独设立一个网段,以避免某一台个人计算机被攻破,被攻击者装上 Sniffer,造成整个网段通信全部暴露。有条件的情况下,重要主机应装在交换机上,这样可以避免 Sniffer 偷听密码。

(2) 专用主机只开专用功能,如运行网管、数据库重要进程的主机上不应该运行如 Sendmail 这种 Bug 比较多的程序。网管网段路由器中的访问控制应该限制在最小限度,研究清楚各进程必需的进程端口号,关闭不必要的端口。

(3) 对用户开放的各个主机的日志文件全部定向到一个 Syslog Server 上,集中管理。该服务器可以由一台拥有大容量存储设备的 UNIX 或 NT 主机承当。定期检查备份日志主机上的数据。

(4) 网管不得访问 Internet。并建议设立专门机器使用 FTP 或 WWW 下载工具和资料。

(5) 提供电子邮件、WWW、DNS 的主机不安装任何开发工具,避免攻击者编译攻击程序。

(6) 网络配置原则是“用户权限最小化”,例如,关闭不必要或者不了解的网络服务,不用电子邮件寄送密码。

(7) 下载安装最新的操作系统及其他应用软件的安全和升级补丁,安装几种必要的安全加强工具,限制对主机的访问,加强日志记录,对系统进行完整性检查,定期检查用户的脆弱口令,并通知用户尽快修改。重要用户的口令应该定期修改(不长于三个月),不同主机使用不同的口令。

（8）定期检查系统日志文件，在备份设备上及时备份。制定完整的系统备份计划，并严格实施。

（9）定期检查关键配置文件（最长不超过一个月）。

（10）制定详尽的入侵应急措施以及汇报制度。发现入侵迹象，立即打开进程记录功能，同时保存内存中的进程列表以及网络连接状态，保护当前的重要日志文件，如果有条件，立即打开网段上另外一台主机监听网络流量，尽力定位入侵者的位置。如有必要，断开网络连接。在服务主机不能继续服务的情况下，应该有能力从备份磁带中恢复服务到备份主机上。

9.4.2 黑客的防范

黑客的攻击往往是利用了系统的安全漏洞或是通信协议的安全漏洞才得以实施的。因此，对黑客的防范要从这两个方面着手。

各种系统都会有安全漏洞，有些是由于编程人员的水平和经验有限而导致的系统漏洞，有些则是编程过程中故意遗留的漏洞。目前被广泛使用的 Windows 操作系统就不断被发现各种漏洞，例如，"缓冲器溢出"漏洞可以被黑客利用来向计算机发送大量恶意数据，然后再通过受感染的计算机发起"拒绝服务"攻击。面对不断被发现的各种漏洞，应该及时了解最新漏洞信息并定期给系统打补丁。此外，还应该及时更新防病毒软件、定期更改密码并提高密码的复杂程度、安装防火墙来保证系统安全、对于不使用的端口应该及时关闭。

通信协议的安全漏洞也是被黑客利用来进行攻击的薄弱环节。例如，被广泛使用的 TCP/IP，由于在设计时只考虑到如何实现各种网络功能而没有考虑到安全问题，因此，给开放的互联网带来了很多安全问题。TCP 序列号的可预测性、ICMP 的重定向漏洞等都给黑客以可乘之机。为了解决通信协议的不安全问题，人们已经开始致力研究新的安全协议并尽力解决通信协议的安全漏洞。例如，Netscape 公司发布的 SSL/TLS 协议被广泛用于 Internet 上的安全传输、身份认证等。SSL/TLS 工作在 TCP 层之上，独立于更高层应用，可为更高层协议（HTTP、FTP 等）提供安全服务。

从理论上讲，要完全防范黑客是不可能的。我们所能做到的是建立完善的安全体系结构：采用认证、访问控制、入侵检测及安全审计等多种安全技术来尽可能地防范黑客的攻击。

9.5 防火墙技术

本节学习要点：

◇ 掌握防火墙的概念。

◇ 了解防火墙技术及体系结构。

防火墙是当前应用比较广泛的用于保护内部网络安全的技术，是实现网络安全的基础性设施。通过在内部网络与外部网络之间建立的安全控制点来实现对数据流的审计和控制。防火墙在网络中的主要作用包括：过滤网络请求服务、隔离内网与外网的直接通信、拒绝非法访问等。

当内部网络需要与外部如 Internet 连接时，通常会在它们之间设置防火墙，如图 9-1 所示。

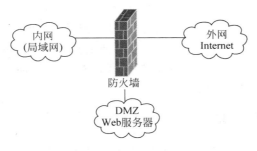

图 9-1　防火墙结构

在图 9-1 中，防火墙负责内部网络与外部网络的信息交换安全。在内部网络与外部网络的连接点设置防火墙可以将交换信息的入口点和出口点定位于防火墙。这样，防火墙可以根据设置的安全策略允许符合安全规则的信息进入内部网络。

从软、硬件形式上可以将防火墙分为：软件防火墙、硬件防火墙和芯片级防火墙。

软件防火墙需要安装在具有相应操作系统的计算机上，并进行安全策略配置后才能使用。

硬件防火墙配有特殊硬件，具有多个端口，分别用于连接内部网络、外部网络及配置管理等用途。硬件防火墙是基于 PC 架构的，仍会受到操作系统自身安全性的影响。

芯片级防火墙基于专门的硬件平台，使用专用操作系统，因此漏洞较少，但是价格相对较贵。

9.5.1　传统防火墙技术

防火墙技术是一种综合技术，通常包括包过滤技术（Packet Filter）、网络地址转换技术（Network Address Translation，NAT）及代理技术（Proxy）。

1. 包过滤技术

在网络上传输的信息包由两部分组成：数据部分和信息头。包过滤技术通过检测信息头来检测和限制进出网络的数据，是较早应用到防火墙中的技术。

包过滤技术中要维护一个访问控制列表（Access Control List，ACL），不满足 ACL 的数据将被删除，满足 ACL 的数据才能被转发。包过滤器只有放置在网络入口点才能保证全部数据包被检测，实际应用中往往与边界路由器集成。根据对会话连接状态是否进行保存，可将包过滤技术分为有状态检测的包过滤技术和无状态检测的包过滤技术。

2. 网络地址转换技术

在内部网络中，主机的 IP 地址只能在内部网络使用，不能在互联网上使用。在数据包发送到外部网络之前，利用网络地址转换技术可以将数据包的源地址转换为全球唯一的 IP 地址。

网络地址转换技术设计的初衷是解决 IP 地址短缺的问题，但它同时实现了隐藏内部主机地址的功能，并保证内部主机可以且只能通过此技术与外部网络进行连接，因此成为实现防火墙时常用的核心技术。根据地址转换方式的不同，可将网络地址转换技术分为静态网络地址转换技术和动态网络地址转换技术。

3. 代理技术

代理服务器工作在应用层，通常针对特定的应用层协议，并能在用户层和应用协议层提供访问控制。代理服务器提供过滤危险内容、隐藏内部主机、阻断不安全的 URL(Uniform Resource Locator,统一资源定位符)、单点访问、日志记录等功能。

代理服务器通过重新产生服务请求而防止外部主机的服务直接连接到内部主机上。代理服务器作为内部网络客户端的服务器,能拦截所有请求,同时向内部网络客户端转发请求响应。代理技术可以对数据进行比包过滤技术更细粒度的过滤。

9.5.2　防火墙的体系结构

按照体系结构的不同,可以将防火墙分为:双重宿主主机防火墙、屏蔽主机防火墙和屏蔽子网防火墙。

1. 双重宿主主机防火墙

双重宿主主机防火墙结构中,在内部网络和外部网络之间设置了一台具有两块以上网络适配器的主机来完成内部网络和外部网络之间的数据交换,内部网络和外部网络之间的直接通信被禁止,而只能通过双重宿主主机来进行间接的通信。双重宿主主机防火墙是由没有安全冗余机制的单机组成,是不完善的,但目前在 Internet 中仍有应用。

2. 屏蔽主机防火墙

屏蔽主机防火墙综合了包过滤技术、代理技术和网络地址转换技术。典型的屏蔽主机防火墙中双宿堡垒主机放在包过滤器的内部,双主机作为应用代理服务器运行于内部网络的边界。

屏蔽主机防火墙结构中,包过滤路由器位于内部网络和外部网络之间。提供安全保护的双宿堡垒主机分别与包过滤路由器和内部网络相连,在应用层提供代理服务,如 FTP 服务、Telnet 服务等,还可以提供完善的 Internet 访问控制。这种防火墙结构比较容易实现,且便于扩充、成本较低,因此应用较广泛。但是,双宿堡垒主机是网络黑客集中攻击的目标,安全保障仍不够理想。

3. 屏蔽子网防火墙

屏蔽子网防火墙结构中,通常由双宿主机和内部、外部屏蔽路由器等安全设备集成在一起构成防火墙。此结构中,将堡垒主机和其他服务器定义为 DMZ(Demilitarized Zone,非军事区)。DMZ 与内部网络之间设置了内部屏蔽路由器,而 DMZ 通过外部屏蔽路由器与外部网络连接。

屏蔽子网建立在 Internet 和内部网络之间,安装了堡垒主机和 WWW、FTP 等 Internet 服务器。Internet 和内部网络的数据流由屏蔽子网两端的包过滤路由器控制。Internet 和内部网络的通信必须通过访问屏蔽子网来进行。这种结构的防火墙具有很强的抗攻击能力,安全性能高,但需要投入更多的设备和资金。

9.5.3　使用防火墙

在具体应用防火墙技术时,还要考虑到以下两个方面。

(1) 防火墙是不能防病毒的,尽管有不少的防火墙产品声称其具有这个功能。

(2) 防火墙技术的另外一个弱点在于数据在防火墙之间的更新是一个难题,如果延迟太大将无法支持实时服务请求。并且,防火墙采用滤波技术,滤波通常使网络的性能降低 50% 以上,如果为了改善网络性能而购置高速路由器,又会大大提高经济预算。

总之,防火墙是企业网安全问题的流行方案,即把公共数据和服务置于防火墙外,使其对防火墙内部资源的访问受到限制。作为一种网络安全技术,防火墙具有简单实用的特点,并且透明度高,可以在不修改原有网络应用系统的情况下达到一定的安全要求。

9.6　数据加密技术

本节学习要点:

了解数据加密技术概念。

信息在传输过程中会受到各种安全威胁,如被非法监听、信息被篡改、信息被伪造等。通过对数据信息进行加密的方法,可以有效地提高数据传输的安全性。

数据加密的术语有:明文,即原始的或未加密的数据。通过加密算法对其进行加密,加密算法的输入信息为明文和密钥;密文,明文加密后的格式,是加密算法的输出信息。加密算法是公开的,而密钥则是不公开的。密文不应为无密钥的用户理解,用于数据的存储以及传输。

在加密/解密过程中采用的变换函数即为加密算法。密钥作为加密算法的输入参数而参与加密的过程。根据加密和解密使用的密钥是否相同,可以将加密技术分为对称加密技术和非对称加密技术。

9.6.1　对称加密技术

对称加密技术中,加密和解密使用相同的密钥(KC＝KM),或是通过加密密钥可以很容易地推导出解密密钥(函数 KM＝h(KC)是多项式可计算的)。因此在密钥有效期内必须对密钥安全地保管,同时还要保证彼此的密钥交换是安全可靠的。对称加密采用的算法相对较简单,对系统性能的影响也较小,因此往往用于大量数据的加密工作。

按照加密时选取信息方式的不同,可将对称密码算法分为分组密码算法和序列密码算法。分组密码算法中,先将信息分成若干个等长的分组,然后将每一个分组作为一个整体进行加密。典型的分组密码算法有 DES、IDEA、AES 等。而序列密码算法是将信息的每一位进行加密。序列密码算法在军用密码系统中应用较为广泛,且大多数情况下算法并不公开。

1. 分组密码算法

DES 是由美国国家标准局公布的第一个分组密码算法,随后 DES 的应用范围迅速扩大至全世界。DES 密码体制在加密时,先将明文信息的二进制代码分成等长分组(64b),然后分别对每一分组进行加密后组合生成密文。解密时,使用的密钥是加密密钥的逆序排列。DES 密码体制的加密模块和解密模块除了密钥顺序不一样之外,其他几乎一样,所以比较适合硬件实现。此外,DES 的整个体制是公开的,系统的安全完全依赖于密钥的安全存放,所以往往借助于 RSA 密码体制在发送方和接收方之间共享 DES 的密钥。

由于 DES 密钥很容易被专门的"破译机"攻击,从而使得三重 DES 算法被 Tuchman 提出并被广泛采用。三重 DES 算法中使用三个不同的密钥对数据块进行三次加密,其加密强度大约和 112 位密钥的强度相当。到目前为止,还没有攻击三重 DES 的有效方法。

IDEA 是由瑞士联邦技术学院的 Xuejia Lai 和 Massey 提出的,是在 DES 算法的基础上发展出来的,采用 128 位密钥对 64 位的数据进行加密。IDEA 算法设计了一系 Y1JDD 加密轮次,每轮加密都使用一个由当前密钥生成的子密钥。同 DES 算法相比,IDEA 算法用硬件和软件实现都比较容易,且同样快速。而且,由于 IDEA 是在瑞士提出并发展起来的,不用受到美国法律对加密技术的限制,这可以促进 IDEA 的自由发展和完善。但是 IDEA 算法出现的时间不长,受到的攻击也很有限,还没有受到长时间的考验。

1997 年,美国国家标准技术研究所(NIST)向全世界范围内征集 AES 的加密算法,其目的是为了确定一个全球免费使用的分组密码算法并替代 DES 算法。AES 的基本要求是:比三重 DES 快,至少和三重 DES 一样安全,分组长度 128 位,密钥长度是可变的,可以指定为 128 位、192 位或 256 位。2000 年,由两位比利时科学家提出的 Rijndael 密码算法最终入选作为 AES 算法。Rijndael 密码算法对内存的需求非常低,而且可以抵御强大的、实时的攻击。

2. 序列密码算法

序列密码对明文的每一位用密钥流进行加密。采用分组密码加密时,相同的明文加密后生成的密文相同。而采用序列密码时,即使相同的明文也不会生成相同的密文,因此很难破解。同分组密码相比较,序列密码具有易于硬件实现、加密速度快等优点。正是由于上述优点,使得序列密码被广泛应用于军事领域。而且在大多数情况下,序列密码算法都不公开。

9.6.2 非对称加密技术

对称加密技术中,由于解密密钥与加密密钥相同,或是从加密密钥可以很容易地得出解密密钥,因此对密钥必须严格保密。而非对称加密技术中,采用了一对密钥:公开密钥(公钥)和私有密钥(私钥)。其中,私有密钥由密钥所有人保存,公开密钥是公开的。如果在发送信息时,采用接收方公钥加密,则密文只有接收方的私钥才能解密还原成明文,这就确保了传输的密文只有接收方才能解密。如果在发送信息时,采用发送方私钥加密,则密文使用对应的公钥可以解密还原成明文,这就确定了发送信息者的身份。这种机制通常用来提供不可否认性和数据完整性的服务。非对称加密算法主要有 Diffie-Hellman、RSA、ECC 等。

Diffie-Hellman 算法是第一个正式公布的公开密钥算法,由 Diffie 和 Hellman 提出。Diffie-Hellman 算法使得用户可以安全地交换密钥。

RSA 是由 Rivest、Shamir 和 Adleman 在美国麻省理工学院开发的,其理论基础是一种特殊的可逆模指数变换。RSA 算法中采用的素数越大,安全性就越高。目前,RSA 算法广泛用于数字签名和保密通信。

非对称加密技术的优点是通信双方不需要交换密钥。缺点是加/解密速度慢。

习 题

一、选择题

1. 计算机病毒是一种_____。
   A. 生物病毒   B. 计算机部件
   C. 游戏软件   D. 人为编制的特殊的计算机程序
2. 文件型病毒往往附着在 .COM 和_____文件中,当运行这些文件时,会激活病毒并常驻内存。

    A．.DOC   B．.EXE   C．.TXT   D．.PPT

3．计算机病毒的主要特点是_____、潜伏性、破坏性、可执行性、可触发性和针对性。

    A．传染性   B．可控制性   C．记忆性   D．严重性

4．网络安全的主要目标是保证网络中信息的_____、可用性、完整性、可控性及可审查性。

    A．正确性   B．可传输性   C．机密性   D．破坏性

5．防火墙的作用是_____。

    A．对进、出网络的数据流进行审计和控制

    B．发现传输错误的信息并恢复

    C．查找并清除计算机病毒

    D．对数据流加密、解密

6．下列说法中正确的是_____。

    A．信息加密的目的是保证信息的机密性

    B．对称加密技术中加密、解密时使用的密钥是不同的

    C．DES、AES是典型的非对称加密算法

    D．采用非对称加密技术进行加密和解密的速度要比对称加密技术快

二、简答题

1．常用的网络安全技术主要有哪些？各自的作用是什么？

2．什么是计算机病毒？计算机病毒有哪些特性？如何分类？

3．如何防范计算机病毒？

4．网络黑客有哪些攻击手段？如何防范？

5．防火墙的主要功能是什么？

6．按照体系结构可以将防火墙分为哪些类型？

信息安全技术

参 考 文 献

[1]　贾宗福.新编大学计算机基础.北京：中国铁道出版社,2006.

[2]　柳青.计算机应用基础(Windows XP＋Office 2003).北京：高等教育出版社,2006.

[3]　刘景春.计算机文化基础.北京：机械工业出版社,2006.

[4]　唐朔飞.计算机组成原理.北京：高等教育出版社,2005.

[5]　蔡翠平.信息技术应用基础(Windows XP 环境).北京：中国铁道出版社,2004.

[6]　于占龙.计算机文化基础.北京：清华大学出版社,2005.

[7]　吉林大学公共计算机中心.大学计算机基础.北京：高等教育出版社,2006.

[8]　教育部考试中心.全国计算机等级考试.北京：高等教育出版社,2008.

[9]　彭慧卿.大学计算机基础(第 2 版)(Windows 7＋Office 2010).北京：清华大学出版社,2013.

[10]　刘腾红.大学计算机基础(第 3 版).北京：清华大学出版社,2013.

[11]　孙莹光.大学计算机基础实验教程(第 2 版)(Windows 7＋Office 2010).北京：清华大学出版社,2013.

[12]　刘腾红.大学计算机基础实验指导(第 3 版).北京：清华大学出版社,2013.